TECHNIK UND KULTUR

in 10 Bänden und einem Registerband

Band I	Technik und Philosophie
Band II	Technik und Religion
Band III	Technik und Wissenschaft
Band IV	Technik und Medizin
Band V	Technik und Bildung
Band VI	Technik und Natur
Band VII	Technik und Kunst
Band VIII	Technik und Wirtschaft
Band IX	Technik und Staat
Band X	Technik und Gesellschaft

Im Auftrage der Georg-Agricola-Gesellschaft
herausgegeben von
Armin Hermann (Vorsitzender des Wissenschaftlichen Beirats)
und
Wilhelm Dettmering (Vorsitzender der Gesellschaft)

Gesamtredaktion: Charlotte Schönbeck

TECHNIK UND RELIGION

Herausgegeben von
Ansgar Stöcklein und Mohammed Rassem

Springer-Verlag Berlin Heidelberg GmbH

CIP-Titelaufnahme der Deutschen Bibliothek

Technik und Kultur : in 10 Bänden und einem Registerband / im Auftr. d. Georg-Agricola-Ges.
Hrsg. von Wilhelm Dettmering u. Armin Hermann
– Düsseldorf : VDI-Verl.
Teilw. hrsg. von Wilhelm Dettmering u. Armin Hermann
NE: Dettmering, Wilhelm [Hrsg.]

Bd. 2. Technik und Religion. – 1990

Technik und Religion / [im Auftr. d. Georg-Agricola-Ges.].
Hrsg. von Ansgar Stöcklein u. Mohammed Rassem.
– Düsseldorf : VDI-Verl., 1990
(Technik und Kultur ; Bd. 2)
NE: Stöcklein, Ansgar [Hrsg.]

Bildredaktion: Ursula Abele
Fotoarbeiten: Werner Kissel u. a.

Ursprünglich erschienen bei VDI-Verlag GmbH, Düsseldorf 1990
Softcover reprint of the hardcover 1st edition 1990

ISBN 978-3-642-95785-7 ISBN 978-3-642-95784-0 (eBook)
DOI 10.1007/978-3-642-95784-0

Zum Gesamtwerk „Technik und Kultur"

Wir dürften die Vertreibung aus dem Paradies nicht als einen Verlust beklagen: im „Ausschlagen des Paradieses", so meinten Georg Agricola und Paracelsus, eröffne sich dem Menschen vielmehr ein „neues, seligeres Paradies", das er sich selbst auf der Erde schaffen könne durch seine „Kunst". Mit „Kunst" war alles vom Menschen künstlich Hergestellte gemeint, wie die „Windkunst" (oder Windmühle), die „Wasserkunst" und die „Stangenkunst", also auch das, was wir heute mit „Technik" bezeichnen.

Die Gestaltung der Natur galt im 16. und 17. Jahrhundert als ein dem Menschen von Gott erteilter Auftrag: Wir müssen versuchen, schrieb René Descartes 1637, die „Kraft und die Wirkung des Feuers und des Windes" und überhaupt aller uns umgebenden Körper zu verstehen; dann würde es möglich, alle diese Naturkräfte für unsere Zwecke zu benutzen: „So könnten wir Menschen uns zu Herren und Besitzern der Natur machen."

Diese Visionen schienen sich am Ende des 19. Jahrhunderts tatsächlich zu erfüllen. Bezwungen wurden die großen Geißeln der Menschheit, die Cholera, die Pest und die anderen Seuchen, die einst in wenigen Tagen Hunderttausende hingerafft hatten. Die Ernteerträge stiegen, und nur noch die ganz Alten erinnerten sich an die schrecklichen Hungersnöte, die zum Alltage des Menschen gehört hatten wie Sonne und Regen. Mit dem Beginn des neuen Jahrhunderts wurde auch ein Anfang gemacht mit der Befreiung des Menschen von der Fron in den Fabriken. Ohne daß die Arbeiter hätten angestrengter schaffen müssen und ohne Verminderung der Produktion gelang es, die Arbeitszeit herabzusetzen.

Die religiöse Motivierung des technischen Schaffens war im 19. Jahrhundert verlorengegangen; die allgemeine Säkularisierung hatte auch die Arbeitswelt erfaßt. Was blieb, war der Glaube an den ununterbrochenen, durch Wissenschaft und Technik herbeigeführten wirtschaftlichen und gesellschaftlichen Fortschritt. „Man glaubte an diesen Fortschritt schon mehr als an die Bibel", hat Stefan Zweig in seinen Lebenserinnerungen geschrieben, „und sein Evangelium schien unumstößlich bewiesen durch die täglich neuen Wunder der Wissenschaft und der Technik."

Ein gutes Beispiel für diese Fortschrittsgläubigkeit gibt uns Werner von Siemens. Bei der Versammlung der Deutschen Naturforscher und Ärzte 1886 in Berlin sprach Siemens vor 2700 Tagungsteilnehmern von der ihnen allen gemeinsamen Überzeugung, „daß unsere Forschungs- und Erfindungstätigkeit" die Lebensnot der Menschen und ihr Siechtum mindern, „ihren Lebensgenuß erhöhen, sie besser, glücklicher und mit ihrem Geschick zufriedener machen wird".

Es war eine Illusion zu glauben, daß die Macht, die uns die Technik verleiht, die Menschheit notwendigerweise, das heißt von selbst und ohne unser Zutun, auf eine „höhere Stufe des Daseins" erheben werde. Vielmehr müssen wir alle unsere Anstrengungen darauf konzentrieren, daß die uns durch die Technik zugewachsene Machtfülle nicht mißbraucht wird, sondern daß sie tatsächlich die gesamte Menschheit – und nicht nur privilegierte Teile – auf die apostrophierte „höhere Stufe des Daseins" erhebt. Hier liegt die größte politische Aufgabe, die uns am Ende des 20. Jahrhunderts gestellt ist.

Wie sollen wir es halten mit der Technik? Bei fast jedem gesellschaftspolitischen Problem – und so auch hier – gibt es ein breites Spektrum von Meinungen. Das eine Extrem ist die blinde Technikgläubigkeit, wie sie vor allem im fin de siècle geherrscht hatte, und wie sie vereinzelt auch heute noch vorkommen mag. Das andere Extrem ist die unreflektierte Technikfeindlichkeit.

Schon Georg Agricola hat sich mit der Meinung auseinandersetzen müssen, daß der Mensch ganz die Finger lassen solle von der Technik.

In seinem Werk „De re metallica" (1556) nimmt Agricola gleich auf den ersten Seiten Stellung zur Kritik, die sich gegen die Verwendung der Metalle und überhaupt jede technischen Betätigung wendet: „Wenn die Metalle aus dem Gebrauch der Menschen verschwinden, so wird damit jede Möglichkeit genommen, sowohl die Gesundheit zu schützen und zu erhalten als auch ein unserer Kultur entsprechendes Leben zu führen. Denn wenn die Metalle nicht wären, so würden die Menschen das abscheulichste und elendeste Leben unter wilden Tieren führen; sie würden zu den Eicheln und dem Waldobst zurückkehren, würden Kräuter und Wurzeln herausziehen und essen, würden mit den Nägeln Höhlen graben, in denen sie nachts lägen, würden tagsüber in den Wäldern und Feldern nach der Sitte der wilden Tiere umherschweifen."

Mit Agricola sind wir der Meinung, daß ein menschenwürdiges Leben ohne Technik eine Illusion ist. Der Mensch kann der Technik so wenig entfliehen, wie er der Politik entfliehen kann.

Bleiben wir bei diesem Vergleich: In den zwanziger und dreißiger Jahren wollten viele Menschen in Deutschland mit Politik nichts zu tun haben. Die Konsequenz war, daß die Entscheidungen von anderen und in durchaus unerwünschter Weise getroffen wurden. Diesen Fehler dürfen wir heute mit der Technik nicht wiederholen: Wir müssen uns mit ihr entschlossen auseinandersetzen und mit entscheiden, welche Technik und wieviel wir haben wollen und worauf wir uns besser nicht einlassen.

Zur funktionierenden Demokratie gehört das Engagement und die politische Bildung der Bürger. Genauso gehört zur modernen Welt ein Verständnis für die Rolle der Technik.

Genau darum geht es:
Einen verständigeren Gebrauch zu machen von der Technik.

Wir wissen alle noch viel zu wenig von der Bedeutung der Technik für unsere Gesellschaft und unser Denken. Tatsächlich spielte bei der Entwicklung der Menschheitskultur die Technik von Anfang an eine entscheidende Rolle, weshalb auch der französische Philosoph und Nobelpreisträger Henri Bergson den Begriff des „homo faber" geprägt hat. Für Bergson begründet die Fähigkeit, sich mächtige Werkzeuge für die Gestaltung der Welt schaffen zu können, das eigentliche Wesen des Menschen.

Da nun überall die Auseinandersetzung um die Technik voll entbrannt ist – und neben klugen Vorschlägen auch viele törichte und gefährliche zu hören sind –, fühlt sich die Georg-Agricola-Gesellschaft aufgerufen, den ihr gemäßen Beitrag zu dieser Diskussion zu leisten. Zu Beginn der Neuzeit hat sich Georg Agricola, unser Namenspatron, Gedanken über den sinnvollen Gebrauch der Technik gemacht. Mehr als vierhundert Jahre später, zu „Ende der Neuzeit", wie manche sagen, stellt sich die Georg-Agricola-Gesellschaft die Aufgabe, eine Bestandsaufnahme vorzulegen, welche Rolle die Technik bisher in der Entwicklung der Menschheit gespielt hat.

Dabei soll es zwar auch um die auf der Hand liegende wirtschaftliche Bedeutung der Technik gehen und natürlich um die Spannung von Natur und Technik, aber ebenfalls um die weniger bekannten Aspekte. Dazu gehört etwa die zu Beginn dieses Vorwortes angesprochene ursprüngliche religiöse Motivierung des technischen Schaffens oder auch die Rolle, die der Technik in den verschiedenen Ideologien zugewiesen wird. Weitere Beispiele sind die Veränderung der „Bedingungen des Menschseins", etwa durch die modernen Kommunikationsmittel, und die Veränderungen der Gesellschaftsstruktur. Dazu gehört etwa das Entstehen des „vierten Standes“ durch die industrielle Revolution und der sozusagen umgekehrte Prozeß, der sich heute vor unseren Augen vollzieht: das Verschwinden des Unterschiedes zwischen dem Arbeiter und dem Angestellten.

Wie läßt sich ein derart komplexes Thema sinnvoll gliedern? Ein Vorbild haben wir in den 1868 ausgearbeiteten „Weltgeschichtlichen Betrachtungen“ von Jacob Burckhardt gefunden. Dem Basler Historiker ging es seinerzeit um die Entwicklung von Staat, Religion und Kultur. Nach einer kurzen Betrachtung über Staat, Religion und Kultur behandelt Burckhardt nacheinander die „sechs Bedingtheiten“, das heißt den Einfluß des Staates auf die Kultur und umgekehrt der Kultur auf den Staat und so fort.

Dieses anspruchsvolle Programm hat Burckhardt vermöge seiner umfassenden Bildung bewältigen können. Einen Nachfolger aber wird er wohl kaum finden, der aufarbeitet, wie sich das Verhältnis von Staat und Kultur von der Mitte des 19. Jahrhunderts bis heute gestaltet hat. Inzwischen sind viele neue Staatsformen entstanden (und einige zum Glück wieder verschwunden). Auf dem Gebiete der Kultur hat es tiefgreifende Aufspaltungen gegeben, wobei man nur an das Schlagwort von den „zwei Kulturen“ zu denken braucht. Mit einer pauschalen Behandlung der „Kultur“ ist es heute also nicht mehr getan.

Selbst der Unterbereich „Wissenschaft“ ist, was zum Beispiel die „Bedingtheit durch den Staat“ betrifft, in ganz unterschiedliche Sektoren zu gliedern. Hatte der Staat dereinst, im Deutschland der Dichter und Denker, Philosophie, klassische Philologie und die Altertumswissenschaften bevorzugt gefördert, so stand um 1850 die Chemie in der Sonne der staatlichen Gunst und um 1950 die Physik. Ganz offensichtlich könnte heute kein einzelner Historiker mehr das Burckhardtsche Programm bewältigen.

Einen Teil dieser großen Aufgabe hat sich nun die Georg-Agricola-Gesellschaft vorgenommen, und zwar den Teil, der sich auf die Technik bezieht. Untersucht werden zehn „gegenseitige Bedingtheiten“: (I) Technik und Philosophie, (II) Technik und Religion, (III) Technik und Wissenschaft, (IV) Technik und Medizin, (V) Technik und Bildung, (VI) Technik und Natur, (VII) Technik und Kunst, (VIII) Technik und Wirtschaft, (IX) Technik und Staat, (X) Technik und Gesellschaft.

Diese zehn Themenbände und ein Registerband bilden das Gesamtwerk. Jeder Band ist einzeln für sich verständlich; seinen besonderen Wert freilich erhält er erst durch die Vernetzung mit den übrigen Themen.

Ehe wir nun die Bände nacheinander vorstellen, noch eine abschließende Bemerkung zum Gesamttitel. Das Gesamtwerk haben wir „Technik und Kultur“ genannt, weil es zwar nicht ausschließlich, aber doch in der Hauptsache darum geht, die engen Beziehungen und vielfältigen Verschränkungen zu zeigen, in denen die Technik zu allen Bereichen der menschlichen Kultur steht. Wer sich auf diese Weise mit der Technik beschäftigt, dem wird wohl deutlich, daß bei allem Mißbrauch, die vielen von uns die Technik suspekt gemacht hat, diese einen integrierenden Teil unserer Kultur darstellt.

Das Generalthema des vorliegenden Werkes ist die Beziehung zwischen Technik und Kultur. Damit ist bereits stillschweigend eine bestimmte Grenze gezogen: Es kommen hier nur diejenigen Aspekte der Technik zur Sprache, die in einem Zusammenhang mit der Kultur stehen. So sind spezielle ingenieurwissenschaftliche Fragen und im engeren Sinn technikhistorische Gesichtspunkte ebenso ausgeschlossen wie ins Einzelne gehende psychologische oder soziologische Fragestellungen.

Das vordringliche Anliegen dieser Reihe – zu einem tieferen und umfassenderen Verständnis des Phänomens Technik in Gesellschaft und Kultur beizutragen – läßt sich nur verwirklichen, wenn sich die Leitgedanken des Gesamtwerkes auch in der inneren Architektur der einzelnen Bände widerspiegeln: die wechselseitigen Beziehungen und engen Verschränkungen zwischen der Technik und anderen Kulturbereichen sollen in ihrer Entwicklung nachgezeichnet und in ihren systematischen Zusammenhängen bis zur Darstellung der gegenwärtigen Situation herangeführt werden. – Um eine Auswahl aus der Vielfalt der wechselseitigen Einflüsse zu gewinnen, wird in allen Bänden immer wieder folgenden Fragen nachgegangen:

Welche technischen Ideen, Erfindungen und Verfahren haben zu einer grundsätzlichen Änderung in der Denkweise und den Methoden anderer Kulturbereiche geführt? – Man denke dabei nur an die revolutionierende Wirkung des Buchdrucks auf das Bildungswesen, an die Fortschritte der Medizin durch die Erfindung des Mikroskops und die tiefgreifenden Einflüsse von Radio und Fernsehen auf das Verhalten der Menschen.

Welche theoretischen Vorstellungen, Strukturbedingungen oder drängenden Lebensprobleme gaben den Anstoß für technisches Forschen, Erfinden und Konstruieren? – Hierher gehört die Vielfalt technischer Lösungen für bestimmte wirtschaftliche oder politische Aufgaben.

Die verschiedenen Themenkreise und ihre Aufeinanderfolge in den einzelnen Bänden sind so ausgewählt, daß charakteristische Wesenszüge und übergreifende Strukturen der Technik sichtbar werden.

Die gegenwärtige Diskussion über die Technik ist zwar oft emotional und irrational bestimmt, aber sie beruht nicht nur auf Eindrücken und Gefühlen. Sobald dabei Argumente ins Feld geführt werden, interpretiert man Tatsachen und appelliert an die vernünftige Einsicht. In dieser Situation ist die Philosophie gefordert. Sie ist nämlich zuständig, wenn es darum geht, Begriffe zu klären und grundsätzliche theoretische Zusammenhänge der Technik aufzuzeigen. Am Anfang des Gesamtwerkes steht daher der Band

TECHNIK UND PHILOSOPHIE (Band I)

Dieser Eingangsband beginnt mit der Erörterung des Technikbegriffes. Es folgen Ausführungen zur Bewertung der Technik in der Geschichte der Philosophie, Untersuchungen zum technischen Problemlösen und zur instrumentellen Verfahrensweise sowie Darlegungen zum geschichtlichen Wertwandel, Überlegungen zu den drängenden Fragen der Verantwortung für den technischen Fortschritt und zur möglichen Abschätzung der Technikfolgen. Die Diskussion über die Ambivalenz der Technik, über ihre weltweit kulturgeschichtlichen Auswirkungen, über ihre erhofften und realisierten Leistungen und auch ihre Gefahren schließen diesen Band ab.

Die moderne Technik in der Form, wie wir sie heute kennen, ist nicht denkbar ohne zwei Elemente, durch die die europäische Tradition entscheidend geprägt wurde: das Christentum und die Entstehung der modernen Naturwissenschaften in der Renaissance. So werden in dem Band

TECHNIK UND RELIGION (Band II)

in einem weitgespannten historischen Zusammenhang die wechselseitigen Beziehungen zwischen technischem Wandel und religiösen Vorstellungen untersucht. Um für die Beiträge dieses Bandes eine gemeinsame Ausgangsbasis zu finden, werden in dem Eingangsartikel die Begriffe Religion, Theologie und Kirche gegeneinander abgegrenzt.

Die folgenden Kapitel des Religionsbandes behandeln den allgemeinen Zusammenhang zwischen der technischen Entwicklung und den großen außerchristlichen Religionen und den christlichen Kirchen bis hin zur Gegenwart. Überlegungen zu esoterischen Strömungen der

Gegenwart und mögliche Modelle einer Religiosität in einer zukünftigen technischen Weltzivilisation beschließen den Band.

Moderne Technik konnte erst entstehen, nachdem das theoretische Denken, die mathematische Methode und das gezielte Experiment in die Naturwissenschaften Einzug gehalten hatten. Die Anwendung naturwissenschaftlicher Methoden und Ausnutzung der Naturgesetze sind die Grundvoraussetzungen technischen Schaffens. In welcher Weise sich die Beziehungen zwischen Technik und Naturwissenschaften in verschiedenen Epochen darstellen, ist ein Hauptthema des Bandes

TECHNIK UND WISSENSCHAFT (Band III)

Der Wissenschaftsbegriff, dessen Erörterung den Ausgangspunkt der Untersuchungen bildet, wird hier so weit gefaßt, daß er nicht nur Naturwissenschaften und Technikwissenschaften einbezieht, sondern auch die Geisteswissenschaften mit angesprochen sind. Die folgenden Beiträge sind daher zunächst den wechselseitigen Einflüssen von Technik und Geisteswissenschaften gewidmet, Untersuchungen zum Verhältnis von Technik und Rechtswissenschaften bzw. Wirtschaftswissenschaften schließen sich an. Die Entstehung der spezifischen Technikwissenschaften und ihre Verknüpfung mit praktischer technischer Tätigkeit sind Themen in den abschließenden Darstellungen des Bandes.

Innerhalb der Wissenschaft nimmt die Medizin einen so wichtigen Platz ein, daß ihr ein eigener Band gewidmet wird:

TECHNIK UND MEDIZIN (Band IV)

Aus der immer weiter anwachsenden Vielfalt der technischen Hilfsmittel für die Arbeit des Arztes wurden vor allem diejenigen behandelt, die zu einer grundlegenden Wandlung der medizinischen wissenschaftlichen Auffassungen und Methoden führten.

Die Möglichkeiten des technischen Handelns und der Spielraum realisierbarer Erfindungen hängen ab vom Stand des Wissens und Könnens. Das jeweils erreichte Niveau einer Epoche wird durch die weitgefächerten Bildungseinrichtungen an die nachfolgende Generation weitergegeben. Es ist charakteristisch für das Kulturverständnis jeder Zeit, welche Techniken von ihr tradiert werden und welche technischen Vorstellungen auf Akzeptanz stoßen.

In dem Band

TECHNIK UND BILDUNG (Band V)

stehen die Beziehungen zwischen technischer Entwicklung und unterschiedlichen Bildungsvorstellungen und Bildungsinstitutionen im Mittelpunkt. Neben der technischen Ausbildung und den Bildungswerten der schöpferischen Tätigkeit von Ingenieuren und Technikern wird dabei insbesondere die Herausforderung der traditionellen Bildungsideale durch moderne Medien und Technologien behandelt.

Die realisierte Technik ist immer Umgestaltung der physischen Welt, Beherrschung und Nutzbarmachung der Natur für die Zwecke des Menschen. Ideen und Pläne des Ingenieurs lassen sich nur in konkreten und materiellen Gebilden verwirklichen, die in letzter Konsequenz – oft unter komplizierten Umformungen, Umwandlungen und Umwegen – aus der unberührten Natur hervorgehen. Technik beruht immer auf dem Zusammenhang – dem Gegensatz oder dem Einvernehmen – mit Vorgängen der Natur. Diesem Themenkreis gelten die Beiträge des Bandes

TECHNIK UND NATUR (Band VI)

Die Themen reichen von Untersuchungen zur Bionik und Biotechnik bis hin zu den drängenden Umweltproblemen, die heute durch technische Entwicklungen entstehen.

Technisches Entwerfen und Tun ist seit Beginn der Menschheitsgeschichte eng verknüpft mit handwerklichem und künstlerischem Schaffen. Diese Verknüpfungen stehen im Mittelpunkt des folgenden Bandes

TECHNIK UND KUNST (Band VII)

Die wechselseitigen Beziehungen zwischen Technik und Kunst haben sich im Laufe der Geschichte vielfach gewandelt; sie reichen von einer krassen Gegenüberstellung bis zur Identifikation und einem gemeinsamen Ausdruck für kreatives Tun. Ein Beispiel für diese letzte Sichtweise finden wir bei den Künstleringenieuren der Renaissance. In diesem Band wird ferner untersucht, in welcher Weise technische Hilfsmittel die künstlerische Arbeit unterstützen und die Ausdrucksmittel vervollkommnen oder durch ihre Unzulänglichkeit die Realisierung künstlerischer Ideen hemmen oder unmöglich machen. Die künstlerische Darstellung ist ein besonders sensibler Ausdruck für das

Zeitempfinden – auch in bezug auf die Technik. Die Kunst ist ein untrügliches Indiz für die positiven Erwartungen, aber auch für die Ängste gegenüber der Technik. Deshalb ist ein umfangreiches Kapitel dieses Bandes der Darstellung der Technik in Kunstwerken gewidmet. Hier wird nicht nur aufgezeigt, wie sich die Technik als Thema der Malerei, der Graphik oder Plastik widerspiegelt, sondern es wird auch die Darstellung der Technik in Literatur, Musik und Theater einbezogen. Ausblicke auf die vieldiskutierten Grenzgebiete zwischen Technik und Kunst, wie Computergraphik oder Videokunst, runden das Bild ab.

Die moderne Technik befreit den Menschen von einem großen Teil der körperlichen und sogar der geistigen Arbeit. Die technischen Geräte und Maschinen und die angewandten Verfahrensweisen wirken aber unvermeidbar wieder auf den Menschen zurück. Neben die genannten Merkmale der Technik – ihre enge Verknüpfung mit den Wissenschaften und die Auseinandersetzung mit der Natur – tritt die im umfassendsten Sinn verstandene soziale Dimension als drittes Charakteristikum.

Die Einwirkungen der Technik auf das Leben des Menschen und ihr Einfluß auf die unterschiedlichen Strukturen der Gesellschaft sind außerordentlich vielschichtig und weitreichend. Diesen umfassenden Themenkreis behandeln die letzten drei Bände des Gesamtwerkes.

Die enge Verbindung zwischen wirtschaftlicher Entwicklung und der Entstehung neuer Techniken und Industrien, aber auch die Suche nach neuen technischen Lösungen für wirtschaftliche Probleme bilden die zentralen Fragen des Bandes

TECHNIK UND WIRTSCHAFT (Band VIII)

Technische Entscheidungen sind oft von politischen Gegebenheiten abhängig, und politische Probleme haben ihren Ursprung in der Anwendung neuer Techniken. In wie vielfältiger Weise das staatliche System auf die technische Entwicklung eines Landes einwirkt und wie sehr die wirtschaftliche und militärische Leistungsfähigkeit eines Staatsbildes von seinem technischen Stand abhängig ist, behandelt der Band

TECHNIK UND STAAT (Band IX)

Alle Verflechtungen zwischen der Technik und anderen Kulturbereichen, die bisher aufgezeigt worden sind, haben eine soziale Dimension. Diese steht im Mittelpunkt des abschließenden Bandes

TECHNIK UND GESELLSCHAFT (Band X)

Hier kommen die wesentlichen Gesichtspunkte der vorangegangenen Bände unter allgemeinen, gesellschaftlichen Aspekten noch einmal zur Sprache. Die zusammenfassenden Betrachtungen über das Verhältnis von Technik und Mensch bilden den natürlichen Abschluß des Gesamtwerkes.

Ganz gleich, wie man das Thema „Technik und Kultur“ strukturiert, es gibt immer enorme Überschneidungen. Das gilt auch für das vorliegende Werk. So wird zum Beispiel die Frage nach der Verantwortung für die Folgen der Technik vor allem aus philosophischer Sicht thematisiert, aber auch unter medizinischen, pädagogischen, politischen und ökologischen Gesichtspunkten behandelt. Und die Veränderungen durch neue Medien und Computertechnik sind nicht nur für das Bildungswesen, sondern auch für die wirtschaftliche Entwicklung des Arbeitsmarktes und die Einflüsse auf das Leben der Familie ein wichtiger Gesichtspunkt. Querverweise machen bei wichtigen Themen auf den sachlichen Zusammenhang zwischen verschiedenen Beiträgen und Bänden aufmerksam.

Das Gesamtwerk „Technik und Kultur“ erstrebt in erster Linie eine Bestandsaufnahme der Forschung. Dabei wurden von den Autoren die wesentlichen Veröffentlichungen auf den verschiedenen Gebieten herangezogen. In vielen Beiträgen werden aktuelle Forschungsprobleme dargestellt, und es wird auf neue Fragestellungen und zukünftige Aufgaben hingewiesen. Im Registerband XI sind alle Querverweise, Literaturübersichten, ein ausführliches Personen- und Sachwortregister und Bildnachweise zusammengestellt.

Die von der Georg-Agricola-Gesellschaft verpflichteten Autoren sind nach ihrer Sachkompetenz ausgesucht und haben zu komplexeren Problemen nicht immer eine einhellige Meinung. Differenzierte und naturgemäß auch heterogene Darstellungen machen dies deutlich. Das ist aber kein Mangel, sondern geradezu unerläßlich, wenn der Leser zu einer eigenen, fundierten Beurteilung der Technik kommen will. Und diese ist notwendig, wenn die von der Technik aufgeworfenen drängenden Probleme unserer Zeit gelöst werden sollen.

Düsseldorf, im November 1989 Georg-Agricola-Gesellschaft

Wilhelm Dettmering
Armin Hermann
Charlotte Schönbeck

Benutzerhinweise

Querverweise: Da es sich bei den Beziehungen zwischen Technik und Kultur um ein sehr komplexes Phänomen handelt, wird eine Thematik gelegentlich mehrfach unter verschiedenen Aspekten behandelt. Um dieses Beziehungsgeflecht aufzubereiten, wurden Querverweise eingeführt. Für Analogstellen in Beiträgen, die bereits fertiggestellt sind, wird dabei zunächst auf die Nummer des Bandes, danach auf das Kapitel und die Nummer des Beitrages verwiesen. Beispielsweise bezieht sich der Querverweis [V-3.1] auf den 1. Beitrag im 3. Kapitel des Bandes V. Sind dagegen die Manuskripte eines Beitrages, auf den verwiesen wird, noch nicht abgeschlossen, wird nur auf den entsprechenden Band bzw. das Kapitel in einem Band aufmerksam gemacht. Eine Übersicht aller vollständigen Querverweise aus den zehn Inhaltsbänden ist im Registerband enthalten.

Literaturnachweise: Belegstellen für die in einem Beitrag auftretenden Zitate sind im Anschluß an jeden Beitrag zusammengestellt.

Literaturanhang: Auf Überblicksartikel und weiterführende Literatur zur Thematik eines Beitrages wird im Literaturanhang am Ende jeden Bandes hingewiesen. Zusätzlich zu den in den Literaturnachweisen aufgeführten Angaben werden hier zu einzelnen Gesichtspunkten der Beiträge Hinweise und Vergleichsliteratur zu finden sein.

Registerband: Dieser Band wird für alle Bände die Inhaltverzeichnisse, die Literaturanhänge und die Zusammenstellung aller vollständigen Querverweise enthalten. Zur Orientierung im Gesamtwerk dienen ein ausführliches Personenregister, ein Sachwortverzeichnis und der Bildquellennachweis.

Inhalt

Einleitung

Ansgar Stöcklein

Religiöse Impulse und religiöse Entfremdung der Technik

Es gibt Mythen, die von der Entstehung des Menschen in Bildern des Herstellens berichten: Wie ein Töpfer formt Gott aus Erde den Menschen. Es gibt andere Mythen, in denen die Welt, die Erde und der Mensch aus einem Opfer entstehen.

Diesen Urdeutungen entsprechen verschiedenartige Grundeinstellungen zur menschlichen Arbeit und zu deren Produkten. Spätformen der Zivilisation beschwören die scheinbar versunkenen Mythen. Wie der Mensch sich selbst versteht, so versteht er auch sein Werk. Menschwerdung, die sozusagen von außen her geschieht, als ein Werk außerhalb des Wirkenden, führt konsequent zum Ideal des ‚Arbeiters', des homo faber, der durch Fabrikation und Technik sich selbst bestätigt, sich seines Ursprungs und seiner Bestimmung würdig erweist. Wo anderseits dem Menschen bewußt ist, daß er sich dem Opfer verdankt, verliert das Machbare seine Übermacht; der Mensch gibt dort das Beste seiner Existenz im Opfer weiter, erneuert und vollendet darin seine Menschwerdung. Westliche und östliche Wege der Religionen, auch des Christentums, unterscheiden sich in solcher Tat und Hingabe.

In den Kulturen, in der Kultur geschieht eine Erweiterung des Menschen in einem realen, nicht bloß ‚allegorischen' Sinn. Der Mensch hört an den Grenzen seiner Haut noch nicht auf. Auch die Umgebung ist Teil seiner selbst. Zum Beispiel ist der japanische Garten, der fast unmerklich in die ‚wilde Natur' übergeht, sozusagen ein Teil des Menschen, der ihn pflegt. Ihn zu kultivieren und zu betrachten, gehört zur Selbstwahrnehmung. Alles, womit der Mensch umgeht, ist Hülle der Seele und bedarf einer Pflege. In solcher Humanisierung der Umwelt, in solcher Kultur sind religiöse Grunderfahrungen bewahrt. Und nicht nur im gärtnerischen, agrarischen ‚Anbauen', sondern auch im Bauen, in der Architektur erweitert sich der Mensch; der Zusammenhang von Kontemplation und Tempel drängt sich nicht nur etymologisch auf. [VI]

Technik kann in diesem Sinne erweiternd sein, indem sie dem Menschen neue Organe mit größerer Reichweite gibt und seine Aura stärkt. Technik kann sich freilich auch vom Menschen ablösen und ihn klein und vereinzelt zurücklassen. Im einen wie im anderen Falle gewinnt technische Macht eine religiöse Bedeutung.

Was haben *heute* die Religion und die Technik – das heißt die gegenwärtige Gestalt globaler industrieller Technik – miteinander zu tun? Mächtige Interessen, zum Beispiel der Politik oder Wissenschaft oder Wirtschaft, treiben die Technik heute voran. Religion erscheint hier nicht als Antrieb, sondern eher als Korrektiv oder als Abwehrkraft, zuweilen auch als Überhöhung und Verklärung der Lebenspraxis, vielleicht als Trost und imaginäres Auffangnetz beim Scheitern technischer Artistik. Moderne Transportmittel werden im allgemeinen ohne religiöse Weihen und Ängste hergestellt und benützt. Erst während die „Titanic" sinkt und ihre Passagiere in die Tiefe reißt, wechselt die Bordkapelle das Notenblatt und spielt: „Näher mein Gott zu dir . . ."

Zeigt diese extreme Situation, wie weit die Religion an den Rand rückte und im Alltag ihre Mächtigkeit verlor? Oder bricht im Untergang die Mitte auf, die im Alltag nur verhüllt, nicht verloren war? Den Menschen ist es eigentümlich, über ihre Grenzen hinauszustreben. Es geschieht nicht aus purer Zweckmäßigkeit, daß Menschen sich mit Geschwindigkeiten von 100 km/h alltäglich aneinander vorbeibewegen oder daß sie 20 Stockwerke hoch übereinander wohnen. Citius, altius, fortius – die Olympia-Parole „schneller, höher, stärker" durchdringt alle Lebensbereiche. Mittels technischer Errungenschaften dringt der Mensch schaudernd und fasziniert vor in Bezirke, die früher als göttlich – als überweltlich und unendlich – galten. Herrschaft über die Naturkräfte ist nicht mehr ein Privileg von wenigen, nicht mehr an bestimmte religiöse Techniken gebunden. Um Raum und Zeit zu überwinden, bedarf es in der Epoche der Düsenjets nicht mehr schamanischer Ekstasen.

Deren geheime Sehnsucht steigt freilich oft genug mitten in unseren heutigen technischen Zwängen wieder auf: Eine ausufernde esoterische Literatur und deren westeuropäische Umsetzung in Lebenspraktiken sucht Auswege aus dem ökonomisch-technischen Konformismus und seinem Ausbildungssystem. Dieses hat ja mit ‚Bildung' im herkömmlichen oder gar ursprünglich-religiösen Sinn nicht mehr viel zu tun. In der Überfülle technikorientierter Bildungsbetriebsamkeit verblaßt die Erinnerung, daß Gott den Menschen formte und ‚bildete' und daß Bildung nicht fort und weiter läuft, sondern – falls sie überhaupt eine Richtung haben soll – hinauf: damit der Mensch nicht bloß ein geschicktes Instrument sei, sondern Mensch ‚nach Seinem Bilde'. [V-1; V-2]

Das Weltereignis der Technisierung und Industrialisierung steht ebenso wie die Technikkritik und -entfremdung in einem sich wandelnden religiösen Kontext. Die Gebete und Opferbräuche, die Feiertage ändern sich mit dem, was als wunderbar und machbar erfahren wird. Es ändern sich auch die Meinungen, was gut und böse sei. Es ändern sich die Vorstellungen über Herkunft und Ziel des Schaffens und der verfügbaren Güter. Spitzenleistungen von Medizin, Rüstung oder Informationswesen, die in unserer westlichen Industriegesellschaft kaum noch ersichtlich mit Religion zu tun haben, ja sogar oft ausdrücklich gegen sie funktionieren, entwickelten sich in anderen Kulturstadien als Wille und Werk Gottes, als Gaben von Gott und als Gaben für Gott. Die Religion erschloß den Sinn im Sinnenhaften: Der Geist (spiritus, ingenium) des Menschen kam her aus dem Gottesgeist, das spirituelle Tun wurde zum Ingenieurwerk. Der fromme Glaube, der so in die Technik geführt und sie gedeutet hatte, vermochte dann freilich deren weiteren Weg nicht mehr zu bestimmen. Die Beiträge dieses Bandes wenden sich den Zusammenhängen, Begegnungen, Entfremdungen zwischen Religion und Technik zu – ein weites Feld.

Die Auswahl der Themen und Methoden

Nicht einmal annähernd könnten alle Beispiele einer religiös durchformten Technik in diesem Band zusammengetragen werden. Weniger als in manchen anderen Bänden der Reihe ist deshalb eine einheitliche Darstellungs- und Betrachtungsweise möglich. Es muß genügen, einige typische Verläufe und Kontraste zu zeigen. Am ausführlichsten wird die christliche Ära dargestellt: Die moderne Wissenschaft und Technik hat sich in Europa und nirgendwo sonst entwickelt. Ob diese Entwicklung ‚zwangsläufig' erfolgte und ob das westeuropäische Christentum in diese Zwangsläufigkeit hineinführte, ist umstritten. Nur ein paar Ansätze zur Antwort können in den folgenden Beiträgen erwähnt und diskutiert werden.

Bei einigen Themen paßt sich die äußere Sprachform ihrem Gegenstand an. Beispielsweise lassen sich die Impulse des Frühchristentums am reinsten in den Wortbildern und Ausdrucksweisen jener Zeit nachvollziehen. Nur vordergründig führt solches Bemühen den Leser auf befremdliche Nebengeleise. Aus diesen heraus mag uns in unerwarteter Wendung die Einsicht ergreifen: „Das bist du!" Tua res agitur: Um uns selber geht es, auch beim scheinbar Kuriosen und Überholten, das in Naturreligionen und in den Religionen früher

Hochkulturen vor uns hintritt als Weltsinn und Gestaltungswille. Heutige Sehnsucht nach vortechnischen Ursprüngen wird aus solcher Anschauung und Erinnerung ernüchtert. – „Das bist du!": Indem unser eigenes Wollen und Tun in Kontrast tritt zu anderen Formkräften, zu historisch und geographisch weit entlegenen Handlungsmustern aus dem chinesischen oder islamischen Raum, versteht und definiert es sich selbst. Zu unserem Fortschritt und dessen Gefährdung gehört auch die technisch erzwungene Begegnung, Vermischung und Konfrontation der Religionen.

Von der institutionalisierten Lehre der großen Religionen und Konfessionen entfernte sich einerseits die Volksfrömmigkeit, anderseits eine mystische Grundwelle. Diese, scheinbar weitab vom Weg der Vielen, wirkte doch stets als Vor-Wurf und Lockung ins kollektive Bewußtsein. Wo die Unterschiede zwischen innen und außen, zwischen oben und unten sich auflösen, wird das Menschenwerk zur Chiffre dessen, was die Welt im innersten zusammenhält, des alldurchdringenden Geistes. Nicht unerwähnt bleiben deshalb im vorliegenden Band einige technische Bezüge jener freireligiösen Spiritualität, die heute vor allem außerhalb der christlichen Kirchen sich ausbreitet: eine Art von innerer Emigration aus einer technisch perfektionierten Welt, oder auch eine Art von Sinngebung der Fortschrittsmechanismen. Fernöstliche Fragmente vermengen sich mit den Bruchstücken westlich-hermetischer und apokryph-christlicher Traditionen. Moderne Esoterik – im Wortsinne ein Weg nach innen – ist sich solcher Herkunft oft genug nicht bewußt, sondern tritt bekennerhaft mit einem Wahrheitsanspruch auf, den die etablierte Theologie heute kaum so direkt zu vertreten wagt.

Zum Thema „Technik und Religion" gehört schließlich auch die Frage, ob Technik den Menschen entfremde – seinem überweltlichen Selbst, dem Gott, den religiösen Institutionen. Technik hat ihren Ort in der heiligen und in der gefallenen Welt, und sie ist zugleich Impuls einer „weltlichen Welt", die aus sich selbst hinreichend erklärbar ist. Um jene Ursprünge und um die verborgene Weltfrömmigkeit des technischen Tuns und Wollens geht es im einleitenden Beitrag über Säkularisierung im vierten Kapitel. Brennen in Dampfkesseln die heiligen Herdfeuer weiter? Ist das industriell hergestellte H_2O der gleiche Stoff wie das Wasser des Sterbens und der Neugeburt in der Taufe und an den Übergängen zwischen den Reichen der Lebenden und der Toten?

„Technik und Religion": Das meint also in diesem Bande nicht bloß theologische Deutungen der Technik. Es meint auch nicht bloß die

Benutzung technischer Produkte für fromme Zwecke. Technik und Religion bilden vielmehr ein Geflecht von Wirkungen, die oft unverstanden und unbeabsichtigt eintreten. Erst im nachhinein zeigt sich, wie mit den Göttern auch die Maschinen sich ändern und wie bei neuen Formen des Arbeitens auch die Mythen und Rituale sich umgestalten. Aus diesem Wechselspiel ereignen sich die Wirklichkeiten, in denen die Menschen sich und ihre Welt herstellen und verstehen, erleiden, überschreiten und vernichten.

Religiöse Weltzuwendung und Weltabwendung nach der Typologie von Max Weber

Max Weber (1864–1920) entwickelte idealtypische Kategorien zur Wirtschaftsethik der Weltreligionen[1]: einen Erklärungsraster, der mittelbar auch die Formen und Antriebe der technischen Entwicklungen und Stagnationen ordnet, mindestens soweit diese mit wirtschaftlichen Komponenten verflochten sind[2].

Klassifikation von Kulturreligionen[3]

	Kulturreligion				
1. Weltbejahung – Weltverneinung	weltbejahende Kulturregion oder „politische" Religion	weltverneinende Kulturreligion oder Erlösungsreligion			
2. Weltabwendung – Weltzuwendung		weltabgewandte Erlösungsreligion		weltzugewandte Erlösungsreligion	
3. asketisch-kontemplativ oder ekstatisch	↓	asketisch ↓	kontemplativ oder ekstatisch ↓	asketisch ↓	kontemplativ oder ekstatisch ↓
fundamentale Haltung zur „Welt"	Weltanpassung	Weltüberwindung	Weltflucht	Weltbeherrschung	Schickung in die Welt
Studien von M. Weber	Konfuzianismus und Taoismus Islam (?)	okzidentales Christentum (Mönchtum)	Hinduismus und Buddhismus	protestantische Ethik	antikes Judentum Urchristentum orientalisches Christentum Islam (?)

Max Weber verstand diese Studien als „einen Beitrag zur Typologie und Soziologie des Rationalismus selbst". Dieser drängte die technische Entwicklung in bestimmte Richtungen, die allerdings durch andere Einflüsse überlagert und verändert wurden.

Erfindungen und technische Leistungen müssen ins Gefüge einer Kultur hineinpassen; sonst kommen sie nicht zustande oder können sich jedenfalls nicht dauerhaft durchsetzen. Wo in einer Kultur die Religion dominiert, entscheidet diese, welche technischen Fortschritte und Hilfsmittel förderungswürdig sind. Ortega y Gasset veranschaulicht das: „Der Buddhist strebt danach, nicht zu leben oder so wenig zu leben wie möglich. Er wird seine Nahrung auf ein Minimum beschränken, – das ist schlecht für die Technik der Ernährung. Er wird nach der äußersten Unbeweglichkeit trachten, um sich in der Meditation zu sammeln. Es ist nicht wahrscheinlich, daß ein Mensch, der sich nicht bewegen will, das Automobil erfindet." In der Realität freilich – das wurde von Max Weber klar ausgesprochen – sind die fundamentalen Welthaltungen, die aus den Lehren und Ordnungen der Kulturreligionen theoretisch konsequent folgen, kaum je rein verwirklicht.

Christlicher Herrschaftsauftrag

Im asketischen Protestantismus des 17. und 18. Jahrhunderts erreichte das Streben nach Weltbeherrschung die historisch rationalste Form und führte zu kapitalistischen industriellen Wirtschaftsformen, die ihrerseits eine starke Beschleunigung technischer Innovationen voraussetzten und begünstigten [4]. Aber nicht erst Jean Calvin, René Descartes und Francis Bacon erklärten die Menschen zu „Herren und Eigentümern der Natur" und beriefen sich dafür auf den im ersten Buch der Bibel überlieferten göttlichen Auftrag [5]. Schon im Laufe des 14. Jahrhunderts begann jene Neuzeit, in der die symbolische Weltbetrachtung durch die sachlich-kritische verdrängt wurde. Durch Beobachtung, Experiment und rationale Theorie löste sich aus dem mittelalterlichen, religiös bestimmten Weltbild eine „natürliche", wissenschaftlich verstehbare und technisch nachvollziehbare Welt heraus: ein Gefüge empirisch feststellbarer Energien und rational verstehbarer Gesetzlichkeiten und Konstruktionen, in dem eine göttliche Realität als etwas Fremdes, ja Sinnloses galt, das ausgeschieden werden mußte. In der Zeit, in der Herrschaft sich „territorialistisch" und „absolutistisch" ausformte, gewann auch der biblische Herrschaftsauftrag des Menschen – „erfüllet die Erde und machet sie euch untertan und herrschet ..." – den Sinn einer Verfügungswillkür und galt nicht mehr als Schutz- und Lehensverhältnis. Die Welt wurde zum bloßen Heilswerkzeug.

Wohl läßt sich hinterher verstehen, warum die moderne Technik, mit der wir heute umgehen, im Kulturraum des westlichen Christentums entstand und warum sie nicht in China oder in islamischen Ländern entstand. Damit ist aber keineswegs erklärt, daß diese Technik hier entstehen *mußte* und daß sie dort nicht entstehen *konnte*. Das Faktische anerkennen heißt nicht, ihm die Würde des Unausweichlichen und Notwendigen zu verleihen.

Diese Unterscheidung gewinnt eine zusätzliche Aktualität durch eine technikfeindliche Bewegung, einen neuen Maschinensturm, den der Übergang ins superindustrielle Zeitalter auslöste. Bei der Suche nach den Schuldigen des technischen Gigantismus und Mißbrauchs stieß man auf „die gnadenlosen Folgen des Christentums"[6]. Ohne dieses, so versichert man, gäbe es die Technik von heute nicht; das Christentum habe zwangsläufig in diese Art von Technik hineingeführt. 1987 verkündigte ein Basler Zoologieprofessor: „Unser 2000 bis 3000 Jahre altes Wertsystem ist gefährlich für die Umwelt, weil es sagt, daß das, was man auf der Erde macht, nicht so wichtig ist wie das, was man im Himmel tut." Da wird nun also nicht der Bankrott eines noch kaum 200 oder 300 Jahre alten Wertsystems in seiner totalen Erdzugewandtheit angemeldet. Da wird nicht redlich eingestanden, daß es offenbar mit dem Menschen nicht so weit her ist, wie wir uns seit ein paar hundert Jahren eingeredet haben. Nein, viel weiter zurück müssen Christus oder Platon herhalten für späte zeitgebundene Exegesen ihrer Lehren.

In den Großkirchen führen diese Strömungen zu Schuldbekenntnissen wegen der (verspäteten oder verfrühten?) Willfährigkeit gegenüber dem technischen Fortschritt. Neue Strömungen einer politischen und ökologischen Theologie streben Bewußtseinsveränderungen an und verlangen, daß kirchliche Autoritäten vor kollektiven Großrisiken warnen. Max Webers Typologie der religiös-ethischen Antriebe von Wirtschaft und Technik erweitert sich hier in eine neue Dimension.

Die Enge der Einen Welt

Die Frage nach den Gründen, die beispielsweise zur Technik des Buchdrucks und zu deren Weiterentwicklung bis hin zur bildschirmtextverkabelten Informationsgesellschaft führten, kann mit dem Aufweis mechanisch-kausaler Zusammenhänge nicht zureichend beantwortet werden. Solche linearen Erklärungsversuche fallen zurück hinter die mittelalterliche Scholastik, die im Anschluß an Aristoteles viel subtiler und vernetzter nach den Ursachen der Dinge und der historischen Abläufe gefragt hatte: Wirkkraft (causa efficiens) und innere Formkraft (causa formalis), Stoff (causa materialis) und Ziel (causa finalis), letzteres verstanden als objektives Entwicklungsziel, das über die subjektiven Ziele und Bedürfnisse der Handelnden hinausreicht.

Hegel fügte den aristotelischen Ursachen ein neues Erklärungsmodell hinzu. Nicht unmittelbar auf christliche Thesen ist hiernach die Moderne zurückführbar, sondern in dieser ereignet sich der notwendige Wider-Spruch zum Wort der Offenbarung. ‚List' hat Hegel als Inbegriff des modernen Maschinenzeitalters definiert. Darin lebt nicht nur das alte Paradigma von der Technik als einem Überlisten der Natur weiter, gegen das Galilei sich gewendet hatte, sondern gemeint ist auch jene List der Geschichte, die das Kommende am scheinbar ganz Anderen einübt. So hatte im christlichen Mittelalter die absolute Unterordnung unter Gottes geheimnisvollen Willen und unerforschlichen Ratschluß das Kulturmuster der Fremdbestimmung eingeschliffen und jene andere, neue Art von Heteronomie vorbereitet: die Einordnung in undurchschaubare technische Vollzüge und der Glaube, daß solcher Fortschritt dem Menschen zur wahren Autonomie und zu seiner eigentlichen Bestimmung und Freiheit voranhelfe.

Max Weber wählte das Bild vom „stahlharten Gehäuse" unserer Industriekultur, um deren Undurchdringlichkeit für eine wie immer geartete Transzendenz zu kennzeichnen. Innerhalb dieses Gehäuses vereinheitlichen sich die Lebensformen und Denkstrukturen durch die identischen technischen Verhaltensmuster. Es entsteht die Eine Welt, in der sich die gemeinschaftsbildenden Blöcke älterer religiöser Grundüberzeugungen auflösen. Die unvermeidliche Arbeitsteiligkeit der Großtechnik verhindert anderseits eine umgreifende gemeinschaftliche „Anschauung" der Welt. Amöbenhaft und rasant verteilt sich die pragmatische Minimallogik der Technologie über die Welt, löst die mythischen und religiösen Traditionen auf und nivelliert das vielseitige kulturelle Inventar bisheriger Großräume. Dem Einzelnen wird nun Weltbildung übertragen, die einst durch Institutionen geleistet wurde, „etwa die von Tempelpriesterschaften, die Annalen und Chroniken, Geschlechtsregister und Stiftungsurkunden verwalten und den jeweils Lebenden verwehren, sich als Mitte der Welt zu betrachten und von der Welt entsprechenden Tribut einzufordern" [7]. [I-4.2]

Die Vorstellung einer einzigen planetarischen Industriekultur hat durchaus einen imperativen Charakter. Die gegenwärtigen Naturwissenschaften setzen ein bestimmtes Verständnis von Zeit, Materie, Mensch, Natur und Kausalität voraus. Nicht die kirchlich vermittelte Gnade, sondern der „Fortschritt" setzt das Maß und offenbart sich in den innerweltlichen Heilsangeboten von Medizin, Konsum und Schulwissen. Aus jenen Grundelementen formen sich zahllose Kleinwelten aus, trotz Individualitätsanspruch gleichförmig fabriziert. Diese Einheitlichkeit umfaßt nicht mehr die Tiefe der Geschichte; sie verschließt sich den Toten. Die Welt, zu der nur noch die Gleichzeitigen gehören, ist eng geworden. Sie ist nicht mehr Welt im Sinne der alten Religionen. „Mundus" in der etruskisch-römischen Kultur ist ursprünglich eine Opfergrube als heilige Mitte des Gemeinwesens, Abbild des Weltenbrunnens, der sich nach dem Kosmos der Tiefen – der Welt der Toten – öffnet [8]. Von dorther hatte sich die Welt geweitet und war der *mundus* zum All geworden. Das heutige Weltgefüge benützt andere Gerüste; entmächtigt überlassen die preisgegebenen einstigen Großwelten unsere Generation der ihr auferlegten und von ihr gewählten Eindeutigkeit und Gleichschaltung.

New Age gegen „no future"

Widerspruch regt sich gegen die Behauptung, unsere Welt sei „gleichgeschaltet": Leben wir nicht in der Epoche eines Synkretismus, der die Bestandteile weit entlegener Weltbilder technisch abrufen kann und zu zahllosen Varianten kombiniert? Doch wer aus den kaleidoskopartig entstehenden und rasch sich wandelnden religiösen Kleinsystemen eklektisch seinen individuellen und institutionsfreien Heilsweg kombiniert, nimmt oft nicht wahr, daß diese scheinbar höchstpersönlichen Wünsche und Einsichten schon industriell vermarktet – in Büchern, Kursen usw. – auf ihn zukommen. Doch auch in solchen kurzlebigen religiösen Angeboten und scheinbar beliebigen Programmen kann sich eine Ahnung der Heilsverluste und vielleicht künftiger gemeinschaftsstiftender Heilswege einstellen.

Von neuem erwacht das Interesse am Mythos. Die Welt, durch den Rationalisierungsprozeß ‚entzaubert', gewinnt die Dimension des Unvorhersehbaren, des Urtümlichen und Überrationalen zurück, in Wellen und Fluten der ‚Wiederverzauberung' [9], in apokalyptischen Drohungen und Verheißungen. *Apokalypsis,* im Wortsinn als ein Offenbaren der Wahrheit verstanden, greift hinter die aufklärerische Attitüde zurück auf die prophetische Verkündigung eines Gehörten und Geschauten, das sich auf eine Fülle des ‚Draußen‘ richtet, die über unsere cartesianischen Dimensionen hinausreicht.

Im Thema neuer Innen-Wendung und Inne-Werdung vergegenwärtigen sich Visionen von Supertechnologie ebenso wie von Small-beautiful-technology. Der Optimismus des New Age steht als Gegenpol – das heißt untrennbar zugehörig – zu der vor allem technisch provozierten Resignation des „no future“, das auf die Stützmauern von Autobahnen und an die Kirchenwände aufgesprayt ist. Esoterische Spiritualität ereignet sich nicht nur in Einzelgängern und in Jugendsekten, sondern dringt als „der unverbrauchte Gott“ [10] oft genug in die verlassenen Gehäuse konventioneller Frömmigkeit hinein. In modernen theologischen Reflexionen wie in der pastoralen Praxis der großen christlichen Konfessionen weicht die „Schärfe“ des Dogmas und der ethischen Forderung einem anderen Verständnis von Wahrheit und Gesetz, analog zu neueren physikalischen Theorien: Das Ganze wird in einer Weise „wahr“genommen, die sich der präzis-rationalen Analyse aller Teilphänomene entzieht. Die Wiederkehr eines uralten Analogie-Denkens, das wirklich oder vermeintlich im Einklang mit Ergebnissen und Methoden der modernen Naturwissenschaft ist, zersetzt eine im Schema von Subjekt-Prädikat und von Subjekt-Objekt eingeübte Frömmigkeit. Die Dogmen, einst abgegrenzt durchs Anathem, und die rituellen Handlungen gelten nicht mehr eindeutig und unveränderlich; sie verlieren ihre Lebensmacht.

Jede Epoche – Umberto Eco lehrte es von neuem – hat ihre eigene Postmoderne, ihren eigentümlichen Manierismus, ihre demiurgische Gnosis der Selbst- und Welterlösung. Auch im 20. Jahrhundert kleiden Naturwissenschaftler ihre Erkenntnis in Stilformen spiritueller Weihe. Techniker interpretieren ihr Tun mit Ausdrucksmitteln religiöser Prophetie. Die täglich steigende Flut isolierter und unübersichtlich vernetzter Daten soll sich – so hoffen viele – zu einer neuen Ganzheit ordnen. Gesucht wird in der „Wendezeit“, im Übergang zum Wassermann-Zeitalter der nächsten zwei Jahrtausende, jene Synthese, die uns verloren ging: die Yin-Yang-Einheit, deren Symbol der Atomphysiker und Nobelpreisträger Niels Bohr 1947 in sein Wappen aufnahm.

Der dänische Physiker Niels Bohr (1885–1962) übernahm 1947 das taoistische Symbol Yin und Yang in sein Familienwappen und erläuterte es durch die Formel „contraria sunt complementa“, Gegensätze sind Teile eines Ganzen.
Yin und Yang fügen sich zusammen zum Universum. Jeder dieser Teile ist auf sein Gegen-Teil bezogen und enthält es. Die Natur und die Gesellschaft lassen sich aus dem Wechselspiel dieser Kräfte verstehen: Dunkel und Licht, weiblich und männlich, abwärts und aufwärts, Mond und Sonne . . .
Wenn das eine zunimmt, geht das andere zurück, – alles ist kreisförmig wiederkehrend in Bewegung im ungeschaffenen Tao aller Dinge.

Zwischenbemerkung zur Terminologie

Erörterungen über den Technikbegriff stehen am Anfang des Gesamtwerkes. Durch Heinrich Rombachs Überlegungen „Was ist Religion?" öffnen sich Verstehenshorizonte für die folgenden Beiträge dieses Bandes. Solche einleitenden Reflexionen geben aber den anderen Autoren und den Lesern keine starren Sprachregelungen vor. Im wechselnden Kontext verdeutlichen, verfeinern und erweitern sich die Begriffe. Die Herkunft der Autoren aus verschiedenen Wissenschaftsbereichen – von der Religionsphilosophie und Theologie über die Technikgeschichte und Ethnologie bis zur Naturwissenschaft – steckt die Spannweite des Rahmenthemas ab und fächert dessen Begriffsinventar auf[11]. [I-1.2]

Im einen Fall mag „Technik" als Sammelbegriff von regelhaft-zweckorientierten menschlichen Verfahrensweisen im weitesten Sinne stehen. Im anderen Fall bezeichnet sie einen späteren, meist maschinellen Entwicklungsstand gegenüber „prätechnischen" Arbeitsformen. Dann wiederum meint „Technik" die besonders auffälligen aktuellen Innovationen, im Unterschied zu einem zwar ebenfalls durch und durch technisierten Alltag, dessen technische Bedingtheit aber angewöhnt wurde und dann meistens nicht mehr empfunden und reflektiert wird.

In der kultischen Feldbestellung des chinesischen Kaisers, in der christianisierten Flurprozession und im Wettersegen nach der katholischen Frühmesse zeigen sich verwandte Züge eines Machtwissens neben der Einfügung ins Vorgegebene und Unverfügbare, – nicht gar so anders als im künstlichen Dünger, in der wissenschaftlichen Wettervorhersage und in der Hagelversicherung. Allerdings treten im Zeitalter menschlicher Selbstermächtigung die Planer und Macher nicht mehr als Vertreter Gottes auf. Einst waren Natur und Gesellschaft wie Fenster, aus denen Gott erschien, um die Menschen Entzücken und Erschrecken zu lehren. Heute verwischen die Fortschritte menschlicher Technik die Spuren Gottes in der Welt. Blitzableiter und ärztliche Prophylaxe scheinen zuverlässiger als Bannflüche und liturgische Segnungen.

Schon im einfachen Werkzeuggebrauch mag der herakleische Wille erkennbar sein, der weiterdrängt zu Rundfunkantennen und Kühltürmen. Vom zugespitzten Pfahl, der den Polyphem blendet, bis zum Laserstrahl bei Netzhautoperationen sind Odysseus, Prometheus und Hephaistos am Werk. Immer – 1750 nicht anders als 1950 – war die Hightech-Medizin von heute die medizinische Alltagstechnik von morgen. Immer ist Technik zunächst in einem sehr wörtlichen Sinn ‚Manipulation', das heißt Handhabung der unmittelbar vorhandenen Naturbestandteile. Deren Verfügbarkeit steigerte sich atemberaubend durch die Verwissenschaftlichung der Manipulation, entwickelte schließlich eine Eigendynamik und schlug so um in eine neue Unverfügbarkeit.

Was ‚Religion' meint, scheint nicht gleicherweise wie ‚Technik' dem Wandel zu unterliegen. Vieldeutig sind die religiösen Begriffsfelder dennoch. Die spirituellen Verwandlungen haben allerdings keine so eindeutige Richtung wie die technischen Fortschritte. Nicht wir machen oder enthüllen die Wahrheit nach unserem Maß und Ermessen, sondern diese selbst enthüllt sich in der Geschichte und setzt das Maß, indem sie in steter Verwandlung zu sich selbst kommt. Nikolaus von Kues (1401–1464) hat die Verwandlungen des Menschen, seiner Kultur und Religion als Abbilder und Auswirkungen jener ursprunghaften Bewegung gedeutet: „Mein Gott, stets verwandelt begegnest du mir, als wärst du ein Schatten, der dem Wandelnden folgt. Weil *ich* der Schatten bin und du die Wahrheit, erkenne ich im Wandel des Schattens, daß sich die Wahrheit gewandelt hat" [12]. [II-1; II-4.1]

Religionspsychologische Phänomene in der Technik

Die Außenseite religiöser Wahrnehmungen, Verhaltensweisen, Gestimmtheiten und Überzeugungen kann technisch nachgeahmt und simuliert werden. Gehirnwäsche, technisch-psychiatrische Korrekturen, schamanische Erregungen und Voodoo-Ekstasen führen in neue Erlebens- und Erkenntnisräume. Was immer ein freier Entscheid für Gott und ein religiöser Glaube real sei: Die alten und neuen Techniken beanspruchen nicht, ihn hervorzubringen, sondern wollen Barrieren beseitigen oder errichten. Das psychosomatische Gefüge, dessen der personale Akt bedarf, kann künstlich verändert werden. Der Chirurg oder der Gentechniker kann zwar nicht die Seele erreichen, aber er kann seelischen Eigenschaften die somatische Grundlage und die leiblich-sinnliche Äußerungsmöglichkeit entziehen und kann so auch religiöse Entwicklungen versperren oder kanalisieren. Solche Veränderungen können auch unbeabsichtigt als Nebenwirkung technischer Manipulationen eintreten. – Zwei Beispiele [13]: – Ein Mensch, dessen Leben durch seine Gläubigkeit geprägt war, verlor diese vollständig nach einer bifrontalen Leukotomie, das heißt nach der wegen Schmerzzuständen erfolgten Durchtrennung der frontalen weißen Substanz beider Großhirnhälften. – Einem tiefgläubigen Priester erlosch die Gläubigkeit und das religiöse Empfinden in einer schweren Altersdepression und kehrte zurück bei der medikamentösen Lithium-Behandlung dieser depressiven Veränderung.

Selten erfolgte bisher ein gezielter Einsatz moderner Apparaturen und Medikamente, um religiöse Heilserfahrungen auszulösen oder zu beseitigen. Die hierzu einst dienlichen, altbewährten asketischen Techniken und Kasteiungen sind heutzutage fast verschwunden. Es ist ungewiß, ob das entstandene Vakuum bleibt. Moderne Hilfsmittel können zur religiösen Stimulation eingesetzt werden, zum Beispiel durch rauschhafte Steigerungen der Geschwindigkeit, kombiniert mit überlauten Klängen. Häufiger läßt sich die gegenteilige Wirkung beobachten, daß nämlich ein intensives Erleben technischer Reize abstumpft gegenüber dem Heiligen.

Auch Massenwirkungen lassen sich apparativ erzeugen. Die Faszination der Apparatur gewinnt eine soziale Dimension. Diese kann sehr tief reichen; sie wird „mythisch". Uralter Streit, ob Gott oder ein Götze den Menschen so begegne, wird hier auf neuen Wirkungsebenen ausgetragen.

Nicht erst seit die elektrische Eisenbahn unter dem Weihnachtsbaum steht, erliegen Menschen der seltsamen Berauschung, daß etwas anscheinend ohne ihr Dazutun funktioniert. „Wohl ist die Maschine eine europäische Erfindung, doch ist ihr Prinzip in einfachster Form in allen Kulturen bekannt und befriedigt neben dem reinen Sachzweck auch das grundlegende Bedürfnis des Menschen nach Wiederholung, die Beständigkeit in der Zeit verheißt. Dieses Bedürfnis liegt dem monotonen Singsang der sogenannten Naturvölker ebenso zugrunde wie dem Ornament, der tibetanischen Gebetsmühle ebenso wie der kultischen Handlung"[14].

Seit je überhöhten die Menschen verklärend oder dämonisierend die Zwangsläufigkeiten ihrer natürlichen und zivilisatorischen Umwelt. Allenthalben, auch im Christentum, gab es religiöse Veranstaltungen, die in einfachen oder hochentwickelten Formen die grundlegenden technischen Erfahrungen des Automatismus und des Regelkreises vermittelten. Solche Erfahrungen geronnen zu den Konstruktionen des Maschinenwesens und der industriell-technischen Systeme und hielten sie offen für eine spirituelle Interpretation.

Doch mitten in den gesicherten und überhöhten Abläufen ereignet sich noch und noch ein ‚tragischer menschlicher Irrtum' mit unübersehbaren Folgen, ob in Tschernobyl ein Kernkraftwerk explodiert oder über dem Persischen Golf ein Airbus mit 290 Passagieren abgeschossen wird. Das Tragische: das war seit der Antike der unversöhnliche Konflikt zwischen menschlicher Freiheit und der Übermacht gottgewirkten Schicksals. Inzwischen ist das unkontrollierbar Mächtige längst nicht mehr göttlich, sondern menschengeschaffen: technisch und ökonomisch. Wo wir uns ins selbstgemachte Schicksal (Odo Marquard: „Machsal") verstricken, sind wir nicht tragische, sondern schuldige oder irre Menschen. Sozialpsychologisch könnte man von einer kollektiven Schizophrenie sprechen. Theologisch lassen sich Wege wahr-nehmen, um durch diese Spaltung der Atome und Menschen hindurchzukommen ins Paradies: dorthin wo die Gegensätze und Widersprüche zusammenfallen (coincidentia oppositorum – murus paradisi; ratio custodit portam [15]), wo der Mensch ganz wird, eins mit allem Geschaffenen und mit Gott. In Sündenfall und Erlösung ereignet sich Heilsgeschichte. Auch Technikgeschichte ist Heilsgeschichte.

Literaturnachweise

1 *Weber*, Max: Wirtschaftsethik der Weltreligionen; *Weber*, Max: Richtungen und Stufen religiöser Weltablehnung. ND von ^{1}1916. In: Weber, Max. Soziologie – Weltgeschichtliche Analysen – Politik. Hrsg. v. Winckelmann, Johannes. Stuttgart 1958

2 *Schluchter*, Wolfgang (Hrsg.): Max Webers Studie über das antike Judentum. Frankfurt a. M. 1980; *Schluchter*, Wolfgang (Hrsg.): Max Webers Studie über Konfuzianismus und Taoismus. Frankfurt a. M. 1983; *Schluchter*, Wolfgang (Hrsg.): Max Webers Studie über Hinduismus und Buddhismus. Frankfurt a. M. 1984; *Schluchter*, Wolfgang (Hrsg.): Max Webers Sicht des antiken Christentums. Frankfurt a. M. 1985; *Schluchter*, Wolfgang (Hrsg.): Max Webers Sicht des Islams. Frankfurt a. M. 1987; *Schluchter*, Wolfgang (Hrsg.): Max Webers Sicht des okzidentalen Christentums. Frankfurt a. M. 1988

3 *Schluchter*, Wolfgang: Weltflüchtiges Erlösungsstreben und organische Sozialethik. In: Schluchter, Wolfgang (Hrsg.): Max Webers Studie über Hinduismus und Buddhismus. Frankfurt a. M. 1984, S. 40

4 *Weber*, Max: Die protestantische Ethik und der Geist des Kapitalismus (1904/05); *Weber*, Max: Die protestantischen Sekten und der Geist des Kapitalismus (1906). In: Weber, Max: Die protestantische Ethik. Hrsg. v. Winckelmann, Johannes. Überarb. von ^{1}1919. Bd. 1. Gütersloh ^{7}1984. Bd. 2. Gütersloh ^{5}1987

5 1. Mos. 1,28; 1. Mos. 9,1–7

6 *Amery*, Carl: Das Ende der Vorsehung. Die gnadenlosen Folgen des Christentums. Reinbek 1972; *Drewermann*, Eugen: Der tödliche Fortschritt. Von der Zerstörung der Erde und des Menschen im Erbe des Christentums. Regensburg ^{4}1986

7 *Blumenberg*, Hans: Lebenszeit und Weltzeit. Frankfurt a. M. ^{2}1986, S. 99 f.; *Blumenberg*, Hans: Wirklichkeiten, in denen wir leben. Stuttgart 1981

8 *Aprile*, Renato: Die Etrusker. Stuttgart 1979, S. 62 f., S. 109, S. 161; *Müller*, Werner: Die heilige Stadt. Stuttgart 1961, S. 23–30, S. 33, S. 120, S. 184 f.

9 *Berman*, Morris: Wiederverzauberung der Welt. München ²1984
10 *Riedel*, Ingrid (Hrsg.): Der unverbrauchte Gott. Neue Wege der Religiosität. Bern/München/Wien 1976
11 *Rassem*, Mohammed: Stiftung und Leistung. Mittenwald 1979, S. 38–43, S. 44–64
12 *Nicolaus Cusanus:* De Visione Dei. In: Nicolaus Cusanus: Werke hrsg. v. Wilpert, Paul. Bd. 1. Berlin 1967, S. 317
13 Mitgeteilt von Gerhard Weber, Neurochirurg in St. Gallen
14 *Bauer*, Heinrich: Gesellschaft ohne Utopie – die kybernetische Gesellschaft von morgen? In: Kellner, E. Religionslose Gesellschaft. Wien 1976, S. 15–31
15 Vgl. 12, S. 307–312

WAS IST RELIGION? RELIGION – KIRCHE – THEOLOGIE

Was ist Religion?
Religion – Kirche – Theologie

Heinrich Rombach

Die Religion in ihrer Bedeutung für den Menschen – Definitionen der Religion

Es gibt ein Vorverständnis von Religion, das in der Öffentlichkeit problemlos angewendet wird und beispielsweise in politischen, juristischen, schulischen, publizistischen und anderen Zusammenhängen ohne weiteres verstanden wird; so in Wendungen wie Religionsunterricht, Religionswissenschaft, Religion und Technik usw. Sucht man jedoch eine begrifflich genauere Definition, so gerät man in Schwierigkeiten.

Man kann beispielsweise von *Gott* ausgehen und „religio" mit Thomas von Aquin als „Hinordnung auf Gott" [1] verstehen oder als „Konnex mit dem Göttlichen" [2]. Oder man kann von der Beziehung zum „ganz Anderen" [3] oder allgemeiner vom „Heiligen" sprechen. Religion ist dann der „Umgang mit dem Heiligen" [4] und das Heilige ist „das Geheimnis, das im Menschen heilige Scheu erweckt, ihn aber gleichzeitig anzieht" [5]. Man kann auch vom *Menschen* ausgehen und die Religion mit Goethe als „Streben, sich einem Höhern, Reinern, Unbekannten aus Dankbarkeit freiwillig hinzugeben, enträtselnd sich den ewig Ungenannten" verstehen, oder einfacher die Religion die „erlebnishafte Begegnung mit dem Heiligen und antwortendes Handeln des vom Heiligen bestimmten Menschen" [6] nennen. Dann aber ist Gott und das Heilige zu einem Bestandteil der Definition gemacht, was zum Beispiel bestimmte Formen des Buddhismus ausschließt, die einen „Gott" nicht kennen und das Heilige „weit ausgeräumt" [7] haben. Man spricht darum lieber von der „Transzendenz" des Menschen und vom „Transzendenten" oder „Numinosen" und meint damit den geheimnisvollen, unbenennbaren Charakter der letzten Wirklichkeit. Man könnte sich damit an das bekannte Augustinus-Wort „transcende te ipsum" – steige über dich selbst hinaus – anschließen oder noch allgemeiner mit Schelling von der Religiosität als „Gebundenheit des finstern Prinzips, der Selbstheit, an das Licht" sprechen. In diesem Fall

Zum Titelblatt: „Die Theologie" – Aus dem Deckenfresko der Bibliothek des Papstes (heute „Stanza della Segnatura" genannt) im Vatikan, gemalt von Raphael um 1510. Die Theologie wird hier nicht eigentlich als Wissenschaft, sondern als Wissen, als Kenntnis der göttlichen, der heiligen Dinge bezeichnet (Notitia Divinarum Rerum).

wäre ein allgemeines ontologisches Verhältnis angezielt, durch das jedes Endliche an ein Unendliches, jeder Partikularwille an einen Universalwillen, gebunden ist. In dieser Richtung gelangt man zu der Einsicht, daß in allem Irdischen eine höhere Kraft wirksam ist, die ein Jegliches über sich hinaustreibt und sich darin als eine göttliche Realität erweist. Diese Kräfte stellen nicht nur im Menschen, sondern auch im Tier, in der Pflanze, ja in Flüssen, Bergen und Landschaften eine übermächtige Komponente dar, dann beispielsweise „Genien" genannt, die die ganze Natur zu einem großen Selbstübersteigungsprozeß machen. Dieser Prozeß wird vom Verfasser als „Hervorgang" verstanden, was weit mehr ist als bloße „Evolution". Von „Genien" in diesem Sinn hat im Abendland zuerst Hölderlin gesprochen, im Orient kann man den Hinduismus als die Religion bezeichnen, die alles „voller Götter" sieht und sich darum als die „Religion aller Religionen" versteht.

Die Gott-Mensch-Geschichte

Wir beginnen hier nicht mit einer Definition, wohl aber mit geschärfter Aufmerksamkeit für eine universale Bedeutung dieses Phänomens, von dem eine Erscheinung innerhalb der Grenzen der menschlichen Existenz nur ein Teilereignis ist. Ebenso ist die Erscheinung des Numinosen als „Gott" nur ein Teil des Phänomens, das als Ganzes von unauslotbarer Tiefe und Weite ist. Im menschlichen Bereich phänomenologisch betrachtet zeigt sich, daß es unter den mehreren tausend bekanntgewordenen menschlichen Kulturen nicht eine einzige gibt, die ohne die Dimension des Religiösen geblieben wäre.

Je weiter man in die Ursprünge des menschlichen Daseins zurückgeht, um so intensiver und universaler wird dann das religiöse Phänomen, und es zeigt sich, daß der Mensch im vielstufigen Aufgang seiner Existenzform alle entscheidenden Schritte nur im Zusammenhang mit einer entsprechenden Hebung seines Verständnisses vom Göttlichen tun konnte. Wenn die Menschheitsgeschichte ein Wesenswandel des Menschen gewesen ist, so entspricht diesem genau ein Wesenswandel des Göttlichen und das heißt: Ein neuer Schritt in der Selbstbestimmung des Menschen ist immer nur in der Gestalt einer Neubestimmung des Göttlichen möglich gewesen. Die Selbsthebung des Menschen ist – wie Leopold Ziegler sagt – an einen „Gestaltwandel des Göttlichen" gebunden. Eine höhere Selbstinterpretation hat der Mensch immer nur im Zurückkommen aus einer höheren Gottesinterpretation auf sich selbst gefunden. Dies hat sich historisch darin ausgedrückt, daß sich eine jeweilige Lebensform immer als eine vom Göttlichen eröffnete Lebensweise verstand, und die großen Epochen der Menschheitsgeschichte wurden in früheren Zeiten als Epochen der Göttergeschichte aufgefaßt und tradiert, so zum Beispiel als Ablösung vorzeitiger „Giganten" und „Titanen" durch menschliche Göttergestalten, nämlich die olympischen Götter der Griechen. Die Vermenschlichung dieser Kulturstufe erscheint im Bilde der Vermenschlichung der Göttergestalten. Ebenso wird, religionswissenschaftlich, die Ablösung der jüdischen Gesetzesreligion durch die christliche Liebesreligion durch ein Liebesangebot Gottes selbst in Gestalt Jesu und seines Selbstopfers erlebt und tradiert.

Die Bedeutung für den Menschen

Offenbar handelt es sich hier um ein *anthroponomes Grundgesetz,* eine Grundgesetzlichkeit des Menschen: Die Selbsthebung des Menschen ist nur möglich, wenn sie als ein Hebungsgeschehen „von oben" geschieht. Man kann diesen Sachverhalt so verstehen, daß der Mensch eine höhere Daseins- und Weltinterpretation nur von einem höheren Gottesverständnis her erreicht, man kann ihn aber auch so verstehen, daß die inneren Hebungskräfte der Wirklichkeit *von sich aus* dem Menschen entgegenkommen und ihm Aspekte der Selbst- und Seinsinterpretation vermitteln, die prinzipiell über den Horizont des Bisherigen hinausgehen. Nur im letzteren Ansatz wäre festgehalten, daß die höherstufigen und weitergreifenden Horizonte eines entwickelteren Verständnisses nicht durch Herleitung aus den primären und niedrigeren Horizonten erklärt werden können. In diesem Sinne würde das anthroponome Grundgesetz, daß der Gestaltwandel des Menschen nur zusammen mit einem Gestaltwandel des Göttlichen möglich ist, auch als Realität ernstgenommen.

So auch würde verständlich, daß die religiöse Dimension nie nur ein Teil der lebensweltlichen Wirklichkeit ist, sondern immer alles durchdringt und „alles" in ein bestimmtes Licht taucht. Alles kann zu einer Erscheinung des Heiligen, zu einer „Hierophanie", werden [8] und in einer religiösen Umwelt kommt Jeglichem eine höhere Bedeutung zu. Dieses Gesetz der Grundbedeutung des Religiösen für den Menschen ist bis in die Neuzeit und Gegenwart herauf gültig, wo die großen Entdeckungen, zum Beispiel bei Kopernikus, Galilei, Newton, Einstein und anderen als Gottesgeschenke und als Teile einer universalen Offenbarung erlebt werden. Nur in den Laboratorien der puren Anwendungswissenschaft bleibt das Göttliche aus und wird als eine bloße Einbildung angesehen. Zu kurz greift auch eine neuerdings von Hermann Lübbe vorgeschlagene Auffassung der Religion als „Kontingenzbewältigung", d.h. als Bewältigung der Tatsache, daß der Mensch in schicksalsmäßiger Abhängigkeit von den Zufällen der Lebensumstände steht.

Geschichte der Religion

Der Ansatz einer Gott-Menschen-Geschichte, der sogenannten Fundamentalgeschichte[9], setzt die Religionen nicht nur in einen geschichtlichen, sondern auch in einen inhaltlichen Bezug. Sie sind aufeinander verwiesen und voneinander abhängig. Eine „Hochgottreligion" setzt nicht nur in der Entwicklungsgeschichte, sondern auch in der Abstammungslehre der Götter und der Mythologie die Überwindung einer Religionsstufe voraus, die durch Naturgeister bestimmt ist. Die Geister bleiben als Untergötter oder Sendboten oder auch Gegengeister erhalten und machen einen wesentlichen Inhalt des Heilsgeschehens aus. In diesem Sinne ist für Jahvē die Überwindung des dämonischen Fruchtbarkeitsgottes Baal wesentlich[10], und das Christentum behält die griechischen Götter als Engelsgestalten und „Sphärengeister" bei. In diesem Sinne tragen die Sterne, die jeweils eine kosmische Sphäre und damit eine den Engeln vorbehaltene Wesenheit repräsentieren, griechisch-lateinische Götternamen wie zum Beispiel Jupiter, Poseidon, Venus, Mars usw. Solche Namengebungen sind mehr als Allegorien, mit ihnen überwindet und konserviert die höhere Religion ihre Vorstufen, so wie beispielsweise auch das Christentum das Neue Testament nicht an die Stelle des Alten Testaments setzt, sondern es als dessen Erfüllung und Überhöhung versteht. – Wenn in diesem Zusammenhang von „höherer" Religion gesprochen wird, so ist damit keine Wertung zum Ausdruck gebracht, sondern nur eine geschichtliche Fortentwicklung, die das Vorherige zu einer Bedingung seiner Möglichkeit hat. Alle Religionen bilden in diesem Sinne einen Zusammenhang, der freilich nicht immer der einer unmittelbaren Aufeinanderfolge ist, sondern nur die Bedeutung einer grundsätzlichen „Religionsgeschichte" hat, die ebenso wie die „Menschheitsgeschichte" nicht zurückgedreht werden kann. Es bekundet sich darin eine „Sequenz" von Erscheinungsweisen, die einer Notwendigkeit folgen und dadurch zu einer „Konsequenz" zusammengefaßt sind.

Götternacht

In diesem Sinne hat Hölderlin die Göttergeschichte gesehen und beschrieben. Darin ist zum Beispiel der griechische Gott Dionysos der „Bruder" und Vorläufer Jesu Christi. In noch älteren Götterhimmeln, beispielsweise im ägyptischen oder germanischen, erkennen wir noch weitere Brüder oder Vorläufer, etwa Horus oder Baldur. In einem strukturalen Geschichtsverständnis können wir heute sagen, daß alle Religionen einer Grundstruktur folgen, die immer wieder neu besetzt und dabei auch in Maßen gewandelt wird. Keine Struktur, die ohne Vorstruktur möglich wäre. Keine Religion, die nicht in diesem Gang der Strukturumwandlungen einen Platz einnehmen würde.

Dieser Ansatz des strukturalen Zusammenhangs aller Religionen in einer Menschheitsreligion hat sich auch darin zu bewähren, daß er den „europäischen Nihilismus" bei Nietzsche, der die Religionslosigkeit von Wissenschaft und Technik in der Neuzeit meint, noch in einer Umwandlung der religiösen Grundstruktur verwurzelt sieht. Auch hierzu kann Hölderlin den entscheidenden Fingerzeig geben, insofern er die „Götternacht" als einen Rückzug des Göttlichen selbst sieht, das sich mit dem Tod Christi aus der Erscheinungswirklichkeit der Geschichte herausnimmt. Und historisch wird diese Annahme durch die Einsicht untermauert, daß der Funktionalismus der Wissenschaft und Technik nur im Gefolge der europäischen Mystik möglich geworden ist, die Gott nicht mehr „über" der Welt, sondern als das Ganze der Welt und als das durch das Phänomen der Funktion in jedes einzelne Moment der Welt hinein vermittelte Totum ansetzt[11]. [I-1.3]

Technik und Wissenschaft sind aus einer religiösen Bewegung entstanden und stehen darum von Anfang an keineswegs gegen Christentum und Glauben, sondern sie erhalten diese scheinbare Gegenstellung nur durch ein Vergessen ihres Ursprungs.

Erfahrung und Grunderfahrung

Unter „Grunderfahrung" verstehen wir die Art und Weise, wie das Ganze der Wirklichkeit in seinen elementaren Gegebenheiten und Vorgängen erlebt wird. In diesem Sinne wird zum Beispiel in Indien die Göttin Durgâ „als plötzliches Sichtbarwerden des kosmischen Lebens in gewaltiger Wiedergeburt"[12] gesehen und darin der alle Natur beherrschende Wechsel von Untergang und Aufgang erfaßt. Durgâ ist gewissermaßen ein Naturgesetz, das im Wechsel der Jahre, des Schicksals, der Generationen usw. aufgefunden und verifiziert werden kann und das personifiziert als Gottheit erscheint. Die Gottheiten enthalten somit Wahrheit und werden erfahrungsmäßig bestätigt, nicht anders als Naturgesetze, nur eben universaler und vor allem auch auf das Schicksal des Menschen beziehbar. Grunderfahrungen sind ebenso welthaltig wie Erfahrungen, ja mehr noch, da auf ihrer Grundlage Einzelerfahrungen überhaupt erst möglich werden.

Insofern es aber verschiedene Grunderfahrungen gibt – auch im Hinblick auf dasselbe –, gibt es auch eine Vielfalt der Religionen, die nicht wieder auf eine alles überspannende Urerfahrung zurückgeführt werden können, sondern als je anders, ja gar als sich gegenseitig ausschließend empfunden werden. Nur durch diese Ausschließlichkeit erhalten die Religionen die Kraft, jeweils eine Lebenswelt des Menschen in universaler Stimmigkeit und zeitüberlegener Tragkraft zu begründen. Und der Mensch lebt nur im Schutze und im Lichte solcher ausgedeuteter Lebenswelten, die ihm die Einzelerfahrungen im Sinne übergreifender Grunderfahrungen eröffnen und vereinbar machen.

Dabei gilt freilich, daß nicht alle Religionen die durch sie konstituierte Lebenswelt in Reinheit und Stimmigkeit begründen und erhalten, oft sind es auch unvereinbar scheinende Grunderfahrungen, wie zum Beispiel die Notwendigkeit demütiger Unterwerfung unter scheinbar gottgewollte Gefährdungen und Beeinträchtigungen des Lebens und gleichzeitig die Einsicht in die Möglichkeit und Notwendigkeit technischer Hilfe, ein Widerspruch, der religiöse Haltung und technische Einstellung scheinbar in Widerspruch zueinander bringt und dadurch das Glaubensleben beirren und verunsichern kann. Da jede Religion in dieser Gefahr steht, gehört zu jeder Religion eine innere Religionskritik, die Reinigung des ursprünglichen Ansatzes, durchgängige Interpretation der religiösen Quellen und Urkunden und Explikation der Anwendungsmöglichkeiten auf das tägliche Leben bedeutet, kurz eine „Theologie", die die innere Selbstartikulation der Religion auf unterschiedlichen Stufen von Bewußtheit und Kritik durchführt.

Die Kirche – Die Stadt Gottes

Jede Religion begründet auch eine Religionsgemeinschaft. Ursprünglich sind menschliche Gemeinschaften überhaupt nur als religiös begründete möglich. Stammes- und Volksgemeinschaften setzen einen

Das babylonische Rollsiegel aus dem 9. Jahrhundert v. Chr. gibt das Signet, die Kurzformel für einen Großbau, der mit seinen übereinander gestellten Türmen an den berühmten Bericht des Strabo über den babylonischen Turm (Tempel des Belus) erinnert, eines der „sieben Weltwunder".

gemeinsamen Kult und die ständige kultische Erneuerung der Gemeinsamkeit voraus. Die Aufnahme in die Lebensgemeinschaft ist demgemäß immer auch ein religiöser Akt. Solange das Heilige in der Dimension der „Geister" verharrt, gelangt die Lebensgemeinschaft nicht über die Dimension des Stammes hinaus. Der Schritt zum Volk, der zugleich der Schritt zum Staat und der Übergang vom Häuptling zum König, vom Brauchtum zum Gesetz und vom Heiltum zum Heiligtum (Tempel) ist, gelingt nur zusammen mit dem Schritt vom Dämonischen zum Gott. Darum ist der Gott immer mit einem Gesetz verbunden, das die Lebensgrundlage eines Staates (einer Stadt) ist und diesem einen dimensional abgehobenen Machtanspruch gegenüber allen Völkerschaften verschafft, die auf der Stufe des Dämonischen und damit der Naturreligion verblieben sind. [II-2.1]

Diese „rückständigen" Stämme erhalten eventuell einen Knechts- oder Sklavenstatus und bilden die naturale Voraussetzung und das ländliche Hinterland einer stufenhaft darüber sich erhebenden Stadt-

In Mesopotamien wurden seit dem 4. Jahrtausend große Hochtempel auf künstlichen Terrassen erbaut. Sie demonstrierten den Machtanspruch des herrschenden Gottes. Eine im 20. Jahrhundert restaurierte steile Treppe gibt einen ausschnitthaften Eindruck von der Ziegelbautechnik und von dem zeremonialen Weg der Priester, wenn sie den Tempel betraten (eine „Zikkurrat" in Ur, erbaut um 2250 v. Chr.).

oder Hochkultur. Stadtkulturen sind gewöhnlich auch Steinkulturen, die häufig auch in ihren großen Steinmonumenten wie Zikkurrate, Pyramiden, Stupen und Tempel den stufenhaften Aufbau ihrer Sozialstruktur und die Angewiesenheit ihres höheren Gefüges auf eine breite und feste Basis verbildlichen und veranschaulichen.

Wo ein Gott ist, ist auch – ursprünglich – eine Stadt, und umgekehrt. Wo eine Stadt ist, gibt es Gesetze, die auf göttliche Offenbarung zurückgehen und eine höhere, sich zeitlos verstehende Form der Gemeinschaft begründen. Jede Stadt ist eine Stadt Gottes, sie trägt auch häufig seinen Namen: Heliopolis, Hermopolis, Athen usw. Der Tempel ist die Wohnstatt Gottes mitten unter den Menschen. Der Gottesdienst findet aber außerhalb statt, er besteht wesentlich in Opfern und im „Umwallen", einem vielfachen Umkreisen, wie es heute noch in Mekka oder in Indien, aber auch in christlichen Orten wie Altötting üblich ist.

Tempel und Kirche

Der Unterschied von Tempel und Kirche besteht wesentlich darin, daß im einen Fall das Gottesvolk außerhalb, im anderen Fall darinnen ist. Während der Tempel nur vom Priester betreten wird, sind in die Kirche alle Gläubigen berufen, und insofern nehmen sie alle Priesterrang ein. In diesem Sinne sind sie eine Gemeinschaft des Herrn, bilden die kyriakè oikía, oder kurz: Kyriake, zu deutsch Kirche. Die Kirche ist ein wesenhaft christliches Phänomen, das freilich seine Vorform in der Synagoge und seine Nachform in der Moschee hat. Für sie ist es jedoch wichtig geworden, daß sie mit Übernahme der basilikalen Grundform, also des „Langhauses", einen dynamischen Grundcharakter bekommen hat, der sich im Glaubensinhalt als historische Komponente ausdrückt. Die Kirche als „Gemeinde des Herrn" ist jener historische Leib Christi, der „wandert", durch die Zeit hindurchschreitet, diese zur „Geschichte" macht, welche auf ein theologisches Heil zugeht: Heilsgeschichte.

In der Heilsgeschichte, der Lebensform von christlicher Kirche überhaupt, gehen Gott und Mensch eine Geschehenseinheit ein, in der der Mensch zum Instrument oder Organ Gottes, Gott zum Haupt und Herzen der Menschheit wird. Insofern ist die christliche Kirche nicht nur Religionsgemeinschaft, Glaubensgemeinschaft derjenigen, die denselben Gott anbeten, sondern Lebensgemeinschaft mit Gott selbst, ja „fortlebender Leib Christi" auf Erden. Sie ist darum nicht nur „Gemeinde Christi in der Zeit zwischen seiner Inthronisation und Wiederkunft"[13], sondern „vollendete Gemeinde" im Sinne einer Handlungseinheit mit Gott. Durch diese setzt sich Gott in der Schöpfung als Herr durch, steigert den Allmachtsbezug zu einem wechselseitigen Liebesbezug und führt die ursprünglich heile, dann abgefallene Schöpfung wieder in ihren göttlichen Zustand zurück. Es entsteht ein Neuer Himmel, eine Neue Erde, ein Neuer Mensch[14]. [II-3.1]

Geistliche Bedeutung

Die Kirche als reales Bauwerk nimmt die Gläubigen nicht nur in sich auf, sie symbolisiert sie auch in ihrem festen Zusammenhang und hierarchischen Aufbau. So wie das Kirchengebäude das Symbol der „Stadt Gottes" und damit des „himmlischen Jerusalems" ist, so symbolisieren die Bausteine die einzelnen Christen, das „rechte Maß" ihrer Seele und die exakte Gefügtheit der spirituellen Gemeinschaft. Wie im romanischen Bogen jeder Stein wichtig ist und genau einem höheren Maß entsprechen muß, so auch die christliche Person, die als Einzelseele unverzichtbar, zugleich aber nur sinnvoll im Kosmos eines göttlichen Gefüges ist. Aus dieser Grundsymbolik des christlichen Kirchenbaus ergibt sich die Bedeutung der bildenden Kunst, die ihren Platz in und an dem Grundsymbol Kirche gewinnt. Über die kirchliche Kunst und Musik, die wesenhaft zur Kirche gehört, verbreitet sich der christliche Glaubensinhalt bis in den letzten Winkel des Kulturkreises. [II-3.1; II-3.2]

Die Theologie – Göttliche Offenbarung

Im Reich des Religiösen kann alles zur Erscheinungsform Gottes, zur „Hierophanie" werden. Vor allem aber ist es der Mythos und das öffentliche Gesetz, in dem sich der Gott beweist und bekundet. Auf der Gesetzesstele des Hammurabi ist der Gott abgebildet, der dem König das Gesetz übergibt, das den Stein mit seinen Zeichen überzieht. Die „Tat- und Wortoffenbarung Gottes" wird nicht nur in Ur- und Grundtexten manifest, sondern auch in mannigfachen Zeichen und Bedeutungen; so beispielsweise in Knochenstückchen, in der Wuchsform der Tierleber, in Erscheinungen des Wetters und der Natur. Überall geschieht göttliche Offenbarung, wenn auch in so geheimer Weise, daß nur der „Eingeweihte" sie zu lesen versteht. So entsteht der Stand der Priester als die Gruppe der Eingeweihten, die die Kunst der Auslegung der Zeichen versteht, in denen die Götter ihre Offenbarungen bekunden. In diesem Sinne ist das Sanktuarium des ägyptischen Tempels von einem Verkündigungskanal umgeben, in dem wie in einer tiefen Schlucht der Gläubige zwischen den „heiligen Zeichen" – Hieroglyphen – einhergeht, die nur der Priester und „Schriftgelehrte" zu lesen und zu deuten versteht.

Die Herkunft der Theologie

Die Theologie als Rede über Gott ist in einem Theo-Logos, in einer Rede des Gottes selbst begründet. Diese Rede geschieht, wie uns Hegel zu sehen gelehrt hat, zunächst in der dunklen Form von Klang, zum Beispiel bei einem der Memnonkolosse, in Rätseln oder Zeichendeutung – beispielsweise beim Vogelflug –, sodann in der immer noch dunklen Form des Sprechens, im Orakel, und erst im Juden- und

Babylonische Gesetzes-Stele aus dem 18. Jahrhundert v. Chr. (Basaltstein 90 zu 220 cm). Der Gott übergibt dem König Hammurabi den Gesetzes-Kodex, dessen Text auf dem unteren Teil dieses Monumentes wiedergegeben ist.

Die Memnon-Kolosse aus dem Neuen (imperialistisch ausgreifenden) Reich. Sie befanden sich vor dem Totentempel des Pharao Amenophis III. (gestorben 1375 v. Chr.). Bei Sonnenaufgang „singen" diese Statuen, der Sonnengott „tönt", wenn er auch nicht in Worten „spricht". Dies ist vielleicht eine zufällige Wirkung gewesen, aber es gab auch Statuen, in denen absichtlich ein kinetischer oder akustischer Automatismus eingebaut war. In gewisser Weise gehören diese Kolosse also in die Geschichte der religiösen Automaten.

Christentum als deutliches Sprechen. Erst hier gibt es daher eine Theo-Logie als deutliches Sprechen Gottes und in dessen Folge eine Theologie als Auslegung des Gotteswortes. Diese Theologie nimmt unter dem Einfluß der griechischen Lehre vom Logos und von der Episteme die Form einer Wissenschaft an und wird das, was sie als Theologie in den hohen Schulen des Abendlandes war und ist. Aus dieser Herkunft ergibt sich die Unterscheidung und Verbindung von Wissen und Glauben, die für das Christentum charakteristisch und für seine Theologie grundlegend ist. Die Sentenz des Anselm von Canterbury von dem „Glauben, der nach Einsicht sucht“ [15], zeigt zwar den Vorrang des Glaubens, aber auch die Unverzichtbarkeit der Wissenschaft, die sich aller methodischen Hilfsmittel zu bedienen hat, wenn sie die göttliche Offenbarung treu und zutreffend wiedergeben soll.

Die Wissenschaftlichkeit steht nicht gegen den Glauben, sie saugt diesen aber auch nicht auf. Sie durchdringt ihn und bewirkt eine Reinigung, die in ihm jene Klarheit und Stimmigkeit erzeugt, die den Glaubensgehalt in einer weitgehenden Weise gegen historische Umstürze resistent macht. Religionen, die in diesem Sinne nicht Theologie und Theologiekritik, was zusammengehört, entwickelt haben, sind zum geschichtlichen Untergang bestimmt. Nur diejenigen, die den philosophischen Gedanken als unverzichtbares Kriterium in sich aufgenommen, wenn auch nicht sich ihm völlig unterworfen haben, bleiben lebendige Tradition und geschichtlich nicht überwindbare Sinnwelten. Dieses gilt für die großen Weltreligionen, sowohl für die drei monotheistischen (Judentum, Christentum, Islam) wie auch für die polytheistischen (Hinduismus, Shintoismus) und die atheistischen (Buddhismus, Taoismus).

Jede dieser theologisierten Religionen hat eine höchste Form ausgebildet, die wir gemäß ihrer christlichen Erscheinungsweise eine Mystik nennen können, und diese unterschiedlichen Mystiken tendieren so eindeutig auf eine Einheit hin, daß ein- und derselbe Autor, wie unter anderem Meister Eckhart, als Zeuge und kanonischer Text in den verschiedensten Mystiken – beispielsweise in der christlichen, im Zen-Buddhismus und im Umkreis der Upanishaden – gelesen werden kann. Für die Zukunft der Religionen wird es entscheidend sein, daß sie diese ihre mystische Spitze nicht nur dogmatisch zulassen, sondern sie theologisch ausarbeiten und mehr und mehr in die gelebte Wirklichkeit ihres Glaubens übernehmen. [II-5.3]

Solche Mystik besagt, daß das Höchste – wie es bei Goethe heißt – ein „Ungenanntes“ sein will, also weder „Sein“ noch „Nichts“ noch „Gott“ oder „Absolutes“ genannt werden möchte, und daß es jenseits des Unterschieds von Einheit und Vielheit, also auch jenseits des Unterschieds von Diesseits und Jenseits steht. Unter dem Gesetz der Ausarbeitung dieser Mystiken werden die Religionen immer deutlicher und immer konkreter auf die Einheit ihrer Struktur und damit auf ihren positiven Zusammenhang kommen. Damit schwindet auch der bisher vorherrschende Zwang zur apologetischen Selbstauslegung, zur Abgrenzung voneinander, ja zur gegenseitigen Bekämpfung. Die Zukunft der Menschheit, die in einer befriedeten, gemeinsamen Menschheitskultur besteht, hängt wesentlich von diesem Weg der Weltreligionen in die mystische Spitze ihrer Selbstauslegung ab. Jede Theologie muß auf diese Zielstellung hin verpflichtet werden. [II-5.3]

Religion und Technik – Ursprünglicher Zusammenhang

Von daher, daß die Religionen die ursprünglichen Prägungskräfte der Lebenswelten sind, ergibt sich, daß die älteren geschichtlichen Formen der Technik religiös begründet und motiviert sind. So stellt der Religionshistoriker fest, „daß alle Handwerke, Künste, Industrien und Techniken einen sakralen Ursprung haben“[16]. Man sieht dies insbesondere an den Pyramiden, Tempelbauten, Kathedralen und Kirchen, wo sich jeweils die neuesten Formen der Materialbearbeitung und des Energieeinsatzes bilden und finden. Wer die gewaltigen Konstruktionen im Glockenstuhl eines Domes und das Konstruktionsgewirr einer Turmuhr untersucht, wird überall symbolische und dokumentarische Zeugnisse einer sakralen Theologie finden. Dies gilt auch noch für die gewaltigen Forschritte, die die europäische Technik im Zeitalter des Barock machte, und dort selbst für die Fortifikationstechnik und Ballistik, die oft im Dienst des Höheren gesehen wurde. Der technische Ausgriff, der immer im weitesten Horizont geschah, war damit eo ipso an die religiöse Daseinsdeutung geknüpft.

Neuzeitliche Technik

Eine Änderung scheint damit einzutreten, daß dem Denken und Handeln mit dem Barock das Grundmodell des Systems eingelegt wird. Dieses Grundmodell war zuerst am Planetensystem abgelesen worden von Nikolaus Kopernikus und von den frühen Physikern wie Galilei, Kepler und Descartes als Interpretationsfolie auch den Naturphänomenen auf der Erde unterlegt worden. Vor Galilei hat man ja bei den

Sternen einen anderen, geistigen Grundstoff angenommen: den „Äther". Diese „quinta essentia" war nicht der „rohe" Stoff der Erde, der aus den vier unteren Elementen bestand. Systemverhältnisse, das heißt exakte Proportionen und Relationen, ließ man zuerst nur im reinen Bereich der Sterne gelten, die Anwendung auf irdische, grobstoffliche Phänomene war erst im Gefolge von Galilei möglich, der die Himmelsmechanik als allgemeine Mechanik auf die Erde geholt hat. Dies geschah, wie bereits bemerkt, unter dem Einfluß der hochentwickelten Theologie von Cusanus, Spinoza und Leibniz, die Gott und die Welt nicht mehr durch das Schöpfungsgeschehen, sondern durch das Explikationsmodell vermittelten. Gott „expliziert" sich in der Welt, die als System das Bild seiner absoluten Einheit, Stimmigkeit und Präzision enthält. Gott „schafft" nicht „frei", sondern er „expliziert" oder „deduziert" sich „notwendig", in zwingenden Systemzusammenhängen, die als Ganzes der „Deus explicatus" sind. Nur unter dieser Voraussetzung, so glaubte man, kann außer Gott noch eine Welt gedacht werden, ohne daß diese „außerhalb" seiner steht und damit eine „Begrenzung" für ihn darstellt. Der grenzenlose Gott ist nur dann mit der Welt zusammen denkbar, wenn diese nichts anderes als die Explikation dessen ist, was in ihm bereits „implizite" enthalten ist. So entstand der funktionale Gedanke auf theologischem Boden, und jenes funktionale Denken wurde Voraussetzung der modernen Wissenschaft und Technik. Diese verloren sich freilich so in die Explikation der Einzelheiten, daß die ursprüngliche Einheit verlorenging. Man hatte nur noch das System der Natur, aber nicht mehr den Gott, der dazu die unverzichtbare Grundlage darstellte.

Der theologische Sinn der Technik

Die geschichtliche Analyse zeigt, daß nicht nur die vorneuzeitliche Technik, sondern gerade die neuzeitliche Technik, ein theologisches Explikat ist und eigentlich nur mit einem bestimmten Gottesbegriff zusammen widerspruchsfrei gedacht werden kann. Zwar ist dies der „mystische" Gottesbegriff, der Begriff der absoluten Einheit bzw. der Einheit des Absoluten mit dem Kontingenten und damit ein Gottesbegriff, der jenseits der Jenseitsvorstellungen der populären Religion und Theologie liegt, doch bleibt er in den Geltungsgrundlagen der modernen Zivilisation, die eine Zivilisation von Wissenschaft und Technik ist, bestehen und erhalten.

Darum kündigt sich auch überall dort, wo man einerseits auf die kritizistischen Voraussetzungen der modernen Wissenschaft und Technik zurückgeht und andererseits den theologischen Gedanken in die „mystische" Spitze seines Ansatzes hinauftreibt, an, daß beides nicht nur miteinander möglich, sondern nur aneinander vorantreibbar ist. Gerade in den Zentren modernster Wissenschaft und Technik entwikkelt sich ein produktives Verständnis der kritizistischen Grenzen von Erkenntnis und Wissenschaft. Damit entsteht die Offenheit für universale Deutungs- und Handlungsformen, die dann, wenn sie von einer dogmatistischen Verdinglichung befreit sind, ihrer ursprünglichen Intention genügen und damit auch den Horizont erstellen, innerhalb dessen Wissenschaft und Technik auf ihren menschlichen Sinn hin befragt und bemessen werden können. [II-5.3]

In diesem Sinn leisten die beiden, die im 19. Jahrhundert noch weithin als Todfeinde gegolten haben, jetzt einander Entwicklungshilfe, einerseits die Wissenschaft und die Technik als Selbsterhellungsmittel *innerhalb* der menschlichen Lebenswelt und andererseits Religion und Metaphysik als darüber hinausdrängender Deutungskreis für Realität und Leben überhaupt. Beide entwickeln sich als aufeinander angewiesene Haltungen, ohne deren Zusammenspiel eine Menschheitskultur der Zukunft nicht möglich ist. Dieses Zusammenspiel bleibt ein freies, auch wenn in ihm die Rollen wie in der Musik führend und begleitend – nach Dux und Comes – verteilt sind. Dafür liegen seit Entstehung der neuzeitlichen Wissenschaft die entscheidenden Gedanken vor. Sie besagen, daß die System-Konzeption nur eine Hilfestellung einnehmen kann und immer auf eine Grundkonzeption vom „Ganzen" angewiesen bleibt, das sich nicht aus den Einzelmomenten und Teilwirklichkeiten „ergibt", sondern ihnen vorausgehen und zugrundeliegen muß, und an dem gemessen die Weltstruktur als „Explikation" zu verstehen ist. Selbstexplikation – oder „Selbstorganisation" wie man heute sagt – ist ein theologisches Motiv, das gegenwärtig die Naturwissenschaft im Sinne unserer Ausführungen bewegt. Wenn die Theologie dieser Entwicklungstendenz mit dem Umdenken des Schöpfungsbegriffs in die Explikations-Konzeption entgegenkommt, zeichnet sich das Zusammenspiel ab, an dem mitzuwirken das Verdienst des vorliegenden Werkes sein könnte.

Literaturnachweise

1 „Ordo ad Deum“: Hinordnung auf Gott (Thomas von Aquin)
2 *Scholz*, Heinrich: Religionsphilosophie. Berlin 1921
3 *Otto*, Rudolf: Das Heilige. Breslau 1917
4 *Heiler*, Friedrich: Erscheinungsformen und Wesen der Religion. Stuttgart 1961
5 „Mysterium tremendum et fascinans“: Geheimnis, das im Menschen heilige Scheu erweckt, ihn aber gleichzeitig anzieht (Rudolf Otto)
6 *Mensching*, Gustav: Vergleichende Religionswissenschaft. Leipzig 1938
7 bei *Dogen* (1220–1253): Begründer der Sotosekte, einer Schulrichtung des Zen-Buddhismus
8 *Eliade*, Mircea: Die Religionen und das Heilige. Salzburg 1954
9 *Rombach*, Heinrich: Leben des Geistes. Freiburg 1977
10 Vgl. 8
11 *Rombach*, Heinrich: Substanz, System, Struktur. 2 Bde. Freiburg/München 1965/66
12 Vgl. 8
13 *Schnackenburg*, Rudolf: In: Höfer, Josef/Rahner, Karl (Hrsg.): Lexikon für Theologie und Kirche. Bd. 6. Freiburg 1961, Sp. 167 ff.
14 Neues Testament: Apokalypse des Johannes
15 „Fides quaerens intellectum“: Der Glaube, der die Einsicht sucht (Anselm von Canterbury)
16 Vgl. 8

AUSSERCHRISTLICHE RELIGIONEN UND IHR VERHÄLTNIS ZUR TECHNIK

Einführung

Mohammed Rassem

Pluralität der Religionen

Alle Völker, von denen man durch die geographische Entdeckung der Welt und durch die umfassende Erforschung der Weltgeschichte näheres erfahren hat, verfertigen und gebrauchen Werkzeuge, sprechen eine Lautsprache und praktizieren Kulte. Man kann Ähnlichkeiten zwischen diesen Techniken, Sprachen, religiösen Vorstellungen und Kulten feststellen – das heißt, man darf sich erlauben, Allgemeinbegriffe wie Technik oder Religion zu verwenden.

Aber man muß dabei Vorsicht walten lassen: Die Menschheit ist nie weltweit auf ein technisches System, eine Weltsprache, eine Weltreligion festgelegt gewesen. Über viele Jahrtausende hinweg haben Völker, die in unvordenklichen Zeiten einmal eine Einheit gebildet haben mögen, nichts oder fast nichts voneinander gewußt, haben in isolierten Kulturkreisen gelebt. Im Grunde müßte man im Titel des vorliegenden Bandes Plurale setzen: Techniken und Religionen.

Diese Pluralität gilt für geographisch oder chronologisch weit auseinanderliegende Kulturen, aber oft auch für solche, die gleichzeitig existieren und voneinander wissen. Völker können trotz Außenkontakten, trotz eines gewissen Austausches von Techniken und Produkten, im Empfinden und Verhalten überraschend unbeeinflußt bleiben, weiter in ihrer eigenen Welt leben. Im übrigen ist das synchrone Nebeneinander von „Städtern" und „Barbaren", von Schriftkulturen und Primitivkulturen, von Hochtechnisierten und Wenigtechnisierten ein aus der Menschheitsgeschichte wohlbekanntes Phänomen.

Auch der imperialistische Ausgriff der christlichen Staaten über den ganzen Erdball hinweg hat letztlich keine alleinherrschende Weltreligion und keine homogenisierte Einheitskultur hinterlassen, obwohl heute manche Techniken aus dem europäisch-nordamerikanischen Kulturkreis global wirksam sind und auch von ehemals exotischen Völkern selbständig gehandhabt, sogar fortentwickelt werden. In einigen Fällen sind gesunde, lebensfähige Synthesen entstanden. In anderen Fällen hat sich erwiesen, daß die Teilmissionierung und Teilrationalisierung kolonisierter, oder durch „indirect rule" kulturell domi-

Zum Titelblatt: Der Altarstein von Hazor (Kanaan) mit betenden Händen, die zur Sonne emporgestreckt sind, stammt aus dem 3. Jahrtausend v. Chr.

nierter Länder die gefährlichsten Folgen haben kann: Sie können nicht zurück und sie kommen nicht voran. [I-4.2]

Daß in der „One World" große Differenzen bestehen blieben und bleiben werden, beweisen zwei gegeneinander laufende Tendenzen: Einerseits wird in ständigen Diskussionen intensivere ökonomische Modernisierung der wenig oder gar „unter"-entwickelten ärmeren Länder gefordert, die man metaphorisch als eine eigene („dritte") Welt bezeichnet. Andererseits wollen viele die Eigenart der historisch gewachsenen regionalen Kulturen bewahren. Das ist bisweilen nur verbaler romantischer Protest oder Folklore-Veranstaltung, in anderen Fällen aber eine politisch mächtige autochthone Bewegung, in der religiöse Traditionen wirken. Diese Erneuerungsbewegungen werden oft als Rückgriff auf „Fundamente" oder als „Nativismus" bezeichnet. Insoweit man geradezu von „Neuen Religionen" spricht, kommt ihnen bisher in keinem Fall universale Bedeutung zu, wenn sie auch gelegentlich Proselyten in anderen Erdteilen gewinnen.

Obwohl man heute in wenigen Stunden um die Erde fliegt und weltweit in nie dagewesener Häufigkeit kontaktiert, obwohl viele Techniken überall (ubiquitär) vorkommen, bleiben die kulturellen Differenzen der Erdteile und der Völker wirksam. Obwohl die Weltreligionen sich besser kennen und mehr austauschen als früher, gehen sie nicht ineinander über. Ihre Vielfalt bleibt für unser Zeitalter und seine zerklüftete, sich schnell verändernde Zivilisation bedeutsam. Man muß schon innerhalb der großen Religionssysteme selbst erheblich differenzieren, je nachdem, ob man es jeweils mit einer orthodoxen, einer fundamentalistischen Konfession oder mit einer toleranteren – „latitudinarischen" oder bereits säkularisierten – Mentalität zu tun hat.

Im Falle weitverbreiteter Weltreligionen ergeben sich bedeutende innere Unterschiede bereits aus dem geographischen, politischen, kulturellen Kontext, aus dem ethnischen Substrat. Der „arabische" Islam etwa reicht seit langem vom Balkan und von Kleinasien bis Westchina, von Indien bis zu den Malaiischen Inseln, andrerseits nach Ost- und Westafrika, hat neuerdings eine erhebliche Bedeutung auch in Westdeutschland, Frankreich, England – lebt also ebenso wie das Christentum in mehreren „Welten". Freilich ist es im konkreten Fall schwierig zu analysieren, wie stark und auf welche Weise der Kultur- und der Religionsfaktor wirkt, etwa auf das Akzeptieren und den Gebrauch neuer Techniken oder auf die Energie, die Genauigkeit mit der sie erlernt, betrieben, bewahrt werden. Wie soll man es erklären, daß die islamischen Völker – im Mittelalter technisch ihren Nachbarn durchaus gleichwertig, wenn nicht überlegen – im heutigen Industriesystem wenig Bedeutung haben, wenn man vom Ölhandel absieht? Es ist noch unentschieden, ob sich in den muslimischen Staatsgesellschaften die strenge – oder sogar „fundamentalistische" – Linie tatsächlich durchsetzt und auf welche Weise man letztlich die aus dem säkularisierten christlichen Westen kommende moderne Technik und Zivilisation mit muslimischem Ethos und Ritus in Einklang bringen wird.

An sich kann der Islam sowohl Barriere als auch Stimulanz der modernen Technik sein – so sagen viele Beobachter –, und das ist aus der „ganzheitlichen" Lebensauffassung dieser Religion auch gut zu verstehen: Der Islam will und muß seiner Mentalität nach rationale Forschung und spirituelle Überzeugung in Einklang bringen, wenn er über vordergründigen „Adaptionismus" hinauskommen soll – das ist ein sehr tief gehender Prozeß, von dem wir nicht wissen können, wie er verläuft.

Nach seinem allgemeinen historischen Charakter ist der Islam durchaus pragmatisch, macht- und weltzugewandt – dem ersten Anschein nach in stärkerem Grade als der viel ältere Buddhismus und der viele Traditionen übernehmende Hinduismus. Aber offensichtlich unterschätzt man die praktisch-politischen Fähigkeiten der asiatischen Religionen, denen die Endzeiterwartungen und damit die „Momente der Akzeleration" (so Ernst Benz), der revolutionäre Impetus fehlen. Sie sind durch die aggressive christliche und später die kommunistische Mission, durch die Kolonialpolitik und die ihr folgenden Revolutionskriege weithin ihrer Verankerung im Sozialsystem beraubt worden. Aber sie sind nicht untergegangen. Und es wurde deutlich, daß der „atheistische" Buddhismus gewisse latente Affinitäten zur Moderne, zum Sozialismus und zur Technik hat, die den theistischen Christen und Moslems nicht gegeben sind.

Die Auseinandersetzung dieser großen östlichen Religionen mit moderner und künftiger Technik hat erst begonnen, und es dürfte schwierig sein, die Ergebnisse vorherzusehen. Eine große Erfahrung hat man allerdings schon gemacht: Die Verbindung des japanischen Buddhismus mit der wieder erwachten altjapanischen Shintoreligion hat im Verlauf der letzten hundert Jahre eine intensive Weltzuwendung und Arbeitsethik ermöglicht, die dann Technisierungen und Industrialisierungen erstaunlichsten Ausmaßes bewirkte. Die Vorurteilslosigkeit, der Antidogmatismus dieser Religionen war dabei von Bedeutung, zugleich aber die Wiederbelebung des alten Sonnenkönigtums, in dessen Zeichen sich die Abschaffung des Feudalsystems zugunsten eines modernen, wenn auch nicht demokratischen nationalen Zentralismus vollzog (sogenannte Meiji-Reform). [IX]

Nicht zu übersehen ist, daß in manchen Staaten, die sich seit Jahrzehnten energisch technisieren und industrialisieren, die angestammten Religionen kaum Einfluß haben. Das gilt vor allem für Sowjetrußland und für China. Häufiger ist wohl der Zwitterzustand, so in Israel, einem laizistischen, technisch sehr fortschrittlichen Staat, dessen Ethnozentrismus („Zionismus") aber doch auf der jüdischen Religion beruht, so daß er antimoderne Vetos der orthodoxen Gläubigen stärker berücksichtigen muß als etwa in den heutigen Demokratien Westeuropas üblich.

Ein Problem für sich ist die Auseinandersetzung primitiver Religionsgemeinschaften und ihrer Erneuerungsbewegungen mit der modernen Zivilisation. Es kommt zu fanatischer („zelotischer") Abwehrhaltung, aber anderseits und manchmal gleichzeitig zu Teilübernahmen, Adaptionen, Vermittlungen, bisweilen zu erstaunlichem Geschick in der Handhabung fremder Techniken. Natürlich gibt es auch die bloße Konsumhaltung, die man ja aus der „ersten" Welt gut kennt: Man will sich Resultate aneignen, nicht aber die Fähigkeiten, die sie hervorbrachten. Ein berühmt gewordener, in unsere Konversationslexika eingegangener Sonderfall dafür ist das in Melanesien geübte magische Aneignen, Herbeibeschwören europäischer Produkte, die von den zurückkehrenden Ahnen massenweise gebracht und verschenkt werden sollen, weshalb man von „Cargo-Kulten" spricht. Die rückblickenden Historiker haben die nachdenkliche Bemerkung nicht unterdrücken können, daß dieser zu Anfang des 20. Jahrhunderts auftretende Adventismus, diese Endzeiterwartung inzwischen tatsächlich Erfolg hatte und eigentlich die mythische Vorwegnahme der Entwicklungshilfe war, der übrigens im pazifischen Krieg gigantische Lieferungen der amerikanischen Streitkräfte an Lebensmitteln, Kleidung usw. vorhergingen.

Zur Gliederung des Kapitels

Wir müssen gestehen, daß es uns nicht möglich ist, im folgenden Kapitel das Verhältnis der nichtchristlichen Konfessionen zu den Techniken, zur Technik als solcher, auf eine aktualisierte Weise zu diskutieren, d. h. mit Bezug auf das Ende des 20. Jahrhunderts, mit Bezug auch auf die zahllosen Sekten und Neureligionen, die in allen Erdteilen entstehen. Unsere Beiträge sind nicht ausschließlich, aber doch vorwiegend historischer Art. Allerdings ist die Kenntnis des Traditions-Hintergrundes der Religionen unerläßlich, will man die heutigen und künftigen Probleme der Weltreligionen mit der Technik begreifen – und anderseits die Probleme der Techniker, der Innovatoren mit den Religionen.

Es ist eine alte, noch nachwirkende Gewohnheit der westlichen Theologen und Gelehrten, zwischen drei Gruppen von Religionen zu unterscheiden: Erstens die eigene, also das Christentum, die christlichen Bekenntnisse. Zweitens ordnet man diese in eine größere Gruppe von anderen Buchreligionen ein. Die biblische Dreiheit Judentum, Christentum, Islam ergibt sich ganz von selbst. Drittens unterscheidet man diese Offenbarungs-Religionen von den Natur-Religionen, die man auch Stammes-Religionen nennt, vermutlich in Anlehnung an das Theologenlatein, in dem die „Heiden" vereinfacht als „die Volksstämme" (lateinisch „gentes") bezeichnet werden.

Gewiß kommt man mit dieser groben Dreiteilung heute nicht mehr aus. Man erweitert die zweite Gruppe auf irgendeine Weise, um andere „Hochreligionen" einordnen zu können, die in Asien nach wie vor von größter Bedeutung sind: Der sehr synkretistische, vielfältige, älteste und neue Elemente bergende Hinduismus. Der theologisch durchgearbeitete Buddhismus mit seinen Varianten und Vermischungen in mehreren asiatischen Kulturen. Bezieht man auch die nicht mehr existierenden Hochreligionen der vorchristlichen Zeit ein, so kann man an Ägypten und Babylon nicht vorbeigehen, die im Alten Testament so häufig negativ erwähnt werden. Es sind sakral geordnete und technisch hochentwickelte, auf dem Schriftprinzip beruhende Großreiche, Monarchien. Offensichtlich muß man auch sie eher zur zweiten Gruppe stellen als zur dritten, die man eigentlich den schriftlosen und wenig technisierten, „primitiven" Gesellschaften vorbehält.

Diese dritte Gruppe, die der Naturreligionen, ist welthistorisch gesehen die älteste – die in Rückzugsgebieten bis ins 20. Jahrhundert überlebt – und wird daher im ersten Beitrag des folgenden Kapitels behandelt. Der Aufsatz gibt ein Schema der historischen Entwicklung, wie man sie sich heute vorstellt; im übrigen verfährt er exemplarisch, denn es ist kaum möglich, auf engem Raum eine vollständige Übersicht der zahllosen Stammesgesellschaften und -religionen zu geben, von denen Völkerkunde und Kulturgeschichte wissen.

Der zweite Beitrag führt in den bis heute weiterwirkenden Hintergrund der europäischen Kultur: Zweistromland, Ägypten, Griechenland, Rom. Die beiden zuerst genannten gehören zu den „hydraulischen" oder „potamischen" Kulturen, das sind Reichsbildungen an den großen Strömen, die für technisch und organisatorisch verfeinerte Bewässerungssysteme ausgenützt werden, die Urform der „Megama-

schine", wie Lewis Mumford sagte. In der Tat sollte das vorchristliche – pharaonische und dann hellenistische – Ägypten für die Entwicklung der europäischen technischen Organisation bedeutsam werden – sogar die Sonnenkönigs-Mythologie der frühen Neuzeit ist aus den antiken Quellen übernommen worden. Das auf den Hügeln zwischen Sümpfen errichtete Rom mit seiner sehr alten „Cloaca maxima", seinen Aquädukten, den gigantischen Bädern der Spätzeit, überliefert uns bis heute einen Wortbeleg für den ursprünglichen Zusammenhang des Königtums und des Priestertums mit solchen Großanlagen: Pontifex heißt „Brückenmacher".

Brucken sind ein wichtiges politisch-sakrales Symbol, denn sie sind Ausdruck der Bewältigung der Urgewalt des Flusses. Im altesten Rom hatte eine Holzbrucke uber den Tiber sakrale Bedeutung, der „pons sublicius". Auf ihm und auf beiden Seiten wurde geopfert. Davon ist die Bezeichnung für Priester abgeleitet worden: „pontifex" – Die Bilder zeigen eine repräsen-

tative Brucke in China aus dem frühen 7. Jahrhundert und kleinere chinesische Brücken im Alltagsverkehr des 20. Jahrhunderts. Sie mögen daran erinnern, daß die chinesische Kultur und ihr sakrales Herrschertum nicht zuletzt auf der technisch-organisatorischen Bewältigung der Überschwemmungen, auf deren Umleitung, auf „Kanalisierungen" beruht.

Was die griechisch-römische Religion betrifft, so ist sie in ihrer Anfangszeit keine Buch- oder Hochreligion im Sinne des vorhin erwähnten Schemas, denn sie verfügt zwar über eine Schreibschrift, über Poeten und Philosophen, bildet aber keine eigentliche Priesterkaste, keinen „Klerus" aus und keine dogmatische Theologie. Aber die Expansion Alexanders in den Orient und die Entwicklung des römischen Imperiums erheben trotzdem die griechisch-römischen Kulte und Mythologien zu großer, bleibender Geltung, während die anderer indogermanischer „gentes" im Untergrund, in der Folklore verschwinden (Kelten, Germanen, Slawen). Merkwürdigerweise hat der Westen im Nachhinein, infolge der englischen Eroberung Indiens, ein etwas deutlicheres Bild von den indogermanischen Religionen bekommen. Denn in Indien waren Varianten davon in der literarisch-religiösen Überlieferung noch faßbar und nach der Hoch-Zeit des Buddhismus im sogenannten Hinduismus wieder hervorgetreten.

Auf die Behandlung Indiens, Japans und anderer östlicher Kulturen mußte hier verzichtet werden. Eine Ausnahme ist der Beitrag über China, dessen religiöse Ethik und dessen Technik schon vor Jahrhunderten bedeutende Wirkungen auf Europa gehabt hat, das im übrigen auch selbst von außen beeinflußt worden ist – besonders durch den in Indien entstandenen Buddhismus. Heute ist die Forschung gerade auf dem Gebiet der chinesischen Technikgeschichte sehr aktiv, so daß man ein neues Bild zeichnen kann. [IX]

Unmöglich verzichten konnten wir auf die beiden anderen an das Alte Testament anknüpfenden „Buchreligionen", Islam und Judentum, die beide – wenn auch auf verschiedene Weise und in verschiedenen Epochen – eine starke Beziehung zu der Technik ihrer Zeit entwickelt haben.

Der quantitative Anteil der Juden an der Weltbevölkerung dürfte heute weniger als 3% des muslimischen Anteils betragen, aber es handelt sich um eine in mehreren Industriestaaten sehr virulente Minorität. Im übrigen ist die Wiedererrichtung des Staates Israel im 20. Jahrhundert in dem auch für Moslems und für Christen „Heiligen Land" ein Vorgang, der qualitativ bedeutsamer ist als die absoluten Zahlen der Bevölkerungsstatistiken (Ansiedlungen bzw. Vertreibungen) nahelegen. Was den technologischen Aspekt betrifft, so ist Israel im zivilen wie im militärischen Bereich der modernste Staat des Orients, mag es sich dabei auch zu einem großen Teil um aus den USA importierte Militär- und Ziviltechniken handeln. Es fragt sich nur, ob dieses Phänomen etwas über die innere Beziehung zwischen jüdischer Religion und Technik lehrt?

Es ist ja nicht ganz einfach, die Frage zu beantworten, in welchem Sinn des Wortes die Bürger Israels oder anderswo lebende assimilierte Juden denn „jüdisch" sind. Keinesfalls kann man Judentum, Zionismus, israelischen Patriotismus und „Ethnozentrismus" (von den Arabern als Rassismus bezeichnet) ohne Vordiskussion unter den Oberbegriff „Religion" einordnen. Man darf wohl sagen, daß der Jude wie der Christ des 20. Jahrhunderts im Durchschnitt weniger an sein orthodoxes Bekenntnis gebunden ist als das in vergangenen Jahrhunderten der Fall war. Das gehört zur Signatur der modernen Welt im westlichen Sinne: Sie zwingt den Menschen geradezu, sich selbst auf

„ethnische" oder gar nur „nationale" Weise zu definieren, denn alle seine Garantien hat er als „Bürger", allenfalls als „Mensch", nicht aber als Glied oder Bekenner einer Religion, die als eine Privatsache bezeichnet wird. Und was das moderne Judentum betrifft, so kommt noch hinzu, daß es in Europa und Amerika vermittels der Religionstoleranz und der „Emanzipation" groß geworden ist, was zugleich eine Abwendung von seiner eigenen Orthodoxie bewirkte. Nicht als talmudgläubige Juden, sondern als aufgeklärte Intellektuelle haben Juden in der modernen Wissenschaft Bedeutung erlangt – und damit auch in der modernen Technik. Das gilt für ihre alte Domäne Medizin, aber auch für die Physik. Und es gilt wohl für das neugegründete Israel ebenso wie für Europa und Amerika.

Unseres Wissens gibt es nur sehr wenige Untersuchungen, in denen die Spätwirkung orthodox jüdischer, rabbinischer Traditionen in den heutigen technischen Wissenschaften diskutiert wird. Diese Fragestellung ist an sich genauso berechtigt – oder unberechtigt – wie die nach dem christlichen Hintergrund der Moderne. Aber sie ist ohne gründliche biographische Nachforschungen kaum einer Beantwortung zuzuführen. Man kennt die Familiengeschichten und geistigen Biographien führender jüdischer Gentechniker oder entscheidender Waffentechniker (Robert Oppenheimer, Edward Teller, Andrei Sacharow) doch wohl zu wenig, um sie mit denen ihrer nichtjüdischen Kollegen vergleichen zu können.

Anhang: Zur Statistik der Weltreligionen

Es ist unmöglich, eine genaue Weltstatistik der Religionen zu erstellen. In sehr vielen Ländern werden die Bekenner einer Religion nicht amtlich und fiskalisch erfaßt, wie man das in der Bundesrepublik Deutschland gewohnt ist. Andrerseits weiß man auch bei zuverlässig registrierten Mitgliedern einer Kirche oder Konfession nicht, ob sie diese Mitgliedschaft tatsächlich praktizieren. Und umgekehrt kann es vorkommen, daß Menschen ihre wahre Religion verbergen, oder daß die amtliche Statistik die Zahl der Bekenner einer Religion zu vermindern trachtet.

Es gibt asiatische Länder, in denen sich Menschen zu zwei Religionen zugehörig fühlen – der Begriff „Konfession" hat hier keinen ausschließenden Sinn. Das mag dem Europäer zunächst fremdartig vorkommen, aber im Grunde ist auch er damit vertraut, daß Individuen „ökumenisch" eingestellt sind, in gemischten Ehen leben, oder

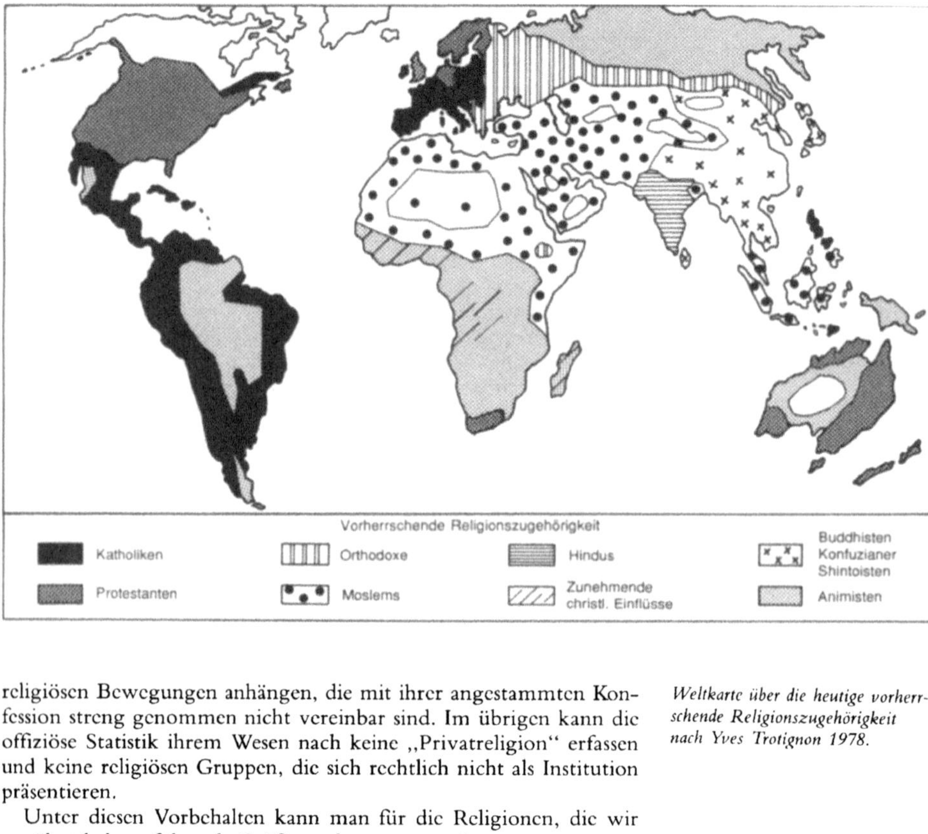

Weltkarte über die heutige vorherrschende Religionszugehörigkeit nach Yves Trotignon 1978.

religiösen Bewegungen anhängen, die mit ihrer angestammten Konfession streng genommen nicht vereinbar sind. Im übrigen kann die offiziöse Statistik ihrem Wesen nach keine „Privatreligion" erfassen und keine religiösen Gruppen, die sich rechtlich nicht als Institution präsentieren.

Unter diesen Vorbehalten kann man für die Religionen, die wir erwähnt haben, folgende Größenordnungen angeben:

Katholiken und Moslems halten sich ungefähr die Waage und dürften beide in den 1990er Jahren die 900-Millionen-Grenze überschreiten. Trotzdem ist das Christentum als die verbreitetste Religion anzusehen, da man zu den Katholiken noch die 6–700 Millionen Anhänger der anderen christlichen Kirchen hinzurechnen muß.

Eine sogenannte „Volksreligion" ist der Hinduismus, denn er ist fast ganz auf den indischen Subkontinent beschränkt. Man spricht von

650–700 Millionen Anhängern, was freilich nicht besagt, es gäbe in Indien keine anderen Religionen, ganz zu schweigen von Pakistan und Bangladesh, die zu ungefähr 90% muslimisch sind. Die Anhänger des Buddhismus, der heute in seinem Ursprungsland Indien keine große Bedeutung mehr hat, schätzt man weltweit auf 300 Millionen Menschen.

Die Animisten – dieser religionswissenschaftliche Ausdruck für „primitive" Religionen wird heute oft als offizielle Bezeichnung verwendet – werden auf 90 Millionen geschätzt. Zweifellos vermischt sich der Animismus oft mit dem durch die Mission erlernten christlichen Bekenntnis.

Alle dem stehen nach Annahmen christlicher Handbücher etwa eine Milliarde „Agnostiker und Atheisten" gegenüber, worunter nicht wenige sind, die diese Einstellung direkt oder indirekt registrieren ließen, aus welchen Gründen auch immer.

Interessanter als die absoluten Zahlen mag sein, in welchen Regionen welche Religion zahlenmäßig dominiert. Das kann am besten durch eine Karte dargestellt werden. Es sei aber daran erinnert, daß gerade in bezug auf technische Aktivitäten es die Minoritäten sein können, denen die größte Bedeutung zukommt.

Naturreligionen und Frühformen der Technik

Werner Müller

Die animistische Weltauffassung

Unter Naturvölkern versteht man jene Gemeinschaften, die bis in das vergangene Jahrhundert eine materiell sehr bescheidene Kulturstufe innehatten. Noch im Zeitalter der Entdeckungen besetzten sie als Jäger, Sammler und Hackbauern etwa neun Zehntel der bewohnbaren Erdoberfläche: Nordamerika, Teile Südamerikas, Mittel- und Südafrika, Melanesien, Indonesien, Australien, die ozeanische Inselwelt, Flecken im Bereich der indischen Hochkultur und schließlich Sibirien. Nur in zwei Regionen gelang diesen Primitivkulturen die Entwicklung zur Metallurgie: In Sibirien und Mittelafrika. Hier gesellte sich im Gefolge der Kupferverarbeitung zu den Urstoffen wie Stein, Holz und Knochen der Gewinn schmiedbaren Eisens, vielleicht unter dem Antrieb benachbarter Zivilisationen im Hoangho- und Niltal.

In den Gedankenwelten dieser ‚Primitiven' tritt ein bestimmter Charakterzug geradezu aufdringlich hervor. Die Naturvölker beleben alles: Tote Stoffe oder gar tote Dinge innerhalb der Umwelt sind ihnen vollständig unbekannt. Die Forschung sammelt solche Eigenarten unter dem Schlagwort ‚Animismus', vom lateinischen anima ‚Seele', also eigentlich ‚Beseelung'.

Die Europäer in Übersee gewöhnten sich rasch an diese sprachliche Sonderbarkeit. Zahlreiche Anekdoten liefen in den Kolonien um zur Erheiterung der Neusiedler und zur Beschämung der nicht begreifenden Einheimischen. Hierher gehört die Geschichte des Boys (Schwarzer, der in einem weißen Haushalt tätig ist) mit der Gebäckschachtel. Er sollte das Paket mit Kuchen zu weiter entfernten Nachbarn befördern, aß aber einen Teil der Sendung auf. Sein Herr, durch eine Notiz auf der Rückseite des Begleitschreibens orientiert, sagte dem Boten auf den Kopf zu, er hätte auf dem Hinweg den halben Kuchen aufgegessen. Der Schwarze stotterte erschrocken, er wolle das gar nicht abstreiten, aber man solle ihm doch erklären, woher der Brief das wüßte. Er habe nämlich den Brief hinter einen dicken Stein gelegt, ehe er die

Schachtel aufschnürte. Der Brief hätte also gar nicht sehen können, was mit der Schachtel geschah, und nun erzählte er es doch!

Die Kindlichkeit der Szene stellt sofort klar, was ‚Animismus' für den Animisten bedeutet: Nicht so sehr eine Beseelung, als vielmehr die Überzeugung, mit allen Erscheinungen des Universums verwandt zu sein, mit ihnen reden, singen, lachen, tanzen und zanken zu können; kurz sie als seinesgleichen anzusehen. Eine derartige Einstellung zur Umwelt fehlt der amerikanisch-eurasischen Zivilisation. Lediglich die Sprache bewahrt Reste dieser Weltsicht; sie läßt auch heute noch die Sonne auf- und untergehen. Ein solches zutrauliches Miteinander findet seinen passendsten Ausdruck in dem Wort ‚Weltfamilie'. In ihm klingt der verwandtschaftliche Zauber der kosmischen Gemeinschaft am eindringlichsten nach.

Um die Lebenswirklichkeit einer solchen Gemeinschaft kennen zu lernen, wenden wir uns einem Modell zu, das heute noch in leidlich ungestörter Kraft und Stärke blüht, der sozialen Organisation der Ituri-Pygmäen im tropischen Regenwald Afrikas.

Die Weltfamilie als Praxis des Schwachen

Der Urwaldbereich der Zwergvölker am Iturifluß liegt im nordöstlichen Zaire, dem früheren Belgisch-Kongo. Rund 50000 Quadratmeilen hochstämmiger Wildnis dienen hier den Zwergen als Schutz und Obdach, feucht, schattig, ohne den Staub der Steppe, ohne Moskitos und Stechfliegen.

In den Gesprächen, die unser Hauptberichter Colin Turnbull aufgezeichnet hat, taucht der Wald immer wieder auf[1]. Er ist unser Vater und unsere Mutter, heißt es da. Er gibt uns alles, was wir brauchen: Nahrung, Kleidung, Behausung, Wärme. Wir sind Kinder des Waldes, wovor sollen wir uns fürchten?

Mit dem Wald in Harmonie zu leben, bleibt das höchste Ziel der Ituri. Gestürzte Bäume, mißlungene Jagden, Zänkereien, Krankheiten deuten auf eine Mißstimmung des Waldes. Er schläft dann womöglich und achtet nicht mehr auf seine Kinder. Mit Liedern müssen sie ihn wecken, damit die alte Harmonie wiederkehrt. –

Eine Gemeinschaft, die auf friedlichen Ausgleich bedacht ist und zugleich der urtümlichsten Menschenkultur angehört, muß unsere höchste Aufmerksamkeit erregen, verkörpert sie doch einen lebenden Widerspruch gegen den Topos vom Kampf ums Dasein. Die Ituri suchen Schutz nicht bei irgendwelchen Waffen, sondern bei ihrer eigenen Wehrlosigkeit. Hier war die Nische, würden wir heute sagen, die ihnen Hörner, Krallen und Reißzähne ersetzte. Und es ist ihnen geglückt, mit allen Nachbarn in ein ausgeglichenes Verhältnis zu kommen, mit Bäumen, Tieren und Menschen.

Wie war das möglich? Die Ituri lebten doch von der Jagd und mußten also tagtäglich mit den Notwendigkeiten dieses Daseins zusammenstoßen. Nun, für das unvermeidliche, lebensnotwendige Töten haben die Pygmäen zwei Verfahren entwickelt, einmal das Schießen mit vergifteten Pfeilen, sodann den Fang mit Netzen, in denen die Tiere sich festlaufen. Die sich abstrampelnde Beute wird mit Messern abgestochen. Ein schmutziges Geschäft, das der Wald mit Mißfallen ansieht. Den Zwergen ist dies durchaus bewußt, doch sie wissen sich zu helfen. Rüstet eine Jagdkolonne zum Ausmarsch, dann zünden die Kleinsten, etwa Vierjährigen, an den Wurzeln eines passenden Baumes ein heiliges Jagdfeuer an. Jeder Jäger muß die aufsteigenden Rauchwolken passieren. Sie ‚waschen' nämlich die Berührung mit dem Tod ab und entsühnen alle Beteiligten. Ausgenommen bleiben natürlich die winzigen Jährlinge, die mit dem Tod nichts zu tun haben – (‚noch nicht') – und die müden abgearbeiteten Alten, die zu Hause der Ruhe pflegen (‚nicht mehr').

Mit solchem diplomatischen Geschick meistern die Zwergvölker die schwierigsten Situationen. Die Ituri grenzen auf allen Seiten an Bantustämme – im Norden auch an Sudanesen –, die sich anders als die kleinen Jäger mit Pflanzen- und Viehzucht abgeben. Am Waldrand stoßen die beiden Lebensstile aufeinander, aufs beste miteinander verzahnt als willkommene Ergänzungen. Denn die Bantubauern in ihren festen Siedlungen, die ‚Dorfleute', plagen sich auf ihren staubigen Feldern mit Gemüsebananen und Kassawa, deren Knollen ein gesuchtes Mehl liefern. Die ‚Waldleute' dagegen verhandeln die Fleischüberschüsse ihrer Jagden und den hoch begehrten Honig der wilden Waldbienen. Mitunter helfen sie sogar bei der Feldarbeit.

Geben und Nehmen geht von den Ituri aus. Niemals würde sich ein Bantu in den Urwald hineintrauen. Eine tief verwurzelte Furcht vor Geistern und bösen Wesen verleidet ihnen den Wald, und die Zwerge beeifern sich, diese Angst mit Schauergeschichten zu mehren. Die Kleinen sind also den Großen geistig überlegen. Ihre Diebereien müssen die Dörfler ertragen, denn hinter den schnellfüßigen Spitzbuben herzurennen, hat wenig Zweck. Denn im Wald sind die Geister eine unangenehme Zugabe.

Ihren Wald kennen die Ituri bis in die letzte Ecke. Nach Turnbulls Feststellungen besitzen sie kunstvolle Territorialeinteilungen, die bei

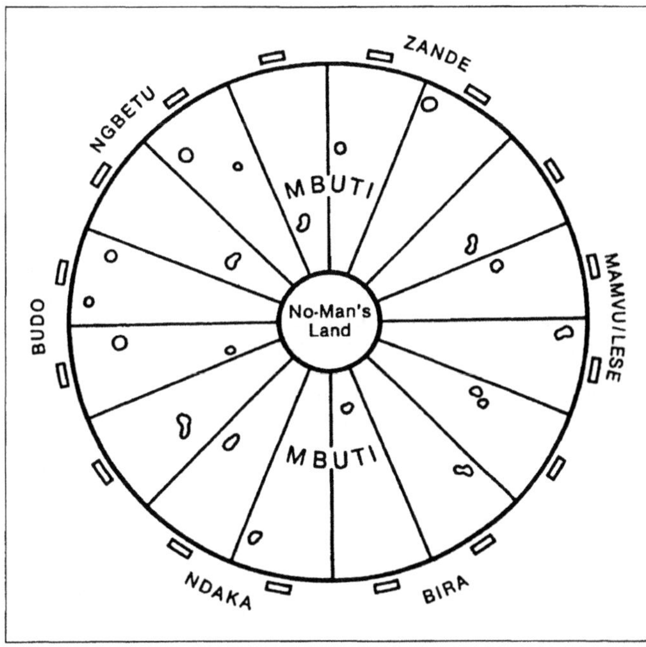

Schematisches Ineinander von 16 Bantudörfern (Vierecke am Rand) mit 16 Jagdbezirken der Ituri-Mabuti (Keile um das ‚Niemandsland'). – Nach Turnbull: The Mbuti Pygmies.

den zentralen und westlichen Pygmäen gewaltige Größen erreichen können, während im Nordosten Missionen und Plantagen den Platz beschränken [2]. Schematisiert gleicht diese Vermessung einem Stern aus sechzehn keilförmigen Strahlen. Jeder Keil vertritt einen Jagdbezirk und jeder Bezirk gehört einem Clan. Im Zentrum fügen sich die Keile zu einem großen Rund, das von Turnbull ‚Niemandsland' getauft wurde, weil hier jede Jagd verboten war. Dieser Mittelring gehört nämlich den Tieren, und keine Befleckung mit Blut darf das Wildsanktuar entweihen.

An der Außenseite der Bezirke, dort wo der Wald aufhört und das baumlose Land anfängt, liegt immer ein festes Dorf. ‚Unser Dorf' prahlen die Zwerge: ‚Unser Jagdbezirk' behaupten die Dörfler. In der Siedlung draußen wohnen die Bauern. Eine Stunde weit in den Wald hinein liegt der Camp der Jäger. Beide sind durch ihren Tauschhandel aufeinander angewiesen, doch im Grunde sind beide Gruppen so frei wie ein Vogel in der Luft.

Die Zwerge ziehen das Jahr hindurch in ihren Jagdbezirken umher, alle paar Wochen ihre Lager aus flüchtig geflochtenen Hütten verändernd, je nach dem Wildbestand. Jeder Bezirk kann jeden anderen Bezirk über das zentrale Niemandsland erreichen. Die Beweglichkeit der sozialen Ordnung sorgt dafür, daß jedermann eine Mutter und einen Vater findet, Schwestern und Cousinen, Brüder und Vettern. Und diese Verwandtschaft besitzt die gleiche Stabilität wie die biologische Familie. „In einer Ituri-Gesellschaft gibt es keine Waisen, keine Mutter ohne Kinder, keine Kinder ohne Schwestern und Brüder, und keine einsamen alten Leute, denn die Betagten haben eine ganz immense Familie, die für sie sorgt, einerlei wo sie sich aufhalten“ [3].

Das ist die klassische Formulierung einer lebenden Weltfamilie. Gewiß gibt es einen Abstand zwischen den Bantudörflern und den Waldituri, zwischen sonnenbestrahltem Feld und kühlem Baumdach, zwischen außen und innen, wie die Zwerge sagen, aber Feindschaft niemals. Noch sind sie durch ihren Urwald geschützt, aber wie lange noch?

Die afrikanischen Oberschichten haben längst begriffen, was hier vorgeht und welche Aufgabe auf sie wartet. Erzbischof Jean Baptiste Zoa (Kamerun) hat 1963 in einem Vortrag ein Bild der Situation entworfen [4]. Afrika, so führte er aus, muß neu geschaffen und in die moderne Welt integriert werden, ohne sich selbst aufzugeben. Doch dies sei ein abenteuerliches Unterfangen; ein Wunder, das nur dem Afrikaner selbst gelingen könne. Er dürfe sich nicht mehr von seiner ‚metaphysischen‘ Vernunft leiten lassen; er solle nicht in jedem Wesen eine Seele vermuten und von ihr Hilfe erwarten. Eine solche Haltung – Zoa meint natürlich den Animismus – hemme jede wissenschaftliche Forschung. Wolle man die Welt beherrschen, dürfe man nicht jedes Blätterrascheln und jeden Vogelschrei beachten, sondern müsse ein Mathematikbuch in die Hand nehmen. Man entkleide nur die Umwelt ihres sakralen Charakters und analysiere sie vernünftig, sonst gebe es keinen Fortschritt. Zoa scheint kaum zu ahnen, welches Unglück er verheißt, sollte eines Tages der Urwald am Ituri auf den holzhungrigen Märkten Europas und Amerikas verschwinden. Denn mit ihm verschwände eine von den letzten kosmischen Gemeinschaften, die noch im goldenen Zeitalter lebt. Sie wird in dem Augenblick überflüssig, da die mechanistische Weltsicht den Rang absoluter Richtigkeit erreicht.

Bild des belgischen Künstlers Magritte „Die große Familie", das schon 1947 dem großen Gedanken der Einheit der Natur, der Lebewesen Ausdruck zu geben sucht. Die Farben des Originals sind Abstufungen von Blau, Weiß, Grau, dazu am niederen Horizont Ocker.

Archäologische Daten und Fortschritt

Soziale Organisationen wie ‚Weltfamilie' oder ‚Weltfrömmigkeit' gibt es bis heute auf allen Kontinenten, wenn auch nur in Bruchstükken. Es wird schwerlich ein ‚primitives' Volk zu finden sein ohne jede Erinnerung an die Geborgenheit in einem vor Leben strotzenden Universum. Und daran werden auch die neuen Schulen nicht viel ändern, in denen die alte Weltsicht mit Fremdsprachen, Rechnen, Schreiben und Lesen wegunterrichtet wird.

Eines Abends traf Turnbull seinen Freund Kenge (‚Antilope'), wie er auf einer Lichtung tanzte mit einer Blume im Haar, leise vor sich hersingend. Turnbull wußte, daß Kenge hinter den Mädchen her war und fragte verwundert, warum er denn alleine tanze. Kenge sah ihn an, als erblicke er den größten Narren weit und breit. „Aber ich tanze doch nicht allein, ich tanze hier mit dem Wald und dem Mond" [5].

Diese Antwort enthüllt noch einmal die animistische Seelenlage, deren Alter kein Ausgräber mit seinem Spaten zu Tage fördern wird. Dennoch verdanken wir der vorgeschichtlichen Forschung eine Zeitbestimmung, deren Bedeutung für die Entwicklung technischer Formen kaum zu überbieten ist. Wir wissen nämlich heute, wann der erste Durchbruch durch die animistische Decke anzusetzen ist; wann man begann, die Frühformen technischen Tuns als Besonderheit zu empfinden. Den Nachweis lieferte nicht Afrika, sondern Europa. Hier erscheinen die Voraussetzungen technischen Denkens von einer bestimmten Epoche an, auch wenn sie als Neuigkeiten, als Fortschritt, als Entwicklung nicht erkannt wurden. Dieser Zeitpunkt liegt etwa um 35 000 herum.

Damals begann für Europa und Vorderasien das Einsickern neuer Menschenarten und mit ihnen neuer Kulturen. Bis dahin hielten die aus Afrika stammenden Altmenschen, die Neandertaler, das westliche Eurasien besetzt und zwar seit 100 000 Jahren und mehr [6].

Damit beginnen bereits schwer begreifliche Umstände, denn in dieser für menschliches Gedächtnis kaum faßbaren Zeitstrecke gibt es keinen einzigen Fortschritt. Es sei wiederholt: Keinen Fortschritt in 100 000 Jahren. Der Altmensch, irgendwann vom menschlichen Stammbaum abgespalten, kannte nur ein Gerät, gewissermaßen das Hauptstück seines Werkzeugkastens, den Faustkeil – einen Universalhelfer für alles und jedes. Es gab wohl Abwandlungen in Einzelheiten, etwa in der Dicke des Steins, in der Muschelung, die bald beide Seiten, bald nur eine Seite des Geräts verzierten; es gab auch eine Handvoll kleinerer Werkzeuge zur Bearbeitung von Fellen und Häuten. Doch

Sogenannte Faustkeile aus der ältesten europäischen Altsteinzeit („Altpaläolithikum"), die man als hergestellte Werkzeuge bzw. Waffen ansprechen kann. Welche anderen Geräte – aus vergänglicherem Material – in dieser Periode benutzt wurden, weiß man nicht. Man hat Knochengeräte aufgefunden, einige von ihnen konnen Kultgerate gewesen sein.

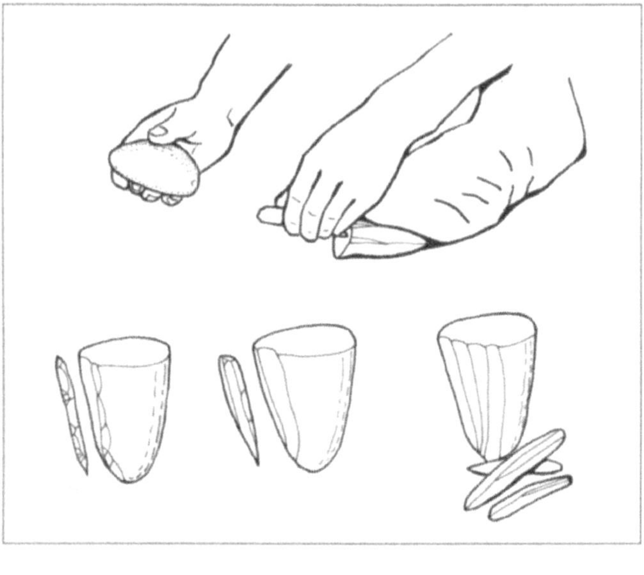

Die veränderte Steinbearbeitung in der späteren Altsteinzeit („Jungpaläolithikum"): Die Aufsplitterung des Kernsteins mit einem Schlagstein in kleinere Geräte und in Teile von Geräten.

im ganzen blieb der Lebensstil des Neandertalers armselig: Höhle, Feuer, Fell, Laublager, Steinzeug, Speer. Wieviel in dieser Dürftigkeit offenbar gar nicht vermißt wurde, wie selten ein erfinderischer Blitz diese Welt aufstörte, zeigt der Besitz der Nachfolger, der Jungpaläolithiker, mit denen die moderne Welt unseren Kontinent betrat.

Der Kontrast zwischen Alt und Jung fällt sofort ins Auge. Statt der kleinen Lager von zwei bis fünf Familien finden sich Ansammlungen bis zu einhundertfünfzig Personen. Die Unbeweglichkeit des Neandertalers, der selten über seine heimatliche Basis hinauskam, weicht Kommunikationsnetzen von einigen Hundert Kilometern Durchmesser. So bezog das gesteinsarme Nordpolen seinen braunen Feuerstein aus Minen im Süden des Landes, an zweihundert Kilometer weit. Schnecken aus dem Mittelmeer kamen bis Gönnersdorf im Neuwieder Becken. Muscheln von der Insel Man reisten bis Südfrankreich. Neue handwerkliche Stoffe wie Knochen, Elfenbein, Geweih bereicherten den ‚Markt' als Unterlage einer echten künstlerischen Betätigung. Anfänge von Architektur tauchten auf, sobald Höhlen fehlten. In der mährischen Senke bei Ostrau-Peterhofen fand sich ein Großzelt, dessen Herde mit Steinkohlen gefeuert wurden, Kohlen aus einem tagliegenden, nahen Flöz.

Das gewichtigste Indiz für die Heraufkunft einer neuen Welt gibt der Wechsel in der Steinbearbeitung ab. Der Neandertaler bosselte so lange an seinem Feuersteinknollen, bis der vorgesehene Griff ohne Druckstellen im Handteller saß. Der Altmensch arbeitete also wie ein Steinmetz oder Bildhauer. Er formte mit seinen Abschlägen das Werkstück, bis die optimale Gestalt erreicht war. Die Splitter blieben als wertloser Abfall liegen. Jede Feuersteinknolle ergab nur einen Faustkeil, und dieser Keil paßte nur in *eine* Hand, nämlich die Hand des Herstellers.

Ganz anders ging der Jungpaläolithiker vor. Er zerschlug das steinerne Kernstück vollständig, breitete die Splitter vor sich aus und sortierte die Späne nach ihrer Brauchbarkeit in Messer, Bohrer, Kratzer, Stichel und so fort. Mit anderen Worten: Der Jungpaläolithiker griff seine Arbeit nach einem durchdachten, auf Sparsamkeit angelegten Verfahren an. Der Faustkeil verschwand, lange dolchartige Stücke traten an seine Stelle und nutzten den Kern bis zum letzten Splitter. Zum ersten Mal erscheint in der Urgeschichte das planende Denken statt des künstlerischen Formens[7].

Dieser überraschende Einsatz rationalen Verfahrens kennzeichnet einen Bruch innerhalb der Urgeschichte. Die Forschung ist sich einig darin, daß andere Menschentypen die Epoche des Neandertalers been-

Die Fortschrittstufen der afrikanisch-eurasischen Menschheit im Jungpaläolithikum

Stufe 1 ab 35 000 v. Chr.	Ablösung des Neandertalers durch Cromagnon und Brünnrasse. Verschwinden des Faustkeils als Hauptgerät, Aufkommen der Schmalklingen. Rationale Methode bei der Auswertung des Steinmaterials. Neue Hartstoffe: Knochen, Geweih, Elfenbein. Geburt der Kunst: Malerei und Plastik. Religiöse Einstellung schwierig zu beurteilen. Wahrscheinlich Hochgottverehrung mit kosmischem Ritual.
Stufe 2 ab 9000	Übergang von der Jagd- und Sammelwirtschaft zu Landbau und Tierzucht. Anfänge bäuerlicher Ökonomie mit Wildgetreide, Emmer, Einkorn, Gerste, Schaf, Ziege, Rind in Vorderasien. Hacke und Pflug. Keramik, Steinschliff, Steinbohrung. „Neolithische Revolution". Religiöser Hintergrund: Verehrung der Erde als Mutter; sakrale Bodenteilung; Mythos von Geburt und Tod als Saat und Ernte.
Stufe 3 ab 5000 Kupferzeit ab 3000 Bronzezeit ab 1400 Eisenzeit	Hinwendung zur Metallurgie. Legierung der Bronze aus Kupfer und Zinn. Starre und zerbrechliche Struktur des neuen Metalls, Bronze kann nur gegossen werden, nicht geschmiedet. Deshalb Ablösung durch das schmiedefähige Eisen, ab 1400 in Vorderasien. Religiös: Aufkommen der Heldensage, die den Kulturheros der älteren Epoche zum heldischen Vorbild ummodelt. Heiligung des Schmiedeberufs und Schmiedehandwerks. Siegfried und Dschingis Chan.

det haben, die Cromagnon und die Brünnrasse nämlich. Wir wissen nicht, woher sie gekommen sind; wir wissen nur, daß sie die Grundlage für den modernen Menschen abgegeben haben, für den homo sapiens sapiens.

Seine Leistungen, gipfelnd in der westeuropäischen Höhlenmalerei, beglaubigen die Vollwertigkeit des Jungpaläolithikers. Mircea Eliade (1907–1986) betont mit Recht, dieser neue homo besitze alle Elemente der Bewußtseinsstruktur und dazu gehöre auch die Erfahrung des Heiligen, der Schatz von Glaubensvorstellungen und die Übung von Ritualen [8].

Nun trennen die Gegenwart Jahrzehntausende von jenem Umbruch, zu viel, um einen sicheren Einblick in die religiöse Seite jenes Wandelns zu ermöglichen. Vielleicht hat die am Modell der Ituri-Pygmäen geschilderte Kosmosverehrung hier mitgewirkt, doch wie sich die nüchtern-kluge Gerätefertigung in den religiösen Untergrund eingebettet haben mag, ist schwer zu sagen. Was bei diesen Fragen weiterhelfen könnte, beruht auf der Tatsache, daß die eurasisch-afrikanische Region noch mehrere derartige Umbrüche erlebt hat, und daß hier die größere zeitliche Nähe eine bessere Einsicht in die religiöse Einbettung gestattet. Solche Zeitwenden werden stets von frischen Mythen und Ritualen begleitet, die zuvor ein Dasein im Winkel geführt haben, jetzt aber aus ihrer Dürftigkeit zu einer Weltfigur heranwachsen. Will man den nur halb durchschaubaren Umsturz auf der Höhe der Würmeiszeit als die erste Stufe der Menschheitsentwicklung einordnen, dann repräsentiert die sogenannte ‚Neolithische Revolution', d. h. der Übergang vom Jagen und Sammeln zu Feldbau, Viehzucht, Steinschliff, Steinbohrung, Keramik die zweite Stufe [9]. Schließlich entfaltet sich mit der Heraufkunft der Metallurgie, mit der Schmelze von Kupfer und Zinn zu Bronze und dem Gewinn schmiedefähigen Eisens die dritte Stufe, die eines fast unzerbrechlichen Metalls, das eiserne Zeitalter. Seine Schwerter halten auch die höchste Beanspruchung aus [10].

Mit all' diesen Fortschritten erschienen auch neue Religionen, wenn man die geistige Bewältigung der wechselnden Weltszenerie so benennen darf. Die religiöse Seite der ersten Stufe liegt zu weit zurück, um eine sichere Beurteilung zu ermöglichen. Anders steht es mit den beiden letztgenannten Stufen. Hier verraten die Überlieferungen jedesmal einen bestimmten metaphysischen Hintergrund. Die Hinwendung zum Boden als dem eigentlichen Ernährer des Menschen führte zur Verehrung der Erde, zur Betonung des weiblichen Elements, zur Ritualisierung von Geburt und Tod, bei der Saat und Ernte zu zahllosen, unmißverständlichen bäuerlichen Bräuchen auskristallisierten.

Die religiöse Einbettung der dritten Stufe, der Eintritt in die Epoche der Metallurgie, zeigt eine gewisse Flachheit [11]. Das metaphysische Denken beginnt sich auf den Menschen einzuengen, die großen Mythologien zerflattern. An ihre Stelle tritt eine halbgöttliche Figur, der Kulturheros, am besten bekannt durch die altgriechische Gestalt des Herakles. Er amtiert als Beschützer und Lehrer der Menschheit; er befreit sie von den Ungeheuern der Urzeit und unterrichtet sie in allen notwendigen Künsten. Von seinen Heldentaten berichten die Sagen und Epen; Mythen und Riten treten in der Überlieferung zurück.

Es wundert nicht, solche Ausgezeichneten aufs engste mit dem Schmiedehandwerk verbunden zu sehen: Die Heroen der Urzeit werden zu Ahnen des Berufs, zu Urschmieden. So verbringt Siegfried seine Lehrjahre bei Wieland dem Schmied, und noch die mongolischen Großherrscher wie Dschingis Chan (1155–1227) begannen als einfache Schmiede. Der Erstname des Mongolenkaisers ‚Temudschin' (später Dschingis Chan) bedeutet ‚Schmied', und der Berg Darchan mit Werkstatt und Amboß des Herrschers ist heute noch ein mongolisches Heiligtum.

Überdem begleitete bei vielen sibirischen Völkern eine Reihe von Riten die Eisenproduktion, angefangen bei der Herstellung der Holzkohle bis zur Härtung der Erzeugnisse in einem Gefäß mit Opferblut. Eiserne Schmuckstücke zieren das Gewand des Schamanen. Die Epen wissen sogar von einer Härtung des erschöpften Helden: Der Ermattete legt sich einfach in die Schmiedeesse und gewinnt alsbald seine alte Stärke zurück.

Wie sofort zu sehen, stammt das Ansehen dieses technischen Berufes aus der sakralen Sphäre. Dieser religiösen Achtung hat der Schmied zu verdanken, daß ihn der Volksglaube neben den Schamanen stellt: ‚Schmied und Schamane stammen aus einem Nest', sagen die Jakuten [12]. Und das will nichts anderes besagen, als daß der mit Hammer und Amboß Werkelnde teil hat an den magischen Kräften, die den Schamanen auszeichnen. Auch diesen Fortschritt umweht ein Hauch von Heiligkeit, den erst die Neuzeit beseitigt hat.

Ostasien hat diese urtümliche Haltung bis heute bewahrt; so Japan, wo der schintoistische Priester das Anlaufen einer neuen Maschine segnet und wo Kraftwerke ihre Schutzgottheiten besitzen.

Weltverwüstung und Hoffnungen

Wir verlassen jetzt die Zeiträume, in denen der technische Fortschritt sich stufenweise vorarbeitet, und nehmen den Faden mit dem Anbruch der Neuzeit wieder auf. Es ist jene Zeit, da Europa die koloniale Entwicklung in die Hand nimmt und zugleich in fortdauernde Kriege mit Naturvölkern verstrickt wird. Diese Zusammenstöße beruhen nicht auf der Siegessicherheit der europäischen Bewaffnung – darüber hatte der Entwicklungsgang der Eisentechnik längst entschieden –, es drehte sich vielmehr um eine Erbschaft der neolithischen Revolution, die sich in allen Kontinenten erhalten hatte: das einheimische Bodenrecht. Das Neolithikum mit Pflanzenpflege, Tierzucht und Landbearbeitung erzwang unwiderstehlich eine Landeinteilung mit Grenzen, markiert durch Steine, Bäume und Berge. Diese Vernetzung der Oberfläche, die plötzlich Felder, Weiden und Jagdbezirke entstehen ließ, wirkt noch in den frühen Hochkulturen nach, und zwar durch ihren religiösen Gehalt, vor allem in der römischen Vermessung. Denn heilige Steine, heilige Bäume, heilige Berge meldeten von überall, daß nun ein Neues gegenwärtig und wirksam war: die sakrale Grenze. Hier verbindet sich, wie gar nicht anders möglich, religiöser Gehalt mit technischem Können. Denn ohne Mathematik, ohne Rechenkünste konnte die Bodenteilung nicht geplant und durchgeführt werden.

Wir greifen noch einmal auf unsere Pygmäen zurück, die Mambuti am Ituri. Wie oben bereits erwähnt, besitzen sie ein Teilungsmuster für ihre Jagdbezirke, das durch seine Künstlichkeit auffällt. Es ist der sechzehnstrahlige Stern oder das sechzehnspeichige Rad, das mit seinen keilförmigen Ausschnitten eine kreisförmige Nabe umrundet. Diese Nabe, das ‚Niemandsland' dient als Schutz- und Schongebiet der Tiere, während die Keile die Jagden der Menschen aufnehmen. Selbstverständlich sind die von der Mitte ausstrahlenden Grenzen der Vermessung nicht mit dem Lineal gezogen, aber auch bei lässigster Handhabung eingeschlagener Pfähle und kilometerlanger Seile hat eine mathematische Figur dieser Arbeit zugrunde gelegen, die so oder so die Ausführung steuerte. Mit anderen Worten: Stern und Rad beruhten auf einer Planskizze, wie sie jedes technische Stück benötigt, nicht auf Zeichenpapier, sondern im Gedächtnis aufbewahrt.

Ob solche zentrierten Ordnungssysteme schon in der alten Jagd- und Sammelstufe bestanden, in der ja eigentlich für genau abgegrenzte Bezirke kein Bedarf bestand, läßt sich schwer entscheiden. Am besten datiert man die Geburt solcher Anlagen in den Beginn der neolithischen Revolution, deren Landbau und Tierzucht Abgrenzungen verlangten, auch für die Jagdbezirke.

Die schwierige Frage nach der Herkunft der Radfigur dürfen wir beiseite lassen, denn uns genügt die Übersetzung der Planskizze in die urtümliche, wilde Landschaft als Beleg technischer Mathematik. Auch die Verbindung derartiger vernunftgesteuerter Landteilungen mit dem Animismus bleibt ein Rätsel, denn animistische Völker hausen in jenem vorgegebenen Durcheinander, das der planende Verstand zu ordnen trachtet.

Die europäischen Theorien haben bis heute nicht zu einleuchtenden Ergebnissen geführt. Über die Erfindung des Rades und Wagens wird seit der Mitte des vergangenen Jahrhunderts geforscht und diskutiert. Doch die Gelehrten wurden sich nicht einig, ob die Sonnenbewegung das Vorbild des Rades abgab, oder ob Nutzzwecke wie die Erleichterung des Transports oder ob kultische Absichten wie Umfahrten von Götterfiguren mitspielten [13].

Ein weiteres Beispiel soll diesen Kontrast zwischen dem Denken in lebendigen Wesenheiten und in leblosen Ordnungskategorien weiter vertiefen: Der Aufstand der Kikuyu im ehemaligen Britisch-Ostafrika, dem jetzigen Kenia, im Jahre 1948 [14]. Die Explosion kündigte sich schon 1890 an. Die einrückenden weißen Siedler kamen sehr schnell mit dem sakralen Bodenrecht der Bantu in Konflikt. Für den Hackbauern gibt es kein herrenloses Land, wie die Engländer annahmen. Auch das brachliegende Buschland hatte seine Eigentümer und konnte nicht ohne weiteres verkauft werden. Ein anderes Hindernis bildete die Stammeszugehörigkeit. Ein Wechsel von Landbesitz durfte nur unter Stammesgleichen getätigt werden. Kam ein Käufer aus fremdem Stamm – und das war ja der Weiße Mann sicherlich – so ging die Aktion nur auf einem Umweg: Der Verkäufer mußte den Käufer adoptieren und so in seinen Stamm aufnehmen. Erst dieses Ritual gab dem Wechsel sein volles Gewicht; es blieb im Grunde alles im Rahmen des väterlichen Rechts. Aber welcher Engländer ließ sich von einem Bantu adoptieren? Wer machte heilige Zeremonien der Neger mit?

An dieser Stelle enthüllt das Bodenrecht der Kikuyu etwas Grundsätzliches. Der Mensch besitzt nicht den Boden, sondern der Boden besitzt den Menschen. Nicht die Erde wechselt ihren Status, sondern der Mensch. Jeder Kikuyu, der in der Stadt eine Arbeit aufgenommen hat, behält sein Gärtchen mit seiner Hütte draußen vor der Stadt. So oft er kann, besucht er diesen Flecken, mag der Weg auch noch so weit sein. Er klammert sich förmlich an seine ‚Stammesmutter', wie Mühlmann sich ausdrückt [15].

Das wiederholt sich auch in der nordamerikanischen Situation. Der Indianer ‚hat' den Boden nicht, vielmehr fühlt er sich selbst als Eigentum der allgemeinen Mutter [16]. Dieses Wissen um Einheit, Verband, Verwandtschaft bildet die letzte Wehr gegen das europäische Denken, das nach 1500 aus seiner Hürde hervorbrach. Die Vorarbeit leistete die christliche Mission mit ihrem Kampf gegen den Animismus; man erinnere sich der Ausführungen des Erzbischofs Zoa von Kamerun. Immerhin kündigt sich in den letzten Jahren ein Umschlag der Weltmeinung an, der auch die Naturvölker vor dem Versinken retten wird. Das Musterbeispiel, an dem sich die Umkehr von gigantischen zu bescheidenen Technologien ablesen läßt, bietet Papua-Neuguinea, die östliche Hälfte der großen Insel nördlich von Australien [17].

Der Fall ist für unser Thema wertvoll genug, da die Papua der modernen Technik grundsätzlich positiv gegenüberstehen. Einmal haben sie keinen Einblick in die neuzeitlichen Verschleißtendenzen, sodann sehen sie sehr wohl die Vorteile regelmäßig gezahlter Löhne anstatt mehr oder minder erbärmlicher Selbstversorgung. Als die Shell AG im Sepikgebiet nach Öl zu suchen begann, als Helikopter mit Bohrtürmen vom Himmel herabschwebten, als alle möglichen Nebenarbeiten an die Dörfer vergeben und Löhne ausgeschüttet wurden, da durchzog ein bisher unbekanntes Glücksgefühl die Sepiksiedlungen. Selbst als die Bohrungen ergebnislos verliefen, erfreute doch am Ende eine Entschädigung aus der Hauptstadt Port Moresby die Einheimischen.

Ähnlich ging es mit den Holzungsrechten, die von der Regierung an japanische Papierkonzerne verkauft wurden. Mit modernsten Geräten legten die Japaner ganze Dschungelstriche nieder, zerhackten das Holz und verfrachteten es auf Schiffen. Als die Regierung in Port Moresby von den Wüsteneien erfuhr, die da zurückblieben, beschloß das Parlament eilig Gesetze, die eine Wiederaufforstung vorschrieben. Seitdem verlegten die japanischen Firmen ihre Tätigkeit nach Brasilien. Man sieht, daß die Papua – vor unangenehme Tatsachen gestellt – sehr wohl die Schattenseiten der Technik erkannten und sich vorsichtig und gemäßigt zu wehren verstanden, ohne den Aufbau einer Industrie abzubrechen.

Die gleiche vorsichtige Haltung bekamen auch die Missionen zu spüren. Gerade sie hatten durch ihre Schulen viel zum Anschluß an die Moderne beigetragen, an erster Stelle zur Bekämpfung der immer wieder aufflackernden Cargokulte. Man begreift darunter einen Knäuel märchenhafter Vorstellungen über die Herkunft all' der schönen Dinge, die von den Flugzeugen bergeweise ins Land gebracht wurden, besonders in den Kriegsjahren. Diese Schätze, so hieß es, stammten von den Papua-Ahnen und wären für die heutigen Einheimischen bestimmt, die Weißen hätten sie nur gestohlen [18]. Dergleichen Unsinn ließ sich leicht gegen die heidnischen Traditionen ausspielen: Da seht ihr, welcher Aberwitz früher geglaubt wurde! Allein die Oberschicht verzichtete auf diesen Weg, das väterliche Erbe zu vernichten und das Christentum an seine Stelle zu rücken. Einer Sammlung von Biographien führender Leute vom Ministerpräsidenten bis zum Kunststudenten ist zu entnehmen, wie viele dieser wachen Geister von der Totalübernahme christlichen Gedankengutes abraten, mit Recht. Denn ohne die Mythen, Märchen, Tänze und Lieder der Vorzeit liefen die Melanesier auf Neuguinea Gefahr, ein bloßer Abklatsch der heutigen Industriegesellschaften zu werden. Man kann hoffen, daß den Papua dieser Mittelweg in den kommenden Jahrzehnten offen bleibt, und nicht nur ihnen allein.

Literaturnachweise

1 *Turnbull*, Colin: The Forest People. New York 1961, S. 11 ff.; *Schebesta*, Paul: Die Urwald-Pygmäen. In: Baumann, Hermann (Hrsg.): Die Völker Afrikas und ihre traditionellen Kulturen. Wiesbaden 1975, S. 775–784
2 *Turnbull*, Colin: The Mbuti Pygmies. Change and adaptation. New York 1983, S. 29f. und Figur 1
3 Vgl. 2, S. 38
4 *Zoa*, Jean Baptiste: Afrikas Weg in die moderne Welt. Kulturelle und religiöse Probleme. Europa-Archiv Jg. 19, 1964, S. 299
5 *Turnbull*, Colin: The Forest People (Vgl. 1), 1961, S. 277
6 *Hahn*, Joachim: Aurinacien (Fundamenta Reihe A Nr. 9). Köln 1977, S. 266 ff; *Bosinski*, Gerhard: Eiszeitjäger am Mittelrhein (Schriftenreihe der Bezirksregierung Koblenz Bd. 2. 1981, S. 70 ff.); *Klima*, Bohuslav: Übersicht über die jüngsten paläolithischen Forschungen in Mähren. In: Quartär Jg. 9, 1957, S. 85–130
7 *Trost*, Friedrich: Die Technik in der Frühzeit des Menschen. In: Humanismus und Technik. Bd. 5. 1958, S. 197 ff.
8 *Eliade*, Mircea: Geschichte der religiösen Ideen. Bd. 1. Freiburg [4]1982, S. 17
9 *Binford*, Lewis: Die Vorzeit war ganz anders. München 1984, S. 208 ff.
10 *Bergmann*, Joseph: Die metallzeitliche Revolution. Berlin 1987, S. 113 ff.
11 *Alföldi*, Andreas: Schmiedehandwerk und Königtum in Nordasien. Undatiertes Vortragsmanuskript im Archiv des Frobenius-Institutes. Frankfurt a. M.; *Findeisen*, Hans: Der Schmied. Gott, Zauberer und Sklave. In: Die Lesestunde, Zeitschrift der deutschen Buchgemeinschaft. Bd. 16. Berlin 1939, S. 208 f.; *Findeisen*, Hans: Schamanentum, dargestellt am Beispiel der Besessenheitspriester nordeuropäischer Völker. Stuttgart 1957, S. 94 ff.; *Eliade*, Mircea: Schmiede und Alchemisten. Stuttgart 1956, S. 50 ff.
12 *Findeisen*, Hans: Schamanentum. Stuttgart 1957, S. 95
13 *Treue*, Wilhelm: Achse, Rad und Wagen. München [2]1986, S. 13 ff.
14 *Mühlmann*, Wilhelm E.: Zwischen Erweckung und Terror: Der Mau-Mau Aufstand in Kenya. In: Chiliasmus und Nativismus. Berlin 1964, S. 105–140
15 Vgl. 14, S. 117
16 *Müller*, Werner: Glauben und Denken der Sioux. Berlin 1970, S. 123
17 Mitteilung über das Technikverständnis der Papua von Milan Stanek. Brief vom 1. 10. 1986
18 *Steinbauer*, Friedrich: Melanesische Cargo-Kultur. Neureligiöse Heilsbewegungen in der Südsee. München 1971

Religionen und Technik in den frühen Hochkulturen des Vorderen Orients und des Mittelmeerraumes

Fritz Graf

Der hier betrachtete Zeitraum reicht von der Entstehung der ersten Hochkulturen in Mesopotamien und Ägypten von 3000 v. Chr. bis zum Ende der griechisch-römischen Antike; er umfaßt die theokratischen Gesellschaften des frühen Sumers und Ägyptens ebenso wie die verschiedenen Spielformen demokratischer Ordnung im klassischen Griechenland und die komplexe Gesellschaft des römischen Kaiserreichs; seine geistigen Errungenschaften gehen von den ersten Aufzeichnungen religiöser Texte bis zu den Höhepunkten von Literatur und Philosophie in Athen, Alexandria und Rom. Technikgeschichtlich

Vorderer Orient und Mittelmeerraum zur Zeit Alexander des Großen.

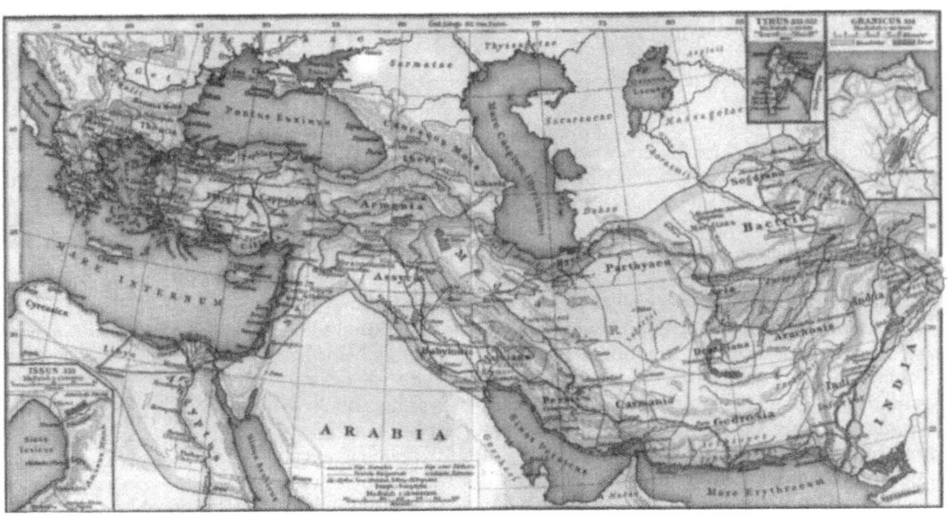

v. Chr.	9000–6700	Entwicklung von Ackerbau und Viehzucht
	7000	Erste Stadtmauer von Jericho
	5500	Beginn der Kupferbearbeitung
	4500	Herstellung von Lapislazuli
	3000–2750	Frühgeschichtliche Epoche von Uruk (Sumer) und Ägypten (1. und 2. thinitische Dynastie)
	2815	Tempel C in Uruk
	2750–2300	Altes Reich in Ägypten
	2700–2500	4. Dynastie in Ägypten (u. a. Cheops, Chefren, Mykerinos)
	2100–1940	Blütezeit von Ur (Ur III)
	2000	Pferdegezogener Streitwagen
	um 1750	Hammurabi in Babylon
	1650–1200	Hethitisches Reich
	1600–1200	Mykenisches Griechenland
	um 1200	Seevölkersturm; Beginn der Eisenzeit
	um 700	Homer, Hesiod
	um 560	Artemistempel von Ephesos
	438	Parthenon in Athen
	331	Gründung von Alexandria
	27–14 n. Chr.	Regierungszeit von Kaiser Augustus
n. Chr.	313	Mailänder Edikt: Konstantin gibt den Christen Religionsfreiheit
	410	Alarich erobert Rom

Zeittafel

Die Fortschrittsstufen der afrikanisch-eurasischen Menschheit im Jungpaläolithikum.

allerdings sieht der Zeitraum etwas weniger einschüchternd aus. Denn als sich mit dem frühgeschichtlichen Uruk (ungefähr 3000–2750 v. Chr.) und der Einigung Ober- und Unterägyptens zur ersten pharaonischen Dynastie um 2800 v. Chr. die beiden führenden Hochkulturen konsolidierten, waren die allermeisten grundlegenden Technologien bereits ausgebildet, nicht bloß in Ackerbau und Viehzucht, sondern auch in der handwerklichen Produktion: Wagen-, Pflug- und Bootskonstruktion, Damm- und Tempelbau, Gold-, Silber- und Edelsteinbearbeitung waren vertraut, Keramiköfen und Töpferscheibe bekannt, die ersten Materialsynthesen mit Hilfe des Feuers – Fayencen und Bronze – und der Bronzeguß gemeistert; die Schrift begann ihren Siegeszug in der Verwaltung und in der Literatur. Der Entstehung der Hochkulturen war ein gewaltiger Technologieschub vorangegangen, dem die städtische Konzentration und zentralistische Organisation einer stark arbeitsteiligen Gesellschaft zugrunde lag, die auf Über-

Die 150 Meter hohen Pyramiden von Gizeh, nahe bei Kairo, wurden in der Mitte des 3. Jahrtausends im Alten Reich unter der 4. Dynastie errichtet. Es ist eine „gedoppelte Architektur" (G. W. F. Hegel), denn im Inneren sind die reich dekorierten Grabkammern der Pharaonen verborgen, der Gottkö-

nige des ägyptischen Reiches. Die damals noch neue Steinbautechnik wurde hier für eine – übermenschlich groß dimensionierte – religiöse Symbolbildung eingesetzt und dabei mit äußerster mathematischer Präzision gehandhabt. Die Bauebene und die Mauerflächen weichen nur wenige Tausendstel von der Ideallinie ab. Soziologisch-politisch gesehen sind diese Pyramiden „demonstrativer Aufwand" nicht nur im materiellen Sinn, sondern auch hinsichtlich des Arbeitswillens, der Leistungsfähigkeit, der technisch-ökonomischen Organisation des ganzen Landes.

schußwirtschaft und Fernhandel beruhte. Beide Hochkulturen lagen in alluvialen Flußtälern fern aller Rohstoffe, nicht bloß der Metalle, sondern auch von Bauholz und Stein: Rohstoffe mußten im Austausch gegen landwirtschaftliche Produkte und handwerkliche Waren importiert werden. In beiden Kulturen war die ökonomische Schaltstelle dieses Austausches in einer religiös-politischen Zentrale lokalisiert: bei den Sumerern im Tempel des Stadtgottes oder dem Palast des Stadtkönigs, in Ägypten beim gottköniglichen Pharao; das führte rasch zum zentralistischen, vom Tempel und Palast abhängigen Staat der vorderorientalischen Bronzezeit.

In beiden Kulturen wurde diese Zentralisierung, die unter anderem eine Erstarrung der politischen Strukturen mit sich brachte, erkauft um den Preis einer technischen Stagnation, die die gesamte Bronzezeit kennzeichnet. Markanter zeigte sich dies im nach außen geschlossenen Ägypten, weniger ausgeprägt im Zweistromland, das offener war gegen Außeneinflüsse, die nicht bloß immer wieder kriegerische Einfälle, sondern auch manchmal neue Technologien brachten. Auch so bleibt aber, daß in den beiden Jahrtausenden der Bronzezeit die bestehenden Technologien hauptsächlich verfeinert und vervollkommnet wurden. An grundlegend Neuem entstehen nur die Glasherstellung, der Bau hochseegängiger Schiffe und der Bau und die Verwendung des pferdegezogenen, zweirädrigen Kriegswagens. Gegen 1200 v. Chr. breitete sich dann die im Reiche der Hethiter längst bekannte, aber aus waffentechnischen Gründen eifersüchtig gehütete Kenntnis aus, wie man Eisenerz zu schmiedbarem Stahl und diesen zu Waffen und Werkzeugen verarbeiten konnte, die den Bronzegeräten weit überlegen waren. Dies war die einzige wirkliche technische Revolution, die ja auch der neuen Epoche ihren Namen gab.

Nach einem geringeren Innovationsschub in der griechischen Archaik, der weit bessere Hochseeschiffe und Keramiköfen, eine verfeinerte Bronzegußtechnik und die alphabetische Schrift brachte, erreichten die antiken Hochkulturen um 500 v. Chr. ein technologisches Niveau, das sich in der Folge auch trotz der Leistungen der römischen Ingenieurkunst kaum mehr verändern sollte. [III-3.2; III-4.2]

Aus der Sicht der Technikgeschichte kann man also rechtfertigen, weshalb der große Zeitraum gemeinsam betrachtet wird; dasselbe gilt aus der Sicht der Religionsgeschichte. Die einzelnen Religionen der hier betrachteten Kulturen sind insofern eng verwandt, als sie alle polytheistische Religionen von urbanistischen Gesellschaften sind, die die Götterwelt in eine Fülle von funktionell und hierarchisch differenzierten Einzelgöttern aufgliedern. Man hat denn auch immer wieder gezeigt, daß einzelne Mythenstoffe leicht von einer Kultur in die andere wandern und daß fast problemlos die Mitglieder der einen Kultur ihre Götter in denen der andern erkennen können, bis hin zur fast völligen Identifizierung des ganzen Pantheons. Sumers Götter tauchen in Babylonien und bei den Hethitern wieder auf, diejenigen Griechenlands bei den Römern; sumerische Mythenstoffe finden sich wieder in griechischen Mythen; gelegentlich wandern Götter samt ihrem ganzen Kultapparat, so zum Beispiel die ägyptische Isis. Von daher mag das Unternehmen, den ganzen Raum ausloten zu wollen, nicht mehr so vermessen scheinen. Allerdings kann dies wegen der Materialfülle bloß exemplarisch geschehen: das Schwergewicht wird im Folgenden auf der griechisch-römischen Antike liegen.

Die Frage nach dem Verhältnis von Religion und Technik muß dabei noch präzisiert werden. Religion versteht man oft als ein ideologisches System zur Welterklärung einerseits, Lenkung menschlichen

Im ägyptischen Totengericht, vor dem Gott Osiris, werden die Seelen gewogen – der Tote wird entweder verurteilt oder gerechtfertigt. Bemerkenswert ist die technisch recht genaue Darstellung der Waage in diesem Papyrus des 13. Jahrhunderts v. Chr. Ob die Waage in bautechnischen oder kommerziellen Zusammenhängen oder als Gerechtigkeitssymbol, als eine Art Kultgerät entstanden ist, bleibt eine schwer zu beantwortende Frage.

Verhaltens anderseits; dabei sind diese beiden Ziele nur die zwei Seiten derselben Medaille – das religiöse Weltbild, verbalisiert in mythischen Erzählungen und aktualisiert in rituellen Handlungen, macht dem Menschen die Welt verstehbar, gibt aber gerade dadurch auch Normen und Werte vor. Entsprechend ist zu fragen, wie die Religionen der frühen Hochkulturen Technik in ihr Weltbild einbauten, wie sie Entstehung und Gegenwart technischer Tätigkeiten erklärten, wie religiöse Ansprüche das Verhalten der technischen Spezialisten, aber auch dasjenige der Menschen gegenüber der Technik beeinflußten.

Götter und Handwerker – Hephaistos und Athene

Polytheistische Religionen erfassen und erläutern die Vielfalt der Welt, indem sie einzelne Gottheiten einzelnen Bereichen zuteilen. Die Griechen sahen die Technik, das Handwerk, vor allem in der Obhut von Hephaistos und Athene.

Unter den „leicht lebenden Göttern" Homers im Olymp lebt Hephaistos als der einzige Handwerker – der einzige Gott, der sozusagen einem Beruf nachgeht, sogar schwitzt dabei. In der Versammlung der Götter versieht er gelegentlich das Amt eines Mundschenks: obschon Sohn der Hera – von Zeus gezeugt bei Homer, jungfräulich geboren

Die Attische Vasenmalerei aus dem 6. Jahrhundert v. Chr. zeigt Hephaistos am Schmiedeofen.

bei Hesiod –, der Gattin des Götterkönigs Zeus, ist seine hierarchische Stellung problematisch: so mächtig wie Poseidon oder Apollon ist er nicht. Seine einzige Provinz ist die Sorge für die menschlichen Schmiede: sie lehrt er „prächtige Werke". Sein eigentliches Reich ist seine Werkstatt. Homer stellt ihn dar, wie er gerade mit einem Großauftrag beschäftigt ist: zwanzig Dreifüße, große metallene Bekken auf drei hohen Beinen, Luxusgegenstände in der homerischen Welt, stellt Hephaistos her. – Daß der Gott selber sie schmiedet, zeigt seine Meisterschaft ebenso wie ihren Wert. Nur übertrifft der göttliche Schmied den menschlichen dann noch dadurch, daß seine Werke magisches Leben haben: die Dreifüße bewegen sich von selbst, auf Rädern, „ein Wunder zu schauen"; später ist die Rede von „Dienerinnen, goldenen, lebenden Jungfrauen gleich, die haben drinnen Verstand im Innern und drinnen auch Stimme": Hephaistos realisiert auch den alten menschlichen Wunschtraum vom mechanischen Menschen[1]. [II-2.1]

Äußerlich abgehoben von den andern Göttern, den makellos schönen, ist Hephaistos durch seine Behinderung: er ist „krummfüßig", er lahmt. Archaische Vasen stellen drastisch dar, daß seine Füße nach hinten gewachsen sind. Das ist unolympisch: Hera hatte ihn denn auch gleich nach der Geburt voller Abscheu aus dem Olymp geworfen. Und doch ist er den andern Göttern überlegen durch seine Kunst.

Die Verquickung zwischen Athene und Hephaistos ist in der griechischen Mythologie vielfältig. Das Schildrelief aus Olympia (um 600 v. Chr.) zeigt, wie Athene aus dem Kopf des Zeus mit Schild und Speer geboren wird – Hephaistos steht als Helfer dabei.

Seiner Mutter hatte er einen Thron schicken lassen, der sie unauflöslich fesselte und von dem sie nur Hephaistos lösen konnte. So erpreßte er die Götter, die ihn im Gegenzug in den Olymp zurückkehren ließen und ihm Aphrodite, die schöne Göttin der Liebe, zur Frau gaben; die untreue Gattin fesselte er dann samt ihrem Liebhaber, dem Kriegsgott Ares, in flagranti mit einem wunderbaren Metallnetz ans Bett, zur Erheiterung der andern Götter [2].

Im göttlichen Schmied spiegelt sich der irdische Schmied der hocharchaischen griechischen Gesellschaft – nur darf man dieses Bild nicht zu wörtlich nehmen. Ebenso wie Hephaistos ist der Schmied geachtet, gefürchtet und heimlich verachtet zur selben Zeit. Das findet sich in archaischen Gesellschaften anderer Kulturen wieder, in denen die Schmiede öfters auch als Zauberer gelten, Außenseiter sind [3]. Lahm freilich sind sie nirgends, das Schmiedehandwerk braucht volle körperliche Integrität: Hephaistos ist lahm, weil in einer Welt, der körperliche Schönheit ein Zentralwert ist, der Hinkende ein Außenseiter ist. Die körperliche Deformation ist erzählerische Chiffre für eine soziale Randstellung. Dieselbe Stellung drückt sich in der Beziehung des Hephaistos zum Meer – dem ganz andern – und zur Meergöttin Thetis aus und zu Dionysos, dem Gott, dessen Erscheinen unsere ordentliche Welt für eine Weile in Rausch und Maskentreiben aus den Fugen gehen läßt.

Außenseiter finden sich zusammen: die Schmiede haben ihre soziale Integration in den Schmiedebünden, in denen sie ihre Kunst als geheimes Wissen vom Vater zum Sohn, vom Meister zum Gesellen weitergeben; diese Bünde sind in frühen Gesellschaften gut bezeugt [4]. Bei den Griechen haben sie ihre Spuren wenigstens im Mythos hinterlassen. Auf Lemnos, der Heimat des Hephaistos, umgeben ihn die Kabiren, seine Söhne und Gesellen, Schmiede, Zauberer und Initiatoren von Zwergengröße. Zwergenwuchs ist ein anderes somatisches Bild für die Außenseiterrolle, auch der ägyptische göttliche Schmied Ptah kann als Zwerg gelten. Zu Hephaistos und den Kabiren tritt eine Göttin wechselnden Namens: sie ist eine Erscheinungsform der anatolischen Großen Göttin, der Bergmutter, *Mêtêr Oreia*. Das bedeutet, daß die Schmiede verbunden sind mit jener Macht, die im Gebirge die Metallerze hütet, ebenso wie einst die Jäger verbunden waren mit dem Herrn oder der Herrin der Tiere. Die Vorstellung hält sich lange: in Sardes, der Stadt des Croesus, lag der Bezirk der Goldarbeiter im Bereich eines Altars der Großen Göttin. Noch die Athener spätklassischer Zeit gaben Falschgeld, Metall, das menschlichem Gebrauch entzogen werden sollte, zurück an die *Mêtêr* in ihren Tempel am Markt [5].

Rekonstruktion des Hephaisteion in Athen (spätes 5. Jahrhundert v. Chr.), mit den Standbildern der Athene und des Hephaistos, die nicht nur als Eltern des ersten Königs dieser Stadt galten, sondern auch als Vorsteher der Handwerkergilden. Merkwürdig ist der Mythos, daß nicht Athene die eigentliche Mutter dieses Königs ist, sondern Ge (die Erde), die von Hephaist befruchtet wurde.

Neben Hephaistos steht bei Homer Athene als Beschützerin der Schmiede. Hier zeigt sich ein zweites Modell, wie Technik in das Pantheon einbezogen wird. Athene lehrt nicht bloß die Schmiede, sondern alle möglichen Handwerker, Baumeister, Schiffs- und Wagenbauer, Töpfer und Weberinnen; den Pflug baut bei Hesiod ein „Diener Athenes". Doch ist dies nicht ihr einziger Wirkungsbereich, sie ist nicht Herrin einer bestimmten Technik, Patronin einer bestimmten Berufsgruppe, sondern repräsentiert eine bestimmte geistige Fähigkeit: die „planende Vernunft", griechisch *mêtis*. Überall, wo diese Fähigkeit sich manifestiert, sieht der Grieche Athene am Werk, beim erfolgreichen Feldherrn, Steuermann oder Wagenlenker nicht anders als beim Handwerker. Der Mythos macht sie zur Tochter der Göttin Mêtis, wenn auch auf wunderliche Weise: Zeus hatte die schwangere Mêtis verschlungen, mußte dann seinerseits das Kind – Athene – aus seinem Kopf gebären. Athenes Klugheit wirkt nur innerhalb der von Zeus gesetzten Ordnung.

Die zwei Jahrhunderte nach Homer sehen den Aufstieg der demokratischen Polis, angetrieben nicht zuletzt durch die wirtschaftliche Macht der Handwerker und der Händler, die Griechenlands Fertigprodukte im ganzen Mittelmeerraum vertreiben; allen voran steht Athen. Entsprechend wächst das Ansehen der Handwerker, auch wenn die Werte der alten Adelswelt, wonach wirklich frei nur ist, wer nicht zu arbeiten braucht, nie außer Kraft treten. Der Machtbereich des Hephaistos wächst mit; „dem Hephaistos und der Athene geweiht ist das Geschlecht der Handwerker, die unser Leben mit ihrer Kunstfertigkeit – *technê* – ausgestattet haben", sagt der Athener Platon[6]. Hephaistos ist zum Patron aller Handwerker geworden und ist mit der Stadtgöttin Athene eine enge Verbindung eingegangen. In seinem Haupttempel am Marktplatz, am Rand des Handwerkerviertels, steht ihr Bild neben dem seinem; an seinem Fest, den Chalkeia – Bronze- oder Schmiedefest –, veranstalten alle Handwerker eine Prozession. Auf der Akropolis wird der Webstuhl aufgestellt, auf dem dann athenische Mädchen den Mantel weben, der der Göttin am Hauptfest der Stadt, den *Panathenaia*, überreicht wird.

Bronzezeitliche Handwerksgötter

Göttliche Handwerker kennen auch die bronzezeitlichen Hochkulturen; wichtig sind zuerst wieder die Schmiedegötter. Bei den Hethitern, für die Metallurgie in der Waffentechnik zentral war, scheint der

Schmiedegott Hasammeli wichtig zu sein; auch hier stehen die Schmiede sozial hoch [7]. Im Pantheon der nordsyrischen Stadt Ugarit ist der Schmiedegott Kotar am Ende der Bronzezeit wichtig: er ist wie Hephaistos der Schmied unter den Göttern, baut wie jener Paläste, verfertigte dem Hauptgott Baal die Waffen, mit denen er seine Ordnung erfolgreich verteidigte. Da gehen Königtum und Schmiedekunst in kriegerischen Belangen zusammen; bei den Griechen hatte Zeus seine Waffen in der für seine Macht entscheidenden Schlacht von anderen Schmieden erhalten, den Kyklopen. Über die Epochengrenze hinweg mag man ähnliche soziale Gegebenheiten vermuten. Kotar, heißt es, wohne auf Zypern oder Kreta, außerhalb Ugarits, Hephaistos kommt bei Homer aus dem nichtgriechischen Lemnos, wohnt bei den Sintiern, die man später als Thraker bezeichnete. Beide Male ist diese fremde Herkunft des Schmiedegottes eine weitere mythische Chiffre für seine Sonderstellung [8].

Handwerkergötter sind aber weit älter. Das Bild, das die sumerische Religion am Anfang dieser Epoche bietet, ist jedoch signifikant anders. Oberflächlich allerdings scheint sich das griechische Nebeneinander von Hephaistos und Athene zu wiederholen. Der Schutzgott der Handwerker ist Enki – akkadisch Ea –, Gott des Süßwassers und der praktischen Klugheit. Auch sein Bereich ist nicht auf das Handwerk beschränkt: in seiner Obhut sind die *me,* die zumeist geistigen göttlichen Aufgaben oder Kräfte, die neben den Handwerkern Dinge umfassen wie „Lügenhaftigkeit", „Friedenszustand", „Siegesgeschrei" oder die gesamte kultische Welt; ohne die *me* ist eine erfolgreiche menschliche, gesellschaftliche Existenz undenkbar; die handwerklichen Fähigkeiten sind ein kleiner Bruchteil des Bereichs [9]. Daneben existieren spezifische Handwerksgötter, zum Beispiel Kulla, der Ziegelgott, Utu, die Göttin der Weberei, die aber zugleich eine Göttin der Pflanzenwelt ist, oder Muschdama, der göttliche Baumeister. Die Spezialisierung geht hier viel weiter als bei Homer. Doch sind die Spezialgötter niedrige Wesen, die von Enki eingesetzt wurden, als er die Welt ordnete, sie wurden von ihm selber erschaffen als Aufseher, wie es einmal heißt. An die Statur von Hephaistos und Athene im griechischen Pantheon reicht keiner heran, umgekehrt ist auch Athene an Rang dem Weltenordner und Schöpfer Enki/Ea – einem der drei Götterkönige – weit unterlegen.

Der Unterschied ist bedingt durch die jeweilige soziale Struktur. Homers Gesellschaft ist eine Adelsgesellschaft ohne allzu großes hierarchisches Gefälle zwischen Kriegeradel und Volk oder zwischen den einzelnen Adligen. In solchen Gesellschaften hat der Schmied, als wichtiger Spezialist, eine gehobene Stellung. Die sumerische Gesellschaft ist streng hierarchisch, ausgerichtet auf die Spitze in Tempel oder Palast; auch Enki heißt gewöhnlich *lugal*, Oberkönig. Von Tempel und Palast hängt die gesamte Ökonomie ab: das meiste Land gehört ihm, die landwirtschaftliche Produktion fließt dorthin, die Handwerker sind völlig in seiner Verfügungsgewalt, erhalten Rohstoffe und Aufträge nur von der Zentrale, der sie die Fertigprodukte abliefern; kontrolliert werden sie durch ein System von Aufsehern. Die Sozialstruktur und die im Mythos dargestellte Weltstruktur entsprechen einander völlig: an der Spitze der menschlichen sozialen Gesellschaft steht *ein* allmächtiger Leiter, der seine Führung durch untergeordnete Aufseher ausübt – in der mythischen Welt liegt die Macht bei *einer* überragenden göttlichen Intelligenz, welche die Ordnung durch von ihr eingesetzte Spezialgötter aufrecht hält.

Diese Palast- und Tempelhierarchie kennzeichnet alle vorderasiatischen Hochkulturen: nirgends haben Handwerker eine Stellung, die der bei Homer entspräche. Auch im bronzezeitlichen, mykenischen Griechenland hängen sie vom Palast ab [10]. Fast von selbst versteht sich, daß Spuren von Schmiedebünden fehlen: sie sind nur dort denkbar, wo Schmiede selbständig sind – und wo sie als die einzigen Spezialisten einer sonst wenig arbeitsteiligen Gesellschaft gegenüberstehen: beides trifft für viele archaische Viehzüchter- und Ackerbaugesellschaften zu, nicht aber für die bronzezeitlichen Hochkulturen. Die im griechischen Mythos aufscheinenden Spuren sind im Grund weit archaischer als alles, was wir aus den bronzezeitlichen Hochkulturen kennen.

Die Ausnahme bestätigt die Regel. Im ägyptischen Pantheon sind zwei göttliche Handwerker wichtig geworden, Ptah von Memphis, den die Griechen ihrem Hephaistos gleichsetzten, und der widderköpfige Chnum von Esne. Doch sind beide nicht wichtig als Patrone realer Handwerker, sondern als Schöpfergötter. Chnum töpfert die Menschen auf seiner Scheibe, Ptah hatte die Lebewesen „gegossen" wie ein Bronzegießer seine Statuen. Beide Male wird der Schöpfungsvorgang im technischen Bild – also „technomorph" – verstanden, beide Male sichert diese kosmische Leistung die Stellung des Gottes, nicht die Aufsicht über die Handwerker [11].

Technomorph sehen auch andere Kulturen die Menschenschöpfung. In Mesopotamien hat Ea/Enki den Menschen aus Lehm getöpfert und dann mit einem Zauberspruch belebt. Das ist feste Anschauung der mesopotamischen Kulturen, die sich auch im Alten Testament niederschlägt. Enki aber tat dies nicht, weil er Töpfer wäre, sondern weil er allein über die nötige praktische Klugheit verfügt.

Ägyptische Darstellung der Erschaffung des Menschen durch zwei Götter: Der Gott Chnum töpfert den Menschen auf der Töpferscheibe, der Gott Ptah bemalt ihn. Tempelrelief der Spätzeit aus Hibis.

Im Griechischen steht dem kaum Vergleichbares gegenüber: Homer und Hesiod schweigen, bei Hesiod ist der Mensch einfach da, vor Zeus bereits, ohne daß seine Schöpfung interessierte. Hephaistos bildet dann nur Pandora, die Urfrau. Wenn in späteren Texten Prometheus, der die Klugheit schon im Namen führt, den Menschen – ebenso wie Ea – aus Lehm formt, hat dies nie die Gültigkeit des mesopotamischen Mythos bekommen[12]. Von Göttern hergestellt worden zu sein, widerstrebt griechischem Selbstgefühl, wenigstens im Fall des Mannes. Die Griechen stehen ihren Göttern frei und selbstbewußt gegenüber. Die Mesopotamier verstehen sich als Produkt der Gottheit, die die Menschen schuf, um – wie es immer wieder heißt – sich selbst von der Arbeit zu entlasten. Die Götter der Griechen, die „leicht lebenden", brauchen solche Ablösung nicht: sie hatten nie den Fehler gemacht, zu arbeiten anzufangen.

Die Riten der Handwerker

Die Handwerker gehen nicht bloß in einer Prozession durch die Stadt, um ihren Gott zu ehren: es gibt andere, dringendere Gelegenheiten für spezifische Handwerksrituale. Freilich sind wir darüber schlecht informiert, weil sich in keiner Hochkultur die Träger der schriftlichen Überlieferung sehr dafür interessierten. Doch ist ein Grundgedanke solcher Riten deutlich: göttlichen Schutz brauchen insbesondere jene Technologien, deren Erfolg außerhalb des alleinigen menschlichen Zugriffs liegt. Ein griechisches Heischelied, das Homer zugeschrieben wird, in Wirklichkeit aber kaum zu datieren ist, macht dies klar[13]. Der Sänger verspricht den Töpfern, wenn sie ihn beschenken würden, Athenes Schutz über den Ofen herbeizusingen, so daß die Töpfe schön und gut verkäuflich würden; sollten sie aber am Ende den Lohn nicht zahlen, würden die „Zerstörer" (dêlêteres) herbeigesungen, Dämonen mit sprechenden Namen: der „Zerschlager", der „Klirrer", der „Unauslöschliche" – der die Brandtemperatur außer Kontrolle geraten läßt – und der „Rohzerstörer", der die luftgetrockneten Gefäße zu Brandbeginn aufweicht und verformt. Während des Brandes drohen im Ofeninnern alle möglichen Unwägbarkeiten, Folgen dämonischer Einflüsse, vor denen nur die hilfreiche Göttin bewahren kann. Griechische Töpfer und Schmiede pflegten denn auch vor ihren Kaminen die zwergenhafte, koboldartige Statuette des Hephaistos aufzustellen zum Schutz.

Ähnliches gilt in Mesopotamien. Bauen babylonische Schmiede einen neuen Ofen, ist das von religiösen Handlungen begleitet: man wählt den religiös günstigen Tag, hält jeden Fremden fern und begleitet Bau und erstes Anzünden mit allen möglichen Opfern. Auch bei der Glasherstellung – einem andern Prozeß, der mit Feuer Material verwandelt – und beim Bierbrauen, der geheimnisvollen Fermentation, werden die einschlägigen Schutzgötter mit Gebet und Opfer bedacht[14].

Verbreitet sind daneben Baurituale – ausführlich beschrieben bei den Sumerern und vor allem bei den Hethitern, in Spuren auch faßbar bei den Griechen. Doch hat dies weniger mit dem Handwerk zu tun, es sind Riten, wie man sie zu Beginn jeder wichtigen und einschneidenden Tätigkeit vollzieht: die Götter sollen das Unternehmen – sei es Tempel- und Palastbau, Seefahrt oder Kriegszug – mit Gnade und Wohlwollen begleiten.

Religion und technische Innovation

Religiöse Systeme pflegen konservativ zu sein, in verschiedener Hinsicht. Als unmittelbar zweckfreies Tun kann das Ritual in der praktischen Welt längst veraltete Dinge mittragen: der römische Fetialpriester erschlägt bei gewissen Zeremonien das Opfertier noch immer mit einem Feuerstein, schleudert als Zeichen der Kriegserklärung eine im Feuer gehärtete Lanze ins Feindesgebiet; auch in einem außergewöhnlichen hethitischen Ritual wird ein steinernes Opfermesser verwendet. Feuersteinmesser und feuergehärtete Lanze sind Relikte aus der Zeit vor der Metallurgie. Ihre rituelle Verwendung signalisiert in einer Zeit, in der Metallgebrauch selbstverständlich ist, die außerordentliche Bedeutsamkeit des Rituals [15].

Wichtiger aber ist ein ganz anderer Konservativismus, der das religiöse Weltbild prägt. Bezeichnend ist der sumerische Mythos „Enki und die Weltordnung". Danach hat Enki der gesamten jetzigen Welt ihre Form gegeben, angefangen von den Ländern außerhalb Sumers, denen Enki die für Sumer wichtigen Rohstoffe gab – Hölzer, Metalle, Halbedelsteine –, über die physischen Gegebenheiten Mesopotamiens – Euphrat und Tigris mit ihrem lebensnotwendigen Wasser und ihren eßbaren Fischen, Winde und Wetter –, seine Tiere und Nutzpflanzen bis zur religiösen und sozialen Ordnung und den einzelnen landwirtschaftlichen und handwerklichen Technologien und Geräten. Der menschlichen Innovationsgabe wird kaum Raum gelassen, jede Neuerung selbst im technischen Bereich kann als Eingriff in eine gottgesetzte Ordnung erscheinen [16]. Die technologische Stagnation der bronzezeitlichen Hochkulturen des Vorderen Orients findet hier eine religiöse Legitimation, wenn nicht sogar eine Erklärung.

Wenn anderseits Technik als Teil von Enkis Weltordnung, als *me* unter den anderen *me*, erscheint, ist sie wertneutral. Wenn der Mensch nicht als *homo faber* definiert wird, kann er Technik weder als Triumph noch als Hybris fassen: es fehlen in den bronzezeitlichen Hochkulturen überhaupt Stellungnahmen zu einer konzeptionell von den anderen Kulturleistungen differenzierten Technik. Schuldgefühle darüber, daß technisches Tun in eine natürliche Ordnung eingreift, sind auf besondere Situationen beschränkt: ein sumerischer Mythos erzählt vom Aufstand der Steine gegen Ninurta, den „Herrn der Erde": sie wurden besiegt und zur Strafe zerschlagen und durchbohrt. Das rechtfertigt den zerstörerischen Umgang des Menschen mit ihnen. Aus verwandten Schuldgefühlen heraus hatte schon der neolithische Jäger in einer rituellen Unschuldskomödie das Jagdtier für seinen Tod verantwort-

Darstellung römischer Wasserleitungen, wie sie nicht nur fur die Versorgung von Rom sondern für das ganze Reich gebaut wurden. Die Aquadukte waren nicht nur technische Meisterleistungen, sie demonstrierten auch die politische und wirtschaftliche Stärke des imperium romanum.

lich gemacht. Der Eingriff in die Erdtiefe, besonders zum Erzabbau, gilt vielen archaischen Kulturen als riskant; noch Ovid (43 v. Chr. – ca. 17 n. Chr.) wertet den Erzabbau als frevelhaften Eingriff in das „Körperinnere der Erde", „in viscera Terrae"[17].

Ovid bezeichnet diesen Eingriff als charakteristisch für die Jetztzeit, die er negativ wertet. Man findet dies in Ovids Erzählung von den vier Weltzeitaltern, einem steten Niedergang von der goldenen, paradiesischen Zeit ohne Not, Unrecht und Arbeit – also auch ohne Technik – über die silberne und die bronzene bis in die jetzige, eiserne Epoche mit ihrer Ungerechtigkeit und ihrer Technik. Der Mythos ist seit Hesiod belegt: charakteristisch für seinen Pessimismus ist, daß das wenige Jahrhunderte vor Hesiod aufgekommene Eisen zum Sinnbild für das Schlechte geworden ist: technischer Fortschritt wird nun negativ gewertet. Jetzt wird auch der Gedanke, daß menschliches Tun gottgesetzte Grenzen verletze, klar formuliert. Als die Knidier die Halbinsel, auf der ihre Stadt lag, mit einem Kanal zur Insel machen wollten (ca. 545 v. Chr.), erhob Apollon in einem Orakel Einspruch: „Zeus' hätte Knidos zur Insel gemacht, wenn er es gewollt hätte." Zeus' Weltordnung, hier physikalisch verstanden, wird durch das Bauunternehmen gefährdet[18]. Drastischer bringt ein Mythos am Ende der Antike solche Bedenken vor: als die gefallenen Engel sich mit den „Töchtern der Menschen" vermählten, brachten sie als Brautgabe Metallurgie und Färbetechnik mit. Diese chemischen Technologien verwandeln die Materialien, verschieben die von Gott gesetzten Grenzen zwischen den Stoffen[19]. Gewiß ist der Mythos von jüdischem Denken gespeist, denn er entwickelt ein Thema des Alten Testaments weiter, doch bringt er Reserven zum Ausdruck, die auch antik sind. Er bringt diese Reserven dann auch ein in die nachantike Tradition.

Das alles heißt nicht, daß Religion nicht auch anregend gewirkt habe: bekanntlich stammen die spektakulärsten Beispiele für frühe technische Großleistungen aus Ägypten und Sumer. Der mesopotamische Tempelturm, die Zikkurrat, entwickelte sich im Lauf des dritten Jahrtausends zu immer monumentaleren Formen; bereits gegen 2800 v. Chr. finden wir in Uruk monumentale, teils aus Kalkstein erbaute Tempelanlagen; die Zikkurrat des Stadtgottes Marduk von Babylon, der „Turm von Babel", wurde für die Israeliten zum Symbol menschlicher Überhebung. Bautechnisch kaum weniger anspruchsvoll sind die Pyramiden, deren drei monumentalste in die 4. Dynastie um die Mitte des 3. Jahrtausends v. Chr. gehören; in ihrer präzisen Funktion umstritten, sind sie jedenfalls Bauten im Totenkult des vergöttlichten Herrschers, aufgeführt aus Stein, um ein langes Weiterleben zu sichern. Aus demselben Grund hat die ägyptische Bildhauerei schon früh zu vielleicht nicht weniger spektakulären Spitzenleistungen gefunden in den Plastiken aus Granit und Diorit, die lediglich mit Steinwerkzeugen dem harten Gestein abgerungen werden mußten. Der Tempelbau bleibt das Gebiet für technische Meisterleistungen. Das zeigt noch Griechenland, sei es durch schiere Größe wie im archaischen Artemistempel von Ephesos, sei es durch ästhetische Perfektion wie im Parthenon. Auch in Griechenland werden Steintempel errichtet lange vor profanen Steinbauten. [II-1]

Nun mischt sich freilich gerade in die religiöse Motivation der Architektur auch immer der Wille zu höchst irdischer Machtdemonstration: seit den sumerischen Stadtstaaten sind es immer wieder die zentralen politischen Götter, deren Größe und Macht in eindrucksvollen Bauwerken dargestellt wird. Rein menschliche Selbstdarstellung

Heron von Alexandrien (1. Jahrhundert v. Chr.) beschreibt in seinen „pneumatica" eine ganze Reihe von Vorrichtungen und Geräten, die meist zur Unterhaltung, zum Schmuck oder für Theatervorführungen gedacht waren, aber kaum einem praktischen Nutzen dienten. Einige der Anordnungen werden oft zu den „Tempelwundern" gerechnet. Die Abbildung zeigt einen Heronschen Tempeltüröffner, wie wir ihn in einem Spätrenaissancedruck aus Ferrara von 1589 finden. – Die von der rückwärtigen Buchseite durchgedrückten Schriftzüge und Zeichnungen sind deutlich als Schatten in der Abbildung zu erkennen. – Wird Feuer auf dem kleinen Altar angezündet, erwärmt sich die Luft darunter, dehnt sich aus und drückt Wasser aus dem kugelförmigen Gefäß in den Eimer, der mit zunehmendem Gewicht über Seilrollen die Turangeln bewegt.

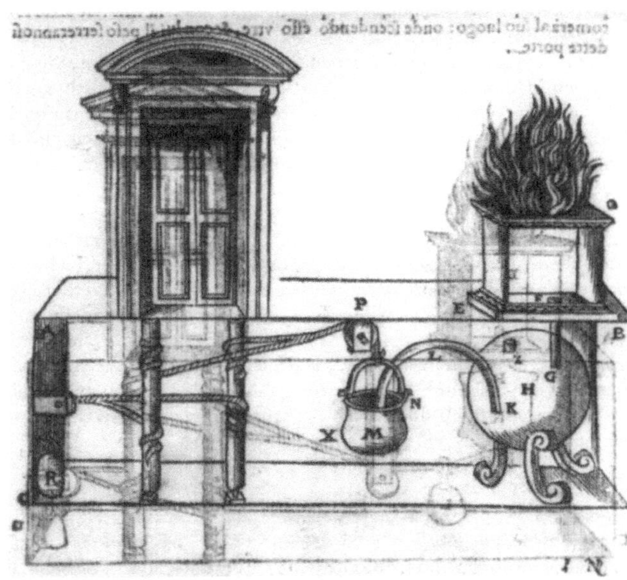

im monumentalen Bauwerk wäre zu herausfordernd für die Mitmenschen, durch die Verlagerung in die Religion wird die Machtgebärde entschärft.

Skurriler wirken auf uns andere Dinge. Götterstatuen sind in der Meinung vieler Kulturen zugleich Sitz der Gottheit; ägyptische Rituale beleben die Statuen, Techniker bemühten sich, sie noch lebensechter zu machen – etwa durch Mechanismen, die Götter zum Sprechen bringen, die gar Milch aus den Brüsten von Göttinnen fließen ließen[20]. In derselben Tradition steht noch die hellenistische Mechanik in Alexandria, welche die Tempel mit Weihwasserautomaten bestückte oder mit mechanischen Trompetern, die beim Öffnen der Tempeltüren Signal gaben[21]. Diese Tempel- und Theatermechanismen sind im übrigen ohne Folgen für den Maschinenbau zur Entlastung menschlicher Arbeit. [III-4.2]

Das führt unweigerlich zum vielerörterten Problem, weswegen die antiken Hochkulturen nie zu industrieller Technologie fanden, obwohl die theoretischen und offenbar auch die praktischen Grundlagen spätestens um Christi Geburt vorhanden waren. Die Antwort kann nicht einfach sein; man wird neben den oft genannten ökonomischen Gründen, daß Sklavenarbeit billiger war als Maschinen, auch Vorbehalte antiker Mentalität gegen eine zu weitgehende Ausbeutung der Natur annehmen, wie sie das religiöse Denken bereithielt. In der Philosophie von Hellenismus und Kaiserzeit gingen solche Ängste davor, eine gottgegebene Ordnung zu stören, bruchlos in die moralisierende Warnung „vor dem Zuvielhaben" über[22]. Gegenteilige Aussagen sind selten, sie stammen bezeichnenderweise besonders aus dem klassischen Athen, das seinen Aufstieg eben handwerklicher Technologie verdankte. Von dort stammt Platons Lob der Handwerker, von dort stammt wohl auch ein Hymnos an Hephaistos, in welchem der Gott dafür gelobt wird, daß er den Menschen seine Kunstfertigkeiten gab und sie so aus einem Leben „wie Tiere" herausführte zu sorglosem menschlichen Dasein[23]. Hier wird der Mensch tatsächlich als *homo faber* definiert – doch sind solche Aussagen im ersten Jahrtausend selten, aus der Bronzezeit unbekannt.

Epilog

Der notgedrungen impressionistische Überblick über dreieinhalb Jahrtausende antiker Hochkultur hat nun doch gezeigt, wie in einer Welt, in der „alles voller Götter" ist, auch das technische Können eingebunden wird in die religiöse Weltdeutung, wie diese Deutung zusammengeht mit der Stellung der Träger technischer Fähigkeiten in der jeweiligen Gesellschaft. Es zeigte sich auch, daß die gewandelten Verhältnisse der Eisenzeit die religiöse Wertung der Technik beeinflußten, ohne aber grundlegende mentale, religiös formulierte Vorbehalte abzubauen. Im Gegenteil: im Verlauf der römischen Kaiserzeit hat sich zusammen mit einem immer größeren Mißtrauen gegenüber der realen Welt auch das Mißtrauen gegenüber der Technik eher wieder vergrößert. Vielleicht sind wir Heutigen noch immer die Erben solcher atavistischen Vorbehalte. Jedenfalls sind es noch immer die Techniken, die natürlich scheinende Grenzen der wahrnehmenden Klassifikation zu zerstören drohen. Chemie, Kerntechnologie und Gentechnologie heben – jede auf ihre Weise – die Grenzen zwischen einzelnen Stoffen, ja Tierarten auf. Diese Techniken provozieren am stärksten unseren Wiederstand, auch wenn wir ihn dann nur noch selten in religiösen Kategorien artikulieren.

Literaturnachweise

1 *Homer:* Ilias. Hrsg. v. Rupé, Hans/Stegemann, Viktor. München 1983, Gs. 1, V. 571–600 (Mundschenk), Gs. 18, V. 369–617 (Werkstatt); *Hesiod:* Theogonie. Hrsg. v. Marg, Walter. München/Zürich 1973, V. 927–929
2 *Brommer,* Frank: Hephaistos. Bonn 1978, S. 10–17 (Vasen); *Meuli,* Karl: Gesammelte Schriften. Hrsg. v. Gelzer, Thomas. Bd. 2. Basel/Stuttgart 1975, S. 1062f. (Hera); *Homer:* Odyssee. Hrsg. v. Weiher, Anton. München 1986, Gs. 8, V. 266–366 (Aphrodite)
3 *Forbes,* Robert J.: Studies in Ancient Technology. Bd. 1. Leiden 1955f., S. 52–58, 69–78
4 Vgl. 3, S. 52–54
5 *Hanfmann,* George Maxim A.: From Croesus to Constantine. Ann Arbor 1975, S. 6f. (Sardis); Hesperia, Jg. 48, 1974, S. 174f. (Falschgeld)
6 *Platon:* Die Gesetze. Hrsg. v. Gigon, Olof/Rufener, Rudolf. München/Zürich 1969. Buch 11, 920 D
7 *Haas,* Volkert: Hethitische Berggötter und hurritische Steindämonen. Mainz 1982, S. 182f.
8 *Gese,* Hartmut: Die Religionen Altsyriens. In: Schröder, Christel Matth. (Hrsg.): Die Religionen der Menschheit. Bd. 10,2. Stuttgart/Köln/Mainz 1970, S. 147f.
9 *Farber-Flügge,* Gertrud: Der Mythos „Inanna und Enki" unter besonderer Berücksichtigung der Liste der *me.* Rom 1973, S. 116–164
10 *Lejeune,* Michel: Les forgerons de Pylos. In: Historia. Jg. 10, 1961, S. 409–434
11 *Morenz,* Siegfried: Ägyptische Religion. In: Schröder (Vgl. 8). Bd. 8. Stuttgart 1960, S. 167f.
12 *Kraus,* Walther: Art. Prometheus. In: Wissowa, Georg (Hrsg.): Paulys Realencyklopädie der classischen Altertumswissenschaft. Bd. 23. Sp. 696–698
13 *Milne,* Marjorie J.: Appendix III. The Poem Entitles "Kiln". In: Noble, Joseph V.: The Techniques of Painted Attic Pottery. London/New York 1965, S. 102–113
14 *Eliade,* Mircea: Forgerons et alchimistes. Paris ^{2}1977, S. 60f. (Ofen); *Oppenheim,* A. Leo: Glass and Glassmaking in Ancient Mesopotamia. Corning N.Y. o. J., S. 52f.; *Civil,* Miguel: A Hymn to the Beer Goddness and a Drinking Song. In: Studies presented to Leo Oppenheim. Chicago 1964, S. 67–89 (Hinweise Dr. M. Stol, Leiden)
15 *Wissowa,* Georg: Religion und Kultus der Römer. In: Müller, Iwan von (Hrsg.): Handbuch der klassischen Altertumswissenschaft. Abt. 4. Bd. 5. München ^{2}1912, S. 551f.
16 *Falkenstein,* Adam: Sumerische religiöse Texte. In: Zeitschrift für Assyriologie. Jg. 22, 1964, S. 44–113
17 Vgl. 7, S. 163–165 (Steine); *Ovid:* Metamorphosen. Hrsg. v. Rösch, Ernst. München 1988, Buch 1, V. 138
18 *Herodot:* Historiae. Hrsg. v. Feix, Josef. München 1988, Buch 1, Kap. 174
19 *Diels,* Hermann: Antike Technik. Leipzig/Berlin ^{3}1924, S. 147f.
20 Vgl. 11, S. 113

21 *Drachmann,* Age Gerhardt: Ktesibios, Philo and Heron. A Study in Ancient Pneumatics. Kopenhagen 1948, S. 140–143
22 *Lämmli,* Franz: Homo Faber. Schweizer Beiträge z. Altertumswissensch. H. 11, 1968, S. 58–67
23 *Homer:* Hymnen. Hrsg. v. Weiher, Anton. München 1986, Hymnus 20

Religionen und Technik in China

Jean-Pierre Voiret

Die Wechselbeziehungen zwischen Religion oder Weltanschauungen und Technik für den chinesischen Hochkulturraum sind dank der Arbeiten Joseph Needhams heute bei Fachleuten und interessierten Laien relativ gut bekannt. Der Band 2 von Needhams Riesenopus „Science and Civilisation in China" hat die Zusammenhänge zwischen den chinesischen religiösen und philosophischen Strömungen [1] einerseits, und der Wissenschaft und Technik andererseits, schon 1956 für das antike und für das klassische China gründlich dargelegt. Der berühmte Gelehrte hat dieses Thema seither beständig vertieft, insbesondere dank seiner spezifischen Arbeiten zum Thema Taoismus und Alchimie. Neuere Forschungen zeigen allerdings, daß eine spezifische, interessante Wechselbeziehung zwischen Religion und Technik in China schon lange vor der Antike eingesetzt hat, so daß auch darüber in einiger Ausführlichkeit berichtet werden sollte. Dies erscheint uns um so angebrachter, als erstens die entsprechenden Erkenntnisse aus dem asiatischen Raum modellartig zum Teil auch für unsere Kulturen gelten mögen, und weil zweitens die in archaischer Zeit eingegangene Verbindung zwischen Technik und Religion bzw. Ideologie in China bis zur Moderne nachgewirkt hat. Schließlich wollen wir auch kurz untersuchen, wie das Verhältnis von „Religion und Technik" in der größten Nation Asiens heute aussieht. Aus Platzgründen haben wir unsere Ausführungen auf die „Große Tradition" der gebildeten Elite des traditionellen China beschränkt. Gerechterweise müßte auch die Umwelt der „kleinen Tradition" des Volksglaubens – mit all deren Vorstellungen über Geister, Gespenster und launenhafte kosmische Kräfte – in die Untersuchung einbezogen werden.

Die megalithische Technikentwicklung und die „neue Religion"

Geschichtsbücher, welche die Entstehung der Hochkulturen darstellen, weisen immer eine eigenartige Lücke auf: Der geschichtliche Ablauf büßt nämlich beim Übergang vom späten Neolithikum zur Bronzezeit plötzlich von seiner schönen Logik ein; man erfährt mit einigem Staunen, daß Völker, die vorher in Dörfern angesiedelt waren, ihre Umwelt mit Geräten aus poliertem Stein und aus Knochen gestalteten, im übrigen aber noch ohne ausgeprägte Hierarchie und naturwüchsig, umgeben von ihren Natur- bzw. Erd-Göttern und Geistern lebten, scheinbar fast ohne Übergang zu Kulturvölkern mit Dynastien, mit Hauptstädten, mit einer Hochreligion und mit einer Kupfer- oder Bronzemetallurgie wurden. Daß der große englische Anthropologe Gordon Childe in den dreißiger Jahren diesem Vorgang den Namen „städtische Revolution" gab, machte die Sache nicht wesentlich klarer; und ist diese Revolution für den Nahen Osten vielleicht etwas präziser dargestellt, so mangelt es immer noch an befriedigenden Angaben über die Ursachen und Modalitäten: denn nicht die Bronzeherstellung erklärt die städtische Hochkultur, sondern die Entstehung der Hochkultur war die Voraussetzung für die Metallurgie. Nicht die Zwänge der Metallverarbeitung haben die Gesellschaft hierarchisiert, sondern eine aus religiös-ideologischen Gründen hierarchisierte Gesellschaft wurde so zur Metallverarbeitung und anderen neuen Techniken fähig.

Der Zusammenhang zwischen Technik und Religion ist für China sehr früh sichtbar. Man kann sogar heute präzisieren, daß diejenige Technik, die als wesentlicher Faktor der Hochkulturentstehung betrachtet werden muß, die Technik der Positionsbestimmung von Sternen bzw. der Bestimmung ihrer Bewegungen und die Technik der Kalenderberechnung war. Es besteht übrigens ein direkter Zusammenhang zwischen der Entwicklung der Astronomie bzw. des Kalenders einerseits und der Entwicklung einer effizienteren Landwirtschaft andererseits. Es ist jene Entwicklung der Landwirtschaft, welche schon immer durch Überschußproduktion als Voraussetzung für die Arbeitsteilung und für die Urbanisierung gilt. Nun haben neuere Forschungen in China nachgewiesen [2], daß im späten Neolithikum das unter den Bauern verbreitete primitive Wissen über Astronomie – vor allem zur Bestimmung der Jahreszeiten – von einer Kaste von Priester-Astronomen verbessert, vertieft und nach und nach monopolisiert wurde. Schließlich übte man die astronomischen Beobachtungen hauptsächlich in den damals entstehenden Städten aus, von wo aus nun der zentral berechnete Kalender den Dörfern mit den entsprechenden landwirtschaftlichen Arbeitsanweisungen aufgezwungen wurde. Zum Zwecke der Berechnung dieses Bauernkalenders entwickelten die Priesterastronomen eine aus verschiedenartigen Sternbeobachtungen bestehende megalithische Astronomie, die tatsächlich auch in China kürzlich wiederentdeckt wurde. Das chinesische Wort *Li*, „Kalender berechnen", bedeutet als Pictogramm: Gute Ernten durch Sonnenbeobachtung über eine astronomische Peilung auf Bergen sichern. Es scheint also, daß man in China – wie in vielen Gebieten unserer Erde – von einem „megalithischen Zeitalter" als Übergangsperiode zwischen dem späten Neolithikum und dem Bronzezeitalter sprechen muß. Interessant auf dem Gebiet der Religion ist die Tatsache, daß die genannten Priester-Astronomen eine spezifische „astronomische Religion" entwickelten, die sich klar von der bäuerlichen Erd- und Naturgeisterreligion sowie vom bäuerlichen Totenkult unterschied. Edouard Chavannes (1865–1918) wies schon 1910 nach, daß es in archaischer Zeit zwei Arten von Erdaltären gab: die bäuerlichen Erdaltäre, die dorfgebunden waren, und die königlichen Erdaltäre, die ausschließlich in der Hauptstadt aufgestellt waren. Nur die letzteren bzw. kleinere Tonmodelle von diesen wurden auf Kriegszügen mitgenommen. Man muß in diesem Zusammenhang erwähnen, daß der erste für China überlieferte Krieg der Kriegszug des *Qi*, Sohn des *Da Yü* (2205 bis 2196 v. Chr.) nach der traditionellen dynastischen Zeitrechnung war, der eine benachbarte Volksgruppe deshalb bekämpfte, weil sie seinen Kalender nicht annehmen wollte. Astronomie und Kalender waren also eindeutig mit Macht verbunden. War aber in der Zeit Chavannes' noch unklar, weshalb zwei Sorten von Erdaltären existierten, so ist heute erwiesen, daß es damals nicht eine, sondern zwei Religionen gab. Es ist jetzt klar, daß die „astronomische Religion" herrschaftsorientiert und eine späte, nachneolithische, astronomieverwandte Schöpfung der megalithischen Priesterastronomen war. Sie stand übrigens in engem Zusammenhang mit der sogenannten „Himmelsreligion". Diese sah im Nordstern den *Shangdi*, den „Oberen Herrscher", dessen Entsprechung unten, auf Erden, der Himmelssohn war, durch dessen Körper die „axis mundi" – die Weltachse – hindurchging. Die Astronomie, die das zeitliche Grundmuster für die Organisation und für die Tätigkeit der Gesellschaft gegeben hatte, hatte also auch die religiöse „Ideologie" geliefert, die dem Himmelssohn die Macht gab, die Bauernschaft durch den Kalender zu lenken.

Diese Darstellung einer sehr frühen Verbindung zwischen einem Aspekt der nachneolithischen religiösen Entwicklung und der Technik des Kalenderrechnens führt uns tatsächlich sehr weit zurück bis in eine Epoche ungefähr 2500 bis 2000 Jahre vor unserer Zeitrechnung. Interessant im Falle China ist, daß jene frühe, herrschaftslegitimierende Religion bis zum Jahre 1911 tragend blieb und erst mit dem Sturz des letzten Kaisers und mit der Ausrufung der Republik abgeschafft wurde.

Der Übergang zur Antike

Mit der Bronze- und der Eisenzeit während der *Shang*- bzw. *Zhou*-Dynastie kamen neue Elemente in der kulturellen Entwicklung Zentralchinas zum Tragen. Die direkte Verbindung zwischen Astronomie und Herrscherreligion brach ab. Die Astronomie – immer noch geheim und den gewöhnlichen Gelehrten nicht zugänglich – wurde nach und nach einerseits zum Gegenstand eines Amtes, des „Himmelsministeriums", andererseits zum Objekt einer Evolution in Richtung Staatsastrologie. Inzwischen waren aber andere Lehren und Weltanschauungen auf den Plan getreten, die auf die technische Entwicklung einen größeren Einfluß ausüben sollten. Zuerst muß in dieser Hinsicht der Taoismus oder Daoismus erwähnt werden, eine Weltanschauung, die vermutlich – wenigstens teilweise – auf den Schamanismus zurückzuführen ist. Needham mißt dem Taoismus, der Lehre des *Dao*, das heißt des „Weges" der Natur, und des Menschen als Teil der Natur, für die Entwicklung bestimmter Techniken in China eine große Bedeutung zu. Er sieht in dieser Lehre nämlich einerseits ein zur Untersuchung der Natur aktives, motivierendes Ferment, andererseits vermutet er im Taoismus die „Ideologie" eines organischen, wissenschaftlichen Naturverständnisses. Aus diesem Grunde glaubt er, eine enge Verbindung zwischen dem Taoismus und allen grundsätzlich organischen Techniken, wie zum Beispiel den protowissenschaftlichen Vorstufen der Chemie, der naturgemäßen Ernährungslehre und der Medizin, feststellen zu können.

Besonders anschaulich wird diese Verbindung von Taoismus und Alchimie beim Konzept der Unsterblichkeit: diese wurde vom Taoismus als Verlängerung des physischen Lebens des Menschen auf Erden oder in himmlischen Bereichen verstanden. Um diese Unsterblichkeit zu erlangen, wurden von den Alchimisten Drogen hergestellt. Und der religiöse Wunsch nach Unsterblichkeit motivierte zur Erfindung immer neuer – auch mineralischer und metallischer – Drogen. Auch die Geisteshaltung der Naturalisten wirkte sich in dieser Epoche auf die Alchimie aus: In der Durchsetzung der Fünf-Elemente-Theorie und des – für die gesamte chinesische Wissenschaft grundlegenden – Prinzips Yin und Yang, das heißt in der Polarität aller Erscheinungen in Natur und Gesellschaft.

Demgegenüber sieht Needham im inzwischen auch entstandenen Konfuzianismus – der Lehre der familiären und gesellschaftlichen Ordnung und der Riten – eine Kraft, die der technischen Entwicklung gegenüber eher zurückhaltend war und blieb. Allerdings ist, wie

Shigeru Nakayama gezeigt hat, die Needhamsche Beziehung „Taoismus = Beschleuniger der technischen Innovation; Konfuzianismus = Bremse der technischen Innovation" nicht immer ganz klar beweisbar. Zudem ist jene Gegenüberstellung überhaupt fragwürdig: Weist der Taoismus tatsächlich eine dem Konfuzianismus fehlende „Neugierde"-Komponente in Sachen Naturverständnis auf, so lehnt doch auch der Konfuzianismus keineswegs die Naturerkenntnis und Technik ab. Er ist ja im wesentlichen eine Massenpsychologie, welche nach einer Harmonisierung der in der Hochkultur instinktfern und neurotisch gewordenen zwischenmenschlichen Beziehungen zwischen den – im Naturzustand ursprünglich „glücklichen", naturverbundenen – Menschen strebte.

Aus diesem Konfuzianismus entstand später eine staatserhaltende Lehre, deren Inhalt mit den tatsächlichen Worten des „Meisters" übrigens nicht viel Gemeinsames hatte. In deren Rahmen gedieh eine staatliche Bürokratie, aber das bedeutete noch lange nicht, daß die technische Entwicklung darunter zu leiden hatte. Es gibt in der Geschichte auch Beispiele für Bürokratien, welche die Technik durchaus förderten, zum Beispiel in der Blütezeit des Islams oder im Meiji-Japan. In China selbst entfaltete sich in der Zeit der Song-Dynastie, während der Neokonfuzianismus dominierte, erstaunliche Innovationskraft auf dem Gebiet der Technik. Bemerkenswert ist, daß die ursprünglich radikale und grundsätzliche Hochkulturkritik des frühen Taoismus, in der das Lob des Naturmenschen *Guren,* das heißt „Mensch der archaischen Zeit", – als Gegensatz zum gierigen, neurotischen Hochkulturmenschen – erscheint, bald einer bloß diffusen Skepsis gegenüber der offiziellen Macht Platz machte. Einzelne Taoisten wußten als kaiserliche Alchimisten sogar aus der Staatsmacht ihren Vorteil zu ziehen.

Im allgemeinen muß im Reich der Mitte während des ersten vorchristlichen Jahrtausends eine fortschreitende „Säkularisierung" im Bereich der Weltanschauungen festgestellt werden. Obwohl die verbliebenen archaisch-religiösen Elemente im reifen Konfuzianismus und Taoismus immer noch ausgeprägter waren als manche Autoren – auch Needham selber – oft wahrhaben wollen, kommt man nicht darum herum, im ersten vorchristlichen Jahrtausend allgemein die Entwicklung einer erstaunlich rationalen Geisteshaltung festzustellen; nur in Griechenland findet sich so früh etwas Vergleichbares. Diese Geisteshaltung erreichte ihren Höhepunkt in der Zeit der „Hundert Schulen", in welcher auch auf technischem Gebiet Entscheidendes stattfand: zum Beispiel die Entwicklung einer fortgeschrittenen Eisengießtechnologie, große Fortschritte in der Alchimie und vorwissenschaftlichen Chemie, der systematische Ausbau der Bewässerung in der Landwirtschaft und die Vereinheitlichung der Längen- und Volumenmaße. Es wäre vermessen, in dem zum Teil sehr sachlichen Geist der „Hundert Schulen" den einzigen Grund für diese technische Entwicklung zusehen; es wäre aber auch falsch, dort jeden Einfluß und jede Wechselwirkung ausschließen zu wollen. Ein Zeichen dafür ist beispielsweise die Mohistische Optik.

Von der Antike zur Tang-Zeit: Entstehung des „Klassischen" China

Mit dem Anfang des neuen Jahrtausends und mit der Stabilisierung des chinesischen Reichs unter der zweiten Han-Dynastie tritt in der Entwicklung Chinas ein neuer, gewichtiger Faktor hinzu; es ist dies die Ankunft einer neuen Religion bzw. Weltanschauung *von außen* in das Reich der Mitte: die Ankunft des Mahayana-Buddhismus aus Indien. Da ist wiederum viel Druckerschwärze verwendet worden, um ausfindig zu machen, ob diese nirwanaorientierte und dem Mönchtum günstige Religion der Entwicklung von Wissenschaft und Technik förderlich war oder nicht. Es ist fraglich, ob eine solche Debatte unbedingt sinnvoll ist: es lassen sich auch hier wieder Beispiele sowohl für Technikfeindlichkeit wie auch für Technikfreundlichkeit – oder zumindest für Technikneutralität – unter den buddhistisch beeinflußten chinesischen Bevölkerungskreisen der Nach-Han-, der Tang- und der Song-Zeit anführen. Wir erinnern dabei an den großen buddhistischen Mönch und Astronom Yixing (683–727), der nicht bloß ein Theoretiker, also ein reiner Astronom und Mathematiker war, sondern auch ein praktisch veranlagter Experimentator. Er baute nämlich nicht nur erstaunlich fortschrittliche Apparate und erfand wahrscheinlich sogar die Hemmung für astronomische Uhren, sondern er organisierte auch eine großartige Vermessungsexpedition von der Mongolei bis Vietnam. Sein Wirken ist auf jeden Fall ein Beispiel dafür, daß der Buddhismus die Entwicklung von Technik und Wissenschaft nicht grundsätzlich unmöglich machte. Insbesondere auf dem Gebiet der Medizin und der Trigonometrie entstehen während dieser Zeit wesentliche Leistungen durch Einwirkung des Buddhismus. Die Zeit des Yixing – die Tang-Zeit – war übrigens auch sonst technisch recht fortschrittlich. Für Needham gilt zu Recht diese Periode der chinesischen Geschichte als das „goldene Zeitalter der Alchimie": Die medizinischen und vorwissenschaftlich-chemischen Leistungen dieser Epo-

Gerät zur Winkelmessung aus dem 13. Jahrhundert, erbaut von Kuo Shou-Ching, in Europa „Torquetum" oder „Türkengerät" genannt. – In der chinesischen Astronomie konzentrierte man sich vor allem auf die möglichst genaue Beobachtung aller Himmelsereignisse und deren Auswirkungen auf die verschiedensten Lebensbereiche.

che waren tatsächlich eindrucksvoll und haben den Boden für die gewaltigen technischen Fortschritte der Song-Zeit vorbereitet. In dieser Zeit wurde auch eine der allerwichtigsten technischen Erfindungen der Menschheitsgeschichte gemacht: der Buchdruck. In ihm schuf sich der Drang zur Weitergabe und Ausbreitung der buddhistischen Lehre ein neues geeignetes Medium. Sukzessive wurde er bis nach Europa weitergereicht und gab der europäischen Renaissance später viele Impulse. Die Menschen der Tang-Zeit waren übrigens sehr weltoffen und trieben regen Handel mit Zentral- und Südostasien.

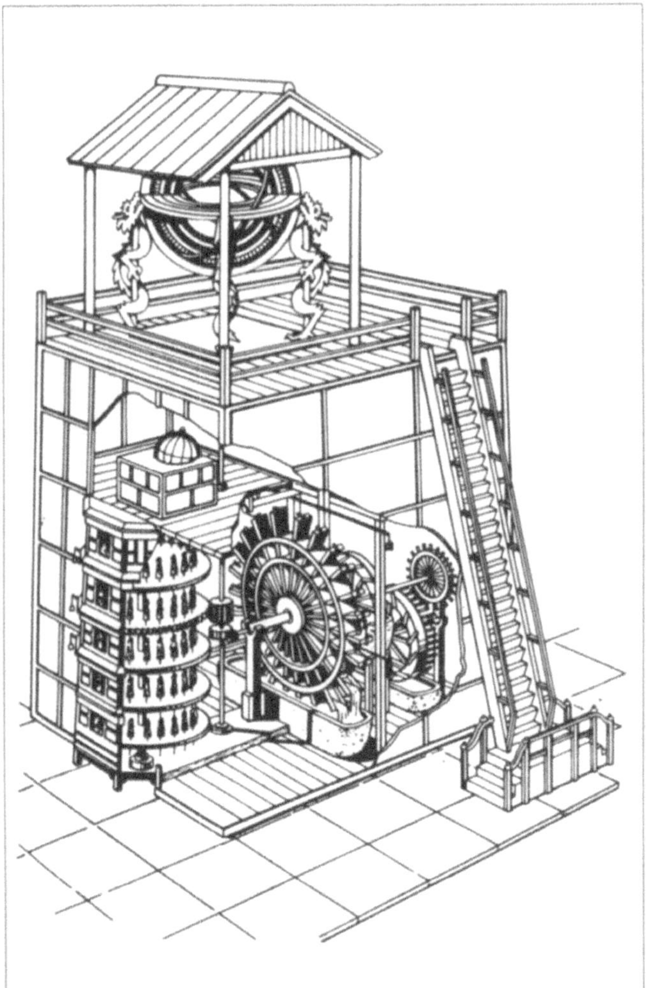

Chinesische Präzisions-Wasseruhr des 11. Jahrhunderts für astronomische Zwecke (Songdynastie, Kaifeng). Der Turm ist 30 m hoch, das Schaufelrad hat einen Durchmesser von 3,5 m. Zwei Bronzestangen („die himmlische Waage") hielten das Rad, bis eine Schaufel genügend mit Wasser gefüllt war. Dann fiel diese „Hemmung" herunter, und das Rad brachte die nächste Schaufel in Position.

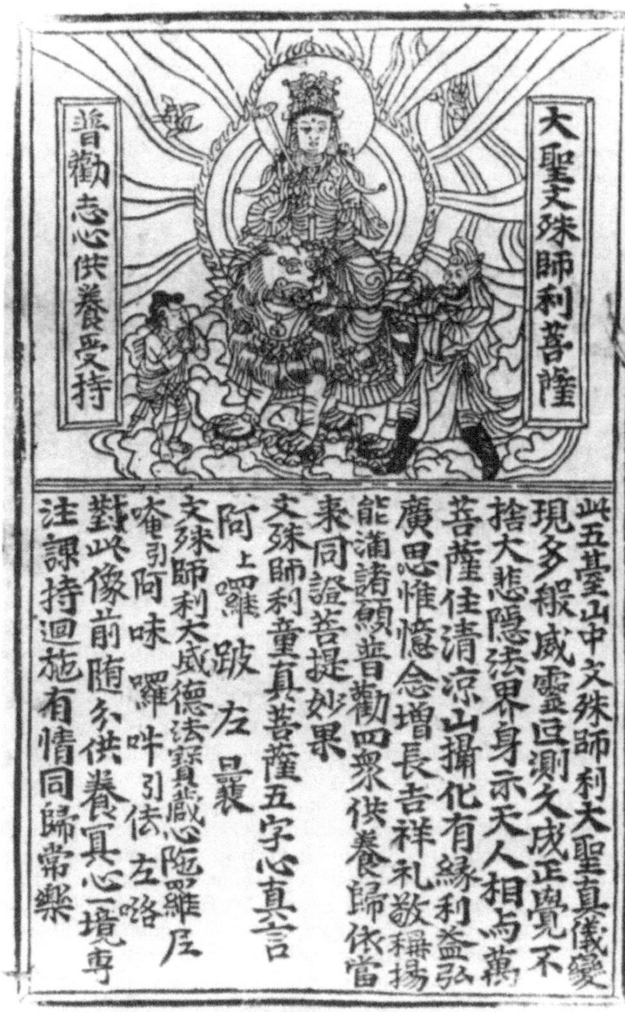

Die Herstellung von Papier und die Drucktechnik waren in China schon weit früher bekannt als in Europa. Die Abbildung zeigt einen auf Papier gedruckten Gebetstext, der um 950 entstanden ist.

Von der Tang-Zeit bis zur Quasi-Renaissance der Song-Zeit

Diese Überlegungen führen uns chronologisch in die Nähe der faszinierendsten Zeit in der Entwicklung des chinesischen Reichs: der *Song-Zeit*. In jener Periode der sinischen Geschichte erreichte die soziale und technische Entwicklung ihren absoluten Höhepunkt. Mit Fug und Recht kann man fragen, ob nicht im Reich der Mitte die erste Renaissance – hier im Sinne einer Mathematisierung der Wissenschaft, einer Systematisierung der Experimentalmethode und einer Entwicklung zu einer Frühindustrialisierung der Gesellschaft – stattgefunden hätte, wenn nicht die Mongoleninvasion die ganze Entwicklung zum Stillstand gebracht hätte. Tatsächlich erkannte man in der Song-Zeit zahlreiche Phänomene, die unwahrscheinlich „modern" anmuten und die auf einen bevorstehenden qualitativen Sprung in der Entwicklung vieler wirtschaftlicher und literarisch-künstlerischer Gebiete hindeuten. Wir wollen nur einige kurz andeuten: die Erfindung des Papiergeldes, das beschleunigte Anwachsen des Geld- und Warenverkehrs, die Stärkung des Außenhandels, das Aufblühen der Mathematik, Astronomie, Alchimie, bzw. vorwissenschaftlichen Chemie, Medizin, Zoologie und Botanik und der Technik. Hier sind die Fortschritte im Transportwesen, im Brückenbau, Kanalbau, Schiffsbau, in der Vermessungspraxis besonders hervorzuheben. In dieser Zeit benutzte man in weiten Teilen des Landes Steinkohle und vervielfachte die Eisen- und Stahlproduktion. Die Landwirtschaft wurde nicht nur durch neue Geräte, sondern auch durch die allgemeine Einführung von schnellreifenden Reisarten in Mittelchina modernisiert. Das Druckereigewerbe nahm einen solchen Aufschwung, daß zum Beispiel die Millionenauflage des Bauernkalenders, das Drucken von technischen Enzyklopädien – also breite Popularisierung des Wissens – und die Entwicklung der Geographie und der Kartographie möglich wurden.

Wirtschaftlich zeichnete sich gleichzeitig eine entscheidende Wende in der Entwicklung ab, da in den letzten Jahrzehnten vor der Mongoleninvasion eine wachsende Verbindung der politischen mit der wirtschaftlichen Macht stattfand. Mandarine investierten vermehrt in Industrie und Handel, Händler und Industrielle schickten immer mehr Söhne zu den Beamtenprüfungen und somit in die politische Laufbahn, und beide Klassen gingen vermehrt familiäre Verbindungen durch Ehe oder Adoption ein. Es war eine Entwicklung zur Bildung einer Art Bürgertum, deren wirtschaftlich-technische Folgen – im positiven Sinne – unabsehbar waren; doch bereiteten die Mongoleninvasionen dieser höchst interessanten Evolution ein jähes Ende.

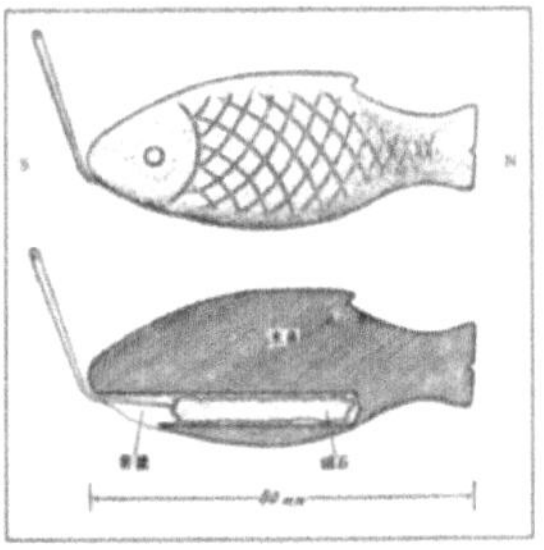

Magnetische Eigenschaften von Gesteinen waren in China bereits im 3. Jahrhundert v. Chr. bekannt; man nutzte sie schon früh zum Bau einfacher Kompasse. In der Zeit der Song-Dynastie rüstete man bereits Schiffe mit einem Kompaß aus. Aus dem Jahr 1150 ist uns die Zeichnung und Beschreibung dieses einfachen Kompasses bekannt von Shih Lin Kuang Chi, bei dem sich Holzfische durch einen eingefügten Magneteisenstein und eine damit verbundene Nadel im Wasser leicht ausrichten können.

In welcher Geisteshaltung, unter welchen weltanschaulichen bzw. religiösen Voraussetzungen fanden diese erstaunlichen Entwicklungen des Song-Zeit statt? Das hervorstechendste Charakteristikum des Song-Geistes war eine allgemeine Haltung des Realismus. Dieser Realismus ist genauso sichtbar in der Genre-Malerei, in der Portrait- und sogar in der Landschaftsmalerei wie in der literarischen Gattung des Romans und ebenso im Theater und in der Philosophie. Auf diesem Gebiet wuchs der Konfuzianismus zu einem vollumfassenden Weltanschauungs- und Ethikgebäude, dessen sinngebende und sinnschaffende Rolle nicht überschätzt werden kann. Diese im Westen unter dem Namen „Neokonfuzianismus" bekannte Philosophie kann man in groben Zügen wie folgt charakterisieren: Es gibt einen allgemeinen, universellen Sinn im Sein, und der Mensch und die Gesellschaft können innerhalb dieses Rahmens durch Bildung, Ausbildung und Moral verbessert werden. Es gibt auch eine globale Erklärung des Universums, dessen Struktur dem menschlichen Geist zugänglich ist; der menschliche Geist ist seinerseits eine objektive Realität, Produkt des ordnenden Prinzips *Li* und der „Materie" *Qi*. Schließlich ist das Ganze in einer ethischen, vom Begriff Menschlichkeit (*Ren*) geprägten Dimension eingebettet.

Neben dem die offizielle Sphäre mehr und mehr beherrschenden Neokonfuzianismus waren in der Song-Zeit sowohl Taoismus wie auch Buddhismus weiterhin aktiv, obwohl beide Religionen ihren Höhepunkt überschritten hatten. Neben der volksreligiösen Tätigkeit muß man insbesondere für den Taoismus eine rege alchimisch-pharmakologisch-medizinische Tätigkeit feststellen. Auch die publizistische Tätigkeit war eindrucksvoll, wurden doch in jener Zeit die großen Ausgaben des *Daozang*, des großen taoistischen Kanon mit Kapiteln über Religion, Philosophie, Alchimie, Medizin, Ernährungslehre usw. herausgegeben. Für den Buddhismus stellt man eine interessante Weiterentwicklung der Chan-(Zen-)Sekte fest sowie ebenfalls eine aktive Weiterführung der Buchdrucktätigkeit. Im übrigen schimmerte auch in diesen beiden Religionen der typische Song-Realismus durch. Der Song-Buddhismus zog sachlich Bilanz: In den im Jahre 1004 veröffentlichten Mönchsbiographien findet sich nichts mehr vom früheren schwärmerischen Glauben der ersten buddhistischen Lebensbeschreibungen, und die Patriarchenannalen (Fozutongji) von 1269 wurden sogar ganz nach den Arbeitsmethoden der weltlichen Historiker redigiert. Was den Song-Taoismus anbelangt, so wurde zum Beispiel von Wang Chongyang (1112–1170) eine Sekte – die Quanzhen-Sekte – gegründet, welche unter anderem die Reinigung des Taoismus von allen okkulten Praktiken zum Ziel hatte – auch das war offensichtlich eine typische Song-Erscheinung.

Auf weltlichem Gebiet war man damals in China Zeuge einer erstaunlichen „Demokratisierung" des öffentlichen und politischen Lebens: Beispielsweise wirkten und rangen zwei verschiedene Fraktionen bzw. politische Denkschulen innerhalb der staatlichen Ordnung. Es gab sogar gelegentlich Studentendemonstrationen, nach denen Petitionen an den Kaiser übergeben wurden. Dem entsprach ein für die damalige Zeit erstaunlich effizienter allgemeiner Einsatz von Intelligenz, was zusammen mit der unglaublichen Ausweitung des Buchdrucks und der Verbreitung des kritischen Geistes in Literatur, Geschichtsschreibung und Altertumsforschung tatsächlich auf eine gesellschaftliche Entwicklung hindeutete, innerhalb welcher gewaltige Potentiale vorhanden waren. Es dürfte darum kein Zufall gewesen sein, daß diese, jedem militärischen Abenteuer abholde Song-Gesellschaft als einzige auf der Welt dank ihres hohen technologischen Niveaus fähig war, während ungefähr vier Jahrzehnten gegen die brutalen mongolischen Eroberungsversuche wirkungsvoll Widerstand zu leisten, während alle anderen Großmächte jener Zeit, wie etwa Persien, innerhalb weniger Wochen in die Knie gezwungen wurden. Mit leichter Kavallerie, bewaffnet mit Pfeil und Bogen setzte sich die Vitalkraft der Mongolen gegen die schwer gepanzerte chinesische Infanterie und gegen die hochtechnisierte chinesische Kriegstechnik mit ihren Schleudermaschinen und Panzerbooten durch. Hinter diesem unterschiedlichen technischen Stand sind die religiösen Impulse und Überlagerungen nur nebensächlich. Doch entstand aus dem vierzigjährigen Krieg, aus dem Zusammenbruch der alten religiös legitimierten politischen Ordnung und den nachfolgenden siebzig Jahren der Ausbeutung, Unterdrückung und „Apartheid" ein landesweites geistiges Trauma, von dem sich China später nie richtig erholte.

Stagnation auf hohem Niveau

Für die nachfolgenden Jahrhunderte wird die Situation Chinas, nach einer Periode der Erholung und Normalisierung, am besten mit dem Begriff „Stagnation" beschrieben. Stellt man während der frühen Ming-Zeit eine klare wirtschaftliche Ankurbelung und eine Rückbesinnung auf das echt Chinesische fest, so ist doch letzten Endes weithin sichtbar, daß schon bestehende Song-Entwicklungen wieder aufgegriffen, aber nicht weiterentwickelt wurden. Zudem wurden die oberen Gesellschaftskreise wegen des Fehlens so starker Oppositionskräfte wie unter den Song viel anfälliger für Korruption. Wissenschaft und Technologie gingen, trotz einer gewissen Blüte, nicht über das Song-Niveau hinaus. Selbst die Jesuitenmissionare mußten bald feststellen, daß das Wissen ihrer chinesischen Kollegen des kaiserlichen Astronomieamtes hinter dem herhinkte, was sie, die Jesuiten, in den alten Songbüchern der kaiserlichen Bibliothek entdecken konnten. Der Einfluß der Jesuiten selber blieb sowohl auf wissenschaftlichem als auch auf religiösem Gebiet allerdings sehr gering. Die Chinesen spürten noch kein Bedürfnis, die Errungenschaften der westlichen Renaissance zu übernehmen, und die Mandschueroberer nahmen später eine ähnliche Haltung ein. Die chinesischen Übersetzungen von Euklids Geometrie oder von europäischen Veröffentlichungen über Mechanik [3] blieben vorderhand ohne breiten Einfluß. Das chinesische Geistesleben – noch lebendig in der Literatur – war sonst, abgesehen von wenigen interessanten Ausnahmen wie Wang Yangming und Li Zhi in der Philosophie, im wesentlichen in einem dogmatisierten Konfuzianismus erstarrt, während im Buddhismus und im Taoismus die Routine den Lauf der Dinge prägte. Die Entwicklung der städtischen Romanliteratur war dagegen bemerkenswert. Die technische Literatur wie z. B. *Tiangong Kaiwu*, „Erzeugnisse der Natur und der menschlichen Arbeit", war interessant, aber nicht neu.

Nach der nochmaligen Eroberung und Beherrschung des Landes durch eine fremde Macht, in diesem Fall der Mandschu ab 1644, verstärkte die imperialistische Intervention des Westens im China des 19. Jahrhunderts die Selbstentfremdung dieses geplagten Volkes noch mehr, und eine – zum Teil nicht ganz freiwillige – Aufnahme westlicher Ideen und Technologien um die Jahrhundertwende und später half die gewaltigen Umwälzungen des 20. Jahrhunderts vorzubereiten.

Anbruch der Neuzeit

In einer Zeit reger geistiger Auseinandersetzung sowohl mit der eigenen Vergangenheit als auch mit westlichen Philosophien und Ideologien (1870–1925) entstanden in China verschiedene Geistesströmungen, die fast alle in die Zukunft wiesen. Die ersten westlichen Universitäten wurden in China gegründet. Die Chinesen setzten sich nun erstmals mit den Grundwerten des westlichen demokratischen

Systems und seinen staatlichen Organisationsformen auseinander. In dieser Zeit kam es auch zur Rezeption von Eisenbahnbau mit Tunneln und Brücken, von Schiffbau, Textilfabriken und chemischer Industrie. Die christliche Mission galt dabei – oft zu Unrecht – als Wegbereiter der westlichen Intervention.

Die siegreiche unter diesen Strömungen, die unter den Etiketten „Marxismus", „Sozialismus", später „Maoismus" usw. nach dem 2. Weltkrieg an die Macht kam, mündete allerdings bald in eine widersprüchliche Situation, die oft mehr mit dem rückständigen allgemeinen Zustand und der bürokratischen Tradition des Landes als mit den Theorien von Marx zu tun hatte. Jedoch wurde ab 1949 alles und jedes in Ideologie, Weltanschauung, Wissenschaft, Technologie, Produktion und sozialer Organisation mit dem Adjektiv „neu" geschmückt, und die gepredigte „proletarische" Umwälzung mündete während der Kulturrevolution sogar in einen Personenkult, der eindeutig religiöse Züge annahm. Aber gerade in jener Zeit, in welcher jedwedes nichtideologisierte Fachwissen als reaktionär und in welcher alle Spezialisten und Denker als überflüssig deklariert waren, während die traditionellen Religionen sogar verfolgt wurden, erlebte die Entwicklung der Wissenschaft und der Technik dasjenige Rekordtief, das die vorangehende Phase des „Großen Sprungs nach vorn" schon angedeutet hatte.

China hat diese tragische Periode seiner Geschichte heute glücklicherweise überwunden, und es zeichnet sich eine vorsichtige Liberalisierung sowohl im Geistesleben wie in der Wissenschaft ab, während nach dem endlich abgeschafften Fieber der proletarischen „Religion" den traditionellen Religionen – und auch dem Christentum – ein zarter Frühling erlaubt wird. Die Weiterentwicklung dieser Tendenzen wird eindeutig davon abhängen, wieviel Pluralismus in Zukunft, innerhalb wie außerhalb der kommunistischen Partei, möglich sein wird. Falls in den nächsten Jahrzehnten keine katastrophalen Rückschläge stattfinden, wäre theoretisch eine interessante Entwicklung möglich: Darin könnten sowohl das taoistische, organisch-vernetzte Naturverständnis in Wissenschaft und Technik einerseits, als auch der Einfluß der sozialen Gerechtigkeitsidee im wiedererstandenen Buddhismus andererseits eine faszinierende Synthese mit dem rationalen Geist des Konfuzianismus und mit dem westlichen – nicht mehr eurozentrischen und mechanistischen – analytischen Geist eingehen. Eine solche Entwicklung, in der sich im besten Sinne religiöse Tendenzen verbinden würden, könnte sowohl dem Lande China als auch der ganzen Menschheit ungeahnte Perspektiven eröffnen.

Dynastie	Religion, Ethik	Technik
Spät-Neolithikum (ca. 5000 bis ca. 3000)	Naturreligion, Totenkult	Töpferei, Knochenwerkzeuge, polierter Stein, Gnomonik (Bestimmung der Jahreszeiten)
um 3000/2500 bis Ende Xia-Dyn. (18. Jh.)	astronomische „Herrschafts"-Religion; erstes „Weltbild" im Hongfan formuliert	megalithische Astronomie und Zeitmessung; Kalender; erste Schrift; Metallurgieversuche
Shang-Dynastie (17. Jh. bis ca. 1025)	staatliche Astrologie und Wahrsagerei; Ahnenkult	Bronzegießen; Schrift; Wagen; Tribut; Riesengräber (Anyang)
Westl. Zhou-Dyn. bis Ende „Frühling-und-Herbst"-Zeit, 1025 (Anfang Antike) bis 481	wie in der Shang-Dynastie (verstärkt); Frühtaoismus, Riten; Entstehung des „Konfuzianismus"	Bronze-Inschriften; schwere Wagen; gewaltiger Städtemauernbau; Höhepunkt der Bronzegießtechnik
„Kämpfende Reiche" (480 bis 221)	„Hundert Schulen"; *erste Formulierung der großen ethischen Traditionen* (Konfuzianismus, Taoismus, Mohismus, Legalismus, Yin-Yang-Schule)	Eisen ab ca. 7. Jh. v. Chr.; bald Serienherstellung von Eisen-Werkzeugen; Kanalbau für Bewässerung; Sternenkatalog (ca. −350); Alchimie, Salzindustrie
Quin-Dyn. (221−206) und westl. Han-Dyn. (206 v. Chr. bis 24 n. Chr.)	*Durchbruch des Konfuzianismus* (mit Elementen anderer Schulen) *als Staatsideologie;* Fünf-Elemente-Scholastik; Taoismus	Große Werke (erste „Große Mauer"; Straßen- und Kanalbau); Eisen- und Salzindustrie; Vereinheitlichung von Maßen und Schrift; Alchimie, Erfindung Papier; moderner Webstuhl; Kalenderreform
Östl. Han-Dyn. (25 bis 220)	Pflege der Klassiker, messianische Aufstände; Anfänge des Buddhismus	Wasserantrieb für Hochofenblaspumpen; Axialruder; Verbreitung Papier; Astronomiegeräte, Seismograph; Medizin
„Drei Reiche", „Nördl. und südl. Dynastien" (220 bis 580)	*Buddhismus in ganz China;* große Übersetzungstätigkeit aus Sanskrit; Evolution des Taoismus zu einer Religion	Mathematikbücher; Medizin; Mechanik; Schiffbau; Gießereitechnik; erstes landwirtschaftliches Handbuch
Sui- (581 bis 618) und Tang- (618 bis 907) Dynastien	Höhepunkt und Tiefpunkt des Buddhismus; nach 800, Rückbesinnung auf klassische Ethik (Vorläufer des Neokonfuzianismus); Wachstum der Chan- (jap. Zen-)-Sekte	Buchdruck mit Holzplatten; Brückenbau (Flachbogen); Großgießerei; Mechanik; Schiffsbau; Astronomie; Alchimie; vorwissenschaftliche Chemie; Pharmakologie

Dynastie	Religion, Ethik	Technik
Song-Dynastie (960–1279)	Neokonfuzianismus, Rationalismus, Realismus; chinesische „Renaissance" im universistischen Geist (Einheit der natürlichen Ordnung mit der menschlichen Ordnung)	Technische Fortschritte auf allen Gebieten, und neu: Steinkohle, Kettenantrieb, Pleuelantrieb, Kompaß auf Schiffen; Kanalschleusen; Schießpulver; Typographie; Distanzmessungswagen (Odometerwagen); Mathematik. Große Buchdruck-Tätigkeit (techn. Enzyklopädien usw.)
Yüan- (Mongolen-) Dynastie (1279–1368)	Zerstörung der Renaissance-ähnlichen Evolution; Apartheid, Trauma für chinesische Seele; Sektenwesen	Nichts Neues. Einige Ver-öffentlichungen von unter Song ausgebildeten Mathe-matikern; persisch-arab. Einflüsse; Kartographie; Technologie-Transfer von China in den Westen
Ming-Dynastie (1368–1644)	Neokonfuzianische Orthodoxie einerseits, „Intuitionismus" andererseits; Neudruck des Daozangs; antikonformistischer Geist gegen Ende der Dynastie	Erholung der chinesischen Technik, doch ohne Innovationskraft. Gute technische und landwirtschaftliche Enzyklopädien, aber auch da nichts Neues; Schiffsbau; Anfang des Technologie-Transfers aus dem Westen nach China
Qing-Dynastie (1644–1912)	Neues Besetzungstrauma, aber Reaktion mit kritischem Geist; Einfluß des Lamaismus, moralische Orthodoxie. Einfluß des Christentums bleibt beschränkt	Jesuitische Astronomie und Kartographie; neue Sternwarte von Beijing; Stagnation der chinesi-schen Technik auf hohem vorindustriellen Niveau; dann Einbruch des industriellen Zeitalters aus dem Westen im 19. Jh.; West-Ost-Technologietransfer
Republik (1912–1949)	Nationalismus; Rezeption westlicher Denkmethoden und Weltanschauung; Sun Yatsens „Drei Volkslehren"; Verbreitung des Marxismus; Frühmaoismus	Konfrontation mit Industriezeitalter z. T. als imperialistischer Zwang (westl. Alliierte) oder als imperiale Domination (japanisches Mandschukuo); Eisenbahnbau, Textilindustrie, usw.
Volksrepublik (nach 1949)	Marxismus-Leninismus, Maoismus; Personenkult; ab 1966 sog. „Kulturrevolution"; ab 1978 Reform	Ideologie der Arbeit und der Technik, begleitet von techn. Irrwegen („Großer Sprung nach vorn", Kulturrevolution); heute schwierige Suche eines eigenen Modernisierungswegs; China zwischen Wachstumszwang und Umweltproblematik

Literaturnachweise

1 *Needham,* Joseph: Science and Civilisation in China. 12 Bde. Cambridge ab 1954. Bd. 2
2 *Voiret,* Jean-Pierre: Kalender, Astronomie und Himmelsreligion im alten China. In: Orientierung. Jg. 53, 1989, Nr. 10, S. 116ff.
3 *Brentjes,* Sonja: China und Japan. In: Wußing, Hans (Hrsg.): Geschichte der Naturwissenschaften. Köln 1987, S. 102

Die Technik im Islam

Hans Daiber

Historische Voraussetzungen

Nach dem Tode Mohammeds im Jahre 632 breitete sich die von ihm gegründete islamische Religion sehr schnell über die Grenzen der arabischen Halbinsel hinaus aus. Wirtschaftliche und religiöse Gründe führten zu einer Kette von rasch aufeinanderfolgenden militärischen Eroberungszügen nach Syrien, Irak, Persien und Ägypten. 711 besetzten islamische Heerscharen bereits die iberische Halbinsel und konnten erst 732 von Karl Martell in der Schlacht von Tours und Poitiers am Vormarsch nach Europa gehindert werden. – Das arabische Reich vereinigte eine Vielzahl von fremden Kulturen; hatte sich schon Mohammed mit der christlich-jüdischen Umgebung seiner Zeit sowie mit der heidnischen Religion seiner Vorfahren auseinandersetzen müssen, so waren die nachfolgenden islamischen Eroberer mit einer Vielzahl weiterer fremder Gedanken und Vorstellungen konfrontiert: mit iranisch-gnostischen, indischen und vor allem griechisch-hellenistischen Lehren und Literaturen. Aus der Beschäftigung mit diesen unterschiedlichen Ideen und der Verschmelzung ihrer Elemente entstand ein arabisch-islamisches Weltbild unterschiedlicher Prägung, das die Pflege und Förderung der Wissenschaften in einzigartiger Weise ermöglichte.

Man knüpfte an die Errungenschaften eroberter Völker in Wissenschaft und Technik an und verfeinerte und erweiterte Übernommenes. Die Moslems wurden zum Kulturvermittler zwischen Antike und Mittelalter und leiteten über arabisch-lateinische Übersetzungen griechischer Werke und eigene Beiträge die wissenschaftliche Entwicklung des Mittelalters in die Wege. Einen Höhepunkt erlebten die islamischen Wissenschaften im 10. und 11. Jahrhundert n. Chr. Auch die Zerstörung der Zentralgewalt und der Einmarsch der Mongolen in Bagdad (1258) konnten ihre Entwicklung in den nachfolgenden Jahrhunderten nicht aufhalten. Im allgemeinen standen in der Forschung theoretische Betrachtungen und das Sammeln von Wissen im Vordergrund; aber man beschäftigte sich auch mit Experimenten, mit der praktischen Anwendung mathematischer Erkenntnisse und mit

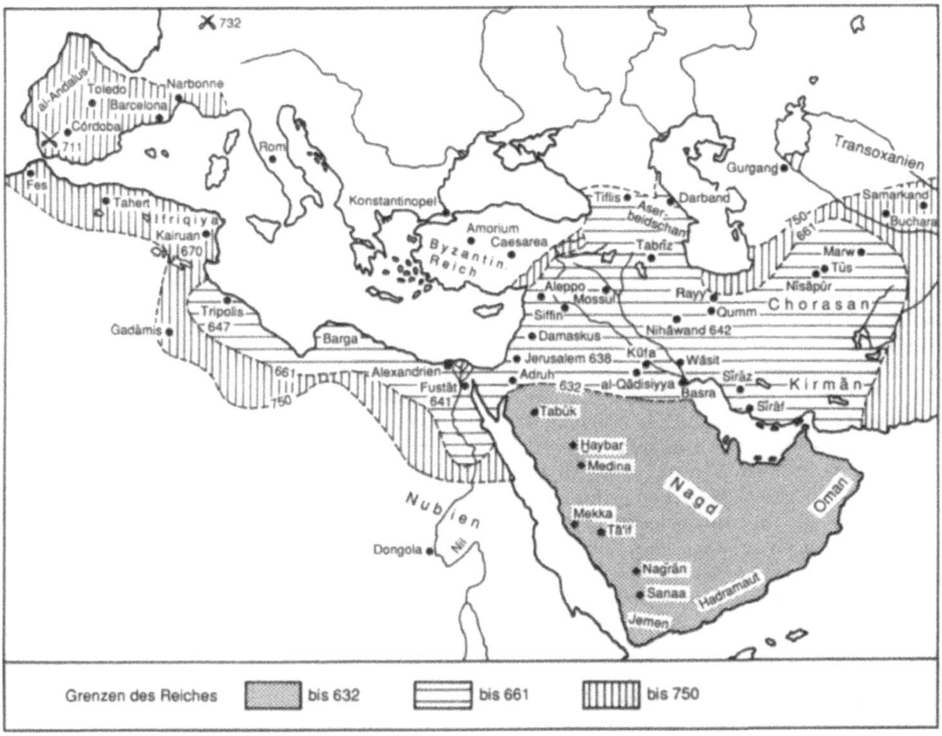

Ausdehnung des islamischen Reiches vom Tode Mohammeds 632 bis zur Mitte des achten Jahrhunderts.

technologischen Fragen, vor allem mit der Mechanik. Bei der Bewältigung mechanischer Probleme trat der Einfluß des Schrifttums immer mehr zurück und Überlegungen praktischer Art spielten zunehmend eine Rolle; ferner das religiöse Weltbild des Islam, das Leben, Denken und Handeln des Menschen in seiner Gesamtheit umfaßt und das Bedürfnis, dieses in einer Symbiose von Wissenschaft und Religion zum Ausdruck zu bringen.

Allerdings findet man in älteren Darstellungen der Geschichte der Wissenschaften häufig das Vorurteil, daß der Islam der Entwicklung von Wissenschaft und Technologie im Wege stand; man betont den kontemplativen Charakter des Islam und man denkt an die fatalistische Einstellung der Araber, die jeglichem aktiven Fortschrittsglauben entgegengewirkt habe. Dieses Vorurteil hat eine lange Vorgeschichte; es wurzelt letztlich in der das gesamte Mittelalter durchziehenden christlichen Polemik gegen den Islam. Die Diskussion hierüber, die im Zeitalter der Aufklärung (17.–19. Jh.) neuen Auftrieb bekam, ist auch heute noch nicht abgeschlossen.

Anfänge und Blüte wissenschaftlich-technischen Denkens im Islam

Die Voraussetzung für technischen Fortschritt ist, wie der Wissenschaftshistoriker Lynn White einmal schreibt [1], „eine gewisse Wertschätzung der Handarbeit, verbunden mit Aktivismus". Dies ist – nach Whites Meinung – eine der Hauptursachen für den technologischen Fortschritt des mittelalterlichen Westens gewesen. Im mittelalterlichen Osten dagegen, in Byzanz und im Islam, sei „technologischer Fortschritt nicht für wichtig gehalten worden" [2]. Obwohl „nahezu 500 Jahre die größten Wissenschaftler der Welt in Arabisch schrieben, habe eine blühende Wissenschaft nichts zu dem langsamen Fortschritt der Technologie im Islam beigetragen" [3].

Diese Aussagen bedürfen einer Überprüfung an Hand islamischer Quellen: Sind wissenschaftliche Erkenntnis und Technik im Islam wirklich so sehr einander entgegengesetzt? Ist es richtig, vom kontemplativen Charakter des Islam zu sprechen, der technologische Entwicklungen erschwert hat? Ist die Religion im Islam zum Hindernis für technischen Fortschritt geworden?

Die wissenschaftliche Formung in der frühislamischen Kultur hat zunächst vom Koran, von religiöser Überlieferung und islamischem Recht entscheidende Anregungen empfangen. Dies hat – vor allem unter dem Einfluß der Wissenschaften der Griechen – zu Erkenntnissen auf dem Gebiet von Sprache und Denken, Philologie und Logik, sowie bei den Einzelwissenschaften der Philosophie und der Naturwissenschaften geführt [4]. Doch ist nicht nur das in der Traditionsliteratur bereits früh nachdrücklich empfohlene Suchen nach Wissen Ziel des gläubigen Moslem gewesen; sondern der mit Wissen Ausgestattete (al-ᶜālim) muß auch danach streben, Wissen (ᶜilm) und Handeln (ᶜamal) miteinander in Übereinstimmung zu bringen. Der sunnitische Glaubensbegriff von Hanbaliten und Aschᶜariten sieht vor, daß das Bekennen zum islamischen Glauben auch das Handeln mit einbezieht. Dies ist nicht ohne Bedeutung für das islamische Ethos von Denken und Handeln, das sich hier auf den Koran berufen konnte. Es heißt dort in einer Koransure, die auch der pakistanische Moslem und Nobelpreisträger für Physik, Mohammed ᶜAbdus Salam in einem 1983 gehaltenen Vortrag über Wissenschaft und Technik in der islamischen Welt [5] herangezogen hat: „Gott ist es, der das Meer in euren Dienst gestellt hat, damit die Schiffe – auf seinen Befehl – darauf fahren, und damit ihr danach strebt, daß er euch Gunst erweist (indem ihr auf dem Meer eurem Erwerb nachgehen könnt). Vielleicht würdet ihr dankbar sein. Und er hat von sich aus alles, was im Himmel und auf Erden ist, in euren Dienst gestellt. Darin liegen Zeichen für Leute, die nachdenken" [6]. Daher kann im 10. Jahrhundert n. Chr. der Khorasanische Gelehrte Abū l-Hasan Muhammed al-ᶜĀmirī in seiner Monographie über die moralischen Vorzüge des Islam vor anderen Religionen behaupten, daß die zu den Wissenschaften gerechnete Technologie, welche entsprechend der aristotelischen Lehre als Teil der mathematischen Wissenschaften betrachtet wird – neben Arithmetik, Geometrie, Astronomie und Musik –, im Einklang mit den religiösen Wissenschaften sei. Freilich ist uns al-ᶜĀmirī den Beweis schuldig geblieben, und es wird jetzt unsere Aufgabe sein, Beispiele zu nennen, die das Wechselverhältnis von Technik und Religion im Islam näher beleuchten.

Wie wir bereits gesehen haben, war das Erwerben und Überliefern von Wissen ein zentrales Anliegen im frühen Islam. Man pflegte die mündliche und später zunehmend die schriftliche Überlieferung. Im Mittelpunkt stand anfänglich der Koran, dann jegliches religiös-juristische Wissen und die entstehenden islamischen „Wissenschaften". Es ist kein Zufall, daß um die Mitte des 8. Jahrhunderts das Papier, ursprünglich eine chinesische Erfindung vor 100 n. Chr., im islamischen Reich Eingang fand. Man erlernte nach der Schlacht am Flusse Ṭalas (751 n. Chr.) das Geheimnis der Papierherstellung von chinesischen Kriegsgefangenen und errichtete in Samarkand die erste Papiermühle [7]. Die Herstellung des Papiers war für die Wissenschaften im Islam und im Mittelalter von revolutionärer Bedeutung; Zeugnis der wissenschaftlichen Aktivität im Islam sind Millionen von Handschriften, die vor der Einführung des Druckes (im 18./19. Jh.), aber auch noch danach in den verschiedenen Teilen des islamischen Reiches, von Spanien bis Südostasien entstanden. Dem handgeschriebenen, teilweise mit Miniaturen kunstvoll illustrierten Buch und seinem Einband galt das besondere Interesse.

Es war jetzt möglich, statt des teuren Pergaments oder Papyrus Papier zu verwenden, um neben religiös-traditionellem Wissen auch das Wissen fremder Kulturen in Übersetzungen aufzuzeichnen und zu studieren. Denn das arabische Reich kam im Zuge seiner Ausbreitung im 8. und 9. Jahrhundert mit der wissenschaftlichen Literatur der Griechen, Perser und Inder in Berührung. Man übersetzte neben philosophischen Texten auch solche Bücher, die rein praktischen Bedürfnissen dienten oder Wissensdurst und Neugierde der Eroberer befriedigen sollten; zu nennen sind hier Werke zur Medizin, Geographie und Gesteinskunde, Botanik, Zoologie, Landwirtschaft, Astrologie, Astronomie, Mathematik, Mechanik, Optik und Alchimie.

Unter den Wissenchaften der Griechen, die die Araber durch die Übersetzungsarbeiten der Christen im ausgehenden 8. und im 9. Jahrhundert kennenlernten [8], gab es Themenkomplexe, für die man ein speziell religiöses Interesse entwickelt hatte: Die islamischen Astronomen beschäftigten sich mit der hellenistischen Trigonometrie [9]; sie stützten sich hierbei auf eigene Beobachtungen, entwickelten Instrumente wie zum Beispiel das Astrolab [10] nach hellenistischen Anregungen weiter und verfeinerten die sphärische Trigonometrie soweit, daß sie Ergebnisse der astronomischen Mathematik hellenistischer Zeit verbessern konnten. Hiermit waren die Moslems in der Lage, Probleme der Zeitmessung, des Kalenders und der Ortsbestimmung zu lösen. Dies war und ist von eminent praktischer Bedeutung, zum Beispiel für die Festlegung der Gebetszeiten – wofür man nach griechisch-sassanidischen Anregungen auch wassergetriebene und mechanische Uhren entwickelte; ferner für die Fixierung des Fastenmonats (Ramaḍān) und der Gebetsrichtung nach Mekka (qibla). [II-3.5]

Hierbei muß man sich vorstellen, daß das islamische Imperium sich im Laufe der Jahrhunderte über mehrere Kontinente erstreckte und daß es Handelsbeziehungen bis nach China gab. Im Zuge der Eroberungen und der Handelsbeziehungen baute man das Straßennetz weiter aus oder besserte bestehende Straßen und Brücken aus, die im Vorderen Orient z. T. noch von den Römern angelegt worden waren. Dies war nicht nur für den Handel unentbehrlich [11], sondern auch für die jedem Moslem vorgeschriebene Pilgerfahrt (ḥadschdsch) nach Mekka. Der Gedankenaustausch zwischen den einzelnen Menschen und ganzen Kulturen hat hiervon profitiert.

Die Handelsbeziehungen in der islamischen Welt sorgten für einen ungeahnten wirtschaftlichen Aufschwung. Dieser ermöglichte es den Kalifen oder einzelnen Mäzenen, die Pflege der Wissenschaften, der Religion und der Kunst finanziell zu fördern. Im gesamten islamischen Reich sind Moscheen, Klosteranlagen, Schulen (Medresen) und Krankenhäuser gebaut worden. Im Bau der Moschee entwickelte man eine

Der arabische Himmelsglobus von 1085 befindet sich im Wissenschaftshistorischen Museum in Florenz. Seine Sternbilder sind nach dem Vorbild griechischer Götterfiguren gemacht.

Architektur, deren Technik der Gewölbe und Kuppeln teilweise altiranischem Vorbild folgte und den mittelalterlichen Kirchenbau beeinflußte.

Zu der Anlage einer Moschee gehörte die Versorgung mit Wasser zum Reinigen; denn wer die Moschee betrat, mußte die erforderliche kultische Reinheit besitzen. Diese Versorgung der Moschee mit Wasser bedurfte häufig besonderer Techniken des Wassertransportes. Die Technologie des Wassertransportes und des unterirdischen Kanalsystems (qanāt) diente somit sowohl der Bewässerung als auch religiösen Zwecken. Die Übernahme und Verbesserung altägyptischer und griechisch-römischer Bewässerungstechniken erfolgte demnach nicht ausschließlich im Hinblick auf die landwirtschaftliche Revolution, die im 11. Jahrhundert im östlichen Teil des islamischen Imperiums einsetzte [12].

Da im Islam die bildliche Darstellung von Lebewesen sowie von Gott nicht gestattet war [13], haben sich die künstlerisch gestaltenden Kräfte des Islam ganz auf die Architektur sowie auf die innere Ausstattung der Moschee konzentriert. Der Künstler wird zum Übermittler alter und neuer Methoden, sein sozialer Status ändert sich vom Sklaven zum freien Handwerker [14]. Er verzierte die Wände der Moschee häufig mit Ornamenten. Eine nach dem Vorbild des Wanddekors der klassischen Antike entwickelte typisch islamische Form ist die Arabeske; als Schmuck wählte man ferner Koransuren in ornamentaler Schrift. Die Künstler bedienten sich der Technik der Keramik und benutzten verschiedene Dekorationstechniken; beliebt war das Mosaik aus bunten Steinen oder buntem Glas. Dies war ein Erbe byzantinischer Künstler, welche die Omayyaden in Damaskus – und später in Cordoba – aus Byzanz kommen ließen. In der Verzierung der Moschee mit Koransuren wird die Schrift des Heiligen Korans zur künstlerisch gestalteten Schrift, zur Kalligraphie; sie war es bereits in der künstlerischen Gestaltung der Koranexemplare des Moslems geworden: in der Schrift, in der Verwendung verschiedenfarbiger Tinte und im Buchumschlag. Zusätzlich stützte sich der Künstler auf geometrische Strukturen. Geometrisches Denken war ihm aus zahlreichen Werken islamischer Mathematiker geläufig, die sich mit dem antiken Erbe beschäftigten und dieses praktisch nutzbar machten.

Auch die Baumwoll- und Seidenindustrie, die von Anfang an im islamischen Reich eine große Rolle spielte und durch die Araber im 8. Jahrhundert in Europa – zunächst über Spanien – Eingang fand, erfuhr viele Bereicherungen durch die religiöse Kunst des Islam. Berühmt sind die Gebetsteppiche, die der Gläubige in der Moschee oder zu Hause als Unterlage benutzte; ferner Seidendecken, die zuweilen mit Surenteilen beschriftet waren und für Moscheen oder Heiligengräber verwendet wurden, ja sogar in christlichen Kirchen des Mittelalters Eingang fanden. Das Spinnen mit einem Spinnrad läßt sich bei den Arabern bereits im 10. Jahrhundert literarisch belegen, wogegen unser ältester Beleg dieser Technik im mittelalterlichen Europa aus dem 13. Jh. stammt.

Eine jüngst erschienene illustrierte Geschichte der islamischen Technologie – die erste dieser Art – hat zu Recht die islamische Religion als Hauptantriebskraft für die Entstehung der Wissenschaften im Islam bezeichnet. Nach der Meinung der Autoren gehen wirtschaftlicher Wohlstand und das Bedürfnis nach Wissenschaft und Technologie Hand in Hand und sind in der Lage, zerstörerischen und wissenschaftsfeindlichen religiös-politischen Fanatismus zu überwinden, der die Geschichte des nachklassischen Islam seit dem 16. Jahrhundert häufig geprägt hat [15]. – Tatsächlich förderte die Religion Wissenschaft und Technologie im Islam, solange dies im Einklang mit den politischen und wirtschaftlichen Interessen des Islam stand. Dieser Einklang sorgte für einen – wenngleich zuweilen beschränkten – Freiraum für wissenschaftlich-technische Kreativität. Dies zeigt die Geschichte des Krieges, insbesondere des Heiligen Krieges (dschihād) im Islam. Der Krieg um des Glaubens willen stand zwar nicht am Anfang der islamischen Geschichte – damals hat es hauptsächlich wirtschaftliche Ursachen für die Kämpfe gegeben, er spielte aber in der Eroberung Spaniens und Kleinasiens und besonders in den Kreuzzügen (Ende 11.–13. Jahrhundert) zunehmend eine Rolle. Der ausgedehnte Glaubenskampf machte eine technologische Weiterentwicklung auf dem Gebiet der Kriegsführung erforderlich. Außerdem dürfte das viele Völker umfassende Reich der Mamluken und die Angst vor einer Mongoleninvasion zur Verbesserung der Kriegstechnik herausgefordert haben. Die Verteidigung oder Erweiterung des islamischen Imperiums sowie seine innere Konsolidierung erforderte eine verfeinerte Waffentechnik. Berühmt geworden sind die Schwerter, die im Jemen und in Damaskus hergestellt wurden; Stahl und Eisen waren von hoher Qualität [16]. Hohen Anforderungen genügten Bogen, Armbrust sowie Belagerungsmaschinen. Man befestigte Städte gegen Feinde und baute Festungen. Vom Beginn der islamischen Geschichte an benutzte man Brandgeschosse und entwickelte diese zu einer gefährlichen Waffe; vermutlich verwendete man seit dem 10. oder 11. Jahrhundert Salpeter und im Destillationsverfahren der Alchimisten [17] gewonnenes Öl und errang damit in den Kreuzzügen den entscheidenden Sieg. Ungefähr seit

Saladin (1138–1193) benutzte man zunehmend in Brandgeschossen und Granaten das Schießpulver, ursprünglich eine chinesische Erfindung, und übte damit eine verheerende Wirkung aus [18]. Um dieselbe Zeit hielt die Kanone ihren Siegeseinzug: sie läßt sich am Anfang des 13. Jahrhunderts für Nordafrika und Spanien literarisch belegen und wurde von den Mamluken erfolgreich gegen die Mongolen eingesetzt (in der zweiten Hälfte des 13. und im 14. Jahrhundert). Auf dem Umweg über Spanien sind Schießpulver und Kanone in Europa bekannt geworden. Im Islam entwickelte man die Fahrtüchtigkeit und Ausrüstung von Schiffen weiter und setzte sie erfolgreich sowohl im Handel als auch im Krieg ein. Schiffe sorgten für die Verbindung zwischen den weit auseinanderliegenden Teilen des islamischen Reiches, wobei Seeleute auf eine gut entwickelte griechisch-islamische Kartographie und Kosmographie der damals bekannten Welt zurückgreifen [19] und seit dem 13. Jahrhundert oder vielleicht schon früher [20] den Magnetkompaß benutzen konnten [21]. An die glorreiche Vergangenheit des arabischen Schiffbaues erinnern Lehnwörter wie Korvette – von arabisch ghurāb „Rabe" – und das englische ‚challand' – von schallandī: ein großes Deckschiff für den Frachttransport.

Unserem Überblick kann unschwer entnommen werden, daß nahezu alle religiösen Pflichten – nämlich das Bekenntnis zum islamischen Glauben, das Gebet, das Fasten im Monat Ramaḍān, die Wallfahrt nach Mekka und der Heilige Krieg gegen die Ungläubigen – zu wissenschaftlich-technologischen Aktivitäten motivierten. Die Religion inspirierte zum Wissen und Handeln, hat dies aber – wie die Geschichte zeigt – zuweilen zum Nachteil wissenschaftlichen und technologischen Fortschritts determiniert und eingeengt. Die Technologie des Islam unterscheidet sich hierin nicht von der Technologie des europäischen Mittelalters; hierüber schrieb der Wissenschaftshistoriker Lynn White einmal, daß sie „einen Teil der Wirtschafts- und Religionsgeschichte formte" sowie „ein Kapitel in der Eroberung der (menschlichen) Freiheit" eröffnet [22]. [II-3.2]

Stagnation von Wissenschaft und Technologie im nachklassischen Islam

Ungefähr ab 1100, nach vier Jahrhunderten steter Entwicklung, gibt es erste Anzeichen der Stagnation von Wissenschaft und Technologie im Islam; wissenschaftshistorische Darstellungen sprechen von „Niedergang". Doch sollten wir mit solcher Terminologie vorsichtig umgehen. Die islamische Kultur erscheint im Niedergang begriffen, weil

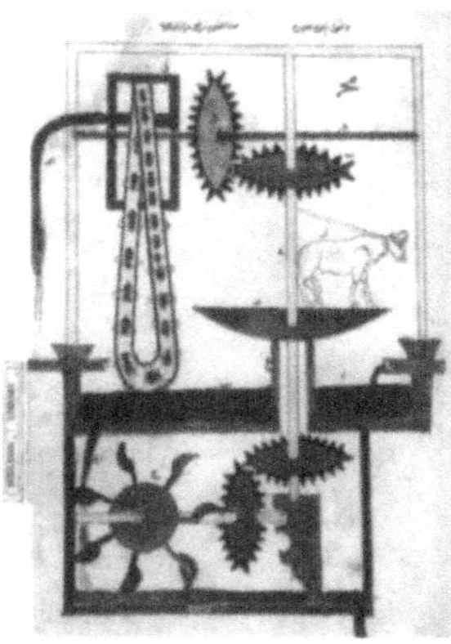

Wasserhebemaschinen dieser Art wurden bereits um 600 v. Chr. im Königspalast von Babylon benutzt. Sie wurden uns aber erst durch arabische Manuskripte über technische Erfindungen bekannt; ein Beispiel ist das Buch des Ibn al-Razzaz al-Jazari von 1204. In einer Abschrift dieses Werkes von 1486 ist unser Modell einer Wasserhebemaschine abgebildet.
Der Islam interessierte sich nicht nur im landwirtschaftlichen Zusammenhang wegen des heißen Klimas für die Weiterentwicklung des Bewässerungssystems der „hydraulischen" Kulturen, die er beerbt hatte. Wasser an die Moscheen zu leiten war auch aus rituellen Gründen von Bedeutung. In der osmanischen Epoche ist zudem das „Türkische Bad" entwickelt und zu einer Art „Kultursymbol" gemacht worden.

im mittelalterlichen und neuzeitlichen Europa ein größerer wissenschaftlich-technischer Fortschritt einsetzte. Dieser beruht teilweise auf vorangehendem Fortschritt im Islam. Letzterer hat somit zur Menschheitsentwicklung beigetragen, auch wenn auf seinem Boden entwikkelte Erkenntnisse neueren Einsichten, Methoden und Interessen weichen mußten[23]. Überdies hat es bei näherer Betrachtung auch in den Perioden der islamischen Kultur wissenschaftlichen „Fortschritt" gegeben, die von Historikern als Zeiten des Niedergangs bezeichnet werden.

Das europäische Mittelalter übernimmt das islamische Erbe. Doch während es in Europa seit Galilei schrittweise zu einer umfassenden Verbindung zwischen theoretischem Naturstudium und Technik gekommen ist, hielt im Islam technologischer Fortschritt nicht genügend Schritt mit theoretischer Naturerkenntnis. Dies mag verschiedene Ursachen und Hintergründe gehabt haben; sie führten schließlich zur Stagnation der Wissenschaften im klassischen Islam, wo nach dem 11. Jahrhundert Traditionalismus und Isolation unvoreingenommenes Forschen erschwerten und religiöse Dogmen zusehends die Ziele wissenschaftlicher Forschung bestimmten und begrenzten. An die Stelle der Erforschung der Natur um der Natur willen trat immer mehr eine Naturforschung für religiöse Zwecke. Wissenschaftlich-technische Leistungen bildeten die Ausnahme. Dies zeigt die Geschichte der Wissenschaften im osmanischen Reich bis zur Schwelle der Neuzeit (14.–Beginn des 17. Jahrhunderts). Man beschäftigte sich mit den mathematischen, astronomischen und medizinischen Wissenschaften der Vorfahren, ohne Neues zu entdecken. Eine rühmliche Ausnahme war Sinān (1489–1578)[24], der größte Baukünstler der Osmanen, den man auch Michelangelo der Osmanen nannte. Meistens im Auftrag von Suleiman dem Großen errichtete er Moscheen, Paläste, Schulen, Brücken, Bäder, Krankenhäuser, Grabkapellen, Karawansereien und Wasserleitungen und wirkte durch seine Schüler über die Landesgrenzen hinaus bis nach Indien.

Erwähnenswert sind ferner die Leistungen der Osmanen auf dem Gebiet der Kartographie und Astronomie. Der türkische Gelehrte Pīrī Re'īs (gest. 1554) entwickelte mit mathematischen Methoden sowie unter Zuhilfenahme der Karten portugiesischer Forschungsreisender und des Christoph Columbus eine Weltkarte, die er 1513 vollendete und 1517 dem Sultan Selim schenkte. Erhalten davon ist der westliche Teil, in den Amerika eingezeichnet ist. Die Errungenschaften türkischer Kartographie werden als Bindeglied zwischen mittelalterlich-islamischer und moderner Kartographie betrachtet[25].

Ebenso übten die Errungenschaften islamischer Astronomie einen Einfluß auf Europa aus[26]: Instrumente der Observatorien Maragha/Iran – gegründet 1259 n. Chr. –, Samarkand/Uzbekistan – gegründet 1420 n. Chr. – und Istanbul – entstanden zwischen 1575 und 1577 – waren zum Beispiel im Besitz des dänischen Astronomen Tycho Brahe (1546–1601).

Bereits seit dem Ausgang des 10. Jahrhunderts läßt sich die Kenntnis des Astrolabs in Europa nachweisen. Islamische Schriften über Astronomie kamen seit dem 12. Jahrhundert durch arabisch-lateinische Übersetzungen nach Europa[27]. Voraussetzung für die Astronomie war genaues mathematisches Wissen; man hat sich sicherlich auch aus diesem Grund für die mathematischen Werke der Araber interessiert[28]. Mathematik war ferner unerläßlich für das Studium der Optik, Physik und Mechanik. Doch der Anteil dieser Gebiete an den arabisch-lateinischen Übersetzungen ist – gemessen an den Werken über Medizin, Philosophie, Astronomie, Astrologie, Alchimie und Mathematik – gering. Demzufolge können wir kaum literarischen Einfluß griechisch-arabischer Werke auf die technische Entwicklung des mittelalterlichen Europa nachweisen. Die Araber waren zwar mit den Erörterungen von Ktesibios, Philon, Heron und Archimedes vertraut und erfanden – oder verbesserten – Anwendungen antiker technischer Prinzipien z. B. in Uhren, Automaten und technischem Spielzeug; die technische Entwicklung des europäischen Mittelalters jedoch ist hiervon nicht wesentlich inspiriert worden. So beschränkt sich der Anteil des Islam an technischem Fortschritt des mittelalterlichen Europas auf Baukunst, Wassertransport, Astronomie, Baumwoll- und Seidenindustrie sowie militärische Technologie. [III-3.2]

Ein starker literarischer Einfluß ist von der islamischen Alchimie ausgegangen, die in lateinischen Übersetzungen und Bearbeitungen im Mittelalter nachgewirkt hat und hierdurch wegweisend für die Entwicklung des westlichen chemischen Denkens geworden ist[29]. Sie hatte im Islam bereits früh einen hohen Stand erreicht. Ihre Schriften enthalten Spekulationen hellenistischer Philosophie und Alchimie – häufig unter dem Namen des Apollonios und Hermes; ferner Gedanken der ismailitischen Gnosis und der islamischen Mystik, aber auch praktische Erörterungen über Destillationsverfahren sowie Beschreibungen von Verfahren der Metallumwandlung; hierfür wurden unter dem Einfluß des Archimedes Waagen zur genauen Bestimmung des spezifischen Gewichtes entwickelt.

Auch hier schimmert mathematisches Erbe des Islams durch. Dieses hat in zahlreichen Wissenschaftsgebieten in Mittelalter und Neuzeit nachgewirkt. Es hat sich als unentbehrlich erwiesen für die Entwicklung von Wissenschaft und Technologie, auch wenn die westliche Welt hier später eigene Wege gegangen ist.

Epilog: Islam und moderne Technik

Nach jahrhundertelanger Stagnation haben im 19./20. Jahrhundert in der islamischen Welt zunehmend moderne Techniken und Errungenschaften Eingang gefunden. Islamische Länder benutzen ihre Einkünfte aus der Erdölförderung, um die eigene Infrastruktur zu verbessern und bedienen sich hierzu des technischen know-how der westlichen Welt. Gleichzeitiges Ziel ist der Aufbau eigener erdölunabhängiger Industrien. Demgegenüber ist die religiöse Zielsetzung eher irrelevant, auch wenn die staatliche Planung häufig religiöse Interessen vorschiebt, zum Beispiel in der Förderung des Baues religiöser Schulen bzw. islamischer Institute und Moscheen, auch außerhalb der eigenen Landesgrenzen. Das geschieht auch in der Aufrüstung zum Schutze gegen Feinde des Islams – man denke an Israel und an den Konflikt zwischen Iran und dem „Islamfeind" Irak – und in der Förderung „humanistischer" Fächer des Islams, denen man neben technischen Studiengebieten viel Aufmerksamkeit schenkt.

So hat sich der heutige Iran zwar ganz auf die Religion zurückgezogen und betrachtet jegliche technische Anwendung als im Dienste der islamischen Religion bzw. islamischen Ideologie stehend. Andererseits kommt die wissenschaftlich-technische Entwicklung zu kurz, wenn religiöse Ziele überwiegen. Religion und Wissenschaft bzw. Technik sind in Wirklichkeit unvereinbar geworden, auch wenn Fundamentalisten des modernen Islam beides zu verbinden suchen.

Der pakistanische Nobelpreisträger für Physik, Mohammed ᶜAbdus Salam verweist in dem oben bereits genannten Vortrag aus dem Jahre 1983[30] auf die Notwendigkeit einer Zusammenarbeit von Wissenschaft und Technologie in den islamischen Ländern. Als Voraussetzung nennt er den engagierten, unvoreingenommenen und garantierten Schutz wissenschaftlicher Forschung, die sich selbst verwaltet und international ausgerichtet ist. Der einzelne engagierte Forscher muß sich an den Verpflichtungen von Koran und Überlieferung orientieren, worin er zur Reflexion über die Natur und deren technischer Beherrschung aufgefordert wird. Die Wissenschaft vermittelt uns – nach Meinung von Salam – Einsicht in die Welt und in Allahs Plan, fördert den materiellen Wohlstand und ist in ihrer Universalität ein

Mittel zur Zusammenarbeit der gesamten Menschheit sowie besonders der arabischen und islamischen Nationen.

Hier ist von einem muslimischen Physiker des 20. Jahrhunderts der Versuch unternommen worden, Wissenschaft und Technologie im Islam nicht nur als Ausdruck von Gottes Weisheit zu verstehen, nicht nur als Wiederbelebung der Vergangenheit, die westlicher Wissenschaft und Technologie ebenbürtig oder ihr gar überlegen war[31], sondern auch als ein Glied in der universalen Entwicklung von Wissenschaft und Technologie zum Wohle der Menschheit. Islamische Religion ist zur Motivation für Wissenschaft und Technologie geworden und kann zur moralischen Bewußtseinsformung beitragen; sie bestimmt aber nicht deren Inhalt, Ziele und Methode[32]. Religion und Wissenschaft bzw. Technologie bilden keine inhaltlich-methodologische Einheit, auch wenn dies – teilweise unter Rückgriff auf den Koran oder auf Vorbilder der Vergangenheit – von Fundamentalisten des modernen Islam behauptet wird[33].

Somit ist der Islam mit seiner nach wie vor jenseitsorientierten Religion sowie mit seinem häufig traditionell-mystisch geprägten Lebensgefühl und aktiven Glaubensbegriff eher irrelevant für moderne technisch-wissenschaftliche Entwicklung; man benutzt lediglich die Technik, um den oben genannten traditionellen religiösen Pflichten nachkommen zu können.

Der Anteil der islamischen Religion am technischen Denken hat sich reduziert auf ethische Bewußtseinsformung des Menschen. Hier hat sich eine Diskussion entsponnen, die noch nicht abgeschlossen ist und eine Antwort sucht auf die Frage nach der Vereinbarkeit von Islam und technisch-wissenschaftlicher Kultur[34].

Literaturnachweise

1 *White*, Lynn jr.: Medieval Religion and Technology. Berkeley/Los Angeles/London 1978, S. 241; *White*, Lynn jr.: Was beschleunigte den technischen Fortschritt im westlichen Mittelalter? In: Technikgeschichte. Bd. 32. 1965, S. 214 ff.

2 Vgl. 1 (1978), S. 224

3 Vgl. 1 (1978), S. 227

4 *Daiber*, Hans: Anfänge und Entstehung der Wissenschaft im Islam: In: Saeculum. Bd. 29. Freiburg/München 1978, S. 356–366; *Lindberg*, David C. (Ed.): Science in the Middle Ages. Chicago/London 1978, S. 11 ff.

5 Role and Development of Science and Technology in the Islamic World. In: International Conference on Science in Islamic Polity. In: Papers Presented.

Scientific and Technological Potential and its Development in the Muslim World. Bd. 2. Islamabad 1983, S. 115–131

6 Der Koran. Übersetzt v. Paret, Rudi. Stuttgart 1966, Sure 45, 12(11)–13(12); Sure 2, 164(159); Sure 3, 190(187)–191(188); *Van der Pot*, Johan Hendrik: Die Bewertung des technischen Fortschritts. Bd. 1. Assen/Maastricht 1985, S. 501 f.

7 *Al-Hassan*, Ahmad Y./*Hill*, Donald R.: Islamic Technology. An illustrated history. Cambridge 1986, S. 52 ff., S. 190 f., S. 213 ff.; *Lombard*, Maurice: The Golden Age of Islam. Amsterdam 1975, S. 191 ff.; Vgl. 1 (1978), S. 226

8 Kalif al-Ma'mūn (813–833) organisierte in Bagdad hierzu eine Übersetzerakademie (bait al-ḥikma „Haus der Weisheit")

9 *Sezgin*, Fuat: Geschichte des arabischen Schrifttums. Bd. 6. (Astronomie bis ca. 430 H.) Leiden 1978 und Bd. 5. (Mathematik bis ca. 430 H.) Leiden 1974

10 *White*, Lynn jr.: Medieval Technology and Social Change. Oxford 1962, S. 122 f.; *Hartner*, Willy: Art. Asṭurlāb. In: EI² = Encyclopaedia of Islam. Bd. 1. Leiden/London 1960, S. 722–728; *Hill*, Donald R.: A History of Engineering in Classical and Medieval Times. La Salle, Illinois 1984, S. 190 ff.

11 *Watson*, Andrew M.: Agricultural Innovation in the Early Islamic World. Cambridge 1983, bes. Kap. 18

12 *Al-Hassan*: Islamic Technology (Vgl. 7), S. 203 ff.; Vgl. 11

13 *Ipşiroglu*, Mazhar Sevzet: Das Bild im Islam. Wien/München 1971; *Strohmaier*, Gotthard: Byzantinischer und jüdischer Ikonoklasmus. In: Irmscher, Johann (Hrsg.): Der byzantinische Bilderstreit. Berlin 1980, S. 83–90

14 *Lindberg*, David: Science (Vgl. 4), S. 31; Lombard, Maurice: The Golden Age (Vgl. 7), S. 151 ff., S. 194 ff.

15 *Al-Hassan*: Islamic Technology (Vgl. 7), S. 282

16 *Al-Hassan*: Islamic Technology (Vgl. 7), S. 233 ff.

17 *Needham*, Joseph: Science and Civilization in China. Bd. 5/4. Cambridge 1980, S. 346 ff.; *Forbes*, Robert James: Man the Maker. New York 1950, S. 99 f.; *Al-Hassan*: Islamic Technology (Vgl. 7), S. 138 ff., S. 160–170 und S. 220–222

18 *Al-Hassan*: Islamic Technology (Vgl. 7), S. 115 ff.; White, Lynn jr.: Medievel Technology (Vgl. 10), S. 96 ff.; *Needham*, Joseph: Science (Vgl. 17), 5/7 (1986), S. 39 ff.

19 Art. Kharīṭa; Djughrāfiyā. In: EI² (Vgl. 10)

20 *Wiedemann*, Eilhard: Aufsätze zur arabischen Wissenschaftsgeschichte. Hrsg. v. Fischer, Wolfdietrich. Bd. 1. New York 1970, S. 37; *Needham*, Joseph: Science (Vgl. 17), 4/1 (1962), S. 245 ff.; *Wiedemann*, Eilhard: Gesammelte Schriften zur arabisch-islamischen Wissenschaft. Gesammelt u. bearbeitet von Gerke, Dorothea/Bischoff, Dieter. Bd. 1. Frankfurt 1984, S. 102 f. und S. 282; Bd. 2. Frankfurt 1984, S. 883; Bd. 3. Frankfurt 1984, S. 1037, S. 1041, S. 1107

21 *Al-Hassan*: Islamic Technology (Vgl. 7), S. 129; *Needham*, Joseph: Science (Vgl. 17), 4/1 (1962) S. 245 ff.

22 *White*, Lynn jr.: Medieval Religion (Vgl. 1), S. 22

23 *Khalidi*, Tarif: The Idea of Progress in Classical Islam. In: Journal of Near Eastern Studies. Bd. 40. 1981, S. 277–189; *Enderwitz*, Susanne: Gesellschaftli-

cher Rang und ethnische Legitimation. In: Islamkundliche Untersuchungen Bd. 52. Freiburg 1979, S. 137 f., S. 244 ff.
24 Art. Sinān. In: EI² (Vgl. 10)
25 Art. Kharīṭa. In: EI² (Vgl. 10), Sp. 1082 b
26 Art. ᶜIlm al-hay'a. In: EI² (Vgl. 10), Sp. 1137 b – 1138 a
27 *Haskins,* Charles Homer: Studies in the History of Medieval Science. Cambridge 1924
28 *Berggren,* John Lennart: History of Mathematics in the Islamic World: The Present State of the Art. In: Middle East Studies Association Bulletin. Bd. 19. 1985, S. 9–33
29 Art. Kīmīyā und Djābir B. Ḥayan. In: EI² (Vgl. 10); *Steinschneider,* Moritz: Die europäischen Übersetzungen aus dem Arabischen bis Mitte des 17. Jahrhunderts. Graz 1956, S. 19 ff.
30 Vgl. 5
31 Vgl. aus muslimischer Sicht: *Qaisar,* Ahsan Jan: On the Definition of a "Muslim Scientist" and Parameters of his Role within the Ummah. In: International Conference on Science in Islamic Polity. In: Papers presented. Bd. 2. Islamabad 1983/S. 236–244; *Maula,* Erkka J.: Islamic Science Revisiting: some vestiges of hope. In: International Conference of Science in Islamic Polity. Bd. 2. Islamabad 1983, S. 268–279
32 *Quaisar:* Definition (Vgl. 31), S. 242 f.
33 *Sardar,* Ziauddin: Science, Technology and Development in the Muslim World. London 1977, S. 29 ff.; *Sardar,* Ziauddin: The Future of Muslim Civilization. London ²1987; *Sardar,* Ziauddin (Hrsg.): The Touch of Midas: science, values and environment in Islam and the West. Manchester 1984
34 *Tibi,* Bassam: Der Islam als eine Defensiv-Kultur im technisch-wissenschaftlichen Zeitalter. In: Frankfurter Hefte. Bd. 35. 1980, S. 13–21; *Tibi,* Bassam: Die Krise des modernen Islams. München 1980; *Gottstein,* Klaus (Hrsg.): Islamic Cultural Identity and Scientific-Technological Development. Baden-Baden 1986

Religiöse Bezüge zur Technik im Judentum

Salcia Landmann

Ökologie und Technik in der Bibel

Die Geschichte des jüdischen Volkes können wir fast viertausend Jahre zurückverfolgen und sind hierbei nicht bloß auf archäologische Funde und Aussagen anderer Völker angewiesen; denn die Juden, das Volk der Schrift und des Buches, treten zusammen mit der „Heiligen Schrift" in Erscheinung, ja sie konstituieren sich als Volk und zugleich als Religionsgemeinschaft überhaupt erst dadurch, daß sie sich in der Wüste Sinai kollektiv zu dem durch Moses niedergeschriebenen Gottesgesetz bekennen.

Befragen wir also zunächst die Thora, d.h. die fünf Bücher Mosis, nach ihrem Verhältnis zur Technik. Wir lesen dort: Gott unterstellt die gesamte Natur der Herrschaft des Menschen[1]. Dieser darf und soll von seinem Nutzungsrecht Gebrauch machen. – Auch sonst bejahen die fünf Bücher Mosis und mit ihnen das frühe, vorexilische Judentum das Leben und eine gewisse „Lebensqualität": Leid, Askese, Zölibat, Krankheit, Entbehrung, Selbstquälerei und Selbstentäußerung, physische Defekte und Schwäche sind negativ gewertet. Daraus ergibt sich eine positive Einstellung zu allem, was dem menschlichen Leben dient und nützt, und damit auch zur Technik und zu deren Fortschritt.

Man darf nicht vergessen, daß es die Juden waren, die den Fortschrittsgedanken, das „Prinzip Hoffnung", wie der jüdische Marxist Ernst Bloch (1885–1977) es nennt, ins historische Denken eingeführt haben. Die Juden glaubten an ein ideales, paradiesisches Endzeitalter. Sie erwarteten es zwar nicht aufgrund technischer Innovationen, sondern dank des Eingreifens Gottes. Eine allgemeine, zukunftsbejahende Ausrichtung war ihnen allen gegeben. Und die großen Bibelpropheten erhofften nicht nur eine übernatürliche Endphase ohne Tod, Leid, Unrecht und Schmerz, sondern auch schon auf natürlichem Wege, sofern sich der Mensch entsprechend bemüht und richtig verhält, eine bessere Welt, für die zu kämpfen und vielleicht sogar das Leben zu opfern es durchaus sinnvoll sein kann.

Nicht übersehen darf man allerdings, daß es in der jüdischen Weltsicht von allem Anfang an auch schon technikhemmende Faktoren gibt. Moderne Bibelinterpreten sehen bereits in den allerersten Bibelkapiteln solche Elemente. Gott überläßt zwar den Garten Eden dem ersten Menschenpaar zur Nutzung, aber er schränkt ein: „Ihr sollt ihn pflegen“ [2]. Man sollte den Garten also zugleich bebauen und behüten. Bejahung von technischem Fortschritt ist da durchaus mit eingeschlossen, aber man darf die Natur nicht rücksichtslos ausbeuten. Nutzung und Fortschritt dürfen nicht auf Kosten der Umwelt gehen.

Zahlreiche Stellen der Bibel, wie auch des Talmud, der entstanden ist zwischen 500 v. und 500 n. Chr., untersagen jeden Mißbrauch der Naturgaben, jede willkürliche und nicht unbedingt nötige Schädigung der Natur. Man soll selbst im Krieg in Feindesland keine Obstbäume umhauen. Das braucht natürlich nicht unbedingt als ökologische Maßregel begriffen zu werden, es ist auch eine Forderung der Vernunft: Hat man ein Land erobert, dann will man ja auch selbst von den Früchten essen. Es fällt aber auf, daß der Bibeltext nicht auf dieses eigennützige Argument zurückgreift, sondern zu bedenken gibt: „Sind denn die Bäume Menschen, daß du sie belagern müßtest?“ [3] Andere Bäume darf man übrigens im Feindesland umhauen. Das leuchtet ein, denn „Entwaldung“ war damals im Gelobten Land noch kein Problem, und auf Holz als Werkstoff für friedliche, wie auch für kriegerische Nutzung konnte man nun einmal nicht verzichten.

Aber nicht nur über Fruchtbäume in Feindesland machten sich die alten Hebräer Gedanken. Der Babylonische Talmud verfügt zum Beispiel: Man darf Zisternenwasser, das vielleicht noch ein anderer brauchen könnte, nicht verschütten, und man soll in einen Brunnen, aus dem man getrunken hat, keinen Stein werfen [4].

Fehlen wichtiger Technologien in Altisrael

Prinzipiell bejaht das alte jüdische Schrifttum technischen Fortschritt. Wie wirkte sich dies in den verschiedenen Perioden der jüdischen Geschichte aus? – Der Stammvater Abraham kam ursprünglich aus Mesopotamien, und sowohl er selbst, wie auch seine Nachkommen siedelten zeitweise auch in Ägypten. In beiden Ländern gab es eine mathematisch und astronomisch hochgelehrte Priesterschaft, die durch ein raffiniert ausgeklügeltes Bewässerungs- und Entwässerungssystem eine zuvor unbewohnbare Sumpfniederung in landwirtschaftlich nutzbaren Boden und einen hochzivilisierten Staat verwandelt

Ägyptische Bauherren treiben jüdische Bauarbeiter zur Arbeit an – siehe 2. Mos. 1, 11–14. Aus einem jüdischen Manuskript des 14. Jahrhunderts.

hatte. Die Hebräer hätten da, wie dort, von ihren Gastgebern viel lernen können. Als Wanderhirten waren sie aber an solchen Kenntnissen und Techniken nicht interessiert. [II-3.2]

Aber auch später nicht, als sie bereits im „Gelobten Land" seßhafte Bauern geworden waren. Es gab hier nur im Norden, im Hule-Gebiet, ein wenig Sumpf; im Restbereich war eher Trockenheit für sie das Problem. Wir wissen, daß eine solche, lange anhaltende Dürreperiode die Söhne des Patriarchen Jakob veranlaßte, Getreide in Ägypten einzukaufen, wo die Sippe anschließend volle 400 Jahre blieb und erst dann wieder nach Kanaan zurückkehrte. Das Problem des Wassermangels blieb freilich ungelöst: die Juden erreichten nicht das technologische Niveau der anderen Nachbarvölker. Aus außerbiblischen Quellen wissen wir, daß die arabischen Nabatäer südöstlich vom Lande Israel ein brillantes System entwickelt hatten, die fast niederschlagslose Halbwüste in ein üppiges grünes Paradies zu verwandeln. Es gibt jedoch keine Hinweise, daß die Söhne Israels von ihnen lernten.

Auch sonst berichten weder biblische noch außerbiblische Quellen von technischen Ideen und Innovationen der alten Hebräer. Im Gegenteil. Die Bibel gibt ganz offen zu, daß hierin die Heiden ringsum den Juden eindeutig überlegen waren. So gab es unter den Juden zur Zeit König Sauls keinen einzigen Eisenschmied. Die Söhne Israels waren sowohl für friedliches, wie für kriegerisches Gerät restlos auf ihre Erz- und Urfeinde, die Philister, angewiesen. Selber waren sie nicht einmal im Stande, eine Pflugschar zu schleifen! Zu dieser Zeit besaßen die Philister ihrerseits bereits mit Klingen bestückte Kampfwagen! [5]

Wir wissen auch, daß später die Römer um die Zeitenwende bis gegen Mitte des zweiten nachchristlichen Jahrhunderts bei der Niederwerfung der jüdischen Aufstände unter anderem klug konstruierte Wurf- und Ramm-Maschinen einsetzten – die Hebräer hatten allem nur ihren Todesmut entgegenzusetzen. [III-3.2]

Allerdings gab es die von Herodes I. (37–4 v. Chr.) geradezu genial angelegte Bergfeste Massada über dem Toten Meer, in welche nach dem Fall von Jerusalem im Jahr 70 n. Chr. rund eintausend Juden flohen, und die so perfekt durchdacht war, daß die Eingeschlossenen dort beliebig lang dem römischen Ansturm hätten standhalten können – da aber wirkte sich eine im Grunde sinnwidrige Auslegung der Sabbatgesetze tödlich auf sie aus: Um die Rammböcke und Riesenschleudern an die Festungsmauern heranzurücken, mußten die Römer nämlich zuvor einen Erdwall bis auf die Bergkuppe heraufführen. Das konnten die Juden an sich mühelos verhindern, wenn sie pausenlos Felsbrocken auf die Arbeitskolonnen der Römer hinabschleuderten. Sie unterbrachen aber diese Abwehr jeweils am Sabbat. Also bauten die Römer ihren Wall nur an den heiligen Tagen der Juden, und die Belagerung endete mit dem römischen Sieg und dem Kollektivselbstmord der Eingeschlossenen.

Unterirdischer Tunnel zur Wasserversorgung. – 700 v. Chr. wurde während einer Belagerung von Jerusalem das Wasser von der Gihon-Quelle durch einen unterirdischen Tunnel in die Stadt geleitet und die Wasserversorgung der Einwohner gesichert. 1880 fanden Archäologen die Beschreibung dieses Tunnels und konnten ihn noch im gleichen Jahr ausgraben.

Diese Episode, die an sich nichts mit jüdischer Technik zu tun hat, bringen wir hier deshalb, weil sie eine weitere Grenze der jüdischen Technikbejahung sichtbar macht: zwar läuft die biblische Grundhaltung eindeutig auf Bejahung von Leben und Fortschritt im allgemeinen und damit auch von technischer Entwicklung hinaus; und es gilt, daß man in Notsituationen jedes Ritualgebot – und folglich auch die

Sabbatruhe – zurückstellen darf und sogar muß. Aber je nach der momentanen allgemeinen Grundstimmung schieben sich bei den Juden mitunter irrationale, fanatische, im Grunde lebens- und bibelfeindliche Aspekte und Gesetzesinterpretationen in den Vordergrund.

Auch in der Architektur leisteten die alttestamentlichen Juden nichts Nennenswertes. Als König Salomon beschloß, einen besonders schönen Tempel zu bauen, war er für den Entwurf, das Material und sogar für qualifizierte Handwerker auf die Phönizier nördlich seines Reiches angewiesen. Die Bibel berichtet, daß er dabei auf bereits vorliegende Verträge seines Vaters David mit dem König von Tyros zurückgriff, und wir erfahren exakt, wieviel der Bau ihn kostete[6]. Auch seine Paläste waren von den Phöniziern erbaut; desgleichen waren sie es, die ihm die kleine Festung Hazor zur Krönungsstadt ausgestalteten; Meggido – bei Haifa – wurde durch sie zum großen Verwaltungszentrum erweitert. Und sie errichteten auch die Befestigungsanlagen von Gezer, von wo aus man die Handelsstraße nach Mesopotamien und Ägypten kontrollieren konnte. Den Phöniziern gab er auch seine Handelsflotte in Auftrag. Salomon besaß zwar in der Nähe von Ejlath Kupferminen, wir wissen aber nicht, was er mit dem dort gewonnenen Kupfer machte.

Wir fassen zusammen: In vorchristlicher Zeit haben sich die Juden, aller natürlichen Begabung für abstraktes Denken und logisches Planen zum Trotz, nie durch technische Leistungen oder gar Ideen und Innovationen ausgezeichnet. Man darf eben nicht vergessen, daß sie nicht im Namen von Technik und Wissenschaft die Weltbühne betreten hatten, sondern als gehorsame Adepten eines strengen Wüstengottes, der an sie nur ethische Forderungen stellte. Gottgewollte bedingungslose Unterwerfung unter seine Gebote stand bei ihnen damals im Vordergrund des Denkens und Handelns. Das wirkte sich zunächst eher negativ auf das jüdische Verhältnis zur Technik aus.

Die jüdisch-moslimische Symbiose in Andalusien

Juden lebten schon auf der iberischen Halbinsel, bevor diese christianisiert wurde. Sie wurden dann aber von den christlichen Westgoten so schlecht behandelt, daß sie ihre Glaubensbrüder und die Moslims von der nordafrikanischen Küste zu Hilfe riefen. Im Jahr 711 drang eine große, aus Arabern, Berbern und Juden gemischte Armee in Andalusien ein. Schon bald kam es hier zu einer von Moslims und Juden gemeinsam inspirierten und getragenen geistigen Hochblüte, die das

Von dem arabischen Arzt Rhazes (865–925) stammen zahlreiche Monographien über Krankheiten und mehrere medizinische Handbücher. Lateinische Übersetzungen – auch durch jüdische Gelehrte – machten sie in Europa bekannt. Die Abbildung aus einem Manuskript von 1282 zeigt auf der einen Seite, wie Farrachius die lateinische Übersetzung eines Werkes von Rhazes dem König von Anjou überreicht und gibt auf der anderen Seite wieder, wie Farrachius das arabische Original in Empfang nimmt.

kulturelle Bild der Halbinsel in den nächsten fünfhundert Jahren prägte und auch für das spätere abendländische Geistesleben, für die christliche Scholastik und die Renaissance, bedeutsam wurde. [II-2.4; V-3.1]

Daß Araber und Juden sich so fugenlos miteinander verstanden, mochte mit ihrer gemeinsamen ethnischen Herkunft zusammenhängen. Beide zeichneten sich durch Kampfesmut, abstraktes und zugleich wirklichkeitsnahes Denken und eine leidenschaftliche Liebe zur geistes- und naturwissenschaftlichen Forschung aus. Beide hatten auch eine Religion, die sich lebensbejahend und fortschrittsfreundlich auslegen ließ. Die Juden leisteten, da sie außer Hebräisch auch Arabisch, Aramäisch – die Sprache von ganz Vorderasien – und Griechisch konnten, Entscheidendes bei der Aufgabe, die verschütteten antiken Quellen freizulegen und ins Arabische zu übersetzen.

Die gemeinsame oder doch gleichzeitige Sorge beider war zunächst, ihren Glauben so zu interpretieren, daß er sich mit einer voraussetzungslosen Philosophie und Wissenschaft vertrug.

In Toledo gab es im Mittelalter eine jüdische Übersetzerakademie. Die damals sehr toleranten und bildungshungrigen Kalifen Andalusiens kauften für ihre Riesenbibliotheken begeistert nicht nur alle Übersetzungen alter philosophischer und wissenschaftlicher Werke auf, sondern auch sämtliche „Neuerscheinungen", ohne je nach der Konfession der Autoren oder Herausgeber zu fragen.

Es war übrigens auch ein Jude, nämlich Joseph aus Spanien, der um das Jahr 800 herum die sogenannten „arabischen" Zahlen auf der Basis von 10 mit der Null als Stellenwert aus Indien nach Andalusien brachte (wo sie aber erst im 12. Jahrhundert allgemein rezipiert wurden). Das war kein Zufall; denn es gab damals eine persisch-jüdische Handelsgesellschaft, die zu Wasser und zu Land Reisen bis Ostasien unternahm. Sie nannte sich die „Rah-daniten", das heißt, die den Weg wissen. Die Rah-daniten brachten aus Indien und dem fernen Osten außer neuen wissenschaftlichen Erkenntnissen auch das Schachspiel, bezaubernde Lyrik, die Märchen aus 1001 Nacht, allerlei Kosmetika, exotische Gewürze, Früchte, Gemüse, bisher weiter westlich unbekannte Medikamente mit.

Aus China führten die Rah-daniten auch den Kompaß ein, den die Chinesen schon lange kannten. Sie verwendeten diesen – ähnlich wie das in China bereits bekannte Schießpulver – teilweise für spielerische Zwecke. Die jüdischen und moslimischen Gelehrten erkannten jedenfalls den praktischen Wert des Instrumentes für die Seefahrt.

Es blieb auch bei den Juden und Arabern nicht nur bei der bloßen Rezeption und Auswertung von bereits anderweitig Bekanntem. Sie bauten selber Instrumente aller Art. Erst seit wenigen Jahrzehnten weiß man dank neu aufgefundener Dokumente, daß der Bau des herrlichen Palastes Alhambra in Granada mit seinen zauberhaften Wasserspielen im Innenhof auf den jüdischen Wesir Jehoseph ibn Naghralla im 11. Jahrhundert zurückgeht. Eine frühe Beschreibung des Astrolabiums – einer Vorform des Sextanten, also eines Gerätes, um den Stand der Gestirne und in eins damit auch die Position des Schiffes zu bestimmen – stammt vom Juden Marschallah aus Basra um 800 herum. Mit der Verbesserung des Sextanten beschäftigten sich weitere jüdische Gelehrte intensiv. Noch 1497 bediente sich der portugiesische Konquistador Vasco da Gama für seine Fahrt nach Indien rund um das Cap der Guten Hoffnung des damals besten Astrolabs, das vom Juden Abraham ben Samuel Zakuto konstruiert worden war. Juden und getaufte Juden (Marrannen) schufen für spanische, portugiesische und italienische Seefahrer – vor allem für deren Expeditionen in die Neue Welt – verläßliche astronomische Tabellen und Seekarten. Und es war der vor der spanischen Inquisition nach Südfrankreich geflohene Jude Levy ibn Gerschon, der systematisch die Gesetze der Mathematik auch auf die Astronomie anwandte, und der die Camera obscura und ein Instrument zum Messen der Sehwinkel erfand. Juden und Araber entwickelten auch die Medizin und Arzneikunde alter Völker weiter. Die erste medizinische Akademie auf europäischem

Boden wurde unter Beteiligung von Juden und Arabern in Salerno errichtet. [II-2.4]

Nicht immer ist es aber leicht, den jüdischen und den arabischen Beitrag zur neuen Technik auseinanderzuhalten.

Inquisition als technologischer Anstoß

In Zeiten mystischer Emphase trat diese Lebensbejahung bei den Juden manchmal zurück. Aber zweimal kam es in der jüdischen Geschichte zu einer regelrechten „technologischen Explosion". Beide Male lag der Grund in einer tödlichen Bedrohung der jüdischen Gemeinschaft, verbunden mit deren fester Entschlossenheit zu überleben. Das erste Mal geschah dies zur Zeit der spanischen Inquisition, das zweite Mal trat eine ähnliche Konstellation im heutigen Staat Israel ein.

Im 13. Jahrhundert zerbrach die moslimisch-jüdische Symbiose. Als die christlichen Spanier Andalusien zurückeroberten, konnten die Berber und Araber zu ihren Glaubensbrüdern in Nordafrika fliehen. Für die Juden war das kein Ausweg, denn auch jenseits des Meeres war es mit der moslimischen Weltoffenheit vorbei. Manche moslimische Staaten duldeten jetzt nicht einmal mehr Andersgläubige in ihren Grenzen.

Nun waren die Juden der pyrenäischen Halbinsel, anders als ihre Glaubensbrüder etwa in Deutschland, nicht sonderlich „fundamentalistisch" ausgerichtet. Viele von ihnen versuchten, in die Taufe auszuweichen. Die spanischen „Altchristen" blieben aber den jüdischen Täuflingen gegenüber mißtrauisch. Sie nannten sie „Marrannen", d.h. Schweine, und unterstellten ihnen heimliches Festhalten am Judentum. Gelang es, einen solchen Verdacht mit noch so schwachen Argumenten zu belegen, dann wurde der Denunzierte enteignet und lebendig verbrannt. 1492 wurden alle ungetauften Juden aus Spanien ausgewiesen, wobei sie nichts von ihrer Habe mitnehmen durften.

Marrannen wie Juden blieb jetzt nur noch die heimliche Flucht als Ausweg. Die Frage war nur: Wohin? Sowohl Christen wie Moslims hatten sich in gefährliche Feinde verwandelt. Da kam bei den Verzweifelten die These auf, zehn verschollene Bibelstämme hätten sich seinerzeit nach Indien oder noch weiter nach Osten abgesetzt. Etliche besonders wagemutige Marrannen beschlossen, zu ihnen zu fliehen.

Verläßliche navigatorische Instrumente und Kenntnisse waren bereits bekannt. In dieser Zeit konzentrierte sich das Interesse der Juden in Spanien auf Geographie, Astronomie, optische Instrumente und vor allem auf Geräte, die eindeutig der Navigation dienten. Die ältesten Beschreibungen von Astrolabien aus dem islamischen Kulturkreis stammen von den jüdischen Gelehrten Marschallah aus Basra, Ali ibn Isa und al-Chwarizimi. Juden und Marrannen schufen für spanische, portugiesische und italienische Seefahrer neue, verläßliche Tabellen für astronomische Beobachtungen, Land- und Seekarten vor allem auch für Expeditionen in die Neue Welt. Marrannische Gelehrte erfanden in diesen Jahren den Quadranten. [II-2.4]

Unsere Kenntnis vom jüdischen Anteil beim Erfinden und Verbessern neuer Navigationsinstrumente sind unvollständig; denn auch als Getaufte hüteten sich die Juden zunehmend, die Aufmerksamkeit auf ihre jüdische Herkunft zu lenken. Wir wissen aber seit einiger Zeit, daß auch Christobal Colon ein spanischer Marranne war. Als Geburtsort gab er „Genova" an. Und da er sich im übrigen über seine Kindheit und Jugend möglichst ausschwieg, wurde er schließlich für einen Genueser und somit für einen Italiener gehalten, obwohl er nicht einmal italienisch konnte. Die Stadt Genua feiert ihn auch heute noch als ihren „Nationalhelden". In Wirklichkeit kam er aus der Vorstadt Genova von Palma de Mallorca. Dort gab es damals ein jüdisch-maurisches kartographisches Zentrum, das aber gegen Ende des 14. Jahrhunderts, nachdem die Moslims sich nach Nordafrika verzogen hatten, nur noch von Marrannen betrieben wurde.

Die Juden der pyrenäischen Halbinsel, die sich während der Symbiose mit den Moslims intensiv mit Geisteswissenschaften beschäftigt hatten, konzentrierten sich mit zunehmender Bedrängnis immer mehr aufs technische Forschen, Wissen und Können, das ihnen die Flucht zu ihren vermeintlichen Stammesbrüdern an fernen Gestaden erleichtern sollte.

Israel heute

Ein zweites und bisher letztes Mal kam es bei den Juden zu einer technologischen Explosion im heutigen Staate Israel. Es ist hier nicht der Ort, die faszinierende Geschichte dieses neuen Judenstaates detailliert auszubreiten. Wir halten nur ganz kurz fest: Die Juden hatten den Traum einer Rückkehr ins „Gelobte Land" ihrer Urväter nie aufgegeben. Zeitweise neigten sie dazu, diese Heimkehr nur aufgrund eines messianischen, übernatürlichen Wunders am Ende aller Zeiten zu erwarten. Als aber bei einem immer größeren Teil von ihnen die Hoffnung auf ein Überleben im Exil zunehmend erlosch und gleichzeitig auch die Anzahl jener unter ihnen anwuchs, die nicht mehr an eine „Neue Erde" ohne Tod, Leid, Unrecht und Kummer nach einer Auferstehung aller Toten glauben konnten, faßten einige Gruppen von ihnen den Plan, nicht den Posaunenschall des Messias, der das Kommen der Welterlösung ankündigen sollte, abzuwarten, sondern auf eigene Faust, einfach als landwirtschaftliche Pioniere, in ihre altneue Heimat zurückzukehren.

Was sie damals, im letzten Drittel des 19. Jahrhunderts, dort vorfanden, war nicht sehr ermutigend. Jahrhundertelange arabische Mißwirtschaft hatte das einst blühende Gebiet in den ödesten, erbärmlichsten und menschenärmsten Streifen des ganzen Nahen Ostens verwandelt. Palästina war weitgehend entvölkert, im Norden von Malariasümpfen durchzogen, weiter südlich war es entwaldet und bestand hier aus vertrockneten Geröllhalden. Nicht grundlos waren die Araber weitgehend abgewandert. Und ohne den Judenholocaust Hitlers wäre wohl auch das „zionistische Experiment" der Juden zuletzt im Sande verlaufen. Die Totalausrottung der Juden in den von Hitler beherrschten Landstrichen bewog aber doch manche unter ihnen, sich nicht noch einmal als wehrlose Minorität einem anderen Volk auf Gnade oder eben Ungnade auszuliefern, sondern lieber sogar die schwierigsten Konditionen auf sich zu nehmen, um endlich in einem eigenen Land zu leben.

Es war freilich für sie alles andere als einfach. Nur ganz wenige von ihnen waren zuvor Bauern gewesen. Sie eigneten sich also ganz bestimmt nicht zu landwirtschaftlichen Pionieren, und schon gar nicht unter so außerordentlich erschwerten Umständen. Sie waren aber genügend stark motiviert, um es trotzdem zu wagen. Sie brachten einen intensiven Lebenswillen mit – wer von ihnen den nicht hatte und sich statt dessen vom Martyrium die Erlösung versprach, zog ja im vorneherein nicht nach Palästina.

Aber viele von ihnen hatten eine solide universitäre Ausbildung genossen, die sie jetzt in die Lage setzte, technische Innovationen aller Art ins Auge zu fassen. Sie haben, anders als zur Bibelzeit, sowohl bei der Entwässerung und Sanierung der wenigen Sümpfe, wie bei der Urbarmachung der ausgedörrten Geröllhalden und sogar eines Teiles der Wüste weiter südlich Bewundernswertes geleistet. Sie brachten zuwege, was niemand für möglich hielt. Riesige Landstriche fast ohne Regen sind heute in Israel mit Hilfe von zugeleitetem Meerwasser – das man allerdings für diesen Zweck entsprechend aufbereiten muß – in herrliche, grüne Obst- und Gemüseplantagen umgewandelt.

Meerentsalzungsanlage in Eilat.

Nicht nur viele Dutzende Länder Europas und der dritten Welt, sondern sogar China, das Land der genialen „Urbauern", sind von Israels zum Teil völlig neuartigen technologischen Ideen, Leistungen und seinem Know-how im landwirtschaftlichen Sektor tief beeindruckt. In vielen mittel- und südamerikanischen Staaten und auch in Schwarzafrika gibt es heute zahlreiche israelische Lehrinstitute, an denen Einheimische das israelische, ganz neue Wissen und Können auf dem Gebiet landwirtschaftlicher Meliorationen und Anbaumethoden vermittelt bekommen.

Die Israelis begnügen sich aber nicht mit Ideen und Innovationen im landwirtschaftlichen Sektor. Da das Land klein ist und arm an natürlichen Reichtümern, setzen die Israelis ihren Ehrgeiz auch in rasche Entwicklung von neuer Technologie auf vielen anderen Gebieten, namentlich auf solchen, die zugleich dem Export zugute kommen

Student aus Ghana zur wissenschaftlichen und technischen Ausbildung in Israel. – Die in Israel entwickelten Techniken zur Fruchtbarmachung von Wüstengebieten oder Züchtung von Pflanzen in extremen Boden- und Klimaverhältnissen sind oft Vorbild für andere Länder.

könnten. Tatsächlich besteht Israels Export seit ein paar Jahren zu mehr als 50% aus modernster High-Technology, während er noch vor wenigen Jahrzehnten sich fast nur auf Früchte und Gemüse konzentrierte. Die Israelis exportieren neuartige elektronische Geräte, Flugmotoren, Steuertechnik und Hilfsmittel zur Informatik.

Hinzu kommt noch ein Faktor, mit dem die ersten Zionisten überhaupt nicht gerechnet hatten, und der die Entwicklung in Richtung auf High-Technology noch zusätzlich steigert: Der damals zum osmanischen Großreich gehörende südsyrische Landstreifen „Palästina" war – wie man aus zeitgenössischen Lexikondarstellungen leicht entnehmen kann – fast erschreckend menschenarm. Das Land wurde aber dank dem raschen Aufbau durch die Juden für die längst abgewanderten Araber wieder attraktiv. Sie wanderten zu Hunderttausenden wieder ein und erhoben nunmehr Anspruch auf große Teile Israels, wobei sie ganz offen zugaben, daß dies nur der Auftakt war, um den Judenstaat seiner Verteidigungsmöglichkeiten zu berauben, und daß als „Endstation" angestrebt sei, „die Juden ins Meer zu treiben". Schon mehrfach mußten die Israelis gegen zahlenmäßig hundertfach überlegene arabische Armeen zum Abwehrkampf antreten.

Dabei wurden ihnen wieder einmal ihre starken religiösen Bindungen fast zum Verhängnis: 1973 gab der damalige sowjetische Staatschef Breschnew den Ägyptern den Rat, die Israelis an ihrem heiligsten Buß- und Fasttag, dem Jom-Kippur, zu überfallen; denn als Ukrainer wußte er, daß bei den zahlreichen chassidisch-mystisch und rabbinisch-orthodox geprägten Judengemeinden seiner Heimat jede weltliche Dienstleistung und Kommunikation am Jom-Kippur zum Erliegen kam. In der Tat verhielten sich die Israelis – obwohl mehrheitlich sozialistisch und atheistisch ausgerichtet –, als könnten sie damit rechnen, daß alle Feinde ringsum die rituellen Ruhetage der Juden respektieren würden. Im Zeitalter unerhörter technischer Beschleunigung der kriegerischen Abläufe kostete das Tausenden von jüdischen Soldaten das Leben und den Staat Israel beinahe seine Existenz. Im Prinzip aber war den Israelis von Anfang an völlig klar, daß Todesmut allein in einem mit modernen Mitteln geführten Krieg wenig ausrichten kann. Also begannen sie schon sehr bald, ihr technologisches Denken und Planen auch auf die Konstruktion neuer und besserer Kampfmittel auszurichten. Und sie waren dabei so erfolgreich, daß sogar technologisch so hochentwickelte Staaten wie die USA an manchen militärischen Innovationen Israels interessiert sind.

Zudem fällt bei den Israelis ein Handicap weg, mit dem momentan das Abendland in dieser Hinsicht schwer zu kämpfen hat: die Skepsis gegenüber dem technisch-industriellen Fortschritt. Wer in einem politisch und militärisch ungefährdeten westlichen Wohlstandsland lebt, kann sich technischen und industriellen Fortschrittspessimismus und Streben nach „Nullwachstum" leisten. Anders liegen die Dinge in einem rohstoffarmen, winzigen Land, umgeben von zahlreichen Feinden. Ein solches Volk hat nur die Wahl zwischen optimalem technologischem Erfolg und Know-how oder dem kollektiven Untergang. Die Entscheidung fällt da nicht schwer. Es ist wohl kein Zufall, daß heute die Israelis die technikfreudigste Nation der Welt sind.

Übrigens ist es nicht ganz richtig, wenn man von einer neuen technologischen Explosion bei den Juden nur im Zusammenhang mit dem akut gefährdeten Staat Israel spricht. Die tödliche kollektive Bedrohung setzte bei ihnen ja schon vorher ein, nämlich durch Hitler. Sie war doch, wie wir schon erwähnten, ein wesentlicher Anstoß für die Juden, allen widrigen Umständen zum Trotz, dennoch ihren eigenen Staat auf dem Boden der biblischen alten Heimat aufzubauen. Der Nationalsozialismus war für die Juden Europas genau so gefährlich wie heute die arabischen „antizionistischen" Projekte für jene Israels. Nicht als geschlossene jüdische Volksgemeinschaft, wie heute in Israel, sondern als Individuen, die sich mit ihren tödlich bedrohten Glaubensbrüdern im deutsch besetzten Europa solidarisierten, wandten sich jüdische Fachgelehrte damals weit intensiver militärisch auswertbaren technologischen Innovationen zu, als sie es wohl sonst getan hätten. Es fällt auf, wie zahlreich in jenen Jahren Juden im nuklearen Forschungsbereich vertreten waren. Ohne die begründete Angst, Hitler könnte ihnen mit der Atombombe zuvorkommen, hätten sicher etliche von ihnen nur rein theoretische Forschung ohne militärische oder sogar überhaupt ohne jede praktische Möglichkeit einer Nutzanwendung betrieben.

Die Technologie der jüdischen Radikalorthodoxen

Verschweigen kann man allerdings nicht, daß all diesen Tatsachen zum Trotz in Israel neuerdings ein finsterer religiöser Fanatismus und Fundamentalismus aufkommt, der teilweise die an sich lebens- und fortschrittsfreudige Ausrichtung von Bibel und Talmud empfindlich stört. Er hält sich zwar in Grenzen, da auch die observantesten Rabbiner alles, was das menschliche Leben unmittelbar berührt, ihm dient und nützt, nach wie vor ohne Einschränkung bejahen. So hat der strenge orthodoxe israelische Oberrabbiner Schlomo Goren Organtransplantationen auch bei geringsten Erfolgschancen gestattet und sogar gefordert, und er empfiehlt für Frauen, die nicht empfangen können, die extrauterine Eibefruchtung. Dieses Grundprinzip, die Entscheidung für das Leben und bis zu einem hohen Grad auch für eine gewisse „Lebensqualität", ist eben in der Bibel – und auch im Talmud – zu eindeutig und zu durchgehend postuliert, als daß man ausgerechnet im Namen der Religion dagegen verstoßen dürfte.

Dieser biblische Grundsatz umfaßt nicht nur Leben und Lebensqualität der Menschen, sondern auch der Tiere, soweit der Mensch Einfluß darauf hat. – Selbstverständlich muß Milchvieh am Sabbat gut versorgt und gemolken werden, obwohl das eindeutig „Arbeit" bedeutet. Das steht zwar nirgends, aber die Tiere ungefüttert, ungetränkt und ungemolken stehen zu lassen würde Tierquälerei bedeuten, und diese ist laut Bibel und rabbinischem Schrifttum eindeutig verboten. Zudem könnte man auf diese Weise Landwirtschaft nicht betreiben.

Dennoch tun sich jüdische Superorthodoxe in all diesen Fragen manchmal schwer. So kam es anfangs in sehr frommen israelischen Kibbuzim (= landwirtschaftliche Kommunen) manchmal vor, daß man die Kühe zwar am Sabbat tatsächlich molk, jedoch die durch solche Sabbatarbeit gewonnene Milch nicht konsumierte, sondern entweder an Nichtjuden verschenkte – das setzte aber voraus, daß man arabische Nachbarn hatte und gut genug mit ihnen stand, um sie zum Abholen der Milch veranlassen zu können – oder sonst die Milch einfach wegschüttete.

Mittlerweile hat die moderne Technologie den Israelis geholfen, auch dieses Problem zu lösen: Die Israelis erfanden elektronisch gesteuerte Melkmaschinen, bei denen nicht nur das Melken selbst, sondern auch das Ein- und Ausschalten des Melkprozesses ohne menschliches Dazutun abläuft. Das ist für den observanten Juden wichtig, denn Elektrizität gilt als „Feuer", und das alte Bibelgesetz verbietet, am Sabbat Feuer zu entfachen oder zu löschen – außer natürlich in extremen Notsituationen: Einen Brand darf und soll man löschen. Das Gesetz hatte dazumal einen guten Sinn, denn Feuer anzünden und löschen sind arbeitsintensive Prozeduren, die man am Sabbat tunlichst meiden soll. Aus irgend einem schwer begreiflichen Grund ist man aber bis heute nicht darauf verfallen, sich zu sagen: Das Gebot will uns ja nicht der Wärme- oder Lichtquelle am Sabbat berauben, sondern uns nur die damit verbundene Arbeit ersparen. Es ist ja auch gestattet, Licht- und Wärmequellen, die bereits vor Sabbatbeginn – also Freitagabend vor Eintritt der Dunkelheit – entfacht wurden, am Sabbat zu benützen. Die alten Rabbiner hätten sicher nichts dagegen gehabt, daß wir in diesem Zusammenhang auf einen elektrischen Knopf auch am Sabbat drücken, denn das ist keine „Arbeit".

Auf diese im Grunde selbstverständliche Lösung ist man aber in streng orthodoxen Kreisen der Juden bis heute nicht verfallen. Soweit möglich, hat man statt dessen zum Melken einen Computer so programmiert, daß er zur genau gewünschten Zeit den elektrischen Stromkreis ein- und ausschaltet. Wo das nicht möglich ist, hat man sich einfach zum Verzicht am Sabbat entschlossen: Streng orthodoxe Juden benützen am Sabbat keine elektrische Türklingel, sondern leisten statt dessen lieber eine halbe Stunde lang echte Schwerarbeit, indem sie sich vor dem Haus heiser brüllen und Kiesel an die Fenster werfen. Und einen Telephon- oder Fernsehapparat rühren sie am Sabbat überhaupt nicht an.

Nun kann man notfalls auf die Dienstleistungen des elektronisch gespeisten Showbusiness – Radio, Fernsehen, Kinofilme – am Sabbat verzichten. Jedoch kann man nicht einfach am Sabbat das gesamte elektrische Netz im Lande lahmlegen, ohne dadurch Katastrophen auszulösen. Hier müssen die „Religionswächter" passen. Aber es ist ihnen bis heute in der Tat gelungen, zum Beispiel am Sabbat in Jerusalem öffentliche Filmvorführungen zu verhindern.

Ein Problem für sich bildete bis vor kurzem das Telephonieren am Sabbat. Es muß für Notfälle – bei Armee, Polizei und im Gesundheitsdienst – prinzipiell verfügbar sein. Die extrem Orthodoxen hätten sich also mit der allgemeinen Empfehlung begnügen können, den Apparat an heiligen Tagen – es gibt deren neben dem Sabbat noch andere – ohne Not nicht zu benützen. Dennoch fand es die jüdische Orthodoxie nötig und richtig, auch hier mit Hilfe allermodernster, raffiniert ausgeklügelter Technologie eine Prozedur zu erfinden, die selbst den geringsten Schatten der Unstatthaftigkeit vom Telephonieren am Sabbat wegwischt: Man benützt an den heiligen Tagen eine zusätzliche Wählscheibe; diese ihrerseits löst, nunmehr ohne direktes menschliches Eingreifen, die Funktion der eigentlichen Wählscheibe und damit den unerlaubten „Zündungsprozeß" aus.

Wo es nicht unmittelbar um das Leben selbst geht, sind diese modernen jüdischen Fundamentalisten eben unerbittlich. Und wo immer sie hierzu in der Lage sind, drängen sie der ganzen jüdischen Gemeinschaft ihre Direktiven auf. So zwingen sie den beinahe bankrotten Staat Israel, das Gesetz der Sabbatruhe auch auf den öffentlichen Flugverkehr auszudehnen, obwohl dies zu Riesenverlusten für die ganze Gemeinschaft führt.

Sollte diese Tendenz überhandnehmen, dann kann sie, im Verein mit der weltweiten Antiisraelpolitik, allen positiven Gegenkräften zum Trotz, dieses unter so unsäglichen Opfern und mit so unerhörten Leistungen aufgebaute Refugium vor den tödlichen Gefahren des Exils am Ende in einen neuen Warteraum des Todes verwandeln. Der Untergang von Massada als Folge einer allzu pedantischen Auslegung des Sabbatgesetzes sollte als Warnung dienen.

Welchen Weg das neue Israel gehen wird, ob die neue technologische Explosion des Landes dem Volk die Rettung bringen oder sich als vergeblich herausstellen wird, kann nur die Zukunft zeigen.

Literaturnachweise

1 Gen. 1,28 ff.
2 Gen. 2,15
3 5. Mos. 20,19
4 Talmud Bawli, Baba kama 92,6
5 1. Sam. 13,20
6 1. Kor. 15 ff.

CHRISTENTUM UND TECHNIK BIS ZUR AUFKLÄRUNG

Einführung

Mohammed Rassem

Religionsgeschichte und Profangeschichte

Die Überschrift dieses wie des folgenden Kapitels lautet nicht etwa „christliche Technik". Indem wir technische Zivilisation und Religion zunächst einmal unterscheiden, lassen wir offen, wie sie aufeinander bezogen sind.

Die heute allgemein benützte Chronologie zweiteilt die Weltgeschichte in das Zeitalter *vor* und das viel kürzere Zeitalter *nach* Christi Geburt. Aber es ist nicht sinnvoll, das Geschehen der hinter uns liegenden zweitausend Jahre schlechthin als die Geschichte des Christentums aufzufassen – auch dann nicht, wenn man sich auf die christlichen Länder beschränkt. Selbst Theologen werden eher dazu neigen, Kirche und Welt zu unterscheiden, so verflochten sie sein sollen und sind.

Daraus ergibt sich, daß sozusagen zwei „Geschichten" nebeneinander ablaufen: einerseits die der Kirche, des Glaubens und anderseits die des weltlichen und allzuweltlichen Geschehens, eingeschlossen die zivilisatorisch-technische Entwicklung. In unserem Jahrhundert wird sogar davon gesprochen, die Kirche müsse sich dieser weltlichen Geschichte anpassen (aggiornamento). Darunter kann man die Anpassung der „modi" verstehen, also etwa einer Redeweise oder einer technischen Ausführung. Aber es gibt auch eine weitergehende Interpretation: Immer wieder hört man, irgendein christlicher Grundsatz sei aufzugeben, weil „nicht mehr zeitgemäß". Solche Gemeinplätze sind Ausdruck des relativierenden historischen Denkens unserer Epoche. Evolution wird zur obersten Kategorie. Und sie verschluckt sozusagen die Kirchen- und Heilsgeschichte. Denn nicht die Vermählung des Logos mit dem Menschenleben ist hier der Grundgedanke, sondern der evolutionäre, endlose Wandel der Materie, die aus sich selbst immer mehr Logos entwickeln wird. [I-4.2]

Daß sich umgekehrt die technischen Innovationen dem Rahmen der Religion, die einer Kultur geschenkt worden ist, „anpassen", einordnen sollten – diese Forderung hört man im Westen viel seltener und nur höflich verklausuliert. Man überläßt diese Argumentationsrichtung anderen Religionen, etwa dem Islam.

Zum Titelblatt: Die Mühle des Apostels Paulus an einem romanischen Kapitell der Wallfahrtskirche von Vézelay: Paulus treibt uns vorwärts vom Irdischen zum Überirdischen, wie ein mittelalterlicher Text sagt. Und er verwandelt die Worte der Propheten in die Worte des Neuen Testamentes.

Wie immer man diese geschichtsphilosophischen Grundfragen beurteilen mag, es erscheint jedenfalls nicht zweckmäßig, das Verhältnis des Christentums zur Technik zu besprechen, ohne die Unterscheidung sakral/profan festzuhalten, und ohne historisch aufzugliedern. Mindestens zwei Wendezeiten müssen wir ansetzen. Erstens die europäische Entfaltung im 12. Jahrhundert: Bevölkerungsvermehrung, Urbanisierung, breitere Rezeption orientalischer und dadurch antiker Kultur, Beginn der Universitäten, viele technische Initiativen. Zweitens das 19. Jahrhundert: Neuer Bevölkerungsschub, völlig neue technische Erfindungen – etwa Elektromotor 1832, Bogenlicht 1855, Telephon 1861, Funk 1897, Motorflugzeug 1903 –, industrielle Organisation (z. B. der Chemie), gigantische Leistungssteigerung alter und schon früher modernisierter Techniken wie Zeitungsdruckerei, Stoffweberei, Eisen- und Stahlerzeugung.

Was die erste, die hochmittelalterliche Wende angeht, so wären die Fortschritte Europas in dieser Zeit nicht ohne spirituelle Unterstützung zustande gekommen, aber man wird die benützten Techniken trotzdem nicht als genuin christlich bezeichnen können. Wenn die damaligen Klosteräbte kunstvolle Mühlen, Wasserräder und andere hydraulische Anlagen bauen ließen, so haben sie sich eine Technologie adaptiert und sie entfaltet, deren Grundgedanken sie aus heidnischen spätantiken Handschriften entnehmen konnten, aber nicht aus den Evangelien.

Weder diese vergangenen Kulturtaten der Mönche, noch die christlichen Kulturleistungen der frühen Neuzeit geben ein Strukturmodell für das 19. Jahrhundert ab. Noch weniger besagen sie heute gegenüber dem Problem, ob und wie sich Kirchenführer mit Atommeilern oder Gentechniken abfinden sollen. Auch die technischen Modelle der Welt des Neuen Testamentes – Jesus war Zimmermann – und die viel zitierten Worte des Alten Testamentes „macht euch die Erde untertan", können hier nicht mehr greifen, nicht als Beschreibung und nicht als Rechtfertigung. [II-Einleitung]

Biblischer und ägyptisch-griechischer Hintergrund

Zwar steht im ersten Kapitel der Bibel, daß der aus Erde nach dem Bilde Jahwes geschaffene Mensch die Erde unterwerfen – Luther verstand das einfach als ackern und danach rechtmäßig ernten – und die Früchte der Bäume essen solle. Auch Fische und Vögel werden einbegriffen – aber das ist eigentlich schon alles [1].

Im Garten Eden geht es nicht um despotische Ausbeutung der Schöpfung, sondern um „bebauen und bewahren“ [2]. Ein wenig schärfer heißt es später [3] über die Welt nach der Sintflut, daß Gott die Tiere in die Hände der Menschen gibt, es gibt Haustiere, die übrigens in das Rechtssystem der Blutrache einbezogen werden. Es handelt sich um eine patriarchalische, (vieh-) bäuerliche Konzeption, in der nur marginal auf selbständiges Handwerk angespielt wird – Nebenlinie des Kain –, nur mißtrauisch auf ägyptische Technologie, ganz zu schweigen von griechischer Atomistik. Nicht einmal Tier- und Pflanzenzucht im engeren Sinne („Selektion“) wird hier erwähnt, die bescheidene Vorläuferin der Gen-Manipulation. Im Gegenteil, es wird eigens gesagt, daß sich die eßbaren Pflanzen selbst besamen [4]. (Zur jüdischen Tradition: [III-2.5])

Der Text schließt gleich danach mit dem Satz: „Und Gott sah an alles, was er gemacht hatte; und siehe da, es war sehr gut.“ Im lateinischen Text kommt klarer heraus, daß das deutsche „alles“ einen Plural wiedergibt: „Viditque Deus cuncta (omnia) quae fecit et erant valde bona.“ Die Fülle der Schöpfung wird in diesem Buch Genesis geheiligt, in „jeglicher Art“. Der Mensch Noah bringt „alles“ in die Arche, er darf nützen und beherrschen. Er ist Architekt dieses Schiffes. Aber von einem Schöpfertum des Menschen in Bezug auf die Elemente der Materie und die Samen der Arten ist hier nicht die Rede, noch von menschenähnlichen Automaten.

Das Bauen von Automaten, in der Praxis ebenso wie in der Mythologie, ist offensichtlich ägyptisch-griechischer, kaum aber biblischer Herkunft. Dasselbe gilt für die Alchimie, die dann vor allem von den Arabern tradiert wurde. Gelegentlich heißt es zwar, daß Moses sie erfunden habe. Und allerdings ist der künstliche Adam oder Golem – durch Magie oder als „chemisches Männlein“ erschaffen – eine Idee, die sehr früh in der Talmudtradition auftaucht, nicht nur bei den christlichen Gnostikern [5]. Diese Parodie des biblischen Schöpfungsberichtes ist zweifellos zählebig und wohl indirekt bedeutsam für die spätgeborene Enkelin der Alchimie, die „Algeny“, die Retortengenetik von heute – gehört aber nicht in die Kerntradition „des“ Christentums, wenn sich die Kirchen auch heute mit der früher nicht ernstlich zu erwartenden Realisierung solcher Wunschträume auseinandersetzen müssen. [II-2.2]

Die Pluralität christlicher Kirchen

Man bestreitet nicht die Kontinuität und Identität des Christentums, wenn man feststellt, daß es in zwei Jahrtausenden bedeutende Wandlungen erfahren hat, und vor allem, daß man es in verschiedenen „Bekenntnissen" oder „Denominationen" antrifft, die sich bisher nicht zu einer „Ökumene" vereinigt haben. Der deutsche Christ reduziert das ökumenische Problem allzu leicht auf den einfachen Gegensatz zwischen Katholiken und (unierten) Protestanten. Im Weltmaßstab ist jedoch die Vielfalt und Eigenständigkeit christlicher Kirchen oder Sekten viel komplexer und bedeutender, besonders in den übergroßen, polyethnischen Staatsgebilden USA und Rußland (vor 1917), aber auch in anderen Regionen. Man hat in der religionssoziologischen Forschung längst gelernt, daß diese konfessionellen Differenzen auch praktische, zivilisatorisch-technische Bedeutung haben.

Schon die geographisch weit verstreuten frühchristlichen Gemeinden waren nicht so einheitlich, wie man sich das heute unwillkürlich vorstellt. Und bei der Fortentwicklung des Christentums zur römischen Reichskirche kommt es von Anfang an zu einer Dualität, zur Spannung zwischen der lateinischen und der griechischen Region des Imperiums. Die Differenz zwischen West- und Ostkirche wird schon im 4. Jahrhundert deutlich, nach der Gründung von Konstantinopel, dem „zweiten Rom", einem „neuen", christlichen, gottkaiserlichen Rom, dem sich aber der Bischof des alten Rom und die westeuropäischen Völker nie wirklich unterordnen. Sie krönen ihren eigenen Imperator, der seit Carolus Magnus wieder sehr ernst zu nehmen ist. Im 11. Jahrhundert kommt es zum „Schisma", zur Trennung der beiden Kirchen, im Verlauf der Kreuzzüge dann zum offenen Krieg zwischen West- und Ostchristen.

Das frühmittelalterliche Byzanz war zivilisatorisch-technisch der romanisch-germanischen Welt überlegen. Das nach dem Siege der Türken 1453 auf die Moskowiter übergegangene byzantinische Kaisertum (und der von ihm nur noch teilweise kontrollierte übrige Bereich orthodoxer Konfessionen) hat aber die westeuropäische Wirtschafts- und Technikentwicklung der Neuzeit nicht voll mitgemacht, ist zurückgefallen. Das hat vielerlei Gründe. Einer davon ist, daß sich im Zarenreich keine freien Bürgerstädte entwickelten, wie es im westlichen und mitteleuropäischen System diesseits der kyrillischen Schrift- und Kulturgrenze der Fall war. Auch die Entwicklung der hohen Schulen und der Wissenschaften war in der katholischen Welt ungleich intensiver. Sie führte schon im 14. Jahrhundert zu den ersten

Reformbewegungen. Wyclif, gestorben 1384, und Hus, verbrannt 1415, waren Universitäts-Rektoren.

Im 16. Jahrhundert kam es zu einem unheilbaren Schisma innerhalb des westlichen Christentums, danach zur Bildung neuer Staatskirchen und mächtiger Sekten, den späteren „Freikirchen". Die damit verknüpften Auseinandersetzungen waren oft genug erbarmungslos und blutig. Aber im großen und ganzen gesehen war diese Reformation der weltlichen und technisch-wirtschaftlichen Energie Europas – und später Nordamerikas – günstig. Etwas anders zu beurteilen ist die intensive Entwicklung der Sekten in der russischen Welt. Hier kam es zur Abspaltung der Altgläubigen 1654. Auch sie hat gewisse Auswirkungen im ökonomischen Verhalten gezeitigt, aber bei weitem nicht im selben Ausmaß.

Die orthodoxen Kirchen haben offensichtlich bei ihren Gläubigen den beruflichen Ehrgeiz, das Streben nach weltlich-ökonomischer Bewährung viel weniger entwickelt, als die mehr oder minder reformierten Westkirchen das taten. Im orthodox-christlichen Kulturkreis ist wohl auch die für die moderne Technik bedeutsame Naturauffassung, Naturforschung weniger verbreitet gewesen, die sich in der Aufklärung zu einer Art Naturreligion steigerte. Die Orthodoxen waren zwar Erben des griechischen Byzanz, aber sie bemühten sich weniger um das altgriechische Erbe als die Lateiner und die Germanen. Eine sehr bezeichnende geistesgeschichtliche Einzelheit: Trotz des offiziellen religiösen Hasses gegen Rom flohen manche – nicht ganz konformistische – byzantinische Gelehrte vor den Türken nach Italien, statt nach Rußland. Sie brachten altgriechische Philosophie und Technologie nach dem Westen, der dieses brisante Geheim-Wissen durch den gerade aufgekommenen Buchdruck schnell verbreitete. Ein Zentrum für den Neuplatonismus war Florenz, für die technische Literatur aber Urbino.

Der Protestantismus hat bekanntlich manches mit der Ostkirche gemein, er hat auch im Laufe der Jahrhunderte viele Beziehungen zu ihr und zu östlichen Sekten angeknüpft. Aber die technoide Weltsicht, wie sie etwa von den nachkalvinischen Puritanern vertreten wurde, ist offensichtlich eine spezifisch westliche Entwicklung, dem vorbolschewistischen Ostchristentum sehr fremd: Der demiurgische Gott, der nach dem Alten Testament die Welt „gemacht" hat – der Mensch z. B. wurde von ihm „getöpfert" –, wird nun zugespitzt als der Techniker der Natur gesehen, den der Mensch in seinem Tun nachahmt und nachahmen soll (sogenannte „Eupraxia"). Daher sind alle menschlichen Mittel eigentlich Mittel Gottes, und das rationale, „technologische" Durchdenken dessen, was er macht, ist die Selbstheiligung des Menschen[6].

Werner Georg Haverbeck hat die Verschiedenheit zwischen Ost- und Westchristentum so umrissen: „Im Osten scheint der Wille zur Verleiblichung (Inkarnation) und damit zur Vergegenständlichung (Technisierung) zurückzutreten gegenüber der Tendenz zur Vergeistigung (Spiritualisierung) des Daseins. Die Metamorphosis, die Verwandlung ist das große Ziel. Nicht der an den Wegen und in den Kirchen des Abendlandes dargestellte leidende Kruzifixus, dem geopferten Prometheus vergleichbar an die Materie gefesselt, sondern der Auferstehende ist der eigentliche Gegenstand der Anbetung des Christen im Osten. Darum ist Ostern, das Fest der Auferstehung, für ihn der eigentliche Höhepunkt des christlichen Jahres"[7].

Die vorhin erwähnte Differenz zwischen den Orthodoxen des Ostens und den technik-gläubigen Spätkalvinern steht hier als Extrembeispiel für die Varianten und allenfalls Polarisierung der christlichen Bekenntnisse. Da es an eindringenden Forschungen über das Thema „Ostkirche und Technik" zu fehlen scheint, können wir im folgenden Kapitel nicht näher darauf eingehen. Wir müssen uns auf die Westkirchen beschränken.

Gegliedert sind die beiden folgenden Kapitel nach üblichem Schema in Frühchristentum – Mittelalter – frühe Neuzeit – vor der Wende um 1700 – Moderne. Der letzte Beitrag im 4. Kapitel bietet einen Rückblick auf diesen Weg der Geschichte, kann also auch als Einleitung zu den beiden Kapiteln gelesen werden.

Literaturnachweise

1 Gen. 1, 26–31; Gen. 2, 19–20 (Benennung der Tiere durch den Menschen) und 7, 14–15 (Noah als Retter der Tiere); *Luther*, Martin: Die gantze Heilige Schrifft Deudsch. Wittenberg 1545. Neudruck München 1972, sagt in der Randglosse zu Gen. 1,28 zur Erläuterung des Wortes „unterthan": „Was jr bawet vnd erbeitet auff dem Lande/das sol ewr eigen sein/vnd die Erde sol euch hierin dienen/tragen vnd geben."

2 Gen. 2,15

3 Gen. 9,1–10

4 Gen. 1,12

5 *Cohen*, John: Golem und Roboter. Frankfurt 1968. Kap. 1–3

6 *Schneider*, Herbert W.: Geschichte der amerikanischen Philosophie. Hamburg 1957, bes. Kap. 1; *Miller*, Perry: The New England Mind. 2 vols. New York 1939/Harvard 1953

7 *Haverbeck*, Werner Georg: Das östliche Christentum und die Technik (unveröffentlichtes Manuskript)

Die Technik im Frühchristentum

Werner Georg Haverbeck

Aus den Urkunden des frühen Christentums werden in unserem Zeitalter, das immer wieder „apokalyptisch" genannt wird, für jene, die diesen Begriff nicht nur als Worthülse mißbrauchen, die Bilder bedeutungsvoll, die in der Apokalypse des Johannes in erschreckender Weise aufleben. Da wird der Untergang einer Zivilisation dargestellt, die als „die große Stadt" den Namen „Babylon" trägt. Daraus ist gefolgert worden, daß dem Christentum von seiner Geburtsstunde an eine schlechthin der Zivilisation feindliche Haltung innewohne, die sich erst im Laufe der Geschichte durch fortwährende Kompromisse gemildert habe. Um so wichtiger ist es, die Frage zu stellen, wie sich das Christentum zu den Urphänomenen des menschlichen Lebens und Seins – und auch die Technik gehört dazu – tatsächlich verhält, und wie wir „Christentum" nicht als „Lehre" oder „religiöse Weltanschauung", die einer subjektiven Entscheidung anheimgegeben wären, sondern als objektiv sich vollziehendes Weltereignis mit dessen zivilisatorisch-technischen Voraussetzungen und Folgen verstehen können.

Jesus – „der Sohn des Zimmermanns"

Was könnte der frühen Christenheit, die zunächst in der Erwartung der Endzeit dieser Welt und der Wiederkunft Christi lebte, Veranlassung geben, sich auf der Erde einzurichten und mit Technik zu beschäftigen? Die Fischer vom See Genezareth bedienten sich ihrer, des Schiffes und der Netze, in selbstverständlicher Gewohnheit – vor und nach dem Umgang mit ihrem Herrn und Meister. Eine Frage nach der Berechtigung ihrer Hilfsmittel hätten sie nie gestellt, etwa wie jener Gärtner des Dschuangdse, der, auf das Heil seiner Seele bedacht, sogar die Hilfe eines Ziehbrunnens verschmähte, weil „wer sich listiger Maschinen bedient, selber Gefahr läuft, ein Maschinenherz zu bekommen" [1]. In fast kindlicher Bewunderung standen die Galiläer vor dem Tempel in Jerusalem, dem Prachtbau des Herodes: „Meister, siehe, welche Steine und welch' ein Bau ist das!"

In Selbstverständlichkeit geht Jesus von Nazareth mit der Technik seiner Zeit und Umwelt um. Jesus wuchs nicht in der Familie eines Hirten oder Bauern auf, nicht in der eines Kaufmanns oder Zöllners, auch nicht, was nahe gelegen hätte, in der eines Lehrers oder Leviten oder gar wie Buddha in einem Fürstenhaus.

„Ist er nicht eines Zimmermanns Sohn?" wird im Matthäus-Evangelium gefragt[2]. Gewiß ging – wie in vorangegangenen Epochen und später noch – der väterliche Beruf auf ihn über, und es ist sogar denkbar, daß er sich zunächst in ihm betätigte. Jedenfalls spricht Jesus oft in den Bildern dieses Handwerks: von Türen und Ecksteinen und von bäuerlichem Tun, von Pflügen, Säen und Ernten. Vielleicht hat er selbst vor seiner Berufung beim Bauen von Häusern mitgewirkt und für die Bauern Joche und Pflüge hergestellt[3]. Denn „Zimmermann", griechisch „tekton", bedeutet allgemein Handwerker. Es ist ein Begriff, der den Tischler, den Wagner, Schiffbauer, also den mit Holz Arbeitenden ebenso einschließt wie den Maurer, Steinhauer, Schmied und Bildhauer, mithin den durch die Hand Schaffenden meint, den Künstler, den Erzeuger und Schöpfer schlechthin.

Die Technik als erweiterter Leib

So stand Jesus („der Menschensohn") und so steht der Mensch überhaupt handelnd, gestaltend auf der Erde. Er bedient sich des vielfältig angebotenen „Materials", des „Mutterstoffes" (materia mater) und wird innerhalb der Evolution so zu einem Wesen, das in „künstlicher" Weise – nämlich durch sein Können – aus den ihm vorliegenden Gegebenheiten die Fülle der „natürlichen" Lebenserscheinungen auf dieser Erde ergänzt und bereichert und damit eine „andere Schöpfung" heraufführt[4].

Entsprechend äußert sich die Weltbejahung der jungen Christenheit in den Worten Tertullians (160–220), eines ihrer führenden Interpreten. „Wir Christen gleichen nicht den Brahmanen und Gymnosophisten Indiens, wir leben nicht in Wäldern, noch verbannt aus der Gesellschaft der Menschen: wir fühlen, daß wir Gott, dem Herrn und Schöpfer, für alles Dank schulden, und von keinem seiner Werke verbieten wir den Genuß; nur mäßigen wir uns, damit wir dieser Dinge nicht mehr als zuträglich genießen oder einen schlechten Gebrauch davon machen"[5]. Auch Augustin (354–430) äußert ein durchaus bejahendes Verhältnis zur Technik: „Sind nicht durch den Menschengeist so viele und großartige Künste erfunden und betätigt worden, teils unentbehrlich, teils dem Vergnügen dienende, daß die überragende Kraft des Geistes und der Vernunft selbst auch in ihren überflüssigen und sogar gefährlichen und verderblichen Strebungen dafür zeugt, welch herrliches Gut sie ihrem Wesen nach ist, das es ermöglichte, derlei Dinge zu erfinden, sich anzueigenen und zu betätigen. Zu welch wunderbaren, staunenswerten Erzeugnissen ist menschliche Betriebsamkeit im Bekleidungs- und Baugewerbe gelangt; wie weit hat sie es in der Bodenbebauung, in der Schiffahrt gebracht; was hat sie alles erdacht und ausgeführt in der Herstellung von Gefäßen aller Art und darüber hinaus von Bildwerken und Malereien in mannigfaltiger Abwechslung"[6]. Die Gegenüberstellung von Kultur und Zivilisation ist ihm also noch fremd.

Nicht anders sieht es einer von den drei kappadozischen Kirchenvätern, Gregor von Nyssa (gest. 394); er sagt über die Ausstattung des Menschen: „Nachdem also Gott gleichsam einen königlichen Aufenthalt für den künftigen König der Schöpfer des Alls zurechtgemacht hatte", nämlich die Erde, befähigte er den Menschen, die Langsamkeit und Schwerbeweglichkeit unseres Körpers auszugleichen, indem er das Pferd zum Dienst verwendete; für die Nacktheit unseres Fleisches aber machte er die Schafzucht nötig. „Im Vergleich mit Hörnerwehr aber und Krallenspitze als stärker und schärfer ward von den Menschen das Eisen erfunden, das uns nicht auf immer angewachsen ist, wie jene den Tieren, sondern nach zeitweiliger Kampfeshilfe im übrigen für sich bleibt. Und statt des Krokodilpanzers kann auch er sich diese Rüstung machen, indem er zeitweilig das Lederwams anlegt (. . .)"[7]. Damit kennzeichnet Gregor die Fähigkeit zur Technik als eine göttliche Gabe an den Menschen als „König" der Erde.

In dieser Sichtweise ist Technik eine künstliche Erweiterung des natürlichen Leibes, sie gehört wie ein nach außen produziertes Organ zu ihm. Technik ist der Kunstgriff der Natur, ein zunächst ungenügend ausgerüstetes Wesen durch die Veranlagung zur Erzeugung von Hilfsmitteln gewissermaßen „nachträglich" in seiner Existenz zu sichern und zur vollen Lebensgestalt zu bringen[8]. Solchermaßen ist die Technik dem Menschen schon anfänglich mitgegeben worden auf den Weg seiner noch immerwährenden Entwicklung. Ohne sie wäre er keineswegs lebensfähig. Um sich im „Kampf ums Dasein" zu behaupten, sind seine Hände zu weich, seine Gliedmaßen zu schwach; so greift er – wie manche Affen – nach dem nächstgelegenen Ast oder Stein, sich seiner Angreifer zu erwehren. Doch hierbei schon unterscheidet er sich grundsätzlich von diesem – nur im Leibesbau – ihm Nächstverwandten: er richtet sich das Vorgefundene zum Werkzeug, zum Artefact, zum seiner Hand angepaßten Faustkeil. Er formt ihn zum Hammer, zum Bohrer, zum Messer, zur Axt, zur Säge. Aus diesem Handwerk, das stets auch Geist-Werk war, ist unsere ganze menschliche Technik entwickelt worden.

Hat dieser wahrhaft weltgeschichtliche Prozeß, der sich in den christlichen Jahrhunderten im Abendland in zuletzt atemberaubender Weise steigerte, vielleicht mit dem Impuls des Christentums zu tun? Danach wird hier zu fragen sein.

Technik als „christlicher" Impuls?

Im griechischen Sprachgebrauch bezeichnet „organon" sowohl Leibesorgan wie auch Werkzeug. Beides gehört zur Lebensganzheit des Menschen, beides ist Voraussetzung für seine heile Existenz, mehr noch: für seine vollständige Leibwerdung (Inkarnation) und damit für die Fülle seiner Verwirklichung. In eine Formel gebracht: Technik ist Inkarnation zur Erlangung des Pleroma, der Vollgestalt und Fülle des Menschseins. Sie ist die Fortsetzung der Evolution mit anderen Mitteln. Sie ist die Voraussetzung für *cultura* und damit für *cultus* als Ausdruck einer religiös begründeten Kultur. [II-1]

Was aber hat dies im besonderen mit „Christentum" zu tun – angesichts der Tatsache, daß *alle* Kulturen der Menschheit aus dieser conditio humana entstanden sind? Die Selbstaussage des Christentums, die „Beschreibung" des Christus-Ereignisses im Beginn des Johannes-Evangelium kann uns Antwort geben: „Und das Wort ward Fleisch" heißt es hier[9]. Zweifellos ist damit zunächst die Einwohnung des Logos in eines Menschen Hülle gemeint. Es ist die Geburtsgeschichte Jesu in der aus dem Geiste des Griechentums bestimmten Darstellungsweise des Johannes. Doch diese Aussage beinhaltet noch mehr, noch Tieferes. Hier wird an Ursprung und Ablauf der Evolution gerührt. Nicht nur die Deutung eines historischen Ereignisses stellt sich der meditativen Betrachtung dar, sondern der Urbeginn der Schöpfung. Der Logos, der Weltengeist, der von Johannes „Gott" genannt wird, will ganz allgemein „Fleisch werden", der Materie „einwohnen", in sie eingreifen, sie gestalten[10]. Die unübersehbare Fülle der gewordenen Erscheinungen des irdischen Lebens, in Mineral, Pflanze, Tier und Mensch, ist eine Folge dieser Inkarnation. Die ganze Schöpfung ist eine Emanation des Gottesgeistes.

Das allerdings hat unmittelbar mit Christentum zu tun. Schauen wir vergleichend auf die anderen Weltreligionen! Lassen wir die

Die „Inkarnation" in einer Miniatur des „Kostbaren Evangeliars" des Bernward von Hildesheim (um 960–1022): Das Bild ist in eine himmlische und eine irdische Hälfte geteilt. In der Mitte des Trennungsstreifens – und damit in der Mitte der Miniatur – ist ein Stern aufgegangen, der einen Teil seiner Strahlen zur Erde schickt. Die Inkarnation, d.h. die Menschwerdung des göttlichen Wortes, des ewigen Gottessohnes, geschieht hier durch die Herabsenkung der Krippe in die irdische Welt.

Frömmigkeit des Brahmanen hier beiseite und vergegenwärtigen uns das Verhalten von Gautama Buddha: Enttäuscht über die Erde mit ihren Möglichkeiten unvorstellbarer Leiden und dem unausweichlichen Tod wendet er sich zurück dem Ursprung zu, strebt ins Nirwana als Erlösung vom Zwang zur Inkarnation. Er verkennt die Bestimmung zur Evolution. Wie anders der christliche Weg! Der Christus taucht in der Taufe Jesu voll ins Erdensein, wird von dem Täufer als der Gottgesandte, als „Gottes Sohn" erkannt und bezeugt und beginnt nach dem Johannes-Evangelium seinen Weg mit der Teilnahme an einer Hochzeit. Wird dieser Bericht herausgelöst aus der allzu vordergründigen Deutung eines magischen Aktes der Verwandlung von Wasser in Wein zur Erfreuung der Gäste, so weist das Bild der Hochzeit hin auf das griechische Bewußtsein der „Heiligen Hochzeit" von Himmel und Erde, von Geist und Materie, gefeiert in den Mysterien der Demeter, der ‚Erdenmutter'. Und es ist *die* Mutter, zu der der Christos bei jener Hochzeit spricht: „Was habe ich *mit* dir zu tun?" (wörtlich „Was ist das zwischen mir und dir?")[11]. Der religio christiana blieb es vorbehalten, solchermaßen die irdische Materie (materia/mater) als Träger des göttlichen Seins zu erkennen. Der Logos Christos ist fortan im Erdensein zu suchen, im Leib der Erde, mit der er sich – dem Bilde der Hochzeit gemäß – „vermählt" hat. Einer späteren Zeit galt jene bildhafte Erfahrung als bloße Allegorese, während sie doch in Wirklichkeit dem Ursprung näher war als die dogmatischen Konstruktionen und Abstraktionen.

Die im Neuen Testament überlieferten Erfahrungen der Jünger, die der „Himmelfahrt Christi" vorangehen, weisen auf die Leiblichkeit des Auferstandenen hin, als eines „Erstlings", wie ihn Paulus nennt, das heißt Eröffner einer Evolution, innerhalb derer Mensch und Erde in die „Metamorphosis", die Verwandlung zu „himmlischem", geistigem Sein voll einbezogen werden, ja mitwirken sollen. Die Gebärde des heiligen Mahles, die Eucharistie, bringt dies Geschehen zum Ausdruck in der heiligenden Erhebung von Brot und Wein, also zweier irdischer Substanzen, welche die Erde als Natur und als Produkt der menschlichen Arbeit repräsentieren. Auf Inkarnation des Christus zielt dies Tun damals, im Laufe der Zeiten und heute ab.

Inkarnation, Verleiblichung des Geistes als weltdurchdringender Prozeß ist also Wesen und Inhalt des Christentums. Was bewirkte dies in denen, die sich in die „Nachfolge" begeben wollten? Einen außerordentlichen „Inkarnationswillen", einen Drang zur Verwirklichung geistiger Impulse im Erdensein. Die Geschichte des christlichen Abendlandes bestätigt dies in eindrucksvoller Weise. Spätestens mit Benedikt von Nursia (um 480 – um 547) beginnt das bewußte Bemühen um die „consecratio mundi", die Konsekrierung der Erde durch des Menchen Wirken mit Gottes Hilfe.

Johannes Chrysostomos (um 350 – 407) fügte in seinen Homilien zur Genesis den sieben Seligpreisungen eine neue hinzu: „Glücklich der, welcher sein Brot durch die Arbeit seiner Hände verdient" [12]. „Ora et labora", die Heiligung der Arbeit heißt die Losung, unter der die „Söhne Benedikts" die Wälder roden, die Äcker urbar machen, die Pflanzen züchten, eine Landwirtschafts- und Gartenkultur heraufführen werden, die beispielgebend wirkte. Sie entwickelten die dazu notwendige Technik, wurden Ingenieure und Meister des Damm- und Kanalbaues, bildeten sich zu Architekten und errichteten Bauten – nicht nur zu sakraler Bestimmung. Die Kultur des Abendlandes ist aus dieser Wurzel gewachsen. [II-4.5]

Die Antike als Humus des christlichen Werdens

Betrachten wir die Fundamente Alt-Europas als Basis dieses Werdens! Die römische Zivilisation, wie sie sich in den drei Jahrhunderten der Pax Romana – von Augustus bis zur Völkerwanderung – entwickeln konnte, zeigt ein eindrucksvolles Bild dessen, was aus den Bemühungen der antiken, vornehmlich griechischen Denker: eines Pythagoras, Archimedes, Euklid, Aristoteles und anderer, an mathematischen und naturwissenschaftlichen Erkenntnissen als Voraussetzung für Erfindungen und technische Konstruktionen gewachsen war: Die an Bevölkerungszahl nicht unbedeutenden Städte waren mit Wasser und Abwässer-Entsorgung in vorbildlicher Weise versehen, die Lebensmittelzufuhr vom Lande bewahrte vor Hunger, die Zentren waren durch Straßen verbunden, auf denen die römische Reichspost einen gesicherten Verkehr unterhielt, Schiffahrt verband entlegene Länder, alles Gegebenheiten, derer sich die Apostel auf ihren weiten Reisen gern und selbstverständlich bedienten. Wir wissen, daß Caesar mit einem Reisewagen täglich etwa 148 km zurücklegte. Dazu war nicht nur ein guter Straßenbau erforderlich, sondern auch ein längs der Straßen organisierter Umspanndienst der Pferde, also eine Personenpost, wie sie in ähnlicher Art Goethe noch 18 Jahrhunderte später benutzte. Die römischen Kurierwagen der Reichspost konnten in 24 Stunden mehr als das Doppelte solcher Entfernungen zurücklegen, nämlich 370 km. Die Organisation dieser Post war so straff, daß der Kaiser zur Kontrolle der Ankunft seiner Briefe diese nicht nur mit dem Datum, sondern sogar mit der Stunde versah [13]. Adolf von Harnack weist auf den Grabstein eines phrygischen Kaufmanns hin, auf dem eingemeißelt ist, daß dieser im 2. Jahrhundert n. Chr. 72mal nach Rom reiste [14]. Er spricht in diesem Zusammenhang von dem allgegenwärtigen Kaufmann, dem allgegenwärtigen Soldaten und dem allgegenwärtigen Professor als

Symptom und Voraussetzung für die verhältnismäßig schnelle Ausbreitung des Christentums. Die einheitliche Sprache des Reiches, das offizielle Latein, oder auch das Griechische machten eine unmittelbare Verständigung möglich. Zu dieser war gewiß auch der einfache Fischer Petrus aus Galiläa fähig, wenn er reiste und nicht nur in der jüdischen Diaspora verkehrte. Paulus jedenfalls hat sich als bewußt „römischer Bürger" in selbstverständlicher Souveränität innerhalb des Reiches bewegt.

Man muß nicht annehmen, daß die frühe Christenheit sich außerhalb der damaligen kulturellen Möglichkeiten gestellt hat, wie es der Täufer, als der letzte Prophet Alt-Israels, demonstrativ getan hatte. Dennoch war Anlaß zu leidenschaftlichem Widerspruch gegeben.

Die Sklavenhaltergesellschaft als Herausforderung des Christentums

Die Technik der Antike ist gekennzeichnet durch die unüberbrückbare Kluft zwischen physikalisch-mechanischer Erfindungsfähigkeit und handwerklicher Perfektion einerseits und Mangel an Energiequellen andererseits. So mußte der Mensch selber der Energiespender, etwa im Tretrad oder am Göpel sein, um den hebenden Kran und die Mühle in Bewegung zu setzen, um in den Steinbrüchen oder Kupfergruben das notwendige Material zu beschaffen, um die Lasten zu heben und die Galeeren zu rudern. Das Energiemittel war der Sklave, der als Beutegut – meistens aus eigens dazu geführten Eroberungskriegen – auf den „Arbeitsmarkt" gebracht wurde, und wenn schon ein erträgliches, so doch unfreies, unter Zwang und Gebot stehendes Leben führte. Es gab kaum eine der antiken Kulturen, die nicht nach dieser Klasseneinteilung geordnet war. In der Kastenordnung Indiens erhielt sich dieses Schema bis in unsere Zeit. [III-3.2; III-4.2]

Aristoteles dachte über diese Tatsachen nach. Er stellt im Ersten Buch seiner „Politeia" [15] zunächst das Wesen des Sklavenseins fest: „Jeder Gehilfe ist . . . zur Klasse der Werkzeuge zu rechnen." „Der Sklave (doulos) ist ein lebendiges Besitzstück", denn „jeder *doulos* ist gewissermaßen ein Werkzeug, das viele andere Werkzeuge vertritt". Für den griechischen Denker ist dieser Zustand trotz seiner Fragwürdigkeit eine Naturnotwendigkeit und daher unbestritten, solange nicht „die Weberschiffe selber webten und die Zitherschläger von selber die Zither schlügen; dann freilich bedürfte es für die Meister nicht der Gehilfen und für die Herren nicht der Sklaven". Das aber mußte damals als eine Unmöglichkeit gelten. Erst im Aufbruch zur

Neuzeit verwandelte sich diese zur „Utopie", also zu dem, was bisher und vorläufig *noch* „keinen Ort", keine Stätte der Verwirklichung fand.

Karl Marx (1818–1883) hat diesen Zustand bekanntlich als „Sklavenhaltergesellschaft" der Antike gekennzeichnet. Doch der zivilisatorische Fortschritt war infolge des Mangels an ausreichender Energie auf diese menschenunwürdige Verfahrensweise der „Arbeitsteilung als Grundlage der Kultur" angewiesen. Dies höchst unfreiwillige Opfer, das der größere Teil der Menschheit bringen mußte, war notwendig, um die Entwicklung von Zivilisation und Kultur zu ermöglichen, weil Technik solche Energie brauchte, die sie aus sich selbst heraus noch nicht liefern konnte. [II-4.5]

Paulus löst dies historische Dilemma auf seine Weise: Organon – Glied und Werkzeug – sind die Christen zu- und füreinander, indem sie sich zum Groß-Menschen, zum „Leib Christi" zusammenfügen, wie Paulus die Gemeinschaft der Gläubigen benennt und beschreibt. In seinen Briefen, die das Selbst- und Weltverständnis der frühen Kirche entscheidend mitprägten, griff Paulus dieses „organische" Bild von Christus und der Kirche immer wieder auf. In jene Welt hinein, die nach Aristoteles den Sklaven als „organon", als Werkzeug brauchte, sprach Paulus sein Wort an die Korinther: „Wir sind durch *einen* Geist alle zu *einem* Leibe getauft, wir seien . . . Sklaven oder Freie" [16], und noch kategorischer sagt er den Galatern: „Hier ist kein Knecht noch Freier!" Sie sind alle für ihn „nicht Sklave, sondern Sohn (Gottes). Wenn aber Sohn, dann auch Erbe nach dem Willen Gottes" [17]. Dennoch wird er nicht zum Sozialrevolutionär, denn er fordert die christlich gewordenen Unfreien in Ephesus auf: „Seid gehorsam eurem leiblichen Herren!" [18] Aber auch umgekehrt beschwört er die „Herren": „Was recht und billig ist, das beweiset den Sklaven und seid euch bewußt, daß *ihr* auch einen Herrn im Himmel habt" [19].

Für sich selbst löst Paulus das Problem, zugleich beispielgebend: „Obwohl ich frei bin von jedermann, habe ich mich doch selbst jedermann zum Knechte gemacht" [20]. Wenn der Sklave nicht zum Freien erhoben werden kann, hilft für das christliche Bewußtsein der Bruderschaft nur, sich ihm gleich zu machen: „Alle aber, die gläubig geworden waren . . . hielten alles gemein" [21]. Das Ungenüge gegenüber einem sozialen Zustand, den zu verändern zuvor Spartacus mit Gewalt und vergeblich unternommen hatte, konnte für Christen nur durch brüderliche Gesinnung aufgewogen werden, da die Frage nach der Ablösung menschlicher Energie technisch zunächst unlösbar erschien. Ohne diese mußte das ganze zivilisatorische System zusammenbrechen. Blieb als Ausweg nur die erst in unserer Zeit perfektionierte Erschließung künstlicher Energiequellen. Daß diese seit dem Mittelalter zunehmend möglich wurde infolge außerordentlicher Anstrengungen der europäischen Naturwissenschaften und Technik, ist nicht ohne den dahin zielenden moralischen Impuls des Christentums vorstellbar. Denn nur aus der abendländischen Entwicklung wurde eine alternative Energietechnik gewonnen. Ein Kenner der Technikgeschichte wie Lewis Mumford weist darauf hin, daß „der erste größere Versuch, die Maschine auf neuer Grundlage wieder aufzubauen, mit stärkerer Betonung auf lebensähnlichen Mechanismen und weniger auf der Umformung der Menschen zu Maschinenteilen" vom Christentum unternommen worden ist [22]. Die frühen Christen ahnten gewiß das Ziel, den Weg zur Sklavenbefreiung aber mußten sie den folgenden zwei Jahrtausenden überlassen [23].

Die Geburt christlicher Architektur

„Architektur" bedeutet soviel wie „Ur-Technik". Sie ist der unmittelbarste Beweis für die Bedeutung der Technik als einer Aussage des Geistes. Mit Franz Josef Dölger darf festgestellt werden: „Die christliche Religion und die gesamte christliche Kultur der ausgehenden Antike wurzelten in ihrer heidnischen Umwelt, mit der sie unlösbar verbunden blieben – teils aufnehmend und weitervermittelnd, teils ablehnend und ausscheidend, immer jedoch in vitaler Auseinandersetzung mit einem unerschöpflichen und unübersehbar erscheinenden Erbe" [24]. So bleibt die Einstellung der frühen Christen geprägt durch eine selbstverständliche Anerkennung der vorhandenen zivilisatorischen Zustände, gegen die eine Zerstörungsabsicht nicht geäußert wird, am allerwenigsten durch einen Kulturkampf, der die bestehende Technik in Frage stellen würde. Man lebte innerhalb der durch die Antike gebotenen Formen und richtete sich, nachdem die Endzeiterwartung abgeklungen war, in ihnen ein. Warum auch sollte man die Häuser zerstören wollen, in denen man wohnte und sich zum gemeinsamen Mahle traf? „Sie brachen das Brot hin und her in den Häusern" [25]. Die Gemeinden waren so klein, daß dies zuerst noch möglich war. Und da sie so klein waren, hätten auch die Mittel zu einer baulichen Repräsentation gefehlt.

Noch eine andere Einstellung herrschte zunächst vor: Paulus verdeutlicht sie im ersten und zweiten Brief an die Korinther: „Wißt ihr nicht, daß ihr der Tempel Gottes seid und daß der Geist Gottes in euch wohnt?"[26] „*Wir* sind ja doch der Tempel des Lebendigen Gottes!"[27] Effenberger folgert zu recht: „Solche Ermahnungen schließen die Existenz christlicher Kultgebäude und Gottesbilder nach dem Vorbild heidnischer Tempel aus. Für die Christen gab es weder Grund noch Gelegenheit für eine sichtbare Repräsentation ihrer religiösen Gemeinschaft. Damit war aber auch der Entfaltung einer eigenständigen künstlerischen Aktivität zunächst jede Grundlage entzogen"[28]. Noch zu Beginn des 3. Jahrhunderts konnte folglich als Verteidiger des Christentums in Rom Minucius Felix, ein Zeitgenosse Tertullians, in seinem Dialog „Octavius" feststellen: „Wir haben keine Tempel und haben keine Altäre"[29]. Das Vorgehen des Kaisers Decius (249–251) anläßlich der ersten allgemeinen Christenverfolgung richtet sich dementsprechend nur gegen Versammlungshäuser.

So kann also aus den archäologischen Befunden und den Aussagen antiker Schriftsteller gefolgert werden, daß es vor dem 3. Jahrhundert keine christliche Baukunst im eigentlichen Sinne gab. Auch Kitzinger stellt fest, daß es „vor dem Jahre 200 keinerlei Zeugnisse für eine Kunst mit christlichem Inhalt" gab[30]. Dies sei nicht auf einen Zufall der Erhaltung zurückzuführen, sondern auf „eine Geisteshaltung, die alles bildnerische Schaffen mit heidnischen Kultpraktiken und heidnischem Leben schlechthin gleichsetzte". Diese Feststellung gilt für die darstellende Kunst und nicht weniger für die architektonische. Dies ist verständlich, weil die ersten anderthalb Jahrhunderte erst der Begründung und Selbstfindung dieser Weltbewegung vorbehalten waren. Daß als erste die darstellende Kunst in eigenständiger Weise mit der Ausschmückung von Versammlungsräumen begann, war naheliegend.

Kaiser Gallienus beendete 260 die ersten das ganze Reichsgebiet umfassenden Christenverfolgungen seiner Vorgänger Decius und Valerianus. Er gestattete den Gemeinden der Christen allerorten wieder den Zutritt zu ihren Friedhöfen und Versammlungsgebäuden, wie uns die Kirchengeschichte des Eusebius berichtet: „Ich habe befohlen, daß die Wohltat meines Gnadenerlasses über die ganze Welt sich erstrecken solle. Demzufolge sind die geweihten Stätten wieder zurückzugeben"[31]. Eusebius schildert uns auch das Ergebnis: „Wer vermöchte zu schildern jene tausendköpfigen Versammlungen und die Menge derer, die Stadt für Stadt zusammentraten, und die herrlichen Zusammenkünfte in den Bethäusern; infolge davon die alten Gebäude nicht mehr genügten, erbaute man in allen Städten neue und geräumige Kirchen". Das römische Vereinsrecht bot dazu den rechtlichen Rahmen, jedoch entbehrten die örtlichen christlichen Gemeinschaften der Privilegien, die den Juden als einer völkischen Gemeinschaft mit eigener Nationalreligion im Imperium Romanum entsprechend der Toleranz gegenüber Volksgruppen und ihrer Religiosität zugebilligt wurden [32]. Die Christen wurden eben nicht als jüdische Sekte verstanden, obwohl aufgeklärte Juden, dem Beispiel Paulus' folgend, sich der neuen Bewegung angeschlossen hatten. So blieben die Christen zunächst einem öffentlichen Mißtrauen ausgeliefert, wenngleich Trajan aus einer wahrhaft humanistischen Haltung anonyme Anklagen als Prozeßgrundlage abgelehnt hatte.

Wie nunmehr technisches Gestalten als Ausdruck geistiger Vorstellungen verwirklicht wird, veranschaulicht ebenfalls Eusebius in einer 317 gehaltenen Rede zur Weihe der neuen Basilika von Tyrus, die der Überlieferung wegen am Platz einer Vorgängerin neu errichtet wurde, obwohl es großer Mühe bedurfte, deren Schutt zu beseitigen. Eusebius verdeutlicht in seiner „Kirchengeschichte“ [33] den Bauimpuls zur Verleiblichung einer Idee: Die Umfassungsmauern sind für ihn Ausdruck des festen, jedoch begrenzten Glaubens des umstehenden Volkes, die Türen sieht er als Hüter des Heiligtums, welche den Zugang zum Glauben bewahren, und die vier Ecksäulen der Atriumshallen sind die Darstellung derer, die durch die vier Evangelien zu Stützen der Gemeinde geworden sind, zugleich Tragende und Gestützte. Mögen auch diese Hinweise als gewollt allegorisch erscheinen, so liegt doch diesen Vergleichen eine Auffassung zugrunde, die einer vorangegangenen entspricht, als der Tempel ein Abbild des Kosmos war.

Erst als in einem welthistorischen Kompromiß 313 das Christentum von Konstantin anerkannt und bald darauf zur Reichsreligion erhoben worden war, wurde der Kirchenbau zu einer öffentlichen Angelegenheit. Der Kaiser stiftete oder förderte den Bau zahlreicher Kirchen in Rom und anderen Mittelpunkten des Reiches. Die erste Stiftung Konstantins war die in fünf Schiffen errichtete Basilika des Laterans. Sie wurde die Kathedralkirche des Bischofs von Rom. Mit der Thronbesteigung Justinians im Jahre 527 begann eine neue Ära, die nach Kitzinger häufig als „das erste goldene Zeitalter der byzantinischen Kunst“ bezeichnet worden ist [34]. Die großen Denkmäler der folgenden fünfundzwanzig Jahre tragen bereits völlig eigene Züge, wobei zur Frage steht, ob es sich um eine durch den jungen christlichen Impuls, der sich nun frei entfalten kann, hervorgerufene Erfüllung und Vollendung der Antike handelt, oder um einen Neubeginn. Die Entwicklung der Baukunst in Armenien und Georgien spricht für das letztere. Die georgischen Kreuzkuppelkirchen stellen eine Blüte junger christlicher Bautechnik dar. Die Gründungslegende der ersten

Die Laterankirche. Der Grundriß und die Maße der fünfschiffigen Basilika – der Bischofskirche des Papstes und ranghöchsten aller katholischen Kirchen – gehen auf die Zeit der Gründung durch Konstantin um 326 zurück. Häufige Umbauten haben den Kirchenbau verändert. (Gemälde von Philippo Gagliardi, das einen älteren Zustand zeigt)

christlichen Kirche in Georgien in Mzcheta ist von besonderer Bedeutung, da sie den geistigen Ursprung ihrer Architektur in einer Vision veranschaulichen will: Der Kirchenbau konnte nicht vollendet werden, so heißt es, weil trotz größter Anstrengungen eine Säule nicht vom Boden aufgerichtet werden konnte. Während eines nächtlichen Gebetes der heiligen Nino, der Apostolin Georgiens, öffnet sich der Himmel und „plötzlich erschien ihr ein strahlender, leuchtender Jüngling, der ganz in Feuer gehüllt war. Nachdem er einige Worte zu ihr gesprochen hatte, (. . .) berührte er die Säule mit seiner Hand und erhob sie. Die Säule loderte auf wie eine Feuersäule und bewegte sich von selbst auf ihre Basis zu, (. . .) die für sie aus dem Baumstumpf

Schnittzeichnung der Hagia Sophia (Stahlstich von 1835).
Die Hagia Sophia („Heilige Weisheit"), im heutigen Istanbul als Museum erhalten, war die Krönungs- und Staatskirche der byzantinischen Kaiser, errichtet im 6. Jahrhundert. Die riesige Hauptkuppel (Scheitelhöhe 56 m) steht zwischen zwei Halbkuppeln. Die gigantischen Bauten der Konstantinszeit (die „Thermen" usw.) und historisch alte Kuppelbau-Ideen sind hier zu einem technischen und ästhetischen Gipfelpunkt geführt worden. Einer der Architekten, Anthemios von Tralles, ist uns auch aus der Geschichte der Mathematik und Optik bekannt; vermutlich geht die Gestaltung der Lichtführung auf ihn zurück.

derselben Zeder herausgearbeitet war, aus welcher die lebende Säule selbst stammte. Dann senkte sich die im Licht glänzende Säule auf ihre Basis, wie vom Himmel herunter, ohne von menschlichen Händen berührt worden zu sein"[35]. Wie die „himmlische Stadt" in der Apokalypse, „die Hütte Gottes bei den Menschen", erscheint diese Technik inspiriert als ein Werk, „nicht von Menschenhand gemacht". Die Kirche erhielt den Namen „Zveti Zchoweli, lebende Säule". Zugleich ist die Verwandlung der hellenistischen Baukunst und ihre Steigerung in einen neuen Äon hinein durch diese Legende zum Ausdruck gebracht.

Von einer technikfeindlichen Haltung kann also keine Rede sein. Die in der Antike zu hoher Blüte entwickelte Baukunst, als Kunst, die ganz und gar auf technische Möglichkeiten und Fähigkeiten angewiesen war, wurde wie selbstverständlich benutzt, um den Erfordernissen der christlichen Gemeinschaftsbildung mit ihren Zusammenkünften und Gottesdiensten zu dienen. Mit der Reichskirche wurde die Baukunst in den Dienst des Bedürfnisses gestellt, nicht nur „unter Dach zu gehen", sondern dem Glauben und seiner Gestaltung einen sichtbaren Ausdruck, einen ihm angepaßten Leib, zu schaffen. Der Kirchenbau wurde zur Offenbarung der Offenbarung, zur Stein gewordenen Botschaft, zum Zeichen der Ewigkeit. Die technischen Fähigkeiten, die dem Menschen durch Jahrtausende zugewachsen waren, wurden ausgelebt und führten zur Manifestation des Geistes in der Materie. Nun richtet sich das Christentum, unbeschadet der Endzeit-Erwartung, auf der Erde endgültig ein, und seine geistige Kraft gestaltet in eigener Weise den Körper für seine Selbstdarstellung in Verkündigung und sakramentaler Feier: die Kirchen. Die in der antiken Technik ausgebildeten Fähigkeiten werden angewandt auf den Bau der neuen Tempelstätten, der bald die herkömmliche Form des heidnischen Tempels ablöst und auf Vorbilder verzichtet, auch auf das des Tempels in Jerusalem, der dem Erdboden gleichgemacht war. Im deutlichen Unterschied zu der Stätte des jüdischen Glaubens, der architektonisch nie einen eigenen Stil ausgebildet hatte [36], weil seine Stärke in der intellektuellen Abstraktion liegt – im „Gesetz" –, drängt das von Fesseln befreite junge Christentum zur Verkörperung eines *neuen* „Jerusalem", das sich aus dem Himmel auf die Erde herabsenkt und dessen Bauplan, von Johannes in seiner Offenbarung geschaut, gleichsam aus dem platonischen Reich der Ideen heruntergeholt wird in die irdische Wirklichkeit. Alles Irdische ist auf diese Weise im geistigen Bereich „vorgezeichnet".

Im Mythos sahen die antiken Christen eine verhüllte Voraussage des Mysteriums Christi, eine „Vorbereitung des Evangeliums" (praeparatio evangelica). Der lógos spermatikòs, der „samenhafte Logos" wirkt nach der Theologie des Apologeten Justinos († um 165) wie bei den jüdischen Propheten so auch unter den Griechen. Wie die Kirchenväter Clemens von Alexandria († vor 215), Gregor von Nazianz (um 330–390) und Ambrosius (339–397) im Odysseus am Mastbaum den „in Freiheit gebundenen Helden" sahen, den Christos am Kreuz, der „wissend dem Tod sich nahte" [37], so spricht auch der Mythos von Prometheus zu uns: In diesem als dem Lehrer der Menschen, der ihnen den Weg frühester Technik wies in Herstellung und Gebrauch der Werkzeuge, ist vorausgebildet der wahre „Vordenker" (Pro-metheus) in uns, der Logos Christos, „ohne den nichts von dem Entstandenen geworden ist" [38]. Das haben die Dichter der Antike wie Homer gewußt, wenn sie die Muse anriefen, durch sie zu sprechen. Das erfuhr Johannes, als er zur Niederschrift seiner Apokalypse ansetzte. So verstanden sich als Inspirierte die bildenden Künstler, denen zunächst ihr Namen gleichgültig war, so verhielten sich die Dombauer, und das bringt der Ikonenmaler zum Ausdruck, der sein Werk als „nicht von Menschenhand gemacht" ausweist. Die ersten Techniker, die Schmiede, taten es nicht anders, sie horchten auf die Eingebung und

Kathedrale „Zveti Zchoweli" (lebende Säule) in Mzcheta in Georgien.
Bei dieser Kirche handelt es sich um eine armenische Basilika des frühen 11. Jahrhunderts mit Nebenschiffen und einem Querschiff. Die Vierung ist durch einen turmartigen, zwölfeckigen Tambour überkuppelt.
In Armenien findet man außerdem Kreuzkuppelkirchen und Hallenkirchen. Der aus dem Westen kommende Betrachter wundert sich über die quasi „romanischen" Bauformen der frühmittelalterlichen armenischen Architektur. Direkte Einflüsse auf – oder gar von – Europa sind freilich sehr unwahrscheinlich. Die Ursache der Ähnlichkeit der Entwicklung liegt in der gemeinsamen spätantiken Tradition, die bereits von den klassischen antiken Proportionen abwich und außerdem den Bau stärker „verblockte".

weihten das Werk ihrer Hände den höheren Mächten. Daß Christen anders gedacht und empfunden hätten, ist durch nichts erwiesen. Sie bedienten sich der Technik als einer göttlichen Gabe schon in früher Zeit, als einer Fähigkeit, den Logos auf dieser Erde im Medium der Materie zu versinnlichen und zu verwirklichen. Das war veranlagt in ihrem Credo, daß der Logos, der Gottesgeist ‚sarx' (‚Fleisch') geworden ist, Materie, die nach Johannes eine unmittelbare Offenbarung Gottes in der Natur ist, der Leib des göttlichen Logos, in der „Kultur" vom göttlichen Geist mit Hilfe der Menschenhand gestaltet.

Die Gestalt des Heiligtums ist nach alter Auffassung ein Werk der Gottheit. Ebenso wie Stonehenge, das alte Heiligtum des Nordens, die kosmische Ordnung widerspiegelt, so gilt für alle echten Sakralbauten das Wort von Mircea Eliade: „Durch die Gnade der Götter wird dem Menschen die leuchtende Vision dieser Modelle zuteil, und er bemüht sich, sie auf Erden zu reproduzieren“ [39]. Es ist gewiß von tiefer Bedeutung, daß insbesondere die Rundbauten der Kreuzkuppelkirchen Armeniens und Georgiens diese kosmisch bezogene Ur-Architektur der Menschheit wieder aufnehmen und in unverwechselbarer eigener Gestalt zu den „Gralstempeln“ des christlichen Ostens weiter entwikkeln [40]. Auch sie sind „nicht von Menschenhand gemacht“. Wenn die Anlage zu technischem Handeln dem Urbild des Menschen einverwoben ist als eine Gabe des schaffenden Weltenwortes, als des „Demiourgos“, des Ur-Architekten der Schöpfung, dann erfahren wir seine Offenbarung nicht nur durch das gesprochene und geschriebene „Wort“, sondern dürfen reden von einer durch Architektur im Heiligtum verwirklichten Verkörperung dieses Logos.

Literaturnachweise

1 *Buber,* Martin (Hrsg.): Reden und Gleichnisse des Tschuang Tse. Deutsche Auswahl. Leipzig 1921, S. 48 ff.
2 Matth. 13,57
3 *Willam,* Franz Michel: Das Leben Jesu im Lande und Volke Israel. Freiburg ³1934
4 *Haverbeck,* Werner Georg: Die andere Schöpfung. Technik – ein Schicksal von Mensch und Erde. Stuttgart 1978
5 Apologeticum, Kap. 42
6 *Augustinus:* De civitate Dei. XXII, 24. Deutsche Übersetzung v. Bernhart, Joseph (Kröners Taschenausg. Bd. 80). Stuttgart ⁴1947
7 *Gregor von Nyssa:* Ausgewählte Schriften. Bd. 1. Große Katechese Kap. 6 Übersetzung von Hayd, Heinrich. Kempten 1874
8 Vgl. 4, S. 47 ff.
9 Joh. 1,14
10 Joh. 1,1
11 Joh. 2,4
12 Zitat nach: *Farner,* Konrad: Theologie des Kommunismus. Frankfurt a. M. 1969, S. 62 ff.
13 *Feldhaus,* Franz Maria: Die Technik der Antike und des Mittelalters. Hildesheim/Zürich/New York 1985, S. 158
14 *Harnack,* Adolf von: Die Mission und Ausbreitung des Christentums in den ersten drei Jahrhunderten. Wiesbaden ⁴1924, S. 379

15 *Aristoteles:* Politik 1253b–1254a. Hrsg. v. Gigon, Olof. Zürich 1955, S. 59–61
16 I. Kor. 12,13
17 Gal. 3,28, 4,7
18 Ephes. 6,5
19 Kol. 4,1
20 I. Kor. 9,19
21 Apg. 2,44
22 *Mumford,* Lewis: Mythos der Maschine. Kultur, Technik und Macht. Frankfurt a.M. 1977, S. 301
23 Vgl. 4, S. 175–200
24 *Effenberger,* Arne: Frühchristliche Kunst und Kultur. München 1986, S. 14
25 Apg. 2,46
26 I. Kor. 3,16
27 II. Kor. 6,16
28 Vgl. 24, S. 17
29 Vgl. 24, S. 85
30 *Kitzinger,* Ernst: Byzantinische Kunst im Werden. Köln 1984, S. 38f.
31 Vgl. 24, (Bericht in der Kirchengeschichte des Eusebius VII, 13) S. 86
32 Vgl. 24, (Kirchengeschichte des Eusebius VIII, 1)
33 Vgl. 24, (Kirchengeschichte des Eusebius X, 4)
34 Vgl. 30, S. 167
35 *Teichmann,* Frank: Der Gral im Osten. Motive aus der Geistesgeschichte Armeniens und Georgiens. Stuttgart 1986, S. 115
36 *Friedrich,* Thomas: Tempel und Palast Salomos als Denkmäler phönikischer Kunst. Innsbruck 1887; *Bock,* Emil: Könige und Propheten. Stuttgart 1953, S. 119ff.
37 *Rahner,* Hugo: Griechische Mythen in christlicher Deutung. Basel [4]1984, S. X, 281–328, S. 344 (Anmerkung 17)
38 Joh. 1,3
39 *Eliade,* Mircea: Das Heilige und das Profane. Vom Wesen des Religiösen. Hamburg 1957, S. 36
40 *Skerst,* Herman von: Der Gralstempel im Kaukasus. Urchristentum in Armenien und Georgien. Stuttgart 1986; *Teichmann,* Frank: Der Gral im Osten. Stuttgart 1986

Technik und Kirche im Mittelalter

Wolfgang Stürner

Das europäische Mittelalter gilt nicht gerade als eine besonders durch die Technik geprägte Epoche. Mit seinem Namen verbindet man allenfalls einige wenige spektakuläre Erfindungen wie das Schießpulver oder den Buchdruck – und selbst diese werden meist eher der Renaissance zugerechnet. Tatsächlich jedoch spielte die Technik, spielte das Bemühen um zweckmäßige Nutzung der natürlichen Rohstoffe, der Naturkräfte und Naturgesetze, im Abendland zwischen dem 6. und 15. Jahrhundert durchaus eine wichtige Rolle. Ihre Bedeutung wuchs besonders rasch seit dem ausgehenden 11. und dem 12. Jahrhundert, also seit der Zeit des Investiturstreits und der Staufer[1]. Nach den Wirren der Völkerwanderung (4.–6. Jahrhundert) verbreiteten sich die wenigen technischen Innovationen zunächst langsam; aber sie führten auf längere Sicht zu grundlegenden Veränderungen und Verbesserungen. Das gilt vor allem für das Gebiet der Landwirtschaft, der bis ins Spätmittelalter zentralen Wirtschaftsform überhaupt. So setzte sich seit dem 8. Jahrhundert die Dreifelderwirtschaft nördlich der Alpen und der Loire allmählich durch. Etwa gleichzeitig begann der schwere, bodenwendende Räderpflug den leichten Hakenpflug zu verdrängen, lernte man die dem Ochsen überlegene Kraft des Pferdes mit Hilfe des Kummets und des Hufeisens angemessen einzusetzen. [II-3.2; III-4.2; V-3.1]

Seit dem 11. Jahrhundert nahm dann die Zahl der mit Wasserkraft betriebenen Getreidemühlen schnell zu. Daneben tauchten Gezeitenmühlen und seit dem Ende des 12. Jahrhunderts Windmühlen auf. Diese gewannen besonders im frostreichen Norden große Bedeutung. Verbesserte Formen der Kraftübertragung durch Nockenwelle, Zahnräder und schließlich durch die Kurbelwelle mit Pleuelstange ermöglichten den Bau von wassergetriebenen Pressen und Hammerwerken, die weithin beim Walken des Tuchs, beim Zubereiten der Färberwaid oder der Gerberlohe, beim Schmieden und bei der Papierherstellung Verwendung fanden. Im Spätmittelalter trieb das Wasserrad außerdem Säge-, Schleif- und Drahtziehmühlen, Pumpen und Förderwinden in Bergwerken und wohl seit Mitte des 14. Jahrhunderts auch große Blasebälge, mit deren Hilfe es gelang, das Eisen in den Hochöfen zu schmelzen und Gußeisen zu gewinnen. Entschlossener als China und die islamische Welt ging Europa im selben Jahrhundert an die praktische Nutzung des Schießpulvers, vor allem im Geschützbau, und um 1450 vollendete Johannes Gutenberg in Mainz die Entwicklung der neuen Buchdrucktechnik durch den Einsatz von Metallmatrizen und Kupfertypen. [III-2.3; III-2.4; V-4.1]

Nicht fehlen darf in unserer kurzen Übersicht ein Hinweis auf die seit dem 12. Jahrhundert erkennbaren erheblichen Fortschritte im Schiffsbau, auf die im 13. Jahrhundert schon erstaunlich genauen Seekarten und auf den Kompaß als deren ideale Ergänzung. Vielleicht am eindrücklichsten zeigen sich die zunehmende Mechanisierung des mittelalterlichen Lebens und die wachsende Bedeutung der Technik an der wohl bewundernswertesten und vollkommensten Maschine, die jene Epoche hervorbrachte: an der mechanischen, von fallenden Gewichten getriebenen Uhr, deren Bau um 1300 gelang. Schnell bestimmte nun der streng regelmäßige und berechenbare, der „mechanische" Stundenschlag vor allem in der Stadt das tägliche Leben. Das Uhrwerk trat an die Stelle der gewissermaßen natürlichen, an der wechselnden Länge der Tage orientierten Einteilung, nach der die Kirchenglocken bisher zum kanonischen Stundengebet gerufen hatten. [II-4.1]

Im ganzen übertraf Europa im 15. Jahrhundert in seiner technischen Entwicklung wohl alle früheren und alle anderen zeitgenössischen Kulturkreise. Es verfügte über eine große Zahl natürlicher Energiequellen und nutzte diese Energien technisch auf vielfältige Weise. Damit hatte es die wesentlichen Voraussetzungen für seine künftige Expansion über die Weltmeere und für seine beherrschende Stellung in den kommenden Jahrhunderten geschaffen [2].

Die folgende Darstellung will der Frage nachgehen, welche Bedeutung die geschilderte Entwicklung der Technik für die mittelalterliche Kirche hatte, in welcher Weise diese sich mit ihr auseinandersetzte, sich ihrer bediente, wie ihre Repräsentanten sie theoretisch beurteilten, ob und wie sie sie praktisch mittrugen oder gar schöpferisch förderten. Dabei soll zunächst die Stellung der Technik im alltäglichen Leben der kirchlichen Amtsträger und Institutionen beleuchtet werden. Ein zweites Kapitel wird untersuchen, welche theoretische Bewertung die Technik durch die Kirche erfuhr.

Die Technik im Leben der Kirche

Wenn wir nach der Rolle fragen, die technische Einrichtungen, Geräte und Methoden im praktischen Alltag der Kirche spielten, so müssen wir bedenken, daß sich der Klerus selbstverständlich in erster Linie in der Verantwortung für die Seelsorge und für das jenseitige Heil der ihm anvertrauten Menschen sah. Sein Interesse und seine Aufmerksamkeit galten vorwiegend geistlichen Problemen, seine Sorge richtete sich zunächst auf die Versöhnung der sündigen Welt mit Gott. Dennoch gab es eine Reihe von Bezugspunkten zwischen Kirche und Technik. Vor allem verfügte die Kirche über bedeutende wirtschaftliche Macht: Sie war neben Königtum und Adel der wichtigste Grundbesitzer und mußte sich schon deshalb mit der Entwicklung der Agrartechnik auseinandersetzen. Dabei übernahmen insbesondere die großen Benediktinerabteien neue Methoden offensichtlich rasch und bereitwillig. Diese Aufgeschlossenheit hängt gewiß damit zusammen, daß schon Benedikt von Nursia (um 480–547) in seiner für das klösterliche Leben des Abendlandes grundlegenden Regel – anders als seine spätantiken Zeitgenossen – der Handarbeit einen positiven Wert beigemessen und den Mönchen die verschiedensten Tätigkeiten in den Werkstätten wie in der Landwirtschaft zugewiesen hatte. Mag sein Gebot in der Folgezeit auch häufig mißachtet, die Arbeit dem unfreien Gesinde der Klöster überlassen worden sein, so hören wir in den Quellen doch immer wieder von Mönchen und Äbten, die selbst mit Hand anlegten. Die zahlreichen klösterlichen Neugründungen des 7. und 8. Jahrhunderts, meist inmitten großer, abgelegener Waldgebiete, waren ohne den aktiven Einsatz der Mönche beim Roden, beim Hausbau und auf dem Felde undenkbar. Die Arbeit erhielt einen festen Platz im mönchischen Alltag; die stete Erfahrung mit ihr weckte den Sinn für die Verbesserung ihrer Organisation und für die Bedeutung technischer Hilfen [3]. [II-3.1; II-4.5]

So stammt der erste sichere Beleg für die Einführung der Dreifelderwirtschaft nicht zufällig aus einer Urkunde des Klosters St. Gallen vom Jahre 763. Aus den Statuten, die der Abt Adalhard (um 750–826) im Jahr 822 für sein nordfranzösisches Kloster Corbie abfaßte, erfahren wir, daß damals wenigstens fünfzehn Wassermühlen unmittelbar für die Versorgung der Abtei arbeiteten; daneben gab es weitere Mühlen auf den entfernteren Zentralhöfen des Klosters. Die Müller standen wohl unter der unmittelbaren Kontrolle des Abtes und nahmen eine Sonderstellung unter den Pächtern des Klosters ein [4]. Ähnliche Nachrichten besitzen wir von anderen Klöstern; die große Abtei St. Germain-des-Prés bei Paris zum Beispiel besaß im 9. Jahrhundert an die sechzig Wassermühlen.

Auch die weitere Entwicklung der Energietechnik im Hochmittelalter unterstützten vor allem die Klöster tatkräftig. So setzte etwa das Kloster St. Sauveur in Montreuil-sur-Mer südlich Boulogne um 990 das erste mechanische Mahlwerk bei der Bierherstellung ein. Eine der ersten Gerbmühlen scheint 1138 auf Besitzungen des Pariser Domkapitels in der Ile-de-France gearbeitet zu haben. Seit dem 13. Jahrhundert erstellten geistliche Grundbesitzer allenthalben Walkmühlen. Oft genug rief der Zwang, mit dem sie die ausschließliche Benutzung der neuen Einrichtungen durchzusetzen und damit die Amortisation ihrer Kosten zu sichern suchten, den hartnäckigen Widerstand der Betroffenen hervor. Am längsten zog sich wohl der Streit hin, den die Äbte des Klosters St. Albans nördlich von London seit der Mitte des 13. Jahrhunderts vor Gericht und durchaus auch mit Waffengewalt mit den Einwohnern von St. Albans ausfochten, weil diese beharrlich darauf bestanden, zuhause ihr Tuch mit den Füßen walken, ihr Getreide von Hand mahlen zu dürfen. Noch im Bauernaufstand von 1381 war dieser Konflikt eine der Ursachen für die Erhebung gegen die Abtei [5].

Das Interesse der Kirche an der Technik und ihre Bedeutung für deren Entwicklung zeigt sich weiterhin daran, daß bis zum Hochmittelalter praktisch ausschließlich Geistliche für die Überlieferung und Weiterbildung der technischen Spezialliteratur sorgten. Die Kirchen- und Klosterbibliotheken bewahrten auch Fachbücher technischen Inhalts, ihre Skriptoren, Mönche zumeist, schrieben sie ab und ermöglichten ihre Verbreitung. So kennen wir zahlreiche mittelalterliche Handschriften wichtiger antiker Werke wie der „Historia Naturalis" des Plinius oder Vitruvs Bücher über die Architektur. Daneben gingen schon früh Männer wie der Bischof Isidor von Sevilla (um 560–636) daran, das antike Wissen in Form von Enzyklopädien zusammenzufassen. Sie berücksichtigten dabei durchaus den Bereich der Technik; Isidors vielbenutzte „Etymologiae" etwa widmen ihm zwei Bücher. Neben solche Kompendien traten bald neue Anweisungen und Rezepte aus der handwerklich-technischen Praxis, die man zu größeren Sammlungen vereinte. Die bekannteste unter ihnen trägt den Titel „Mappae clavicula" und behandelt so unterschiedliche Probleme wie die Gewinnung und technische Verwendung von Gold, Silber und anderen Metallen sowie von Legierungen, die Zusammensetzung von Klebstoffen, Färbetechniken, das Anfertigen brennbarer Mixturen oder Methoden der Brandlöschung. Ihren Inhalt kennen

Skriptorium, zugleich Schreibschule im Obergeschoß eines Klosters, nahe beim Glockenturm (Darstellung des 9. Jahrhunderts). Man sieht Geräte zum Abmessen, Schneiden, Spannen des Pergaments. Die europäische Geistigkeit beruht etwa zweitausend Jahre lang weitgehend auf dem Schreiben und Abschreiben, auf dem Ethos derjenigen, die diese Schreibarbeit leisten, aber auch auf deren Finanzierung und Organisation.

wir aus einer wohl aus St. Gallen stammenden, heute in Schlettstadt liegenden Handschrift des 10. Jahrhunderts. Die Schreiber anderer Codices veränderten und ergänzten diesen Bestand ihrem Bedarf und ihren Kenntnissen entsprechend. So steuerte der im Kloster St. Cybard in Angoulême lebende, vielseitig tätige Mönch Ademar von Chabannes (um 988–1034) vier neue Rezepte zur Farbherstellung bei. Andere Sammlungen des 9.–11. Jahrhunderts konzentrierten sich auf die Glastechnik, die Herstellung von Mörtel oder Mosaiken [6]. [III-4.2]

Die erste bedeutende selbständige Leistung auf dem Felde der technischen Fachliteratur entstand dann im 12. Jahrhundert: Es handelt sich um den Traktat „De diversis artibus", dessen Verfasser sich selbst als „Theophilus, demütiger Priester und Mönch" vorstellt. Hinter diesem Namen verbirgt sich wohl Roger, ein Mönch des Benediktinerklosters Helmarshausen an der Weser und der bedeutendste Goldschmied seiner Zeit. Er faßte sein Werk vermutlich in den Jahren 1122–1123 ab und gliederte es in drei Bücher. Das erste handelt von den Farben, ihrer Gewinnung und Verwendung – mit ersten Hinweisen auf die Ölmalerei –, das zweite von der Herstellung von Glas und farbigen Glasfenstern, das dritte, weitaus umfangreichste, schließlich von den Metallen und ihrer Bearbeitung. Den Leser fasziniert noch heute sowohl der weite Bereich der Technik, den Theophilus berücksichtigt, wie die klar durchdachte Ordnung des Ganzen, die Zuverlässigkeit und Genauigkeit im Detail seiner Beschreibungen. Hier äußert sich offenkundig ein Mann, der die Werkzeuge, Hilfsmittel und Apparaturen, von denen er redet, die vielfältigen technischen Operationen mit ihren einzelnen Schritten und Schwierigkeiten, die er präzise schildert, aus eigener praktischer Erfahrung kennt. Er erweist sich vor allem als ein hervorragender Metallfachmann. Sein Buch gipfelt in der Anleitung zum Bau einer Orgel und in der ersten ausführlichen Beschreibung eines Glockengusses [7].

Neben der theoretischen Auseinandersetzung mit der Technik auf erstaunlichem Niveau begegnet uns bei Theophilus wieder die – mit der Geschichte der Benediktiner von Anfang an verbundene – praktische technische Betätigung. Diese richtet sich hier insbesondere auf jene Gebiete, die innerhalb der geistlich-mönchischen Lebensform, in Gottesdienst und Liturgie, beim Ausschmücken einer Kirche oder beim Fertigen wertvollen Kirchengeräts von Bedeutung waren. Damit steht Theophilus im übrigen nicht allein. Wir kennen zahlreiche Mönche und Geistliche, die ihrer Erz- und Glasarbeiten wegen, als Orgelbauer, Goldschmiede oder Glockengießer Ruhm erlangten und die Förderung von Kaisern und Königen erfuhren. So trat, um ein

Ottonische Kirche in Hildesheim, dem deutschen Reichsheiligen Sankt Michael gewidmet, errichtet unter dem Bischof Bernward; nach der Zerstörung im Zweiten Weltkrieg in der ursprünglichen Form wiederhergestellt, von der Unesco zum „Weltkulturerbe" erklärt. Zu der sicheren Beherrschung großer Baumassen kommt in Hildesheim eine außerordentliche Entwicklung der Metalltechnik; die berühmten, 1015 für diesen Bau geschaffenen Bronzetüren, fast fünf Meter hoch, sind in einem Stück gegossen, obwohl sie in ihren Reliefs sensible Figurationen aus der Buchmalerei wiedergeben.

besonders bemerkenswertes Beispiel zu nennen, der Bischof Bernward von Hildesheim (um 960–1022) als ausgezeichneter Kenner der Architektur und der Kunstschmiedetechnik hervor. Er leitete den Bau der doppelchörigen Abteikirche St. Michael in Hildesheim und ließ für diese Kirche um 1015 die Kreuzsäule und – eine technische Meisterleistung – die in einem Stück hergestellten, mit reicher Plastik geschmückten Bernwardstüren aus Bronze gießen. Selbst schuf er mehrere einzigartige Silbergüsse [8].

Ein angelsächsischer Bischof, Aelfeg von Winchester († 951), richtete schon um 950 die erste große Orgel des Mittelalters in seiner Kathedrale ein, ein Instrument, dessen vierhundert Pfeifen aus sechsundzwanzig von siebzig Männern bedienten Blasebälgen Luft erhielten.

Wie weit das Vertrauen in die technischen Möglichkeiten der Naturbeherrschung damals gehen konnte, zeigt das Exempel des Mönches Eilmar aus der Abtei Malmesbury (östlich Bristol, Wiltshire). Einem durchaus glaubwürdigen späteren Bericht aus seiner Abtei zufolge baute er sich, wohl um 1010, große Flügel für Arme und Beine und flog mit ihnen von der Spitze eines Turms, die Kraft des Windes nützend, mehr als zweihundert Meter weit; dann stürzte er, von einer Windböe erfaßt und nach der Meinung unseres Berichterstatters zugleich erschrocken über seine Kühnheit, ab, brach sich die Beine und blieb für den Rest seines Lebens lahm – an seine mutige Tat aber erinnerten die Geschichtsschreiber und Gelehrten noch nach Jahrhunderten [9].

In besonders intensiver Weise suchte der 1098 gegründete, von Abt Bernhard von Clairvaux (1090–1153) zu weit ausgreifender Wirksamkeit geführte Orden der Zisterzienser die Vorschriften der Benediktinerregel neu zu verwirklichen. Gebet und Arbeit sollten in dieser Gemeinschaft wieder das Leben der Mönche erfüllen; fern der Welt, in Einsamkeit und Askese sollten sie allein vom Ertrag ihrer eigenen Handarbeit leben. Diese Zielsetzung brachte es mit sich, daß die Zisterzienser, anknüpfend an die benediktinische Tradition und unterstützt von den fest in ihren Orden integrierten Laienbrüdern, in vorderster Linie an den spätestens im 12. Jahrhundert überall in Europa einsetzenden Bemühungen um Gewinnung neuen Ackerlandes durch Rodung von Wäldern und Trockenlegung von Sümpfen wie auch an der deutschen Ostsiedlung teilnahmen. Die Energie und Konzentration, mit der sie sich ihrer Aufgabe widmeten, machte sie rasch zu anerkannten Fachleuten und gesuchten Ratgebern für alle Fragen, die mit der Agrarwirtschaft im weitesten Sinne zusammenhingen. Dabei standen sie technischen Hilfsmitteln ausgesprochen positiv gegenüber und setzten sie in großem Umfange auf ihren Gütern ein. Ihr neues Frömmigkeitsideal ließ die Zisterzienser zu Förderern der technischen Entwicklung werden.

Kennzeichnend für diese Haltung ist etwa eine Beschreibung der Abtei Clairvaux aus dem 12. Jahrhundert, die die wertvolle, menschliche Mühe und Anstrengung ersparende Kraft des Wassers preist und mit spürbarer Begeisterung schildert, wie der von der Aube durch einen Kanal abgeleitete Flußarm in Clairvaux nacheinander die Getreidemühle, die Walk- und die Lohmühle antreibt, die Mehlsiebe bewegt und vielerlei sonstigen Nutzen bringt. Der gleiche wache Sinn für die Vorteile maschineller Verfahren leitete die Zisterzienser bei allen ihren weitgespannten Unternehmungen. Mehr als ein Dutzend Zisterzienserklöster waren beispielsweise im 14. Jahrhundert an der Lüneburger Saline und an ihrem technischen Ausbau beteiligt; außerdem betätigte sich der Orden im Bergbau [10] und vor allem in der Eisenproduktion. Für fünfunddreißig meist englische und französische Zisterzienserklöster bezeugen Quellen vom 12. bis zum Anfang des 14. Jahrhunderts eine Aktivität auf diesem Gebiet. Zwischen 1180 und

1250 widmeten sich die Zisterzienser offenbar besonders nachdrücklich der Erzsuche in Nord- und Ostfrankreich, und die erste Erschließung der Eisenerzlager in Lothringen und in der Champagne scheint vorwiegend ihr Verdienst gewesen zu sein [11].

Natürlich gab es im Hoch- und Spätmittelalter auch außerhalb der Gemeinschaft der Zisterzienser reges Interesse von Geistlichen – vor allem Mönchen – am technischen Fortschritt und seiner Förderung. Der Franziskaner und Bischof von Lincoln, Robert Grosseteste (um 1168–1253), der in seinen naturphilosophischen Schriften eine kühne Lichttheorie entwarf, wußte von der Möglichkeit, entfernte oder kleine Gegenstände zu vergrößern, erkannte und gebrauchte also offensichtlich schon Linsen in einer Art von Vergrößerungsglas [12]. Roger Bacon (um 1219–um 1292), ebenfalls Franziskaner und vielleicht ein Schüler, sicher aber ein Bewunderer Roberts, beschrieb neben vielem anderen eine Reihe gleichartiger optischer Versuche und Effekte. Die praktische Anwendung der Linsen als Augengläser, in der Brille, gelang freilich weder ihm noch einem Dominikanermönch, wie man immer wieder annahm. Wohl aber erzählt ein Dominikaner, Giordano von Pisa, in einer 1306 zu Florenz gehaltenen Predigt, er selbst habe den Erfinder der Brille gekannt. Die Erinnerung an das nach seinen Worten etwa zwanzig Jahre zurückliegende Zusammentreffen mit diesem Mann ist Giordano Grund genug, die zahllosen technischen Errungenschaften seiner Zeit zu feiern [13]. In der Tat kam die neue Lesehilfe besonders den Intellektuellen und damit noch immer vorwiegend den Geistlichen zugute.

Mancher geistliche Liebhaber der Technik wäre hier noch zu erwähnen: Richard von Wallingford (um 1295–1335) etwa, der Abt von St. Albans und stolze Erbauer einer großen astronomischen Uhr (um 1330), oder Jean Fusoris (um 1365–1436), der auch als Pariser Domherr seine Zeit dem Bau astronomischer Instrumente widmete; beide waren übrigens Söhne von Handwerkern [14].

Vor allem jedoch muß sehr eindringlich auf jenen Bereich der Technik hingewiesen werden, der das Leben der Kirche am häufigsten und am unmittelbarsten beeinflußte, auf die Architektur, den Kirchenbau. Als die Cluniazenser gegen Ende des 11. Jahrhunderts das Mittelschiff ihrer neuen Abteikirche nicht wie üblich flach deckten, sondern mit einem Tonnengewölbe überspannten, hatte diese Wiederbelebung der Gewölbetechnik weitreichende Folgen. Man nahm die Anregung Clunys beim Bau neuer Kirchen auf, suchte dessen Vorbild noch zu übertreffen und die dabei auftretenden technischen – in erster Linie statischen – Probleme durch immer großartigere Lösungen zu bewäl-

Astronomische Uhr im Münster zu Straßburg, um 1580 vollendet. Sie zeigt u. a. die Stellung des Mondes, der Sonne und der Planeten zur Erde an; allerdings funktionierte sie lange Zeit nicht. Offensichtlich geht der Plan auf Ideen und Versuche des 14. Jahrhunderts zurück. Die frühmittelalterliche Zeitmessung, die Tagesstunden und -pflichten ansagte, ist hier überboten von einer Weltuhr des Sonnensystems, die zudem Schauelemente hat, nämlich „heronische" Figuren, die sich automatisch fortbewegen (die Apostel) oder ertönen (der krähende Hahn).

Spätmittelalterliche Darstellung des Baues einer Kathedrale (Umzeichnung). Der Bauherr gibt Anweisungen, die von einem Baumeister weitergegeben werden, ohne daß dieser selbst „Hand anlegt". Man sieht sowohl Stein- als auch Holz-Bearbeitung.

tigen. Kühn konstruierte Kreuzgratgewölbe von 32 Metern Höhe und 13 Metern Weite überspannten um 1100 das Mittelschiff des Domes zu Speyer. Im 12. Jahrhundert vollzog sich dann, wieder zuerst in Frankreich, der Übergang zur Bautechnik der Gotik. Sie konzentrierte die Schubkräfte und Lasten auf die Pfeiler, auf die durchweg als Spitzbögen geführten Rippen und ein System von Strebebögen und Strebepfeilern. So brachte sie den statisch empfindlichen, aber materialsparenden Skelettbau hervor. Mit seinen neuen technischen Möglichkeiten ließ sich die Höhe der Mittelschiff- und Chorgewölbe weiter steigern und die Wand zugunsten großer, farbiger Scheibenflächen auflösen. Der gotische Kirchenbau entsprach damit offenbar in besonderer Weise der neuen Religiosität jener Zeit, für die Gottes Hineinwirken in die geschaffene Welt und das intensive Streben aller Geschöpfe – vor allem der Menschen – nach Annäherung an ihren Schöpfer eine zentrale Bedeutung hatten.

Wir wissen aus vielen Zeugnissen, daß Geistliche, Bischöfe und Äbte die Entwicklung der kirchlichen Architektur nicht nur als Geldgeber und Bauherren wesentlich mitprägten. In der Romanik, aber auch noch in der Zeit der Gotik, kümmerten sie sich eindringlich und vielfach mit großer Sachkenntnis um die Planung und Ausgestaltung der Neubauten. So beauftragte Kaiser Heinrich IV. (1050–1106) den Bischof Benno von Osnabrück (um 1020–1088) mit der Leitung der Arbeiten in Speyer, vor allem mit der Sicherung des Baufundaments gegen den Rhein. Abt Suger (um 1080–1151) war der Bauherr des ersten großen gotischen Bauwerks, des Chores von St. Denis (geweiht 1144). Er betrachtete als einen wesentlichen Vorzug der neuen Architektur ihre großen Fenster, deren buntes Licht den Gläubigen, ähnlich wie das Leuchten der Edelsteine, auf geheimnisvolle Weise das Wesen Gottes nahebringe. Besondere theologische Vorstellungen förderten in diesem Falle also ganz bestimmte technische Methoden und Gebiete wie den Strukturbau, die Glasherstellung oder die Glasfärbetechnik. Suger erzählt selbst, wie er den Bau seiner Kirche bis ins einzelne überwachte, etwa mit den Zimmerleuten Bauholz im Wald aussuchte, sich mit den Goldschmieden besprach und die Ikonographie der Glasfenster festlegte. Die bei der Weihe von St. Denis anwesenden Bischöfe waren so tief vom Geschehenen beeindruckt, daß es innerhalb der nächsten Jahrzehnte in Laon, Chartres, Paris, Reims und Amiens, aber auch in vielen anderen französischen Städten zur Errichtung neuer Kathedralen im gotischen Stil kam. Die Architekten, denen man nun regelmäßig die Bauleitung übertrug, galten als hochgeschätzte Fachleute. Inschriften in den Kirchen bewahrten der Nachwelt ihre Namen, teilweise – wie in Amiens – neben denen des Königs und des bischöflichen Bauherrn [15].

Schopfergott mit Zirkel – Buchmalerei (Umzeichnung) in der Bible moralisée (Toledo) aus der Mitte des 13. Jahrhunderts, in Anlehnung an den Satz aus dem alttestamentlichen Buch der Weisheit (11, 21): „Du hast alles geordnet nach Maß, Zahl und Gewicht".

Gewiß stand die Technik nicht im Zentrum des mittelalterlichen kirchlichen Lebens, gewiß erfüllte das Interesse an ihr nicht alle kirchlichen Amtsträger in gleichem Maße. Es gab sogar viele Geistliche, in deren Alltag sie kaum eine unmittelbare Rolle spielte. Dennoch zeigt unser Überblick, daß sich die Kirche durch die Jahrhunderte im ganzen der gegebenen technischen Möglichkeiten und Innovationen meist rasch, aufgeschlossen und auf vielfältige Weise bediente und aufgrund ihrer speziellen Bedürfnisse auf einzelnen Gebieten wie der Architektur, der Metallurgie oder der Glasverarbeitung die technische Entwicklung sogar vorantrieb und maßgebend mitbestimmte. Waren sich ihre Glieder dieses Zusammenhanges bewußt? Gab es eine theoretische Auseinandersetzung der Kirche mit der Technik, und wie wurde diese dabei bewertet?

Die Technik in der Lehre der Kirche

Grundsätzlich gilt es, sich hier zunächst die Tatsache bewußt zu machen, daß der hohe Klerus des Mittelalters in aller Regel aus dem Adel stammte und schon deshalb vielfach, ähnlich wie die Führungsschicht der Antike, der Handarbeit und damit auch handwerklicher Tätigkeit innerlich fern, ablehnend, ja sogar mit Verachtung gegenüberstand. Sie gehörte seit der Vertreibung Adams aus dem Paradies [16] zu den Pflichten der Masse, der niederen, unfreien Schichten, der servi, die Gott nach einem häufig zitierten Wort Isidors von Sevilla als Folge des Sündenfalls der Leitung der Herrschenden unterworfen hatte. Dazu kommt, daß die christliche Theologie von Anfang an, Aussagen etwa der Bergpredigt [17] folgend, das Streben nach dem jenseitigen Heil der Seele als die zentrale menschliche Aufgabe herausstellte. Die Sorge um das irdisch-körperliche Wohl, um die greifbar-konkreten Dinge dieser Welt dagegen bezeichnete sie als zweitrangig, sie verurteilte sie zuweilen sogar als eine Ablenkung vom eigentlichen Ziel der Christen. Für die Geistlichkeit, der Gott selbst den alles andere an Gewicht weit überragenden Bereich des Geistlich-Spirituellen anvertraut, die Verantwortung für das Seelenheil der Gläubigen übertragen hatte, ergab sich aus dieser klaren Wertordnung in besonderer Weise die Verpflichtung, sich auf weltlich-diesseitige Angelegenheiten so wenig wie möglich einzulassen [18]. [II-4.5]

Nun finden sich freilich in der Bibel auch Stellen, die geradezu zur Arbeit ermahnen. Am deutlichsten geschieht das vielleicht im Gebot des Paulus: Wer nicht arbeiten will, soll auch nicht essen [19], und dieses Wort taucht in der Tat sehr früh im abendländischen Mönchstum auf, um die Verpflichtung zu körperlicher Arbeit für den eigenen Unterhalt wie für den der Mitmönche oder der Armen zu begründen. Deshalb konnte Benedikt von Nursia ganz allgemein auf das Vorbild der Apostel und der früheren Mönche verweisen, als er seine Mitbrüder davon zu überzeugen suchte, daß wahre Mönche von der Arbeit ihrer eigenen Hände lebten. Hier erhielt die körperliche Arbeit als Dienst des einzelnen innerhalb einer christlichen Gemeinschaft und für den Nächsten zweifellos eine eindeutig positive Bewertung. Diese prägte zwar nur allmählich die klösterliche Wirklichkeit, wurde immer wieder verdrängt und vergessen, behauptete sich aber auf Dauer innerhalb der Kirche neben der zu Beginn beschriebenen, eher negativen Sicht. Darüber hinaus hatte die Arbeit für Benedikt freilich noch einen besonderen Sinn: Der Müßiggang, so seine Überzeugung, war der Feind der Seele; deshalb sollten sich die Brüder neben dem Studium des Gotteswortes der Handarbeit widmen. Die Handarbeit bot demnach einen wirksamen Schutz vor den Verlockungen des Bösen; sie diente der Annäherung der Seele an Gott, sie erschien geradezu als ein Hilfsmittel zum jenseitigen Heil. Ihre Bedeutung lag bei dieser Betrachtungsweise nicht mehr so sehr in ihr selbst, in ihrem unmittelbaren Nutzen für Mensch und Gesellschaft begründet. Ihr Wert beruhte vor allem auf der Erwartung, daß sie die Seele vor Abirrungen auf dem Weg zum überragenden jenseitigen Lebensziel bewahren werde[20].

Da der Bereich der Technik im Mittelalter immer aufs engste mit handwerklicher Betätigung zusammenhing, da technische Innovationen und Entwicklungen fast ausschließlich aufgrund besonderer handwerklicher Geschicklichkeit und Kenntnis, als Folge der Auswertung praktischer Erfahrung und Beobachtung zustande kamen, geben die geschilderten unterschiedlichen Standpunkte zur Arbeit, speziell zur Handarbeit, zugleich weithin den Rahmen, in dem sich die kirchliche Beurteilung der Technik bewegen konnte. Wir stoßen denn auch auf Äußerungen der Geringschätzung, die offensichtlich mit dem Handwerk zugleich der Technik galten.

Am schärfsten formulierte diese ablehnende Sicht der berühmte, wissenschaftlich hochgebildete Geschichtsschreiber und Bischof Otto von Freising (um 1112–1158), als er gegen Ende seines Lebens in seinem Werk über die Taten Kaiser Friedrich Barbarossas (um 1122–1190) die Verhältnisse in den oberitalienischen Städten schilderte. Voller Unverständnis stellte er dabei fest, es sei dort üblich, zur Stärkung der Stadt nicht nur junge Leute der unteren Stände in die Ritterschaft und in hohe Ämter zu berufen, sondern sogar irgendwelche Handwerker der verachtenswerten mechanischen Gewerbe, die man überall sonst wie die Pest von jeder ehrenvolleren und freieren Betätigung vertreibe. Hier zeigt sich neben dem Vorbehalt des Stauferanhängers gegenüber den lombardischen Städten deutlich die Verachtung des Hochadligen und Klerikers für die mit ihren Händen arbeitenden und deshalb unehrenhaften und unfreien Menschen; nichts spricht dafür, daß der Bischof etwa spezifisch technische Kunstfertigkeiten von seinem pauschalen Urteil ausschließen wollte[21]. Solche radikalen Stimmen sind jedoch verhältnismäßig selten; es überwiegen die differenzierteren und im ganzen positiven Stellungnahmen. [V-3.1]

Eine technische Darstellung des Schwertschleifens aus dem Utrecht-Psalter (9. Jahrhundert), die einen gleichnishaften moralischen Vers des 64. Psalms illustriert: Gott schütze David vor den Übeltatern, die ihre Zungen schärfen wie ein Schwert.

Am Anfang muß hier der Bischof Isidor von Sevilla genannt werden. Im zweiten Teil seiner später viel benützten „Libri differentiarum“ behandelt er die Physik als eines der drei Hauptgebiete der Wissenschaft und zählt zu ihr neben Arithmetik, Geometrie, Musik,

Astronomie, Astrologie und Medizin auch die Mechanica. Er versteht darunter den vielfältigen Wissensbereich handwerklicher und technischer Produktion. Damit erhielt das Feld der Technik im weitesten Sinne den Rang einer Wissenschaft zuerkannt. Isidors Konzeption begegnet uns später mehrfach wieder, so bei dem Abt Aldhelm von Malmesbury (um 640–709), bei Hrabanus Maurus (780–856), dem Abt von Fulda und Erzbischof von Mainz, oder bei dessen Schüler, dem Mönch und Bischof von Passau Ermenrich von Ellwangen (um 814–874). Zwar setzt sich nun eine etwas engere, die Praxis betonende Definition des Faches durch. Aber es bleibt bei seiner Einordnung unter die Physik, also in das Gesamtgebäude der Wissenschaften, und damit bei seiner überaus positiven Einschätzung. Ob und in welchem Umfange der Unterricht damals tatsächlich die Mechanik im beschriebenen Verständnis berücksichtigte, läßt sich schwer sagen. Jedenfalls handelte es sich um die Vermittlung vorwiegend praktischer Fähigkeiten. Wissenschaftstheorie und Schulwirklichkeit spiegeln somit die spezifisch mittelalterliche Verbindung der Technik mit der handwerklichen Praxis wider [22].

Diese Verknüpfung führte dann zwar dazu, daß die Gelehrten das Fach Mechanik seit der Mitte des 9. Jahrhunderts aus dem Kreis der Wissenschaften ausschieden. Für den hohen Rang, den man auch künftig besonderem handwerklich-technischem Geschick zumaß, gibt es indessen genügend Zeugnisse. Recht einhellig rühmten die geistlichen Biographen entsprechende Züge ihrer Helden, seien es Bischöfe wie Bernward von Hildesheim, Benno von Osnabrück oder Thiemo von Salzburg († 1102), sei es ein Mönch wie der gelehrte Hermann von Reichenau (1013–1054) [23].

Theophilus, der uns schon bekannte geistliche Technik-Schriftsteller aus dem beginnenden 12. Jahrhundert, legte dann in seinen Vorreden zu den einzelnen Teilen seines Werkes ein sehr engagiertes Bekenntnis zu Sinn und Bedeutung des technisch-künstlerischen Schaffens ab: Mit ihm nutzt nach seinen Worten der Mensch die ihm von Gott als Erbe vermachten Gaben der Weisheit und des Verstandes, die zu verachten Dummheit und Faulheit verriete. Er meidet – die Regel Benedikts klingt an – den von Gott wegführenden Müßiggang, befolgt vielmehr des Paulus Aufforderung zur Handarbeit; wenn er seine Fähigkeit zum Schmucke des Gotteshauses einsetzt, kann er zudem sicher sein, das Vorbild Davids nachzuahmen und, geleitet vom Heiligen Geist, wie jener Gott zu erfreuen [24].

Eine ähnlich positive Beurteilung der technisch-handwerklichen Kenntnisse und darüber hinaus sogar ihre Wiederaufnahme in die

Reihe der weltlichen, auf die Glaubenswahrheit hinführenden Wissenschaften nahmen etwa zur gleichen Zeit der Theologe Honorius Augustodunensis († nach 1130) und besonders eindrücklich und wirkungsvoll der in Paris wirkende Augustiner-Chorherr Hugo von St. Viktor (1096–1141) vor. Hugo teilte in seinem weitverbreiteten Unterrichtswerk mit dem Titel „Didascalicon" die Philosophie in vier Bereiche: die Logik, die die Sprache schule, die Practica oder Ethik, die die Tugend lehre, die Theorica, d. h. Physik, Mathematik und Theologie, die zur Wahrheit führe, und schließlich die Mechanik, zu der er neben der Medizin oder Schauspielerei das Handwerk und technisch-künstlerische Tätigkeiten zählte. Wie die anderen Gebiete der Philosophie galt Hugo auch die Mechanik mit ihren Disziplinen als ein Heilmittel gegen die Übel, denen das menschliche Leben auf dieser Erde nach dem Sündenfall ausgesetzt ist: Sie stellt dem Menschen die Mittel zur Erhaltung seiner äußeren Existenz bereit, deren er angesichts seiner natürlichen Schwächen und Mängel notwendig bedarf. So kommt ihr zweifellos große Bedeutung zu. Sie richtet ihr Augenmerk und ihre Bemühungen jedoch allein auf das irdische Dasein; bestimmt vom menschlichen Handeln, bringt sie menschliche Werke hervor. Deshalb bleibt sie an Wert letztlich hinter der Ethik und Theorie zurück, hinter jenen Wissenschaften, die den Menschen die Tugend und göttliche Wahrheit lehren[25]. Hugos Lehrmeinung wurde von Schülern wie Richard von St. Viktor († 1173) übernommen und weitergegeben und wirkte bis in das Spätmittelalter. Noch Albertus Magnus (um 1200–1280) und Thomas von Aquin (1225–1274) stellten unter seinem Einfluß das Streben der handwerklich-technischen Tätigkeit nach Nutzen heraus. Dies allerdings hieß nun vor allem, daß sie auf einen außerhalb ihrer liegenden Zweck gerichtet, dem höherwertigen handelnden Wirken untergeordnet war, daß sie zudem die Seele von ihrem eigentlichen jenseitigen Ziel auf das Stofflich-Materielle hin abzulenken drohte. [V-3.1]

Scheint hier das Negative bei der Beurteilung der Technik als eines Teilgebietes der artes mechanicae wieder etwas stärker hervorzutreten, so überwog im ganzen in den Aussagen der gelehrten Geistlichkeit des Mittelalters, wie wir sahen, durchaus ein positives Bild. Man muß freilich festhalten, daß ein gewisser Vorbehalt ihr gegenüber meist doch wenigstens mitklang: Sie gehörte zu jenen Beschäftigungen, die im Vergleich mit den wahren, auf Gott weisenden Disziplinen als weniger wichtig, als dienend zu gelten hatten. Ihren Wert gewann sie, insofern sie sich als Vorstufe oder Helferin des theoretisch-intellektuellen Bemühens der Philosophen und Theologen interpretieren ließ, oder aber, wenn fromme Bischöfe und Mönche ihre technisch-künstlerische Meisterschaft zum Wohle der Kirche entfalteten; sie erhielt Bedeutung also in erster Linie, wo sie in einen Bezug zu Wissenschaft, Theologie und Kirche trat und so immerhin indirekt im Dienste Gottes stand. Selbst jene Geistlichen, die die Technik grundsätzlich hoch schätzten, gestanden ihr in der Regel doch keinen Eigenwert zu, sondern betonten ihre untergeordnete Funktion höheren, geistlichen Zielen gegenüber. Wir werden an die kirchliche Bewertung der Arbeit schlechthin erinnert.

Im abendländischen Mönchtum freilich war der Handarbeit – wie wir sahen – schon früh ein selbständiger Rang und Sinn zuerkannt worden. Auch diese Anschauung geriet durchaus nicht völlig in Vergessenheit: Von ihr ließ sich jene kleine Zahl geistlicher Autoren leiten, die seit dem 12. Jahrhundert eine freiere, die üblichen Einschränkungen allmählich aufgebende Sicht der Technik vertraten. Des Theophilus Wort etwa von dem Recht und der Pflicht des Christen, die ihm von Gott vermachten Gaben und Fähigkeiten zu nützen, war sicher ein wichtiger Schritt auf diesem Wege. Ein ganz anderer Ansatz, Überlegungen zur gerechten, Gottes Willen entsprechenden Ordnung der Gesellschaft, lenkten den späteren Bischof von Chartres, Johannes von Salisbury (um 1115–1180) in eine ähnliche Richtung. Zwar rechnete er die im holz- und metallverarbeitenden Gewerbe, in den artes mechanicae Tätigen mit den Textilarbeitern und Bauern der unteren, dienenden Gesellschaftsschicht zu. Er betonte aber zugleich energisch ihrer aller zentrale Bedeutung für das Staatsganze: Ohne das ihnen von Gott zugewiesene spezielle Amt, ohne ihre Sorge um die lebensnotwendigen Güter könnte die Gemeinschaft nicht bestehen[26]. Die Überzeugung vom gottgewollten und unmittelbaren Eigenwert aller Bemühungen auf dem Felde der Technik sprach dann sehr offen Roger Bacon aus, der die Experimentierfreude und Erfindungsgabe der Ingenieure rühmte und in begeistertem Vertrauen auf die Möglichkeiten der Technik und mit großer Gewißheit den Bau von motorgetriebenen Wagen und Schiffen, von Flugapparaten und Lastaufzügen prophezeite[27]. [I-4.1]

Hier offenbart sich ein neuer Sinn für die Wirklichkeit und ihren Rang, für die Besonderheit und Eigenart der Geschöpfe und ihrer Fähigkeiten. Theophilus entdeckt die Bedeutung seines Nutzen und Freude bringenden technischen Geschicks und verteidigt es mit einem gewissen Stolz; Johannes erfährt seine gesellschaftliche Umwelt als ein körpergleiches Ganzes, dessen Glieder ohne Ausnahme, unter Einschluß der handwerklich-technisch schaffenden Stände, einen eigenen

Wert in sich haben und deshalb einen je eigenen Platz im Ganzen beanspruchen dürfen. Eine ähnliche Offenheit gegenüber der Vielfalt des Geschaffenen und der menschlichen Gaben verraten die Portale und Glasfenster der gleichzeitig entstehenden gotischen Kathedralen, deren Bildprogramme nun neben anderen Lebensbereichen auch die Welt der Handwerker berücksichtigen. Vor allem aber vertreten die Naturphilosophen des 12. Jahrhunderts – meist Kleriker – aus der gleichen Grundeinstellung heraus die Auffassung, in den Dingen selbst, in den sie bildenden Elementen finde man die Ursachen für ihre spezifischen Verhaltensweisen und Bewegungen[28].

Dieses neue Verständnis für die Fülle menschlicher Gaben wie für die Eigenart der Dinge und ihrer Ordnung schuf neue Anreize für die praktische Beschäftigung mit der Natur, machte den Blick frei für die in ihr wirkenden Kräfte und ihre Nutzung. Geistliche trugen als Gelehrte oder Künstler wesentlich zu seiner Ausformulierung bei. Nur wenige unter ihnen sahen allerdings seine Konsequenzen für die Stellung der Technik in ganzer Klarheit und lösten sich völlig von den traditionellen kirchlichen Vorbehalten ihr gegenüber. Statt dessen wandten sich immer mehr Laien unvoreingenommen und mit ganzer Kraft dem Felde der Technik zu. Selbstbewußt und von der Bedeutung ihres Tuns überzeugt, widmeten sich Männer wie Villard de Honnecourt (um 1235), Pierre de Maricourt (um 1269), Giovanni de Dondi (1318–1389), Konrad Kyeser (1366–1405) und Johannes Gutenberg (um 1397–1468) der Lösung technischer Probleme; vorwiegend Architekten, Ärzte und Ingenieure begründeten den Aufstieg der Technik im Spätmittelalter. [III-4.1; V-3.1]

Literaturnachweise

1 *White*, Lynn jr.: Die mittelalterliche Technik und der Wandel der Gesellschaft. München 1968, S. 39–107; *Gimpel*, Jean: Die industrielle Revolution des Mittelalters. Zürich/München 1980, S. 9–44, S. 54–67, S. 147–168

2 *White*, Lynn jr.: Die mittelalterliche Technik (Vgl. 1), S. 104; *White*, Lynn jr.: Medieval Religion and Technology. Collected Essays. Berkeley/Los Angeles/London 1978, S. 218–222

3 *Benedicti Regula:* In: Corpus Scriptorum Ecclesiasticorum Latinorum 75. Hrsg. v. Hanslik, Rudolph. Wien 1960, c. 48.1, S. 114; c. 48.1–9, S. 114–116; c. 46.1, S. 112f.; c. 66.6f., S. 156; *Prinz*, Friedrich: Frühes Mönchtum im Frankenreich. München/Wien 1965, S. 532–539; Vgl. 4, S. 115

4 *Urkundenbuch der Abtei St. Gallen* I., Nr. 39. Hrsg. v. Wartmann, H. Zürich 1863, S. 41; *Verhulst*, Adriaan/*Semmler*, Josef: Les statuts d'Adalhard de Corbie de l'an 822. In: Le Moyen Age Bd. 68. 1962, S. 110, S. 237–246

5 *Gimpel*, Jean: Die industrielle Revolution (Vgl. 1), S. 19–22, S. 31–33
6 *Bischoff*, Bernhard: Die Überlieferung der technischen Literatur: In: Settimane di Studio del Centro Italiano di Studi sull'Alto Medioevo 18. Spoleto 1971, S. 267–296
7 *Theophilus:* De diversis artibus (The Various Arts). Hrsg. v. Dodwell, Charles Reginald (mit engl. Übersetzung). London/Paris/New York 1961, III 81–84, S. 142–150, III 85, S. 150–158; Einleitung zur Edition, S. IX–XLIV; *White*, Lynn jr.: Medieval Religion (Vgl. 2), S. 93–103
8 *Lotter*, Friedrich/*Elbern*, Viktor H.: Bernward. In: Lexikon des Mittelalters. Bd. 1. München/Zürich 1980, Sp. 2012–2014
9 *White*, Lynn jr.: Eilmer of Malmesbury, an Eleventh Century Aviator. In: Technology and Culture. Jg. 2, 1961, S. 97–111; *White*, Lynn jr.: Medieval Religion (Vgl. 2), S. 59–73
10 z. B. Harzkloster Walkenried
11 Beschreibung von Clairvaux: In: Migne, Jacques Paul: Patrologia latina. 185. Paris 1855, Sp. 570 A–571 B; Bernhardi vita prima II 5.31. In: Migne, Jacques Paul: Patrologia latina 185. Paris 1855, Sp. 285 CD; *Sprandel*, Rolf: Das Eisengewerbe des Mittelalters. Stuttgart 1968, S. 34–52, S. 89–92, S. 359–362; *Schneider*, Ambrosius (Hrsg.): Die Cictercienser. Geschichte, Geist, Kunst. Köln 1974
12 *Grosseteste*, Robert: De iride, In: Baur, Ludwig (Hrsg.): Beiträge zur Geschichte der Philosophie des Mittelalters. Bd. 9. Münster 1912, S. 74; *Crombie*, Alistair Cameron: Robert Grosseteste and the Origin of Experimental Science, 1100–1700. Oxford 1953. ND 1962, S. 104–127; *Stürner*, Wolfgang: Natur und Gesellschaft im Denken des Hoch- und Spätmittelalters. Stuttgart 1975, S. 70–72
13 *Bacon*, Roger: De secretis operibus artis et naturae. Hrsg. v. Brewer, John Sherren. London 1859, c. 5f., S. 534–536; *Gimpel*, Jean: Die industrielle Revolution (Vgl. 1), S. 187–194; *White*, Lynn jr.: Medieval Religion (Vgl. 2), S. 87f., S. 221
14 *Gimpel*, Jean: Die industrielle Revolution (Vgl. 1), S. 152–155; *Poulle*, Emmanuel: Un constructeur d'instruments astronomiques au XVe siècle: Jean Fusoris. Paris 1963
15 *Du Colombier*, Pierre: Les chantiers des Cathédrales. Ouvriers – Architectes – Sculpeurs. Nouvelle Edition. Paris 1973. *Straub*, Hans: Die Geschichte der Bauingenieurkunst. Basel/Stuttgart ^{3}1975, S. 61–82; *Swaan*, Wim: Die großen Kathedralen. Köln 1984, S. 23–101; *Stürner*, Wolfgang: Natur und Gesellschaft (Vgl. 12), S. 65–100, S. 146–154; *Suger von St. Denis:* De consecratione Ecclesiae a se edificatae. In: Migne, Jacques Paul: Patrologia latina 186. Paris 1855, Sp. 1244 C–1245 A, Sp. 1246 BC, Sp. 1248 A, Sp. 1237 B–D
16 1. Mos 3.17–19
17 Matth. 6.25–33; Luk. 12.27–31
18 *Stürner*, Wolfgang: Peccatum und potestas. Der Sündenfall und die Entstehung der herrscherlichen Gewalt im mittelalterlichen Staatsdenken. Sigmaringen 1987, S. 97, S. 120, S. 63, S. 65ff., S. 132–134, S. 151f., S. 154, S. 156f.
19 2. Thessal. 3.10

20 *Benedicti Regula* c. 48.1–8, (Vgl. 3), S. 114–116; *Dedler,* Hermann: Vom Sinn der Arbeit nach der Regel des heiligen Benedikt. In: Benedictus. Der Vater des Abendlandes 547–1947, Hrsg. v. Brechter, Heinrich Suso. München 1947, S. 103–118; *Prinz,* Friedrich: Frühes Mönchtum (Vgl. 3), S. 532–537
21 *Otto von Freising:* Gesta Frederici II 14. Hrsg. v. Schmale, Franz-Josef (Freiherr vom Stein – Gedächtnisausgabe 17). Darmstadt 1974, S. 308
22 *Isidor von Sevilla:* De differentiis rerum. In: Migne, Jacques Paul: Patrologia latina 83. Paris 1855, c. 39, c. 149f., c. 152, Sp. 93f.; *Sternagel,* Peter: Die artes mechanicae im Mittelalter. Kallmünz 1966, S. 13, S. 17–36; *Krafft,* Fritz: Artes mechanicae. In: Lexikon des Mittelalters. Bd. 1. München/Zürich 1980, Sp. 1063–1065
23 *Sternagel,* Peter: Die artes mechanicae (Vgl. 22), S. 48–52; Vita Bennonis II auctore Norberto abbate, c. 8f., c. 21. Hrsg. v. Kallfelz, Hatto (Freiherr vom Stein – Gedächtnisausgabe 22). Darmstadt 1973, S. 386–390, S. 420
24 *Theophilus:* De diversis artibus (Vgl. 7), I Prol., S. 1–4, II Prol., S. 36f., III Prol., S. 61–64
25 *Hugo von St. Viktor:* Didascalicon. Hrsg. v. Buttimer, Ch. H. Washington 1939, I 8f., S. 15–17, VI 14, S. 130–132, I 4, S. 11, II 1, S. 24, II 20, S. 38f.; *Sternagel,* Peter: Die artes mechanicae (Vgl. 22), S. 62–75, S. 85–112
26 *Johannes von Salisbury:* Policraticus. Hrsg. v. Webb, Clement J. C. 2 Bde. London 1909, ND 1965, V 2, S. 282f., VI 20, S. 58f.; Vgl. 18, S. 144–148
27 *Bacon,* Roger: De secretis operibus artis et naturae. (Vgl. 13), c. 4, S. 532f., *Bacon,* Roger: Opus tertium. (Vgl. 13), c. XIII, S. 43–47
28 *Stürner,* Wolfgang: Natur und Gesellschaft (Vgl. 12), S. 20–65

Die Kirchen des Westens und die Technik im Aufbruch zur Neuzeit

Hans-Werner Schütt

Bekanntlich stellte die Renaissance, die man mit Petrarcas Schaffenszeit um 1350 beginnen lassen kann [1], der Epoche, der sie unmittelbar folgte, eine neuentdeckte Antike gegenüber. Doch stand die scheinbare Wiedergeburt der heidnischen Antike im Zeichen des Christentums und ist zudem mit der Reformation eine Periode weittragender Erneuerungsversuche in christlichem Geiste gewesen. So wird die Renaissance von der Antinomie heidnisch-antiker und christlicher Auffassungen geprägt. Da aber die Humanisten-Renaissance wenig mit Naturspekulationen und kaum etwas mit der schon in der Antike nicht hoch angesehenen Technik im Sinne hatte, zeichneten sich die Auswirkungen des neuen ‚technischen' Weltgefühls erst gegen Ende der Renaissance und dann im Barock deutlicher ab.

Die Lage der Kirche

Zu diesem Zeitpunkt hatten das gewandelte Selbstverständnis der Menschen und wechselwirkend ihre gewandelte ökonomische Lage bereits unübersehbare Spuren auch in der Geschichte der Technik hinterlassen, während die anfangs noch vereinte Kirche ihrerseits eine schwere Krise durchlebt hatte, die zum Teil auf die veränderten Lebensverhältnisse im profanen Bereich zurückzuführen war [2]. So stand der gewaltige ‚tote' Besitz der Kirche dem seit Beginn des 14. Jahrhunderts steil wachsenden Kapitalbedarf der Bürger und Fürsten entgegen und behinderte die vorandrängende wirtschaftliche, wie auch die damit verknüpfte technische Entwicklung. Dazu kam, daß die Kirche selbst mit zweifelhaften Mitteln zu Geld zu kommen suchte, wofür der bekannte Ablaßhandel nur ein Beispiel ist. Der großenteils selbst verweltlichten Kirche, die einer mehr und mehr dem Diesseits zugewandten Welt trotz vieler Bemühungen in den eigenen Reihen –

Armutsstreit, Bußpredigten, Rivalität der Orden und Versuche einer Reform der Kirche – kein moralisches Gegengewicht, sondern häufig nur nackte Gewalt entgegenzusetzen vermochte, trat ein selbstbewußt gewordenes Laientum gegenüber, das seinen Ausdruck in Bewegungen wie der Devotio moderna und später der Reformation fand. Gegenreformation und Religionskriege konnten die Spaltung der westlichen Christenheit nicht rückgängig machen, wofür unter vielem anderen auch unterschiedliche ökonomisch-technische Entwicklungen in den Einflußgebieten der verschiedenen Konfessionen verantwortlich sind. [III-3.3; III-4.4]

Zur Entwicklung der Technik

Wie sehr, selbst wenn man vom Problem der technisch orientierten Geisteshaltung absieht, die religiöse Entwicklung durch die technische beeinflußt wurde [3]; [4], zeigt sich an der Erfindung des Buchdrucks mit beweglichen Lettern um 1450, durch die die Kirche ihr Bildungs- und Meinungsmonopol verlor. Bücher konnten nun billig außerhalb der Klöster hergestellt werden. Und tatsächlich wurden in dem folgenden halben Jahrhundert 8 Millionen von ihnen gedruckt [5]: das sind mehr Werke, als in den tausend Jahren zuvor erschienen waren. Dazu kamen unzählige gedruckte Flugblätter. Die Erfindung der Brille – sie stammt übrigens bereits aus der Zeit um 1300 – entfaltete ihre volle Wirkung erst mit dem Aufkommen des Buchdrucks. [III-4.1; V-3.1]

Auch andere Inventionen bzw. Innovationen konnten ihre historische Bedeutung erst im Zusammenspiel verschiedener Faktoren gewinnen. Dazu gehört die Erfindung des Schießpulvers, die aus dem 13. Jahrhundert datiert. Aber erst mit der Erfindung des Pulvergeschützes um 1320 und mit der Wandlung der Kriegstechnik – zum Beispiel kam es in der Schlacht bei Crécy 1346 zu einem massiven Einsatz von Armbrustschützen und Kanonen gegen ein Ritterheer – gelangte sie zu geschichtsmächtiger Wirkung. Die eigenständige Kultur und Religiosität des christlichen Rittertums fand mit Beginn der Neuzeit ihr Ende. – Als Folge der Umwälzungen im Kriegswesen sei noch auf die gewaltige Entwicklung der Metallurgie hingewiesen: genannt sei nur die Entwicklung des Eisengusses zu Beginn des 14. Jahrhunderts. Die Metallurgie wurde außerdem durch den wachsenden Bedarf an Edelmetallen, zum Beispiel zur Finanzierung stehender Heere, gefördert.

In ähnlicher Weise mußten in der Schiffahrt Neuerungen zusammenwirken, um ihre volle Bedeutung erlangen zu können. Hier sei nur die Erfindung des Heckruders und des Kompasses bereits im Hochmittelalter, die Einführung von Portolan-Seekarten und die Entwicklung hochseetüchtiger Schiffe – zum Beispiel Karavellen mit glatter Karweel-Außenhaut – im 14. Jahrhundert erwähnt. Sie boten die Voraussetzung für die Überseeentdeckungen seit dem 15. Jahrhundert. Das Zeitalter der Entdeckungen wurde dann auch ein Zeitalter der Relativierung des mittelalterlichen, religiös gestützten Weltbildes, wozu die Umwälzungen astronomischer Vorstellungen wechselwirkend beitrugen, beginnend mit dem heliozentrischen System des Kopernikus 1543. – Eine psychologische Änderung des Weltgefühls brachte die Erfindung der Räderuhr mit sich, die sich ab 1380 als Turmuhr mit Schlagwerk langsam durchsetzte. Die Räderuhr teilt den Tag mechanisch in gleichlange Stunden, während im Mittelalter der helle Tag nach dem Rhythmus der Gebetsstunden in je nach Jahreszeit unterschiedliche Abschnitte gegliedert wurde[6]. [II-3.2; II-4.1; III-3.3; III-4.2; V-3.1]

Die frühneuzeitlich-bürgerliche Lebensauffassung

Das Handels- und Handwerkerbürgertum der Städte stand technischen Innovationen aufgeschlossen gegenüber, fügten sich doch praktische Neuerungen bruchlos in den Denk- und Lebensstil der frühneuzeitlichen Menschen ein. Allerdings gilt das nicht im gleichen Maße für die Bauern und Grundbesitzer wie für die Städter.

Wenn auch das innenpolitische Leben der Städte seit dem Mittelalter bestimmt war von den Auseinandersetzungen zwischen den Handwerker-Zünften und dem Kaufherren-Patriziat, so sind gewisse Züge bürgerlicher Lebenseinstellung doch gleich. Der gesamte politische und soziale Lebensprozeß der Stadt-Kultur unterlag einem Zug zur Rationalität, wobei Rationalität nicht zu verstehen ist als die vernehmende, an einer überlieferten universalen Ordnung der Zwecke ausgerichtete Vernunft der mittelalterlichen Scholastik, sondern als auf sich selbst gestellte Vernunft, deren Zwecke pragmatisch gesetzt und technisch zu bewältigen sind. Die bürgerliche Ordnung ist deshalb im Kern weltlich und darüber hinaus individualistisch anthropozentrisch, obwohl die korporative Zugehörigkeit zu den Zünften oder zum Stadtpatriziat den Menschen noch materiellen und spirituellen Halt in kleineren Gruppen gab, die nicht zuletzt auch Kultgemeinden waren. Es sei auch nicht vergessen, daß die Masse der Bevölkerung auf dem Lande in den engen Verhältnissen patriarchialischer Formen verharrte.

Die bürgerliche Lebensauffassung in Renaissance und Barock war durchweg optimistisch und selbstsicher. So verwiesen die Ingenieure aller Konfessionen zur Rechtfertigung ihres Tuns auf das Christentum bzw. auf die Bibel, wenn sie etwa den Bau des Tempels Salomonis als Beispiel eines göttlichen Auftrages für technische Bemühungen anführten. Das Ziel der Technik bestand in den Augen der Ingenieure nicht nur darin, das menschliche Leben zu erleichtern. Darüber hinaus, so meinten sie, könne die Technik den Menschen, indem sie ihn von den Zwängen der Natur unabhängiger mache, dem Paradiese und damit auch Gott näherbringen. Außerdem könnten technische Leistungen die Erkenntnis der Werke Gottes fördern und dienten damit der Ehre Gottes und dem Glauben [7]. – Es ist auch bezeichnend, daß in der technisch entwickelten Baukunst der frühen Neuzeit profane Bauten gleichwertig neben Sakralbauten traten, dabei aber die Kirche als Träger technischer Innovationen fungierte, man denke zum Beispiel an die Kuppel der Peterskirche, die nach Michelangelos Entwurf 1585–1590 errichtet wurde.

Technik im religiösen Verständnis

Von einem Antagonismus zwischen Technik und christlicher Religion kann man also bis ins 18. Jahrhundert hinein nicht ohne erhebliche Einschränkungen sprechen. Tatsächlich hat ja das Christentum selbst, wenn auch ohne eigenes Wissen und Wollen, im Laufe seiner Geschichte zur ‚Verbürgerlichung' und damit zur bewußten Technisierung der westlichen Welt beigetragen. – Es ist ein christlich-jüdisches Gebot, sich die Erde untertan zu machen – und sie übrigens auch zu hegen –, was nur mit Hilfe von Technik, und sei es der einfachsten, gelingen kann. Die hohe Bewertung der Arbeit im Selbstverständnis der westlichen Christenheit als Dienst am Nächsten und Dienst an Gott rückte schon im Spätmittelalter mit dem Anwachsen selbständiger Gewerbe, nun aber von Laien propagiert wieder in den Vordergrund. Außerdem ist die Individualisierung des neuzeitlichen Menschen wie auch das formalisierte Rechtsverständnis und die Auswahl von Amtsträgern nach Leistung nur im Rahmen des christlichen Menschenbildes und des jahrhundertelangen politischen Vorbildes der Kirche verständlich [8].

Besonders den protestantischen Konfessionen – und hier vor allem dem Calvinismus – wird mit gewissem Recht unterstellt, daß sie das Leistungsprinzip auch im Bereich technischer Weltzuwendung betont

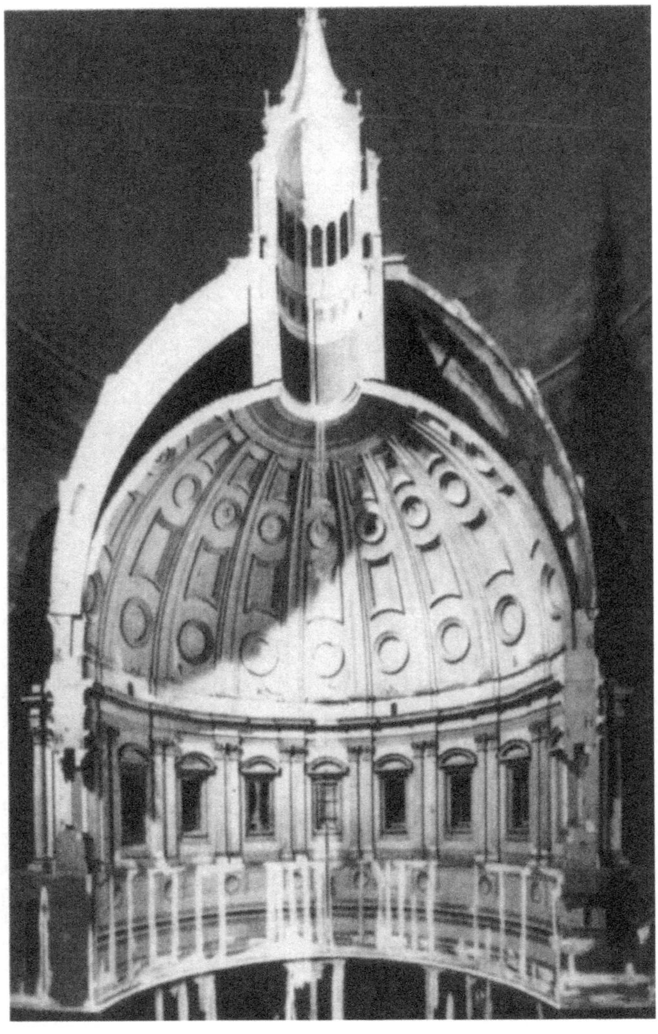

Nach dem Dombau in Florenz (15. Jahrhundert) erhielt auch St. Peter in Rom im 16. Jahrhundert eine große Kuppel. Durch ihre Spannweite (42 m) und vor allem durch ihre Höhe übertraf sie das noch erhaltene antike Pantheon in Rom und nahm ein im Abendland wenig übliches Hauptthema des byzantinischen Kirchenbaus auf. Die technische Kühnheit und Sicherheit der italienischen Renaissance- und Frühbarockarchitekten (Bramante, Michelangelo, della Porta) im Dienste dieses über viele Jahrzehnte sich hinziehenden Baues ist denkwürdig. Ihr statisches und ihr künstlerisches Können harmonierten und verbanden sich mit dem Ausdruckswillen der Kirche.

Blick in die von Orazio Grassi, einem der Feinde Galileis, geplante Jesuitenkirche S. Ignazio in Rom. Das Deckenfresko stellt die Apotheose des Ordensstifters dar und die Jesuitenmission in allen Erdteilen. Gemalt wurde es 1684–94 von Andrea Pozzo, der auch eine bedeutende Theorie der Perspektivmalerei hinterlassen hat. Die „illusionistische" Technik ist hier nicht nur optische Täuschung, um Gewölbe- oder Kuppelbau zu sparen. Vielmehr dient sie dem Bedürfnis, Geistiges und Symbolisches als wirklich, als „real" im höheren Sinn des Wortes erscheinen zu lassen.

Darstellung der Symbole, der Verschlüsselungen des alchimistischen Prozesses in der Diderotschen Encyclopédie (1763), aufgrund der „Alchymia" von Libau (1606). Der Adler über dem Welt-Ei bedeutet die aufsteigende, sublimierende Kraft. In dem Medaillon darunter sieht man Salomo, der die Königin von Saba durch sein Wissen beëindruckt. Im oberen Teil dann links die Sonne (Gold, das männliche Prinzip), rechts der Mond (Silber, das weibliche Prinzip). Dazwischen ist Ouroboros zu erkennen, der Drache, der den Schwanz im Maul hält. Im untersten Teil steht Hermes, er hält die Materia prima gefesselt. Unter dem Welt-Ei brennen Feuer; es gibt nicht ein Feuer, sondern verschiedene Arten oder Grade.

hätten. Tatsächlich unterstützt das calvinistische Verständnis von der Stellung des Menschen in der Welt eine ‚innerweltliche Askese', die ihrerseits ökonomische und praktisch-technische Hochleistungen geistlich rechtfertigt[9]. Andererseits scheint es, zieht man zum Beispiel die vorreformatorische Blüte des Handelskapitalismus in Flandern und Norditalien in Betracht, als ob daneben auch politische Strategien zu einer ökonomischen Differenzierung in den Lagern des westlichen Christentums geführt haben. Die Gegenreformation nämlich stützte sich auf die Bürokratien von Kirche und Territorialstaaten, und unter ihrer Last gerieten die katholischen, ‚bürgerlichen' Handwerks- und Handels-Zentren, in denen Wissenschaft und Technik aktive Förderung hätten erfahren können, ihren protestantischen Konkurrenten gegenüber ins Hintertreffen[10]. [II-4.2]

Bereits vor Beginn der Reformation zeigte sich vor allem in Italien ein gewandelter Sinn für Technik. Wenn es Ziel der Technik ist, Erfahrung oder Wissenschaft systematisch zur materiellen Befriedigung menschlicher Bedürfnisse einzusetzen, dann muß man die sogenannte Talisman-Magie der Renaissance, der Männer wie Ficino, Paracelsus, Bruno anhingen, unter Technik subsumieren. Die Talisman-Magie beruhte auf dem Gedanken, daß man die den Kosmos durchflutenden Kräfte als gesetzmäßige erfassen, ihre Beziehungen zu irdischen Dingen feststellen und dieses Wissen mit Hilfe bestimmter Hilfsmittel und Praktiken ausnützen könne. Dabei legte die Vorstellung, daß es Entsprechungen der kosmischen Welt – Makrokosmos – und der menschlichen Umwelt – Mikrokosmos – gäbe, eine pantheistische Auffassung nahe, so daß die Kirche die Talisman-Magie strikt ablehnte[11]. Auf den weniger ‚wissenschaftlichen', dafür überall verbreiteten schlichten Aberglauben mit Erscheinungen von Kollektivwahn (Hexenprozesse, Judenprogrome), häufig im Zeichen der geistig und physisch nicht zu bewältigenden Pestepidemien seit Mitte des 14. Jahrhunderts, sei nur kurz hingewiesen.

Aber sicher nicht nur an ihrer Ablehnung durch die kirchlichen Autoritäten ging diese Art Magie zugrunde, sondern an ihrer eigenen Fruchtlosigkeit. Sie wurde verdrängt, und zwar sowohl von dem erfolgreicheren mathematisch-funktionalen Gesetzesbegriff, als auch von der ungezwungenen künstlerischen Einsicht in die Wirkungszusammenhänge der Natur, die so charakteristisch ist für die Künstler-Ingenieure der Renaissance. Ihr Bestreben war es, die Natur durch die Kunst, ‚Ars', nicht etwa zu vergewaltigen, sondern nachzuahmen, ‚Imitatio naturae', wobei die nachgeahmte Natur bei geschickter Kombination der imitierten Aspekte die eigentliche Natur noch über-

Diese Radierung Rembrandts hat Goethe bei der ersten Veröffentlichung seines Faustfragmentes als Titelkupfer benützt. Sie zeigt einen Adepten der esoterischen Magie, vielleicht eines Geheimbundes (Rosenkreuzer) und dokumentiert die Vermischung alchimistischer, jüdischer, christlicher Traditionen im calvinistisch-protestantischen „Untergrund".

treffen könne. In ihrem Tun wurden die Künstler-Ingenieure wie Leonardo da Vinci nicht so sehr von systematisch-theoretischen Überlegungen geleitet, als vielmehr von einem Gefühl für Richtigkeit, ‚Concinnitas', das sie als göttlich inspiriert auffaßten[12]. Zu Recht sahen die Künstler-Ingenieure darin nichts Häretisches, und doch entsprachen ihre Vorstellungen nicht mehr denen des christlichen Mittelalters. Das Mittelalter nämlich hatte den antiken Gegensatz von natürlichen, dem Wesen der Dinge gemäßen Bewegungen und widernatürlichen, technischen Bewegungen im Prinzip aufrechterhalten [13]. [III-3.3]

Technik und Naturphilosophie

Die bewußte Negation eines Unterschiedes zwischen natürlichen und unnatürlichen Bewegungen gehörte allerdings erst zum Forschungsprogramm Galileis am Anfang des 17. Jahrhunderts. Da technisch provozierte und spontane Vorgänge in der Natur prinzipiell gleichartig sind, so verkündete er, wird die Natur auch nicht durch technische Werke des Menschen zu unnatürlichen Selbstäußerungen gezwungen. Technisch instrumentelle Experimente sind somit erlaubt und ermöglichen wahre Aussagen über die Natur, nota bene über eine Natur, die nun endgültig kein handelndes oder gar numinoses Subjekt mehr ist. – Dabei war Galilei davon überzeugt, daß unser technisch-instrumentelles Handeln als Frage an die Natur einfach deshalb Wahrheit hervorbringt, weil Gott uns nicht täuscht [14]. Diese Überzeugung bestimmte ihn dazu, die Bibel in seinem Sinne zu interpretieren und kirchliche Lehrmeinungen zu ‚unterlaufen'. So gesehen ist der berühmte Prozeß gegen Galilei, obwohl tagespolitische Ereignisse in ihm eine große Rolle spielten, unter anderem zu begreifen als eine Antwort der Römischen Kirche auf die Herausforderung durch ein ‚ungeschütztes' Denken, dabei reagierte die Kirche, die von der Gegenreformation und dem Dreißigjährigen Krieg geprägt war, bedeutend empfindlicher als sie es noch zu Zeiten des Copernicus getan hätte. [III-3.3]

Man kann annehmen, daß diese Haltung in den katholischen Ländern nicht nur die Entwicklung der Naturwissenschaften, sondern auch die der Technik behindert hat. Es ist aber auffallend, daß selbst nach Galileis Verurteilung die theologische Begründung der Technik in den katholischen Ländern Europas im wesentlichen dieselbe blieb wie in den protestantischen. Das gilt übrigens genauso für den Bereich der Naturphilosophie und ihrer Rechtfertigung einer fortschreitenden Technisierung der Umwelt. Bei allen sonstigen, auch konfessionellen Differenzen waren sich nämlich alle bedeutenden Denker der frühen Neuzeit einig in ihrem ständigen Hinweis auf die Allmacht und die absolute Willensfreiheit Gottes [15]. Dieser so leicht gesagte, aber so schwer errungene theologische Voluntarismus hatte aber unter anderem drei Konsequenzen:

Ähnlich wie Newton wird Galilei im 19. Jahrhundert zu einem Heiligen der antiklerikalen positiven Wissenschaft gemacht. Auguste Comte widmete ihm sogar eine ganze Woche in seinem Neuen Kalender. Nicht selten stößt man auf Gemälde, die Galileiszenen zeigen, etwa seinen Inquisitionsprozeß im Rom 1633; die Abbildung zeigt das im Privatbesitz befindliche Gemälde von Christiano Banti aus dem Jahr 1857. Die geistigen und politischen Hintergründe dieses Prozesses werden uns erst heute wieder deutlicher: Es ging nicht nur um das heliozentrische System, sondern auch um die neuplatonische Lichtlehre, um die Atomistik und das sogenannte Akzidentienproblem (bedeutsam in der Theologie der Eucharistie, der „Wandlung"). Das sind Themen, die Galilei als Schriftsteller so behandelte, daß er in der erbitterten Atmosphäre des Dreißigjährigen Krieges als Feind der Lehren des Tridentinischen Konzils erschien, als geistiger Parteigänger des reformierten Europa, gegen das Rom kämpfte.

1. Die Dichotomie natürlich-unnatürlich ist falsch und muß, Galileis Beispiel folgend, aufgegeben werden. Als Techniker handelt der Mensch in der Weise Gottes; täte er das nicht, wäre er eine Art Nebengott.

2. Da der Mensch auf Gottes Weise handeln und schaffen darf, sind auch seine Produkte nicht prinzipiell anders als die sogenannten Naturprodukte. Man konnte also das Naturding, etwa den Kosmos, mit einem technischen Produkt gleichsetzen und etwa als Uhr oder Maschine ansehen, geschaffen vom ‚Potentissimus mechanikos' und beherrscht von Kräften [16].

3. Eine Maschine verfolgt keine Absicht. Nach Erfahrungen aus der Technik wurde also die Frage nach dem Wesen eines Dinges, und damit die Frage, die mit ‚warum' beginnt, sinnlos und mußte durch die Frage nach dem ‚wie' ersetzt werden.

Die Welt als Maschine

Die genannten Konsequenzen einer neuen Weltauffassung führten während des 17. Jahrhunderts zu einer deutlichen Änderung des Arbeitsverständnisses und der Forschungsrichtung der Ingenieure und Wissenschaftler. Eine Maschine, und die Natur selbst erschien nun als eine mechanisch zu begreifende Maschine, wurde nicht mehr angesehen als ein quasi-organisches Wesen, sondern sie wurde aufgefaßt als eine Summe ihrer Einzelteile im Funktionszusammenhang. Um aber den Funktionszusammenhang zu beherrschen, muß man die Einzelteile kennen, und so drängten alle Wissenschaften und die Technik mehr oder weniger stark zur Analytik und zur Untersuchung funktioneller Zusammenhänge. Geradezu zwangsläufig ergab sich als Hauptaufgabe der Naturwissenschaft des 17. Jahrhunderts, die Funktionsweise des Weltmechanismus bloßzulegen. Newtons Veröffentlichung der ‚Principia mathematica' im Jahre 1687 bildete den krönenden Abschluß des bisher fruchtbarsten Jahrhunderts in der Geschichte der Wissenschaften und der Technik, die nun als Einheit betrachtet werden müssen. Dies war schon deshalb zwingend, weil viele technischen Erfindungen – wie die Luftpumpe von Otto von Guericke, 1650, die Pendeluhr von Christian Huygens, 1657, und das Spiegelteleskop von Isaac Newton, 1671 –, naturwissenschaftlichen Fragestellungen dienten.

Das Christentum schien durch diese Entwicklung der Technik und Naturwissenschaft nicht gefährdet zu sein. Und doch geriet schon Newton, den man mit gewissem Recht der erst im 18. Jahrhundert zur Blüte gelangten Physikotheologie [17, 18] zurechnen kann, in eine Auseinandersetzung, deren Folgen noch unser Jahrhundert überschatten. Newtons göttliche Maschine, das Planetensystem, war nämlich nach himmelsmechanischen Prinzipien kein Perpetuum Mobile, mußte doch nach Newton Gott selbst dafür sorgen, daß die Planeten nicht irgendwann in die Sonne stürzten. In den Augen der Ingenieure und mancher Naturwissenschaftler aber zeigte das Newtonsche System damit einen zugleich theologischen und technisch-physikalischen Defekt, kann doch nur ein Perpetuum Mobile als bestmögliche aller Maschinen gelten und damit Gottes würdig sein. Hätte Gott wirklich etwas Unvollkommenes geschaffen, wäre das schlecht mit seiner Omnipotenz in Einklang zu bringen.

Ende des 18. Jahrhunderts schien die Auseinandersetzung zugunsten eines himmlischen Perpetuum Mobile entschieden, was Gott zwar in seiner Vollkommenheit beließ, ihn aber seiner eigenen Schöpfung

Die göttlichen Weltgesetze bei der Betrachtung der Naturvorgänge auch im kleinsten zu erkennen, war nicht nur das Programm der Physikotheologen, sondern auch anderer Naturforscher. In dem Titelkupfer aus Friedrich Christian Lessers „Insecto-Theologia“ von 1738 wird dieses Ziel schon im Spruchband deutlich: Maxima in minimis.

entrückte. Der ‚christliche Atheismus' des 19. und 20. Jahrhunderts hat hier eine seiner Quellen, die auch zu einer Überschätzung der Möglichkeiten und Gefahren der Technik geführt hat, unter der wir heute leiden.

Literaturnachweise

1 Petrarcas Besteigung des Mount Ventoux 1336 gilt bei manchen Historikern als erstes ‚neuzeitliches Ereignis'
2 *Trevor-Roper*, Hugh R.: Religion, Reformation und sozialer Umbruch. Frankfurt 1970, S. 15–51
3 *Klemm*, Friedrich: Kurze Geschichte der Technik. Freiburg/Basel/Wien 1961, S. 43–105
4 *Klemm*, Friedrich: Technik, eine Geschichte ihrer Probleme. Freiburg/München 1954, S. 85–207
5 *Singer*, Charles/*Holmyard*, Erika J./*Hall*, A. Rupert/*Williams*, Trevor J. (Hrsg.): A History of Technology. Bd. 3. Oxford 1957, S. 377
6 *Oresme*, Nicolas: Le livre du ciel et du monde. Hrsg. v. Menut, Albert Douglas/Denomy, Alexander J. Buch II, Madison 1968; *Gurjewitsch*, Aaron J.: Das Weltbild des mittelalterlichen Menschen. München 1982, S. 171–179
7 *Stöcklein*, Ansgar: Leitbilder der Technik. Biblische Tradition und technischer Fortschritt. München 1969, S. 36–53, 88–92
8 *Böckenförde*, Ernst-Wolfgang: Zum Verhältnis von Kirchen und moderner Welt. In: Koselleck, Reinhardt (Hrsg.): Studien zum Beginn der modernen Welt. Stuttgart 1977, S. 154–177
9 *Weber*, Max: Die protestantische Ethik. Hrsg. v. Winckelmann, Johannes. Bd. 1. Tübingen ⁶1981, S. 115–277
10 Vgl. 2; *Deason*, Gary B.: Protestant Theology and the Rise of Modern Science: A Criticism and Review of the Strong Thesis. In: The Center for Theology and Natural Sciences Bulletin. Jg. 6, 1986, S. 1–8
11 *Hübner*, Kurt: Der Begriff des Naturgesetzes in der Antike und in der Renaissance. In: Buck, August/Heitmann, Klaus (Hrsg.): Die Antike-Rezeption in den Wissenschaften während der Renaissance (Mitteilung der Kommission für Humanismusforschung) Weinheim 1983, S. 7–27
12 *Jaspers*, Karl: Leonardo als Philosoph. Bern 1953
13 *Wolff*, Michael: Geschichte der Impetustheorie. Untersuchungen zum Ursprung der klassischen Mechanik. Frankfurt a. M. 1978, S. 67–160
14 *Sexl*, Roman/*Meyenn*, Karl v. (Hrsg.): Galilei, Galileo: Dialog über die beiden hauptsächlichsten Weltsysteme, das ptolemäische und das kopernikanische. Stuttgart 1982, S. 108–110
15 *Hooykaas*, Reijer: Religion and the Rise of Modern Science. Edinburgh/London 1972, S. 29–53
16 Vgl. 15, S. 62

17 *Krolzik*, Udo: Technik als Kultivierung der Schöpfung. Theologie und Technik im 18. Jahrhundert. In: Die Technikgeschichte als Vorbild moderner Technik. Schriften der Georg-Agricola-Gesellschaft. Jg. 12, 1986, S. 119–126
18 *Carré*, Merick H.: Physicotheology. In: The Encyclopedia of Philosophy. Bd. VI. New York/London 1967, S. 300–306

CHRISTENTUM UND TECHNIK IN DER MODERNEN WELT

Technik auf dem Wege zu einer säkularisierten Welt

Ansgar Stöcklein

Was ist Säkularisierung?

Daß Gott tot sei oder daß er zumindest abwesend sei und sich in unserer technisch-wissenschaftlichen Welt nicht erfahren lasse, wird in vielen neueren theologischen und philosophischen Schriften analysiert. Die technische Welt mag in einem ontologischen Sinn wohl ebenso Gottes Welt sein wie die ‚vortechnische' Welt, aber Gott verhüllt sich in ihr, und viele Menschen vermögen ihn nicht wahrzunehmen. Die Gottverlassenheit Jesu am Kreuz kann zum Signum einer ganzen Epoche werden. [II-1]

Die Welt- und Gesellschaftsordnung, in der Gottes Gegenwart nicht mehr offenbar ist und in der die Religion ihre soziale Macht verloren hat, heißt ‚säkularisiert'. Dieser Begriff leitet sich her vom lateinischen Wort saecularis, das heißt zeitlich/weltlich. Der römische wertneutrale Begriff ‚saeculum – Zeitalter' war durch die christliche Perspektive, so durch Augustinus, negativ eingeengt und dem Sakralen entgegengesetzt worden. Die ‚Welt' hob sich ab von der Ewigkeit, sie ‚verweltlichte' und wurde zum Inbegriff des Endlichen und Zeitlichen [1].

Als ‚Säkularisation' benannte man zunächst die Konfiskation von Kirchengut für nichtkirchliche Zwecke. Im Kirchenrecht bedeutete saecularizatio, daß ein Ordensangehöriger durch Indult in den Laienstand zurückversetzt wurde, mit Verlust aller geistlichen Vorrechte und Pflichten. – Von ‚Säkularisation' war die Rede in den Vorverhandlungen zum Westfälischen Frieden von 1648. Hier ging es um die Liquidation geistlicher Herrschaft: Klöster, kirchliche Stifte und ganze Bistümer wurden ‚weltlichen' Territorien eingegliedert oder in solche umgewandelt. Diese vermögensrechtlichen Vorgänge haben sich – wie ähnliche Säkularisationswellen zu Beginn der Karolingerzeit und später beim Zusammenbruch des heiligen Römischen Reiches Deutscher Nation – stark auf die Gesellschaftsstruktur ausgewirkt und empfingen umgekehrt ihren Anstoß von gesellschaftlichen und geistesgeschichtlichen Kräften.

Zum Titelblatt: Schilder am Eingang eines konfessionell gemischten Ortes in der Bundesrepublik Deutschland. Die Aufschriften werden durch ein Piktogramm unterstützt. Das Bedürfnis nach solchen Hinweisen entsteht in einer mobilen Gesellschaft. Man rechnet mit ortsfremden Kirchgängern, die ihre Reise unterbrechen; daß sie die Kirchenglocken gehört haben, kann man wegen des Verkehrslärms und wegen der großen Entfernungen nicht erwarten.

‚Säkularisierung' ist ein jüngerer Ausdruck. Eine übertragene Bedeutung, die über das rechtliche Verständnis von Säkularisation hinausführte, gewann der Säkularisierungsbegriff bei den freidenkerischen ‚Secularists' im 19. Jahrhundert. Der zunächst polemische Begriff reichte in eine tiefere Schicht als die juristische Säkularisation: Er definierte die Aufspaltung der ursprünglich einen Wirklichkeit in ‚Religion' und ‚Welt'. Dieser Vorgang war vom alten konfiskatorischen Bedeutungsgehalt her mit der Kategorie der Illegitimität behaftet: Bei vielen gesellschaftlichen Verhaltensweisen und kulturellen Leistungen wurden deren ‚eigentliche' religiöse Begründungen entweder vergessen oder bewußt bestritten. Der frühere Zustand ganzheitlicher Wirklichkeitserfassung und Lebensäußerung verlor seine Mitte [2] und wurde desintegriert: Bildung, Kunst, Politik, Wirtschaft, Wissenschaft, Technik und andere Gesellschaftsbereiche verselbständigten sich.

‚Secularisatio' und ‚Säcularisirung' wurden im Reichsdeputationshauptschluß 1803 unterschiedslos verwendet. Auch im später gängigen philosophischen und theologischen Sprachgebrauch stehen die beiden Wörter oft für die gleichen Sachverhalte und sind austauschbar. Man spricht von Säkularisation zuweilen im gleichen erweiterten Sinne wie von Säkularisierung, nämlich überall dort, wo sich die ‚Welt' (Staat, Wissenschaft usw.) nicht mehr nach der Religion richtet, konkret: nach der Kirche. Es gibt moderne Theologen, welche diese Säkularisierung/Säkularisation auffassen als Befreiung des Menschen zu seiner geschichtlichen Verantwortung in einer offenen Welt. Im Unterschied gilt ihnen Säkularismus als totalitäre Abrundung der Welt zu einem übersichtlichen Ganzen; in dieser Sichtweise können auch Kirchen ‚säkularistisch' werden durch eine Haltung der Selbstgenügsamkeit und der Verschlossenheit, Kirche als eine ‚Welt für sich'. Fast diametral entgegengesetzt zu dieser Nomenklatur versteht beispielsweise Franz Vonessen [3] die moderne säkularisierte Kirchlichkeit, die sich erweist in der „regen Diesseitigkeit der Konfessionen", die ihre Glaubenslehren überzeugungsvoll immer weiter verdünnt haben, bis die Pistis gänzlich zur Doxa, der Glaube zur diskutierbaren Meinung geschrumpft ist".

So verschieden demnach im einzelnen die Säkularisierung definiert und bewertet wird: Fast alle Autoren stimmen überein, daß ihr Ablauf eng mit dem technischen Fortschritt verknüpft ist. Damit meinen sie das Gesamt von Produkten und Verfahren, vor allem aber eine ‚technische Mentalität': Das mathematische und mechanistische Erkenntnisideal und Erklärungsmodell verdrängte ältere religiöse Betrachtungsweisen der Form- und Zielkräfte. Das Denken und die Lebens-

Reklame einer Fabrik fur mechanische Bearbeitung von Rohstoffen, an den Stil christlicher Erbauungsbucher angelehnt. Um 1880.

formen wurden rationalisiert, die Welt als Substrat und Produkt von Arbeit verstanden, und konsequent entstand ein Übergewicht des Wirtschaftssektors und darin der Konsumhaltung. Arbeit und Konsum bestimmen die Existenz und bilden neue Orientierungsmuster, auch diese nicht ohne Mythen, wie Konrad Lorenz andeutete: „Das ist die Romantik der Nichtromantiker: Daß man alles machen kann. Die glauben das!" Auch die zugehörigen existenziellen Zwänge und Ängste wurden rationaler als im früheren Hexen- und Höllenglauben und gewannen anderseits neue irrationale Dimensionen. [II-6]

Durchs Christentum selbst wurde, wie Hegel meint, ein Prozeß der Abstraktion, der Entsinnlichung und Entschränkung – beispielsweise aus Dogmengerüsten – in Gang gebracht. Odo Marquard faßt 1968 Hegels Analyse dahin zusammen, daß die Religion zunehmend innerlich wird; zugleich wird die äußere Welt zunehmend entgöttert, Max Weber würde sagen: entzaubert. Beide Tendenzen steigern einander wechselseitig: Je mehr die Welt entzaubert wird – nicht zuletzt auch mittels der Technik –, desto mehr wird die Religion verinnerlicht; je mehr die Religion verinnerlicht wird, desto mehr wird die Welt entzaubert. Als Erklärungsmodell der Welt wurde die Religion von den technischen Fortschritten überholt. Aus der Verinnerlichung ergab sich ein neuer Religionsbegriff, der die konfessionell gebundenen Wege hinter sich ließ und mit manchen spirituellen Lehr- und Gemeinschaftsformen des New Age an christlich-gnostische Traditionen anknüpfte. [II-5.3]

Die Welt wurde durch so viele konstruierte Zwischenglieder vom Ursprung getrennt, daß dieser nichts mehr unmittelbar erklärt. Die von uns selbst geschaffene Welt, unser Saeculum, ist uns so nahe gerückt, daß wir nicht über sie hinausschauen und sie nicht mehr als Ganzes wahrnehmen. Diese scheinbare Bescheidung aufs unmittelbar Gegebene und Nachvollziehbare schlägt um in Hybris: Das Menschenwerk wurde autonom, es wurde zur „neuen Welt", die nicht mehr göttlichen Einwirkens und Ordnens bedurfte. „Unser, das heißt menschlich, weil von Menschen gemacht, ist, was man erblickt . . ." – so trat schon in der Mitte des 15. Jahrhunderts bei dem Humanisten Gianozza Manetti emphatisch und triumphierend die Eigenwelt hervor, die der Mensch nicht mehr als Gnadengeschenk empfing, sondern selbstmächtig gestaltete – velut deus terrenus, als ein ‚irdischer Gott'[4]. „Gott ist tot, und wir haben ihn getötet": Die Wahrheit, die Friedrich Nietzsche[5] im Auge hatte, wurde selten als Verlust gespürt, sondern erschien als Erfolg und Lustgewinn, als ein großer Fortschritt auf dem Weg zum Endsieg des gesunden Menschenverstandes.

Schon die ersten Kapitel der Bibel verbinden früheste technische Errungenschaften mit Bildern widergöttlicher Erhebung. Der Sohn des geächteten Mörders Kain baute die erste Stadt[6]. Nach der Sintflut stand Babel als Inbegriff städtischer Zivilisation[7]: himmelstrebend, unvollendbar, menschenverwirrend, mißratend ins Gegeneinander. – In der kainitischen Linie stand auch Tubalkain, „der Meister in allerlei Erz- und Eisenwerk"; sein Vater Lamech rühmte diese neue Erfindung sogleich als Mittel zum Kämpfen und Töten: „Ihr Weiber Lamechs, höret meine Rede und merket, was ich sage: Ich habe einen Mann erschlagen für meine Wunde und einen Jüngling für meine Beule; Kain soll siebenmal gerächt werden, aber Lamech siebenundsiebzigmal"[8]. In der Rache, die Gott sich selbst vorbehalten hatte[9], wie im himmelhohen Turm greift der Mensch über gottgesetzte Grenzen hinaus und läßt sich trügen von der uralten Verheißung selbsterringbarer Gottgleichheit[10], die Goethes Mephisto seinem gelehrigen Schüler ins Stammbuch schrieb, um hinterher über das wahnhafte Erkenntnis- und Machtstreben zu spotten: „Dir wird gewiß einmal bei deiner Gottähnlichkeit bange."

Mit solchem Bangen wird im letzten Buch der Bibel der technische Fortschritt als apokalyptisch erfahren. Apokalypsis meint im ursprünglichen Sinne das Ent-hüllen und Offenbarwerden der Wahrheit. Diese wurde in den biblischen Büchern von Gott her enthüllt als Blick aufs Ende und Ziel der irdischen Wirklichkeiten. Die Aufklärung der frühen Neuzeit wertete diesen Erkenntnisweg als einen mystischen ab und beanspruchte einen rationalen Zugriff. Die große Heilsverheißung der biblischen Apokalypse wurde profaniert, zuerst zum Fortschrittsoptimismus und dann zur reinen Unheilserwartung, zum apokalyptischen Katastrophenbewußtsein. Aus der Apokalypse mit Gott wurde eine Apokalypse ohne Gott. [II-3.1]

Im weitgefaßten Sinn setzte Säkularisierung nicht erst in der Zeit des ausgehenden Mittelalters und der Renaissance ein. Säkularisierung als fortschreitendes Heraustreten des Menschen und seiner Welt aus der Ureinheit des heiligen Lebensraumes ist ein Wesensmerkmal aller Zivilisationsabläufe. Dieser gesamte Prozeß in seiner engen Verbindung zur technischen Entwicklung läßt sich hier nicht beschreiben. Schwerpunktmäßig betrachten wir ‚Säkularisierung' im engeren Sinne, dort wo eine Offenbarungsreligion mit ihrem Absolutheitsanspruch einen Kulturkreis durchdringt und nach und nach diese Formkraft verliert. An einigen Beispielen aus dem westlichen Christentum am Übergang vom Mittelalter zur Neuzeit läßt sich das allmähliche Zurückgehen der religiösen Bindungen und das fast gleichzeitige Anwachsen der

„Vor dem Sturz": Federzeichnung von Friedrich Dürrenmatt aus dem Jahr 1975.

technischen Entwicklung wechselseitig aufeinander beziehen. Ausblicke in die Frühzeit und in unsere Gegenwart verdeutlichen die Kontraste der Welten, die da einander ablösen.

Säkularisierung geschieht ja nicht so, daß von vornherein dem Christentum und der Kirche eine ‚Welt' gegenüberstünde, in die hinein verweltlicht würde. Die säkularisierte ,Welt' entsteht auch nicht durch ein bloßes Heraustreten aus der christlichen Welt. Heidegger bezeichnet das Reden von ,Säkularisierung' als eine gedankenlose Irreführung, weil dieser Sprachgebrauch schon eine Welt voraussetzt, auf die zu und in die hinein verweltlicht wird. Die neue Welt der neuen Zeit hat aber ihren eigenen Geschichtsgrund; in ihr legt sich „die Wahrheit des Seienden im Ganzen" neu aus.

Schon vorher hatte Hans Freyer die Säkularisierung im strikten Sinne sowohl als Raub am Glauben wie als dessen verwandelte Gestalt begriffen und hatte beschrieben, wie in diesem Geschehen das Kreuz „nicht Objekt und nachbleibender Rest, sondern Subjekt und wirkende Macht ist. Es bedeutet, daß die Entzweiung der Welt, die Kreuzigung Gottes, die Sünde und das Heil in die irdische Existenz hineingenommen werden . . . Das Kreuz hat die wundersame Eigenschaft, daß es säkularisiert werden kann. Aber das ist nicht nur seine Eigenschaft und sein Schicksal, sondern sein Drang und seine Kraft: es will Welt werden. Gerade die Frömmsten haben nicht geruht, bis sie es mitten in die Welt hineingestellt, es zu lauter Tagewerk, diesseitiger Frömmigkeit und innerweltlicher Bewährung gemacht hatten, als ob erst so die Innerlichkeit des Glaubens verbürgt wäre"[11].

Frühformen und Stufen des Weges in eine säkularisierte Welt

Beispiele, wie technische Verfahren und Produkte sich loslösten aus religiösen Bindungen und Zielsetzungen, gibt es in allen Kulturen. Der kultische Ursprung steht vor der ökonomischen Verwendung. Das erste Rad war nicht an einem Arbeitskarren befestigt. Das früheste Feuerbohren bezweckte nicht, die Jagdbeute schmackhaft zu braten. – Bei späteren Erfindungen und Entdeckungen, etwa bei der babylonischen Mathematik und Physik, läßt sich deutlicher zeigen, wie sie aus sakralem Gebrauch in den Bereich weltlicher Anwendungen hineinwuchsen.

Besonders klar läßt sich in der Landwirtschaft und Ernährung beobachten, wie der technische Fortschritt bis zu einem hohen Niveau eng gekoppelt war mit religiösen Sinngehalten und wie hernach die Produktivitätssteigerung sich von jenen Ursprüngen weg in andere Dimensionen hineinentwickelte. Der Mythos berichtet von einem Streit zwischen dem Meergott Poseidon und Athene, der Göttin des Lichtes und der Weisheit, um die Herrschaft über Athen. Der Sieg Athenes über Poseidon zeigt bildhaft den Anbruch eines neuen Zeitalters. Der

Gott elementarer Naturgewalt mußte weichen, damit Athene die Menschen Baumzucht und Ackerbau lehren konnte: die Kultivierung der Natur. Mit ihr war zugleich die Voraussetzung gegeben für Kultur im erweiterten Sinn: Kultivierung mit allem auch werkzeuglichen Zubehör kann so verstanden werden als Einstiftung von oben, die das Wilde verwandelt und erhöht.

Ölbaum, Getreide und Weinstock, Haus- und Nutztiere waren nicht einfach naturgegeben, sondern ‚Erfindungen' in einem strengen Sinne, verbunden mit einem Netz zugehöriger Werkzeuge und handwerklicher Fertigkeiten. Kultus und Kultur hängen nicht nur etymologisch zusammen. Die landwirtschaftlichen Kulturen, deren Techniken und Errungenschaften galten als Gaben der Götter. Die modernen landwirtschaftlichen Technologien sind demgegenüber Produkte einer Planung, die ohne Segnungen, Weihen und Opfer auskommt. Deshalb waren mit den fortschrittlichen Methoden von Anbau und Ernährung auch langfristige unvorhergesehene Gefahren verbunden. Wo früher noch die Götter gewähren und verweigern konnten, hatten die Menschen behutsamer in die Naturabläufe eingegriffen und stärker auf die Nebenwirkungen solcher Eingriffe geachtet. In der Verehrung war das ‚ökologische Gleichgewicht' gewährleistet, das in späteren kultusfernen technologischen Schüben verloren ging und sehr viel später in rationaler Kosten-Nutzen-Analyse ohne religiöse Zutaten neu erstrebt wird.

In der Eucharistie wird noch heute das Brot dargebracht als „Frucht der Erde und der menschlichen Arbeit". Diese Gebetsformel der katholischen nachkonziliaren Meßliturgie meint etwas anderes als den von uns erreichten Produktivitätszuwachs der Landwirtschaft mit seinen Folgeproblemen von Finanzierung und Transport, von Haltbarmachung und industrieller Verarbeitung und Vernichtung der Speisen. In Massenproduktion und Massenkonsum löste sich die unmittelbare Beziehung von Natur und Kultur auf. Mechanisierung, Automatisierung, Chemisierung und schließlich Biotechnisierung; die grünen Revolutionen jagten einander [12] und machen die Erde, wie sie war, ehe Gott sie für den Menschen bereitete: wüst und leer. Keine Schmetterlinge, keine Singvögel, keine Unkräuter . . . „auch kein Gott; trotz den hundert Kirchen kein Gott". [VI-1]

Der Übergang von der Agrargesellschaft in eine industrielle Gesellschaft geschah am eindrücklichsten im Raum des westlichen Christentums. Hier war die vom Menschen angeeignete und gestaltete Welt erstmals als ganze aus vorgegebenen göttlichen Ordnungen herausgetreten, hatte sich eigengesetzlich verstanden und sich selbst bestimmt.

Das Christentum selbst galt in seinen Anfängen als eine säkularisierende Sekte. Die kosmisch-polytheistische Grundstimmung der Antike blieb ihm fremd. Im griechisch-römischen Raum wurde das als Mangel an differenziertem religiösem Denken empfunden und führte gegen Juden und gegen Christen zur Anklage wegen ‚Gottlosigkeit' – asebeia, impietas: Sie verweigerten die Verehrung für das der Welt innewohnende Heilige, Numinose.

Im Mittelalter waren alle Zivilisationsbereiche von christlichem Gehalt erfüllt. Eine ursprünglich religiöse Askese der Klöster oder später des kalvinistischen Heilsstrebens ist es, die den Menschen zum methodischen Betrieb geistiger Dinge überhaupt und so auch der Naturwissenschaften und der Technik erzog. Hatten im Mittelalter die neuen technischen Hilfsmittel noch einen Zeitgewinn für die ‚eigentlichen' Werte des aus der Welt zurückgezogenen klösterlichen Lebens und Betens verschafft, so lehren Erasmus und andere Humanisten, daß die Erlösung durch Leben und Arbeit in dieser Welt erlangt werden könne. Seit der Renaissance und noch viel mehr in der Aufklärung lösten sich einzelne Kulturbereiche aus den religiösen Bindungen und fügten sich zu einer autonomen Welt zusammen, die – so Kant – den Menschen „mit Vernunft aus der Unmündigkeit herausführen" sollte. Vieles von der glühenden Hingabe, die sich einst auf Überweltliches richtete, zog diese scheinbar so versachlichte Welt in sich selbst hinein. Wo statt den alten Göttern nun der Göttin Vernunft gehuldigt wurde, war die Wissenschaft durch Wissenschaftsgläubigkeit um ihren aufklärenden Gehalt gebracht. Mit den Fortschritten von Naturwissenschaften und Technik im 19. Jahrhundert beschleunigte sich jene geistige Emanzipation, die den traditionellen Glauben verdrängte und dessen Bilder hineinverwandelte in die Nüchternheit und Bildlosigkeit der modernen Technik. Deren nützlich-bequeme Errungenschaften wurden mystifiziert zu Verheißungen des sittlichen Aufstiegs. [II-3.2; II-3.3; II-4.5]

Technik und Religion: Verschärfung der Zielkonflikte seit Beginn der Neuzeit

Im heutigen soziologisch-deskriptiven Sinn verwendete Ernst Troeltsch 1906 den Säkularisierungsbegriff und bezeichnete die Säkularisierung des Staates mitsamt der Entkirchlichung von Schulwesen und Wissenschaft als „die wichtigste Tatsache der modernen Welt" [13]. Die Bereitschaft der Christen, sich an den Lehren ihrer Kirchen zu orientieren und am kirchlichen Leben teilzunehmen, schwand. Der Zeitaufwand für Gebete, kultische Handlungen und private religiöse Übungen wurde gering. Im Alltagsleben verloren die religiösen Institutionen großenteils ihre soziale Kontrollmacht. Niemand muß sich heute aus Besorgnis um seine berufliche Karriere zur Kirche bekennen. Unsere Ansprüche auf soziale Sicherheit, die früher durch kirchliche Verbände und Organisationen gewährleistet wurde, richten sich heute auf andere Garanten. In vielen Staaten ist die Trennung von Kirche und Staat vollzogen und die Religionsfreiheit verfassungsmäßig verankert. Wer dem Weihnachtsfest, nachdem es sich ohnehin längst in ein reines Familienfest verwandelte, durch einen Sonnenscheinurlaub per Flugzeug zu entkommen sucht, erregt weder Ärgernis noch Befremden.

Im Vorspann und Gefolge der Säkularisierungen wächst auch der museale Trieb, der nach Ernst Jünger die Todesseite der Wissenschaft offenbart, den Drang zur materiellen Inventarisierung [14]. Die Kirchen wandeln sich um in Museen. „Es gibt heute Unzählige, die sie in keiner anderen als in musealer Absicht aufsuchen, und die Kirchen richten sich darauf ein", so wie sich Fürsten auf ihren ererbten Schlössern heute oft kaum von Museumsdirektoren unterscheiden. Die Reliquie verwandelt sich aus einem sakralen in ein museales Instrument. Religiöses Brauchtum hält sich abgelöst vom religiösen Inhalt noch eine Zeitlang. Kultische Formen überdauern in den Kirchen als leere Hüllen ihr Mysterium. „Daß Religion, ins Subjekt gerutscht, in Religiosität sich verwandelt hat, liegt im historischen Zug. Abgestorbene Zellen von Religiosität inmitten des Säkularen aber werden zum Gift" [15].

Seit dem Umbruch vom Mittelalter zur Moderne taten die Kirchen sich schwer, Christsein mit der alltäglichen menschlichen Erfahrungswirklichkeit in Verbindung zu bringen. Die Schuld am Bruch zwischen den Kirchen und den Gestaltkräften der Neuzeit kann nicht einfach bei der ‚Unreligiosiät der Menschen' oder einer gewissermaßen eigengesetzlichen ‚Verweltlichung der Welt' gesucht werden, sondern liegt auch ein Stück weit am Unvermögen der theologischen und hierarchischen Instanzen, die Neuerungen ihres Kulturkreises aufzunehmen und im Licht des Evangeliums mitzugestalten, so wie einst die missionierenden frühen Christen jene Kulturen ‚tauften', in die sie hineinversetzt wurden. Erst um 1830 wurden die Werke des Nikolaus Kopernikus (1473–1543) und Galileo Galilei (1564–1642) aus dem katholischen Index der verbotenen Bücher gestrichen, und nicht minder heftig waren die protestantischen Verdammungsurteile gegen das neue Weltbild. Dabei hatten dessen Bahnbrecher den christlichen Gottes- und Erlösungsglauben nicht verdrängen, sondern stützen wollen. Kopernikus und Kepler (1571–1630), Galilei und Newton (1643–1727) argumentierten von theologischen Prämissen her. Im Unterschied zu den Reformatoren selbst war es Kepler aufgegangen, daß die Heliozentrik sich besser als das ptolemäische Weltbild eigne für die Abbildung der reformatorisch-theozentrischen Überzeugung von göttlicher Transzendenz und menschlicher Heilsbedürftigkeit [16]. Oder Galilei: Fromme Wallfahrten und bissige Kontroversen charakterisieren die Spannweite seines Wesens; Galileis polemisches Temperament und seine Arroganz, die ihm Feinde an der päpstlichen Kurie und an den Universitäten erweckten, verdecken doch nicht das kopernikanische theologische Pathos, das zur Leidenschaft seines Lebens und naturwissenschaftlichen Forschens geworden war [17].

Am Beginn der Neuzeit verharrte die Kirche als Sachwalterin eines Himmels, den die Wissenschaft entzaubert und seiner Übernatur entkleidet hatte. Galilei richtete sein Fernrohr auf den Mond – und sah ihn erdgleich gestaltet. Der Analogie-Schluß war zwingend: Wenn der Himmelskörper der Erde gleicht, ist diese ebenfalls ein Stern unter Sternen, leuchtend und bewegt. Die christliche Entwertung der Erde zum Ort des Ausschlusses aus dem Paradies und des Wartens auf die himmlische Seligkeit nach dem Tod war nun sozusagen naturwissenschaftlich widerlegt. Bert Brecht trifft zwar kaum den Bewußtseinsstand des frühen 17. Jahrhunderts, wohl aber den konsequenten Zielpunkt der damals ausgelösten Entwicklung, wenn er ins Tagebuch Galileis einträgt: „1610, 10. Januar: Galileo Galilei sah, daß kein Himmel war . . . Was du siehst, ist, daß es keinen Unterschied zwischen Himmel und Erde gibt. Heute ist der 10. Januar 1610. Die Menschheit trägt in ihr Journal ein: Himmel abgeschafft" [18].

Galilei hatte es anders gemeint: Nicht der Himmel ist abgeschafft, sondern die Erde zum Himmel erhoben. Die Kirchenmänner und Theologen jener Zeit mögen freilich die Stoßrichtung gespürt haben, die uns heute offenkundiger ist. Gegen Ende des 20. Jahrhunderts prüft man, ob sich das ehemalige Elysium als eine Abfalldeponie verwenden lasse, nicht nur für funktionslos gewordene Satelliten und Weltraumraketen, sondern auch für den Giftmüll, von dem wir unseren Wohlstand ‚entsorgen' müssen –, indem wir ihn beispielsweise ins All schießen, möglichst weit weg aus unserem Lebensraum. Unser Himmel füllt sich mit dem, was unsere Zivilisation ausscheidet, unsere Exkremente werden uns umkreisen und nächtens strahlen wie die Sterne.

Die sukzessive Eingliederung der zunächst ‚himmlischen' Sphären in die irdische Erfahrungs- und Gebrauchswelt ist ein grundlegendes

Beispiel für ‚Säkularisierung'. Diese neuen Räume unserer Zivilisation entstanden durch Erfindungen im Übergang vom Mittelalter zur Neuzeit. „Die durch die Technik eröffneten Möglichkeiten definieren die Richtung der theoretischen Anstrengung; das Instrumentarium bestimmt den Horizont der bedrängenden Probleme". Diese Bemerkung Hans Blumenbergs [19] gilt nicht nur für die Probleme naturwissenschaftlicher Grundlagenforschung, sondern auch für die Methodik und Zielrichtung theologischen Bemühens und religiösen Strebens. Deshalb sind im folgenden gerade aus jener Epoche zwei Beispiele herausgegriffen, um die säkularisierenden Gestaltkräfte der Technik zu erläutern: Buch und Uhr.

Säkularisierende Technik – Beispiel 1: Das Buch

Die lutherische Reformation will dem Glauben sein Reich sichern, indem sie dieses vom weltlichen Reich loslöst. „,. . . laß fahren dahin, sie haben's kein Gewinn, das Reich muß uns doch bleiben". Martin Luther (1483–1546) wies hierbei die Wissenschaft nicht einfach dem weltlichen Reich zu. Die philologische und rhetorische Wissenschaft, die bei Erasmus aufblühte, wurde auch in Wittenberg akzeptiert und gebraucht. Für Luther blieb die Philosophie wie in der Scholastik weiterhin eine „Magd der Theologie", ancilla theologiae. Und doch bereitete Luthers Zwei-Reiche-Lehre den Boden für die späteren umfassenden Säkularisierungsvorgänge, die oft als Vollendung der Reformation verstanden wurden. Das Reich der Natur durfte eigenen, festen Gesetzen folgen, die den technischen Fortschritt in ein System brachten.

Die ungeheure und rasche Breitenwirkung des reformatorischen Glaubens stützte sich auf die Erfindung des Buchdrucks. Die Druckerpresse und deren spätere Perfektionierung durch die Erfindung beweglicher Lettern verwandelte das langwierige Abschreiben von Manuskripten, das selbst bereits standardisiert mit Genauigkeit und Eleganz betrieben wurde, in einen maschinellen Prozeß. Lewis Mumford [20] erwähnt den Guß beweglicher Lettern als „das erste Beispiel einer Massenproduktion auf der Basis standardisierter, austauschbarer und ersetzbarer Teile in einem dynamischen Prozeß". In weniger als einem halben Jahrhundert war der Übergang vom handschriftlichen Kopieren zum Drucken vollzogen. Die Aufnahmebereitschaft für diese Mechanisierung war schon lange zuvor durch die Klöster geweckt worden, durch die dortige Herstellung „eines völlig standardisierten Handsatzes" und durch eine bewußt mechanisierte Lebens- und Arbeitsweise. Wo Hingabe zum Zwang geworden und zur Routine erstarrt war, fand die neue Botschaft von der „Freiheit des Christenmenschen" einen fruchtbaren Boden. Die Zwänge der gesellschaftlich-technischen Entwicklung milderten sich freilich nicht. [V-3.1; V-4.1]

Die ersten Inkunabeln waren Bibeldrucke und wetteiferten in der Pracht ihrer Ausstattung mit kostbaren Handschriften, die vorwiegend zum liturgischen Gebrauch angefertigt waren. Es ist nicht so, daß vorreformatorische Geschlechter die Bibel nicht kannten. Die Menge der damaligen Bibelübersetzungen ist beträchtlich, und sie sind für ein Publikum gedacht, dem nicht nur vorgelesen wird, sondern das selbst lesen kann. Doch vollständige Abschriften waren fürs breite Volk wie auch für einen armen Dorfpfarrer und oft auch für seinen städtischen Amtskollegen unerschwinglich. Man mußte sich mit einer Textauswahl für den Gebrauch in der Messe begnügen. Für die des Lesens Unkundigen gab es visuelle Hilfsmittel: Skulpturen an den Kirchen, die großen Kirchenfenster, die figürlichen und bildlichen Darstellungen an den Altären, die Biblia Pauperum – „Bibel der Armen" – als Malereien an Gewölben und Wänden, worin der Zusammenhang von Altem Testament und Neuem Testament verdeutlicht wurde.

Die Bilderfeindschaft und symbolferne Spiritualität reformatorischer Frömmigkeit strebte nach einer ‚Kirche des Wortes'. Mit der neuen Technik trug sie das Gotteswort unters Volk. Das gedruckte Wort wurde zur Hauptwaffe im Glaubenskampf. Schon längst bevor das Lesen und Schreiben zu den Normalkenntnissen in allen Bevölkerungsschichten gehörte, förderte der Buchdruck die Popularisierung religiöser und wissenschaftlicher Ansichten. Die Bibel war nun frei verfügbar, ebenso wie das bisher zunftmäßig verwaltete praktische Wissen über Maschinen, Landwirtschaft und Medizin. Weil der Buchdruck darauf angelegt war, höhere Auflagen und damit größere Wirkung und Wirtschaftlichkeit ohne proportionalen Mehraufwand unters Volk zu bringen, wurde er gleichzeitig zum Vehikel der Volkssprache in der Glaubens- und Bildungsliteratur.

Der Bibeldruck, der nach und nach allgemein zugänglich wurde, schuf für den Einzelnen eigene unmittelbare Zugänge zu den Glaubensquellen und machte deren amtsgebundene traditionelle Vermittlung weitgehend überflüssig. Die hierarchischen Strukturen, deren die traditionelle Weitergabe des Glaubensgutes bedurfte, lösten sich auf. Der „freie Christenmensch" bekam durch den technisch-ökonomischen Fortschritt die Bibel in die Hand als das Mittel, selber seinen

Glaubensweg zu suchen. Sola scriptura, allein durch die Schrift kennen wir Gottes Gericht und Gnade. Die Kontinuität gemeinsamer mündlicher Überlieferung ist abgelöst durch die Diskontinuität eines unveränderlich schriftlich fixierten Dokuments, das von jedem einzelnen eingesehen und ausgelegt werden kann.

Was wir heute als ‚Säkularisierung' beobachten, ist ohne solche vorangehende Demokratisierung und Individualisierung unvorstellbar. Die elitären Begrenzungen der älteren Kirche wurden eingerissen, bis ins innerste Kultgeschehen hinein: Das Abendmahl wurde nun allen unter beiderlei Gestalt gereicht. Der Kult verlor die sakralen Züge der Absonderung. Die Reformation ist gekennzeichnet vom Stigma der Popularisierung: nicht nur in der utopisch-chiliastischen Linie, die von Thomas Müntzer (1490–1525) bis zu Ernst Bloch (1885–1977) führt, sondern auch in unlutherischen radikalen Richtungen der deutschen und englischen Reformation, so den Levellers („Gleichmachern") der Cromwellzeit.

„Das Wort sie sollen lassen stahn": Das konnte Luther nur deshalb so fordern und durchkämpfen, weil durch den Buchdruck dieses Wort tatsächlich in festen Lettern ‚steht', weil es einen anderen Öffentlichkeitscharakter gewonnen hatte und anders ins Zentrum des Glaubens rücken konnte als in der mündlichen und handschriftlichen Überlieferung der früheren Jahrhunderte. Das Medium des Buchdrucks trug die religiösen Umbrüche, die nach den frommen Absichten re-formatio sein sollten, die aber wirkungsgeschichtlich – schon rein technisch und gesellschaftlich gesehen – keine Rück-formung sein konnten, sondern die Abtrennung des weltlichen Reiches sanktionierten, im Katholizismus nicht anders als im Protestantismus.

Ungeheures leistete die Drucktechnik, um dann dieses Reich einzurichten, zu verbreitern und zu verbreiten. Das Klassenmonopol des geschriebenen Wissens war gebrochen. Wer im Mittelalter Bücher gelesen hatte, war Kleriker oder Jurist – oder der Ketzerei verdächtig: Das Buch als Mittel der Erweckung und der Bekehrung zur katharischen Häresie ist in den Inquisitions-Protokollen von Montaillou[21] eindringlich dokumentiert.

Das kirchliche Monopol im Bildungswesen wurde säkularisiert. Nicht nur das Wort der Bibel und das klassische Bildungsgut trat aus Kirche und Kloster heraus in die Druckerei, die technologisch wie sozial etwas anderes war als das alte Scriptorium. Das Tempo, die Einfachheit, die Gebrauchsfertigkeit, der günstige Preis der Publikationen bewirkten einen individualisierten Zugriff in Bereiche, die früher nicht im Bildungsstrom standen. Auch dieser Bildungsstrom selbst änderte seinen Lauf: Nicht zuletzt war es die Druckerpresse, die bewirkte, daß eine moderne Wissenschaft die mittelalterlich-aristotelische Naturlehre und Naturphilosophie verdrängte. Der Buchdruck weitete die Kommunikation zwischen den Wissenschaftlern auf dem ganzen Kontinent aus und sicherte ihren Ideen eine rasche Verbreitung und Popularisierung, ungeachtet kirchlicher Widerstände. Nikolaus Kopernikus, Andreas Vesalius (1514–1564), Tycho Brahe (1546–1601), Francis Bacon (1561–1626), Galileo Galilei, Johannes Kepler, William Harvey (1578–1657), René Descartes (1596–1650): Die Fundamente der modernen Wissenschaft wurden in den zwei Jahrhunderten nach Gutenbergs Erfindung gelegt. [II-3.3; V-3.1; V-4.1]

Auch technologisches Wissen konnte nun in großem Maßstab gesammelt und verbreitet werden. 1556 erschien Georg Agricolas Abhandlung über Bergbau und Metallurgie, mit genauen und reich illustrierten wissenschaftlichen Informationen. Mit den Abschnitten über Technik und Mechanik in der religions- und kirchenkritischen französischen Encyclopédie (ab 1755) erreichte dieses verstärkte öffentliche Interesse für Technologie einen zeitweiligen Höhepunkt, zulasten der einstigen Übermacht theologischer Quellen und frommer Traktate. [V-4.1]

Die Lettern als ‚Mittel zu freibleibenden Zwecken' schufen sich neue Informations- und Wirkungsfelder: die Flugschriften im konfessionellen und politischen Streit der Geister; die Volksbücher, in denen erbauliche Legenden neben alchimistischen Anleitungen zum Goldmachen und neben dem Rezept stehen, wie Pechflecken aus einer Hose zu entfernen seien; die spätere aufgeklärte Kritik an den etablierten Mächten von Thron und Altar; die Frankfurter Buchmesse mit weit über 300000 Ausstellungsexemplaren und annähernd 80000 Neuerscheinungen 1987; die ‚Neuigkeiten', die täglich milliardenfach als bedrucktes Papier in den Briefkästen stecken und an den Kiosken aufliegen; die Werbung, die der Industrie und Technik neue Märkte und Aufgaben erschließt. Daß auch die Kirchen sich der Druckerzeugnisse für ihre eigenen alten oder veränderten Ziele bedienen, ist nur ein einzelner und fast belangloser Pinselstrich in diesem Kolossalgemälde des Fortschreitens in eine neue Welt. Deren kollektives Gedächtnis gewinnt neue Speicherungskapazitäten; was man speichern will, hängt davon ab, wie und was man speichern kann.

Nur scheinbar wurden Schrift und Buch erhöht, indem sie in immer weitere Bereiche vordrangen. Die Heilsbedeutung und Heiligkeit des Buches war nur dort dauerhaft garantiert gewesen, wo sie nicht absolut war, sondern sich mit anderen heiligen Zeichen und Worten zusammenfügte. Ohne jenen Halt glitt die alte Metapher vom Buch der Welt[22] – codex scriptus der Bibel und codex vivus der Natur – herunter ins Ökonomisch-Administrative. Die doppla scrittura der Kaufleute in Amsterdam galt nun zuverlässiger als das, was einst – vielgedeutet und darum vieldeutig – ‚die Schrift' war. Das Geschäftsbuch, die Bilanz, wird zum einzigen Buch, das der subjektiven Interpretation entzogen bleibt und auf das man voll vertrauen kann. Es wurde übrigens bis ins EDV-Zeitalter hinein handschriftlich geführt. Wer daran etwas ändert, den treffen in aller Härte die Sanktionen, durch die andere ehemals heilige Texte nicht mehr geschützt sind. Von diesem Sonderfall abgesehen kommt dem Buch und seiner Metaphorik seit dem 19. Jahrhundert ein einheitlicher, empfundener und bewußter Lebensbezug nicht mehr zu, kann ihm nicht mehr zukommen, seit die Aufklärung die Autorität des Buches erschüttert und die technische Zivilisation alle Lebensverhältnisse umgestaltet hat. Wenn man der Bibel nicht mehr glauben kann, – welchem anderen Buch dann? „Er lügt wie gedruckt", wird zur fast sprichwörtlichen Redensart.

Im „Verschwinden der Kindheit" zeigt Neil Postman[23], welche Schlüsselrolle den Kommunikationsmedien für die Sozialstruktur und darin für die Religion und deren Ausdrucksformen zukommt. Das schon fast vergangene Buchzeitalter dient für Postman als Kontrasthintergrund, vor dem sich in den allerneuesten elektronischen und optischen Revolutionen die Welt lichtgeschwinder Symbole und Bilder abhebt, die mit einer neuen Reklametheologie mit neuen Heilserwartungen, Ekstasen und Dogmen die ältere Welt der Ideen verschlingt. Gegenüber der von Postman analysierten letzten, gegenwärtigen Minute der Säkularisierung wirkt die säkularisierte Hochblüte des Buchdrucks fast archaisch-religiös. Doch auch jene vorletzte Episode in der Geschichte der Kommunikationstechniken war ein Säkularisierungsgleis, zu dem die Weichen schon unendlich viel früher gestellt wurden. Wer A sagt, muß auch B sagen, ja er hat schon B gesagt. Im frühesten Übergang von der Mündlichkeit zur Schriftlichkeit überhaupt sind die Verwandlungen des Menschengeistes und seiner Gottesnähe vorausgeformt in ihrer geschichtlichen Hauptrichtung.

Der Übergang zur Schrift war stets auch ein technologischer Schub ersten Ranges, wenngleich nicht im naiv-gängigen Sinn des 20. Jahrhunderts, das allenfalls den Buchdruck und die Schreibmaschine und die neuesten Medien der Information und Kommunikation als ‚Technik' wahrnimmt. Lewis Mumford[24] weckte das Verständnis dafür, daß ohne ‚die unsichtbare Maschine' in theologisch-magischen Konzeptionen nie die moderne Maschinerie erfunden worden wäre; die mechanischen Kräfte mußten erst sozialisiert werden, ehe die Maschine selbst voll mechanisiert werden konnte. Im Ritual von Bild und Schrift wurden neue Zivilisationsstufen erreicht; ein neuer Ausdruckswille bediente sich neuer Hilfsmittel und Materialien. Früheste Schrift ist geheiligt, – und doch löste sich in jener spirituellen und ingeniöstechnischen Innovation die hergebrachte Verbindung von Poesie und Wahrheit. Platon überliefert im Phaidros, daß der gleiche Gott, Theuth, der Maß und Zahl, Mathematik und Sternkunde erfand, auch die Buchstaben zu den Menschen brachte. In der Schrift öffnete der Gott das Tor zu neuen Welten, auch zur Welt der Konstruktion und Kalkulation.

Mit den Gewinnen nennt Platon auch die Verluste: Ver-äußerlichung tritt an die Stelle der göttlichen Er-innerung. Die poetischen Mythen konnten, nachdem sie schriftlich fixiert waren, ihre Aussagen nicht mehr ohne Aufhebens der jeweiligen Gegenwart anpassen und so ‚wahr' bleiben. Die literale Speicherung der Tradition verhinderte deren organische Weitergabe und Verwandlung; als Text war die Tradition dem Veralten und der Kritik ausgesetzt[25]. Das förderte Skepsis und Autonomie. Unterscheidungen zwischen menschlicher und göttlicher Ordnung formten sich aus. Die mystische Partizipation, als die Lévy-Bruhl das Denken und Leben der nichtliteralen Völker versteht, zerfiel in den Schriftkulturen – zumal in den alphabetisierten – in verschiedenartige austauschbare Elemente. Diese können individuell ausgewählt und kombiniert werden und bilden so gleichsam eine Grundstruktur späterer mechanistischer Technik.

Säkularisierende Technik – Beispiel 2: Die Uhr

Die Zeitmessung mit Wasseruhren, Sonnenuhren und Sanduhren sowie mit den astronomischen Armillarsphären, die der Bewegung der Planeten und dem Lauf der Jahreszeiten folgten, war schon in der Antike bekannt. In den Klöstern des Mittelalters wurde die Zeit nach festen Regeln eingeteilt in Stunden des Gebetes, der Arbeit und der geistlichen Lesung. Das erforderte eine genaue Zeitmessung – auch wenn die Stunden je nach Jahreszeit von verschiedener Länge waren, und die gemessene Zeit mußte beobachtet und in Signale umgesetzt werden, die den Mönchen zeigten, was zu tun war, und sie zu den ‚kanonischen Stunden' riefen.

Beim Fehlen mechanischer Uhren wurden in den Klöstern die Wecktermine nach dem Sternenstand abgelesen, mittels eines Peilverfahrens, das in Klosterakten des 11. Jahrhunderts beschrieben wird[26]. Für den praktischen Gebrauch gab es auch außerhalb der Klöster einfache Zeitmaße, die den Alltag religiös durchformten, zum Beispiel eine bestimmte Anzahl von ‚Pater noster' und ‚Ave Maria' beim Eierkochen.

Über viele Vorstufen fügten sich die Mechanismen und Räderwerke zusammen zum praktischen Gebrauch in den Klöstern und später im höfischen und städtischen Leben. 1120 wird in einer zisterziensischen Klosterordnung eine Art von Uhren bezeugt, die selbsttätig vor der Frühmesse schlugen und weckten und so den Dienst jener Mönche erleichterten oder ersetzten, die bisher wachen mußten, um zur rechten Stunde ihre Mitbrüder aus dem Schlaf herauszurufen ins nächtliche Chorgebet. Über diese rudimentäre Mechanik hinaus, bei der vermutlich Wasserbehälter das Zifferblatt drehten und die Weckvorrichtung betätigten, führte erst das 13. Jahrhundert, in dem sich die Belege über gewichtsbetätigte Uhren mit Rädern häufen und das Streben nach einer rein mechanischen Uhr sich eindrücklich bekundet. Um 1300 gelang deren Bau. Im Bannkreis der gotischen Bauhütten, so formuliert Ernst Jünger, „muß dem Rade seine neue Fron auferlegt worden sein. Hier beginnt seine endlose Dienstleistung". Eigentümlich schließt das Abendland seine lineare Sicht der Zeit in den Kreis des Zifferblattes ein.

Vom Kloster griff die Gewohnheit der Zeitmessung auf die Marktplätze über. Die Zeiger und Schlagwerke auf den Kirchtürmen ordneten seit der Mitte des 14. Jahrhunderts das städtische Leben und gliederten es durch feste Zeiten des Gebetes: dreimal am Tag der Gruß des Engels an Maria, die Messen, die festlichen Vespergottesdienste ... Schon früh ergaben sich auch rein ökonomische Anwendungen jenes Mechanismus: 1341 berichtet eine Mailänder Chronik von gewichtsgetriebenen Kornmühlen, die von ortsansässigen Technikern nach dem Vorbild der Uhren gebaut wurden. Das mechanische Wunder des Uhrwerks entzückte das Volk. Der religiöse Gebrauch wurde zum Nebenzweck. „Etwas von dem Bürgerstolz, der sich früher im Bau von Kathedralen verschwendet hatte, richtete sich nun auf den Bau astronomischer Uhren von erstaunlicher Vielseitigkeit und Vollendung"[27].

Lynn White erkennt in diesen Riesenspielzeugen Wahrzeichen des innersten, selten ausgesprochenen Strebens jenes Zeitalters. Nach der neuen Impetus-Theorie um 1320 bleiben – ohne Eingriff von außen – die Körper unabänderlich in der Bewegung, die ihnen vom Ursprung übermittelt wurde. Dieser Gesetzmäßigkeit entspricht eine Vorliebe

Abtei Amorbach im Odenwald. Die Uhr an der Orgel ist im ganzen Kirchenschiff gut sichtbar.

für quantitative meßbare Tatbestände, auch in der himmlischen Sphäre. Und indem der Blick des Menschen sich auf die Himmelsmechanik richtete, erhielt wiederum die irdische Mechanik neue Antriebe. Der große Theologe und Mathematiker Nikolaus von Oresme († 1382) beschrieb das Weltall als ein riesiges mechanisches Uhrwerk, das von Gott so geschaffen wurde, daß „alle Räder sich in der besten möglichen Übereinstimmung bewegen". Das Sinnbild wurde zur Metaphysik. Da ist nicht mehr der Gott, der im mittelalterlichen Bild den Weltenmantel trägt. Fast geradlinig verläuft die ideengeschichtliche Linie in den Deismus, der den hoch entrückten Gott nur noch als ersten Beweger auftreten läßt und das weitere Weltgeschehen seinem Eingreifen entzieht. Die Welt ist sich selbst überlassen. Je nach Sichtweise ist sie autonom oder auch total verfügbar für die alleinige menschliche Aktivität, die nach rational-mechanischen Regeln ihre höchste Effizienz erreicht. [II-3.3]

Während die gemeinsame Orientierung an der Kirchenuhr als religiöse ‚Außenleitung' des mittelalterlichen Menschen gedeutet werden kann, macht er sich allmählich das neue Zeitgefühl völlig zu eigen und wird von ihm ‚innengeleitet'. Immer näher rückt das Räderwerk mit seinem immergleichen Ablauf an den Menschen heran: private Standuhren in den Amtshäusern und Wohnungen, tragbare Uhren schon im 14. Jahrhundert, seit 1510 Peter Henleins Taschenuhr – das ‚Nürnberger Ei', für das bald jedes Kleidungsstück sein Uhrentäschchen braucht. Schon 1488 sind an Prunkkostümen des Ludovico Sforza die Halsketten erwähnt, an denen Uhren mit Stundenschlag hingen. „Der Zeitmesser hatte den Hals des Menschen erreicht, freilich noch nicht sein Handgelenk"[28].

An dieses geriet er bei Blaise Pascal (1623–1662), der über seine mathematischen Forschungen hinaus immer wieder auch in technische Probleme eindrang: Seinem Vater, einem hohen Steuerbeamten, mußte er bei fiskalischen Berechnungen helfen; um sich diese zu erleichtern, konstruierte er eine in theoretischer wie praktisch-technischer Hinsicht hochvollendete Rechenmaschine. Mit Experimenten über den leeren Raum bestätigte er die Versuche Torricellis und leitete dazu noch aus der Spiegelbewegung in der luftleeren Röhre das Prinzip des hydrostatischen Gleichgewichts ab, das er zur Konstruktion einer hydraulischen Presse benutzte. Wie bei Armbanduhr und Rechenmaschine zeigte sich Pascals methodisch-ökonomischer Sinn auch bei seiner Erfindung des öffentlichen Nahverkehrs: Mit der Verbesserung der Verkehrsverhältnisse in Paris wollte er Geld verdienen und ließ sich die Lizenz für Fahrzeuge erteilen, die auf festen Routen und zu festen Zeiten Personen durch die Stadt befördern sollten [29]. Er lebte asketisch, trug mit der Armbanduhr auch einen Bußgürtel, schrieb Bücher über die Wahrheit und den Trost der christlichen Religion und griff in den theologischen Streit über Gottes Gnadenwahl und über die Maßstäbe des Gewissensentscheides ein.

Die von der Uhr gesteuerte Exaktheit reicht bis in das bewegendste Dokument von Pascals Glaubenserfahrung, die mitten in seiner rationalen wissenschaftlich-technischen Forschung aufbricht: „Jahr der Gnade 1654, Montag den 23. November, seit ungefähr abends zehneinhalb bis ungefähr eine halbe Stunde nach Mitternacht: Feuer! Gott Abrahams, Gott Isaaks, Gott Jakobs, nicht der Philosophen und Gelehrten ..." Der ergreifendste Augenblick dieses Lebens ist genau lokalisiert, fixiert in seine geschichtliche Stunde. Inkarnation: Gott will begegnet sein auch in der ihm ferngerückten, durch Uhren vermessenen Zeit. Die Stunde der inneren Erweckung fügt sich zwischen jene Momente, in denen Pascals Blick zuletzt und dann wieder zuerst aufs Zifferblatt der Armbanduhr fällt. In solchem Leben ist das Geschichtsereignis der ‚Säkularisierung' nicht ausgelöscht; denn als Merkzeichen der Zeit prägt sie jeden. Auch Pascal, der radikale Christ, hatte an ihr teil. Bis ans Ende seines Lebens hält er, Zeitgenosse Descartes', fest an der Eigenständigkeit der Ordnung des Wissens, ebenso wie am Zeugnis des ‚Ganz-Anderen', der über jene Ordnung hinausliegt und in sie hereinbricht.

Auf der breiten Bahn der Moderne bleibt die Pascal'sche Spannung zwischen Glauben und Wissen freilich nur episodenhaft. Die Spuren des Fortschritts sind markiert durch Abermillionen von Wegwerfuhren, die keine heiligen Stunden anzeigten. Das Exaktheitsbedürfnis nahm zu in einem Ausmaß, das weit über jeden praktischen Zweck hinausreichte. Die äußerste Präzision der Zeitangabe wurde zum Verkaufsargument für billige Quarzuhren. Und im Jahre 1988 preist die Werbung ‚eine Revolution in der Zeitmessung' an: eine hunderachtundneunzig Franken teure Tischuhr, die Funksignale der amtlichen Atomzeituhr der Physikalisch-Technischen Bundesanstalt Mainflingen/Frankfurt empfängt und eine maximale Gangabweichung von 1 Sekunde in einer Million Jahren aufweist. An diesem heutigen Höhepunkt zeichnet sich eine Trendwende ab: Der Snobismus einer verwöhnten und zahlungskräftigen Klientel löst sich inzwischen schon wieder vom Genauigkeitsfimmel der großen Masse; der auf Luxus eingeschworene Kunde zahlt das Hundertfache für eine Uhr, die in der überindustrialisierten computergesteuerten Welt nicht ganz so genau geht, weil sie dem neuerwachten Sinn für handwerkliche Arbeit ent-

Halle der Zeche Zollern II/IV in Dortmund-Bövinghausen. – Moderne Uhren dringen in Kult- und Arbeitsstätten ein. Da Kult wie Arbeit immer ihre Stundeneinteilung hatten, muß das keine Wesensveränderung bedeuten – es sei denn man meint, religiöse oder kreative Zeit linear und „präzise" messen zu können. Nicht selten wurde die Uhr als Mahnung an das „letzte Stündlein" des Betrachters gedeutet. In modernen Moscheen findet sich häufig eine Standuhr; sie wird interpretiert als eine Erinnerung an die Endlichkeit des irdischen Lebens, an die profane Zeit, die in den Sakralraum hereinragt. Umgekehrt ausgedrückt: Die irdische Zeit ist eine Mischzeit, in der die Ewigkeit „in Silberblicken" aufblitzt, in der Offenbarung, im Kult, im Fest, in der wahren Kunst. Die technisch gemessene Zeit kann das Erlebnis dieser „wahren Zeit" nicht abbilden.

gegenkommt. Solche Retuschen ändern allerdings nichts an der Vermessenheit unserer Welt, sondern unterstreichen sie.

Es ist ja nicht nur die Zeit – unsere Lebenszeit –, die in mechanisch gleiche und immer kürzere Abschnitte zerlegt wurde, seit das weltliche Zeitmaß an die Stelle älterer religiöser Zeiteinteilungen trat. Auch der Raum wurde ausgemessen, auf der Erde wie am Himmel. Die göttliche Raumerfassung wurde zum Vorbild für den Menschen. Aus der Bibelstelle, daß Gott alles erschuf „nach Maß, Zahl und Gewicht"[30], hatte sich der Ordo-Gedanke des mittelalterlichen Weltbildes entwickelt: Die gesellschaftliche und politische Ordnung der sichtbaren Welt war Abglanz und Zeichen des gottgeschaffenen Kosmos und der himmlischen Hierarchie. Jede Sehnsucht fand in dieser Ordnung ihre Erfüllung, und alles Erkenntnisstreben fand seine Vollendung im Glauben und wurde bestätigt im Symbol.

Diese qualitativen Gewichtungen und Maße wurden im ausgehenden Mittelalter und zu Beginn der Neuzeit in Quantitäten dahin umgedeutet, daß Gott nach den allgemein bekannten mathematisch-mechanischen Gesetzen die Welt konstruiert habe. Die Mechanici und Ingenieure des 16./17. Jahrhunderts beriefen sich häufig auf dieses Wort zur Rechtfertigung ihrer eigenen Konstruktionen[31].

Die ockhamistischen Physiker des 14. Jahrhunderts hatten keine Messungen durchgeführt, gerade unter Berufung auf jenen Vers des alttestamentlichen Buches Salomons; denn Gott habe ja die Welt „nach seinem Maße, nach den ihm vorbehaltenen und allein auf seinen Intellekt beziehbaren Größen" geordnet[32]. Die mittelalterliche Darstellung Christi als des Weltenschöpfers, der mit dem Zirkel die Welt umfaßt, war damals im theologischen Verständnis keine Herausforderung an den Menschen, nun seinerseits die Welt zu ermessen und zu vermessen. Doch mit den technischen Möglichkeiten wuchs auch der Anreiz, die Werke Gottes genau nachzumessen, nachzuzählen, nachzuwägen, bis schließlich das technische Denken alles durchdrang und sich der überflüssig gewordenen religiösen Einkleidung entledigte. Durch Fernrohr und Landkarten, durch den Kompaß, die neuen Möglichkeiten im Schiffbau und durch die Techniken der Navigation erschloß sich der Mensch die Räume auf der Erde und am Himmel. Der Lebenshorizont weitete sich, fremde Kulturen erschlossen sich. Die Beschreibung der Welt kam nicht mehr von den Kanzeln und aus den klösterlichen Schreibstuben.

In der Leibnizzeit ist das Meß- und Zählinstrumentarium vervollständigt mit Mikroskop, Barometer und Thermometer, ohne im allgemeinen frommer Begründungen und Zwecke zu bedürfen. Auf einer weiteren Stufe wurden die mechanistisch-gleichförmigen Zeiteinheiten, die seit dem Mittelalter im täglichen Leben gebräuchlich waren, in eine letzte Unanschaulichkeit hochtechnischer Präzisionsmessung hineindefiniert: „Die Basiseinheit 1 Sekunde ist das 9'192'631'770fache der Periodendauer der dem Übergang zwischen den beiden Hyperfeinstrukturniveaus des Grundzustandes von Atomen des Nuklids ^{133}Cs entsprechenden Strahlung"[33]. Solche unbildliche Klarheit mag für den Forscher, der sich hineinversenkt, ein mystischer Weg zu Gott werden, zu dem Ganz-Anderen und All-Einen. Doch den schlicht Glaubenden wird solches Messen als natur- und gottferne totale Abstraktion anmuten. Ein Abgrund tut sich auf zu dem, was in der Volkskirche als heilige Zeiten und als Gottesmaß erschaubar und erlebbar war. [II-5.3]

Die Welt, die der Zirkel des Schöpfers umspannt und zur Einheit gerundet hatte, löst sich auf in vermeßbare und vermessene Einzelheiten, – „fehlt nur das einigende Band". Weder die alten theologischen Weltbilder noch des technikkundigen Gottfried Wilhelm Leibniz (1646–1716) Idee von der Harmonie der besten aller möglichen Welten noch die späteren Theoriebildungen der Physik wurden von der im technischen Wandel vorangetriebenen Gesellschaft als ‚System'

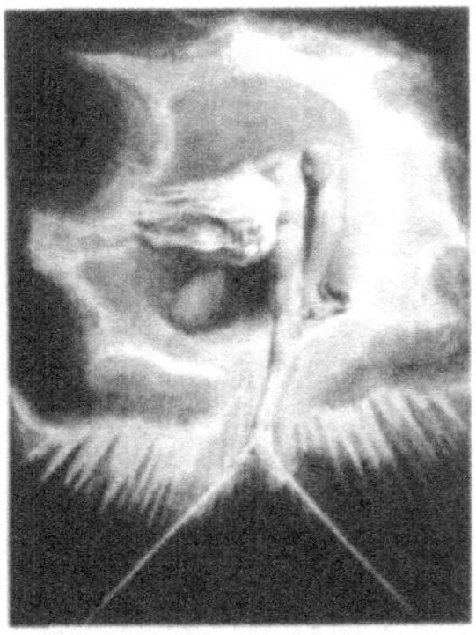

Vor seinem Hause soll der englische Maler, Dichter und Mystiker William Blake (1757–1827) die Vision gehabt haben, daß Gott die Tiefen der Welt mit einem Zirkel vermißt. Er schuf daraufhin diesen aquarellierten Metallschnitt (hier nur in einer Schwarz-Weiß-Wiedergabe) „Der Schöpfergott" für seine Dichtung „Europa, eine Prophezeiung".

aufgenommen, das die zerteilte und vermessene Welt wieder zum Ganzen zusammengefügt hätte.

Der eigentümliche Doppelsinn des deutschen Wortes „vermessen' läßt den Weg erkennen, den der Mensch von der aristotelischen und christlich-scholastischen und ritterlichen Tugend des „Maßes" durchschritt bis zu den Maßen und Massen der modernen technischen Welt. Die neuen spirituellen Wagnisse, in denen der Mensch nicht mehr Maß nahm, sondern selbst Maß setzte und sich selbst zum Maß wurde, führten zur totalen Vermessung der Räume und Zeiten. Die Vermessenheit erzwang Beschränkungen: Dem Blick nach oben zeigt sich nicht mehr die Hand des Schöpfers, der die Grenzen setzt und so auch Halt und Form gibt.

Diese Feststellung führt heran an jene andere Seite der Uhrenwelt, die Kehrseite des Fortschritts, die Friedrich Georg Jünger in der „Perfektion der Technik" [34] analysiert und auf die Ernst Jünger in seinem „Sanduhrbuch" [35] eindringlich hinweist. Die Entzauberung, Rationalisierung und Säkularisierung betrifft ja die teuflische und höllische Sphäre noch früher und vollständiger als die heiligen Räume. Seit es Uhren gibt, regt sich der Verdacht, daß ihre Erfinder auf der Todesseite stehen, also im Dienst des Widersachers. Der Mönch Gerbert, ein hochgebildeter und experimentierender Gelehrter, der 999 unter dem Namen Silvester II. den päpstlichen Stuhl bestieg, galt im Mittelalter als Erfinder der Räderuhr – und war als Zauberer verrufen, der sich um irdischer Macht willen dem Teufel verschrieben hatte. Thomas von Aquin (1225–1274) soll seinem Meister, dem großen Albertus, den Roboter zerschlagen haben, der ihm die Türe öffnete und ihn begrüßte, – Blendwerk des Teufels. Heute wird kaum noch von Theologen oder Politikern oder Forschern gefragt, ob vielleicht da und dort der Satan am Werk sei, ob die alte Schlange für ihren Rat genauso Gehör finde wie einst am Baum der Erkenntnis im Paradies. Nur noch im Sinne einer bildhaften Redeweise ist gelegentlich von ‚teuflischen' Wirkungen der Technik die Rede.

Die Uhr entwickelte sich weiter. Neue Zeitmeßinstrumente und Leitsysteme mit Sensoren steuern die Produktion der Fernbomber und Raketen, führen diese ans Ziel und lösen die Explosion aus. Die schon erwähnten sehr genauen modernen Zeitmessungen geben unserem Leben keine realen Richtwerte; ihre Hauptbedeutung liegt bei der Koordination von sehr hohen Geschwindigkeiten, das heißt bei Geschossen, in der Atomtechnologie, bei Weltraumsonden, beim SDI-System. Die dort gemessene Zeit ist nicht Lebensstrom und rhythmische Bewegung; es ist nicht jene Zeit, deren Wesens wir nur teilhaftig werden, wo wir ins Lebendige eintreten. Die neue Uhrenzeit ist nur gleichförmiger Takt, ein leeres Gerüst, ist atemlose Mechanik, die uns selber atemlos macht. Todeszeit, die fortwährend zu Ende geht.

Auch wo in den Armaturen – vom lateinischen Wort arma (Waffen) – der Kraftwerke, Pilotenkabinen und Kommandostände nicht mehr Rad und Rädchen aneinandergereiht sind, gelten diese weiterhin als das Bild der Mechanisierung und Automatisierung, als Metapher der selbsttätig-unbeirrbaren zerstörerischen Kräfte. Roboter, homme machine . . . Die Techniker als die Träumer und Propheten unserer Zeit: Der Mythos Elektronengehirn, der Traum vom künstlichen Menschen abstrahiert auf einen Traum von Stromstößen und Draht, – steckt da nicht am Ende mehr Vorstellungskraft drin als in irgendeinem Eden oder Orplid?

Assoziationen zur Mechanik und zu deren unterweltlicher Lebensbedrohung stellen sich auch bei der Biotechnologie ein. Beim Doktor Faust war es noch allen klar, daß ein Pakt mit dem Teufel hinter der Erzeugung des Homunculus aus der Retorte stehen mußte. Heute, „da die theologischen Begriffe fehlen, spinnen sich seltsame juristische, biologische und soziologische Auseinandersetzungen an“ [36], – letztlich bloße Ornamentik rund um das Hauptziel: die Selbst-Schöpfung, homunculus. Paracelsus berichtet, daß die homunculi zu Riesen würden, großmächtig, gewalttätig, stärker als ihre Erzeuger.

Rückschau auf die vor- und frühtechnische „Einigung aller Dinge“

Das mittelalterliche Christentum hatte die neuen Verfahren der Zeitmessung und die neuen Techniken der schriftlichen Überlieferung ins religiöse Welt-Bild hereingenommen und so Kräfte in Gang gesetzt, die jenes Weltbild sprengten und unsere ‚säkulare‘ Moderne mitformten. Zu einer vollen Einsicht, was wir mit dem technischen Fortschritt gewonnen und was wir verloren haben, bedürfte es einer viel weiteren Rückschau auf Stämme und Völker, die durch Naturreligionen geprägt sind und darin ihre Welt und jeden Teil dieser großen Einheit als beseelt erleben. [II-2.1]

Das, was jene Menschen vor all ihrem Tun in der Welt vorfinden, und auch das, was sie selber machen und hervorbringen und in ihren Kosmos einfügen, ist Teil der großen ‚Weltfamilie‘. Die damalige, uns ferne Technik, soweit wir sie überhaupt so benennen und damit gleichsam als eine Vorstufe moderner Technik markieren dürfen, gehört hinein ins ‚Welthaus‘, das in unbeschreiblicher Leuchtkraft vom Grau

Hildegard von Bingen: Der Kosmos-Mensch.
Inmitten des Weltrades, das von der dreifaltigen Gottheit gehalten wird, steht der Mensch in seiner Wirkungssphäre. Er hält die Elemente der Welt in seinen Händen und steht mit dem Ganzen des Kosmos in Verbindung.

unseres Alltags sich abhebt. Als ein Haus wird die Welt wahrgenommen. Doch dieses Haus ist nicht eine Projektion zivilisierter Wohnstätten ins Kosmische hinein, sondern es ist das Urbild, aus dem das Zivilisationsprodukt ‚Haus' und jedes Menschenwerk überhaupt erst verständlich wird, Orientierungen und Maßstäbe gewinnt. Weit vor jedem profanen Wohnbau steht der heilige Raum, der ‚alles' ist; denn ein Pro-fanum, das sich draußen vor dem Fanum – dem heiligen Ort – befände, gibt es in jenem Ursprung nicht. Zu ihm führt Werner Müller in der „Indianischen Welterfahrung"[37], und von dort her schildert er den Weg der Spaltung von Mythos und Logos, von Überwelt und Welt, von heiligem Erlebnis und unsinnlich-empirischem Erdenknis.

Auch in der gespaltenen, entgötterten Welt gab es noch Wege zur Einheit, zu letztgültiger leibhaftiger Erfahrung übers bloß Gelesene oder Erdachte hinaus. Was die mittelalterlichen Gottsucher als ‚geistliche Wonne und Süße' benannten, war nicht jenseitige Vertröstung, sondern ereignete sich im Jetzt: experientia, geschenkt und errungen. Desgleichen ergründeten die wahren Alchimisten nicht im rein spekulativen Nachdenken, sondern im ‚Experiment' (experimentum) die Geheimnisse der Schöpfung und vollzogen das Opus Magnum, das ‚Große Werk' der Läuterung und Verwandlung irdischer Elemente, durchs Feuer, durch Tod und Untergang hindurch.

Diese Strömungen muten an wie ein extremer Gegensatz zu den nüchtern-exakten Verfahrensweisen und Produkten, die wir heute im Begriff ‚Technik' zusammenfassen. Doch die Extreme berühren sich: Erfahrung wurde ernst genommen, während rundum dogmatischer Glaube galt; technische Träume von Mühelosigkeit und Macht wurden vorausgeträumt. Wo es ums ‚Große Werk' ging, tauchten freilich neben dem ‚Ingenieur' (dem Mann des Geistes/Ingenium) stets auch die simpel-beflissenen Laboranten auf, – und die Alchimisten-Scharlatane, die Dante im vorletzten Kreis der Hölle schaute: trügerische Zerstörer der Welt- und Naturordnung, Zerstörer von Treu und Glauben.

Der alchimistische, ja sogar der asketisch-mystische Weg, von dem Aufklärung und ‚säkularisierte' Technik so weit abzurücken meinten, hatte vorgezeichnet, wie die Natur gewaltsam zu traktieren und was ihr abzuzwingen sei. In den Quellen des späten Mittelalters ist immer wieder von den ‚Qualen' der Metalle im Prozeß ihrer technischen Umwandlung zu lesen. Der Mensch spannte die Natur, der er sich entfremdet hatte, gleichsam auf die ‚Folter des Experiments'. Die ‚peinliche', experimentelle, inquisitorische Befragung mit Hebeln und

Schrauben kam nach der Meinung von Francis Bacon und vieler anderer schneller zum Ziel der Wahrheitsfindung, gegenüber der Natur genau wie gegenüber den Menschen, die sich vor der heiligen Inquisition zu verantworten hatten. Der Topos von der Folter des Experiments wurde bis in die neueste Zeit von Naturforschern wie Alexander von Humboldt (1769–1859), Rudolf Virchow (1821–1902) und noch Sigmund Freud (1856–1939) immer wieder angeführt und modifiziert. Andere Naturforscher wie Goethe meldeten Bedenken an gegen die durch solche Methoden erlangten Geständnisse: „Geheimnisvoll am lichten Tag / Läßt sich Natur des Schleiers nicht berauben, / Und was sie deinem Geist nicht offenbaren mag, / Das zwingst du ihr nicht ab mit Hebeln und mit Schrauben" [38].

Ob diese oder jene Einzelheit der späteren technischen Entwicklung aus esoterisch-hermetischen Traditionen abzuleiten sei (gewisse Farbstoffe, Metall-Legierungen usw.) [39], ist viel weniger von Belang als die von dorther wirkenden geistigen Antriebe zur Naturübermächtigung, die Oswald Spengler [40] als ‚faustisches' Denken und Wollen charakterisierte. Eine bis zum Äußersten betriebene Analytik sollte als notwendige Vorstufe der großen Weltsynthese dienen. Was in hermetischen Traktaten des 15. und 16. Jahrhunderts sich kundtat als technischer Wille zur „Versammlung und Einigung aller Dinge" hat sich verengt und verdünnt hineinbegeben in die naturwissenschaftliche Empirie der späteren Akademien und Universitätsinstitute; es fand seinen Weg durch die Differentiale und Integrale der Barockmathematik bis in unsere elektronischen Weiten und Wüsten.

Max Weber [41] hatte bemerkt, daß zu seiner Zeit in den Kreisen der Jugend sich die Vorstellung verbreitet habe, die Wissenschaft sei ein Rechenexempel geworden, das in Laboratorien oder statistischen Kartotheken mit dem kühlen Verstande allein und nicht mit der Seele fabriziert werde, wie in einer Fabrik, – wobei meist weder über das, was in einer Fabrik, noch was in einem Laboratorium vorgeht, irgendwelche Klarheit bestehe. Mit dieser Bemerkung will Max Weber weder Fabriken noch Laboratorien noch die Wissenschaft ins ‚Welthaus' zurückschicken. Er sah den europäischen Weg der Rationalisierung und Säkularisierung zwangsläufig vorgezeichnet und mit der Mechanisierung verbunden, die uns durchdringt und uns hindert, die Werke der Erde wie am Ersten Tag zu sehen, in ihrer göttlichen Pracht.

„Die unbegreiflich hohen Werke sind herrlich wie am ersten Tag": Goethes Faust-Prolog meint damit keine Harmonie nach dem Menschenmaß des 19. oder 20. Jahrhunderts, sondern beschreibt jene Urgewalten als Donnergang, schauervolle Nacht, schäumendes Meer und blitzendes Verheeren. Auch die Frühe der Menschheit, nahe dem göttlichen Ursprung, ist keine Idylle im Morgensonnenschein. Die ‚Weltfamilie' ist so wenig idyllisch und harmlos wie die Natur selbst: Ein geteilter, nicht durchschnittener Süßwasserpolyp entwickelt zwei Köpfe, die sich um die Nahrung streiten – für denselben Magen; die Gottesanbeterin verspeist den Kopf des Männchens und sättigt sich am Vorderleib, während der Hinterleib sie begattet. „Im Steinzeitgrab liegt das Skelett der geopferten Frau neben dem des Mannes; der Schädel ist wie ein Gefäß zertrümmert worden, die Trinkschale nach dem Tode des Herrn . . .: Opfer welchen Glaubens, welcher Herrschaft, welcher Angst? Man fesselte die Toten: sie sollten nicht wiederkehren"[42].

Verfeinerte Zivilisation hat uns aus solchen Ängsten herausgeführt, sie zumindest verdrängt und überdeckt. Die Tötungsmechanismen haben sich technisch verfeinert und funktionieren arbeitsteiliger, das heißt anonym-schicksalhaft. Die Oberpriester haben das Vorrecht zu segnen, während das Schlachten der Hekatombe von anderen besorgt wird. Religion bedarf der Technik, der Priester braucht den Schlächter.

Mit den Mitteln änderten sich dann auch die Zwecke. Die Weihen verloren ihre Kräfte und Ziele in den immer komplizierteren Apparaturen. Das Opfer wurde ‚säkularisiert', entgeistigt. Es verhüllt sich in den Störfaktoren des technischen Fortschritts, im ‚technischen Versagen' wie im – oft technisch ausgelösten – ‚menschlichen Versagen', in den Neben- und Nachwirkungen von glücksfördernden und lebensverlängernden industriellen Errungenschaften. Betriebsunfälle werden – ohne formelle Weihehandlung – ebenso bewußt einkalkuliert wie voreinst die feierlichen Opfer.

Nicht nur in solchen Grenzerfahrungen rührt unser Zeitalter ans Unfaßliche. Die Wissenschaft selbst macht bewußt, daß das Machbare letztlich aus dem Unerklärlich-Geheimnisvollen hervorgeht. Das mechanistische Weltbild ist tot; es ist nicht mehr als ein System, in dem man zählen, messen und rechnen kann; es erklärt nichts. Wir leben, aber wir wissen nur, daß wir im Geheimnis leben: Was ist Materie? Was ist Zeit? Was ist ein Kraftfeld? Was ist Leben? Was ist der Tod? Was ist Geist? Was ist das Bewußtsein, das uns alle diese Fragen stellen läßt? – Diese Fragen rühren an unsere Welt der modernen Technik und Wissenschaft wie an frühere und andersartige Zivilisationen, freilich mit einem wesentlichen Unterschied: Die Berührung durch das wie eh und je existente Geheimnis ist heute ‚elitär' geworden. Für unsere Gesellschaft als ganze ist das Grauen des Numinosen nicht mehr bedrängend; auch dessen Glanz und Faszination entschwand. Welt und Leben aus zweiter Hand, technisch vermittelt, weisen nicht über sich hinaus. Der Eigenbereich des Vorletzten – entlastet von Sinn- und Heilsfragen, ohne Aufschwung und ohne Tiefgang – reicht aus für die allgemeinen gesellschaftlichen Bedürfnisse. Bei solch vorschnell-vorläufigem Weltgewinn drohen Verluste und Verlassenheiten, wie sie das Jesus-Wort verkündet: „Was nützt es dem Menschen, wenn er die ganze Welt gewinnt, aber an seiner Seele Schaden leidet? Oder was kann der Mensch geben, damit er seine Seele wieder löse"[43]? Diese Verkümmerung und Verstümmelung der Seele wird von Kierkegaard in der „Krankheit zum Tode" als ein fast unmerklicher Vorgang erklärt: „Die größte Gefahr, die: sich selbst zu verlieren, kann in der Welt so stille abgehn, als wäre es rein nichts. Kein Verlust kann so stille abgehen; jeder andere Verlust, ein Arm, ein Bein, fünf Reichstaler, ein Eheweib usw., wird doch verspürt"[44].

Zuerst – seit der Herrschaft aufklärerischer Vernunft – hat uns Gott verlassen, dann – seit der Herrschaft der Industrie – haben uns die Mitmenschen verlassen, schließlich – seit der Herrschaft der Technik – hat uns die Natur verlasen. Wir sind die Verlassenen, das macht uns klein. Für uns haben die Dinge ihre Aura verloren und bleiben nur als begriffene Formen zurück. „Nicht Gott ist tot, aber die Dinge", sagte Erhart Kästner 1972[45]. Die Dinge, auf die wir die Fron von den Menschen abzuwälzen meinten, die Dinge, die wir zu Apparaturen machten – Apparaturen als Sklaven –, haben sich beim Unternehmen der Welt-Ausrechnung und Welt-Herstellung uns verschlossen, sind von uns weggezogen: ‚weg-gezogen', das andere Wort für ‚abs-trakt'. Das Abstrakte rückt nach. Die Wüste wächst. Die Täuschung, als seien die Dinge und die Welt seit je und eigentlich und ‚an sich' so, wie wir sie abstrahieren, das eben heißt Neuzeit, das heißt Säkularisierung.

Literaturnachweise

1 1 Kor. 7,31 „Die Gestalt dieser Welt vergeht"; 1 Joh. 5,19 „Die ganze Welt liegt im Argen"

2 *Sedlmayr,* Hans: Verlust der Mitte. Die bildende Kunst des 19. und 20. Jahrhunderts als Symptom und Symbol der Zeit. Salzburg 1948

3 *Vonessen,* Franz: Die Herrschaft des Leviathan. Stuttgart 1978, S. 8

4 *Stöcklein,* Ansgar: Leitbilder der Technik. Biblische Tradition und technischer Fortschritt. München 1969, S. 60–63, S. 104–107

5 *Nietzsche*, Friedrich: Die fröhliche Wissenschaft. In: Werke in drei Bänden. Hrsg. v. Schlechta, Karl. Bd. 2. München [9]1981, Abschnitt 125
6 1 Mos. 4,17
7 1 Mos. 11
8 1 Mos. 4,23
9 1 Mos. 4,14f.
10 1 Mos. 3,3–5 „... von den Früchten des Baumes mitten im Garten hat Gott gesagt: Esset nicht davon, rühret's auch nicht an; daß ihr nicht sterbet. Da sprach die Schlange zum Weibe: Ihr werdet mitnichten des Todes sterben; sondern Gott weiß, daß, welches Tages ihr davon esset so werden eure Augen aufgetan, und werdet sein wie Gott und wissen, was gut und böse ist."
11 *Freyer*, Hans: Weltgeschichte Europas. Bd. 2. Wiesbaden 1948, S. 777, 761
12 *Mieth*, Dietmar: Grundsätze einer Ethik der Ernährung. Konsum als Götzendienst des ausgehenden 20. Jahrhunderts. In: Neue Zürcher Zeitung 30. 3. 1988
13 *Toedt*, Heinz Eduard: Säkularisierung. In: Kunst, Hermann/Grundmann, Siegfried (Hrsg.): Evangelisches Staatslexikon. Stuttgart/Berlin 1966, Sp. 1896–1901
14 *Jünger*, Ernst: Das abenteuerliche Herz. Frankfurt [2]1985, S. 112–118
15 *Adorno*, Theodor W.: Jargon der Eigentlichkeit. Frankfurt 1964, S. 22
16 *Blumenberg*, Hans: Die kopernikanische Wende. Frankfurt 1965, S. 151
17 *Blumenberg*, Hans: Das Fernrohr und die Ohnmacht der Wahrheit. Einleitung zu: Galilei, Galileo: Sidereus Nuncius. Frankfurt 1965, S. 66–73; *Brandmüller*, Walter: Galilei und die Kirche, oder: Das Recht auf Irrtum. Regensburg 1982
18 *Brecht*, Bert: Leben des Galilei. In: Brecht, Bertolt/Frisch, Max/Eliot T. S./Shaw, Bernhard: Spectaculum I. Sieben moderne Theaterstücke. Frankfurt a. M. 1960, S. 86
19 Vgl. 17, S. 17
20 *Mumford*, Lewis: Mythos der Maschine. Kultur, Technik und Macht. Frankfurt a. M. 1977, S. 324, S. 493f.
21 *Le Roy Ladurie*, Emmanuel: Montaillou. Ein Dorf vor dem Inquisitor 1294 bis 1324. Frankfurt/Berlin/Wien 1983, S. 256–260
22 *Curtius*, Ernst Robert: Europäische Literatur und lateinisches Mittelalter. Bern 1948, S. 304–351; *Blumenberg*, Hans: Die Lesbarkeit der Welt. Frankfurt 1981
23 *Postman*, Neil: Das Verschwinden der Kindheit. Frankfurt 1983
24 Vgl. 20, S. 219–230
25 *Goody*, Jack/*Watt*, Ian: Konsequenzen der Literalität. In: Goody, Jack (Hrsg.): Entstehung und Folgen der Schriftkultur. Frankfurt 1986, S. 121
26 *Müller*, Werner: Amerika, die Neue oder die Alte Welt? Berlin 1982, S. 52ff.
27 *White* jr., Lynn: Die mittelalterliche Technik und der Wandel der Gesellschaft. München 1968, S. 100
28 Vgl. 27, S.102
29 *Dirks*, Walter: Die Wette. Ein Christ liest Pascal. Freiburg i. B./Heidelberg 1981, S. 9
30 Weish. 11,21
31 Vgl. 4, S. 68–72
32 *Blumenberg*, Hans: Die Legitimität der Neuzeit. Frankfurt 1966, S. 345

33 13. Generalkonferenz für Maße und Gewichte 1967. In: Giese, Richard-Heinrich: Einführung in die Astronomie. Darmstadt 1981, S. 25
34 *Junger,* Friedrich Georg: Die Perfektion der Technik. Frankfurt ⁴1953
35 *Jünger,* Ernst: Das Sanduhrbuch. Frankfurt 1957, S. 116–119
36 Vgl. 35, S. 128
37 *Muller,* Werner: Indianische Welterfahrung. Stuttgart ²1985
38 *Goethe,* Johann Wolfgang v.: Faust I. Osternachtszene
39 *Ploss,* Emil Ernst (Hrsg.): Alchimia. Ideologie und Technologie. München 1970
40 *Spengler,* Oswald: Der Untergang des Abendlandes. Umrisse einer Morphologie der Weltgeschichte. München 1918–1922, bes. Bd. 2., Kap. 5
41 *Weber,* Max: Wissenschaft als Beruf. 1919. In: Weber, Max: Soziologie – Weltgeschichtliche Analysen – Politik. Hrsg. v. Winckelmann, Johannes. Stuttgart ³1964, S. 312, S. 323 f.
42 *Schneider,* Reinhold: Winter in Wien. Freiburg i. B./Basel/Wien 1958, S. 133, 182, 200
43 Matth. 16,26
44 *Kierkegaard,* Søren: Die Krankheit zum Tode. In: Werkausgabe. Hrsg. v. Hirsch, Emanuel/Gerdes, Hayo. Bd. 1. Düsseldorf 1971
45 *Kastner,* Erhart: Aufstand der Dinge. Byzantinische Aufzeichnungen. Frankfurt a. M. 1973, S. 159

Westliches Christentum und Technik im Zeitalter der Industrialisierung

Franz Burgey

Im 18. Jahrhundert beginnt die Industrielle Revolution. Sie geht aus von einer Revolution der Technik, die den Sprung in eine neue Qualität vollzieht, nur vergleichbar dem Übergang von der Technik der Jäger und Sammler zu der der Ackerbauern und Viehzüchter im Neolithikum.

In dieser neuen Epoche, in der die Technik nach Karl Jaspers „das Hauptthema" und für den Menschen schicksalhaft geworden ist [1], ist die Frage nach dem Verhältnis zur christlichen Religion grundlegend.

Die neue Qualität der Technik besteht im Übergang von der Erfahrungstechnik zur wissenschaftlichen Technik, also von der Handwerkstechnik zur Maschinentechnik. Dieser Übergang vollzog sich nicht schlagartig.

Die bahnbrechenden Erfindungen des 18. Jahrhunderts, zum Beispiel die Stahlgewinnung mit Stein- statt Holzkohle 1736, die Erfindung der Dampfmaschine ab 1700: durch Thomas Newcomen (1663–1729), dann 1767 durch James Watt (1736–1819), der Spinnmaschine 1769 usw., kann man noch als systematische Detailverbesserungen in der Art der bisherigen Handwerkstechnik auffassen. Aber schon ist eine Eigenart der Technik des Industriezeitalters sichtbar, die man mit dem modernen Begriff „Vernetzung" beschreiben könnte [2]: Die Einzelerfindungen stehen nicht unverbunden nebeneinander, sondern treten in eine sich steigernde Wechselwirkung ein [3]. Die Dampfmaschine Watts zum Beispiel ermöglicht höhere Hochofentemperaturen; der bessere Stahl, der sich damit erzeugen läßt, ermöglicht wieder eine Verbesserung der Dampfmaschine. – Das nämliche gilt für die Technik im Verhältnis zur Wissenschaft und industriellen Wirtschaft, die sich wechselseitig durchdringen, so daß man heute von einem Wissenschaft-Technik-Industrie-Paradigma sprechen kann [4]. Die Entfaltung dieser Komponenten ist bedingt durch materielle und geistige Voraussetzungen, wobei gerade die letzteren heute nicht mehr als einzelne Bestimmungsgrößen, sondern als Ausdruck der Werteinstellung der neuzeitlichen europäischen Gesellschaft verstanden werden: Die Einstellung zu Rationalität und Wissenserwerb, zu Fortschritt, Gewinnstreben und Kapital, zu Arbeit und Beruf. Hier erst kann mit Gewinn die Frage ansetzen, welchen Stellenwert die Technik in Lehre und Leben des Christentums in seinen verschiedenen Konfessionen einnimmt.

Die Untersuchung dieser Einzelmomente der Wechselwirkung Christentum-Technik stellt einen ersten Durchgang durch das Problemfeld dar und setzt seinen zeitlichen Schwerpunkt in das 18. Jahrhundert, wobei Linien ins 19. und 20. Jahrhundert zu verfolgen sind.

In einem zweiten Durchgang soll gefragt werden, wie das Christentum von seinem Selbstverständnis her auf die moderne Technik als Neuheitsphänomen reagiert. Als der integrativen Macht, die alle menschlichen Lebensvollzüge zu einem sinnvollen Ganzen unter dem Anspruch des Wortes Gottes zusammenzufügen sucht, muß dem Christentum schon wegen der früh sichtbar werdenden sozialen Wirkungen der Technik daran gelegen sein, ihr einen Ort in der christlichen Lebensdeutung zu geben. Der Schwerpunkt dieser Überlegungen liegt auf dem 19. und beginnenden 20. Jahrhundert mit Rückbezügen auf das 18. Jahrhundert.

Wechselwirkung zwischen christlichem Lebensvollzug und moderner Technik – Technik und calvinistisch orientierte Kirchengemeinschaften

„Es ist kein Zufall, daß aufs große Ganze gesehen die technische Revolution zunächst von den protestantischen Völkern, von England, Deutschland, Schweden und später Nordamerika ausgegangen ist“ [5]. Der Zusammenhang zwischen Wirtschaftsentwicklung und protestantischer Ethik ist von Max Weber (1864–1920) dargestellt worden und bis heute sehr umstritten. So sehr jedoch das Wie eines Wirkungszusammenhanges in Frage gestellt werden kann, so steht das Daß einer Wechselwirkung – man beachte die doppelte Einschränkung – außer Zweifel. Überdies kommen neuere Untersuchungen von Alfred Müller-Armack 1959, Ernst Benz 1965 und Michael W. Flinn 1966 zu ähnlichen Ergebnissen wie Weber [6].

Dabei sind drei Wirkungszusammenhänge feststellbar:

1) Der Protestantismus calvinischer Herkunft vollendet die Entzauberung der Welt und macht die Natur zum bloßen Material, mit dem der Mensch nach Belieben verfahren kann.

2) Er verwandelt die mittelalterliche Mönchsaskese in die innerweltliche Askese strengen Berufsfleißes als Bewährung des wiederge-

borenen Menschen, die religiöse Selbstprüfung in methodisch-rationale Lebensführung. „Dies mußte der denkbar mächtigste Hebel der Expansion jener Lebensauffassung sein, die wir hier als ‚Geist des Kapitalismus' bezeichnet haben“ [7].

3) Zwischen protestantischer und naturwissenschaftlicher Denkungsart bestehen Zusammenhänge.

Der erste und besonders der zweite Punkt ist von Max Weber herausgearbeitet worden und gehört in einen Zeitraum, der in einem früheren Abschnitt dieses Bandes behandelt wurde. Da die Bedeutung des Calvinismus für die entstehende Industriegesellschaft vornehmlich in der Erziehungsarbeit lag, entfaltete sich die volle ökonomische Wirkung erst in der Zeit, in der die ursprüngliche religiöse Energie bereits ihren Höhepunkt überschritten hatte [8]; deshalb muß auch im vorliegenden Zeitraum davon gesprochen werden. Dazu kommt die Erneuerung dieses Geistes in den Erweckungsbewegungen des 18. und 19. Jahrhunderts.

Ein bezeichnendes Beispiel für die Tatsache des Zusammenhangs zwischen religiöser Haltung und wirtschaftlich-industrieller Energie findet sich in der Einstellung des „Soldatenkönigs“ Friedrich Wilhelm I. von Preußen (1713–1740) gegenüber den Mennoniten, einer täuferisch-calvinistischen Denomination: Trotz ihrer absoluten Weigerung, Militärdienst zu tun, läßt der König sie als unentbehrliche Träger der Industrie gewähren [9].

Besondere Bedeutung für die Entwicklung von Industrie und Technik in den Niederlanden und Deutschland kommt den aus Frankreich im 16. und 17. Jahrhundert vertriebenen und geflohenen Calvinisten zu: den Hugenotten. Von der sozialen Schichtung her sind es vornehmlich Kaufleute, Unternehmer und hochqualifizierte Handwerker, dazu ein hoher Anteil von Angehörigen der Bildungsberufe. Gerade wegen ihrer wissenschaftlichen Kompetenz und ihres industriell-technischen Berufseifers förderten die preußischen Herrscher die Ansiedlung der Hugenotten in ihren Ländern, so daß 1700 in Berlin jeder dritte Bewohner ein Franzose war. In der Berliner Akademie der Wissenschaften stellten die Hugenotten lange Zeit ein Drittel der Mitglieder und machten sie zu einem Hauptquartier der historisch-kritischen und naturkundlichen Wissenschaften [10].

Bestimmenden Einfluß im englischen Sprachraum, besonders in den USA, übten und üben seit dem 18. Jahrhundert die Erweckungsbewegungen aus; genannt seien hier die Methodisten und die Baptisten, die derzeit größten protestantischen Gemeinschaften in den USA. Begründer des Methodismus ist John Wesley (1703–1791). Zu-

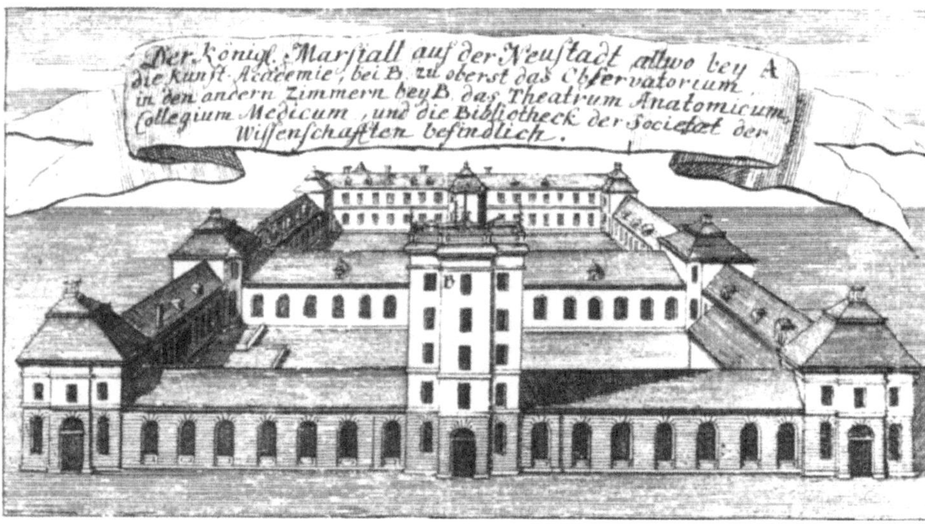

Akademie der Wissenschaften in Berlin nach einem Kupferstich von 1785.

Nach ihrer Vertreibung aus Frankreich fanden die Hugenotten auch in Deutschland – vor allem in Brandenburg – Zuflucht. Der große Kurfürst ermöglichte es ganzen Hugenottengemeinden, sich in Brandenburg anzusiedeln und ein eigenes Kirchen- und Schulwesen aufzubauen. Er war sehr darauf bedacht, die gewerblichen und wirtschaftlichen Kenntnisse der Hugenotten, aber auch ihre naturwissenschaftliche und kulturelle Bildung für den Wohlstand seines Landes zu nutzen. Wesentliche Impulse zur Gründung der preußischen Akademie der Wissenschaften in Berlin um 1700 gingen von Kreisen der Hugenotten aus.

erst anglikanischer Geistlicher, erlebte er 1738 seine „Bekehrung" und entfaltete eine gewaltige Predigttätigkeit. Nach seinem Tod löste sich der Methodismus von der anglikanischen Kirche, auch bildete sich 1786 eine eigene nordamerikanische Gruppierung heraus. Obwohl der Methodismus das emotionale Element des Glaubens stark betont, wird – wie der Name schon andeutet – auf die Methode des Glaubensgewinns wie auf seine Pflege größtes Gewicht gelegt. Das bedeutet strengste Gewissensprüfung, moralisch vorbildliche, fleißige und sparsame Lebensführung, an der sich die Erwählung durch Gott überprüfen läßt: „Wir müssen alle Christen ermahnen, zu gewinnen was sie können und zu sparen was sie können, das heißt im Ergebnis: reich zu werden"[11]. Da diese Haltung zu Beruf und Geld auch noch durch scharfe Außenüberwachung gesichert wird – man führt eine wöchentliche „Buchführung" über das sittliche Verhalten, organisiert in Kleingruppen bis höchstens 20 Mitgliedern, durch –, ist die Wirkung auf die Herausbildung von Gewerbefleiß und Wirtschaftsgeist wohl kaum zu überschätzen.

Die Baptistengemeinden entstehen im 17. Jahrhundert, aber erst Ende des 18. Jahrhunderts beginnt durch die Erweckungsbewegung

John Wesley (1703–1791) – Begründer des Methodismus. Der anglikanische Geistliche lernte auf einer Missionsreise in Nordamerika die Herrnhuter Brüdergemeine kennen und wurde durch den Einfluß von Zinzendorfschülern zu deren Glaubensrichtung und Praxisorientierung bekehrt. Diese Bekehrung war der Anlaß zu weiten Predigt- und Missionsreisen, auf denen er die gewonnenen Anhänger zu „methodisch" organisierten „Vereinigten Gesellschaften" zusammenfaßte.

eine kräftige Aufwärtsentwicklung, die bis zur Gegenwart anhält. Die Baptisten verstehen sich als Gemeinschaft der wirklich Bekehrten, in welche man nicht hineingeboren wird wie in die Großkirchen, sondern durch eigene Wahl und durch Überprüfung aufgenommen wird. So spielt der „ballot", die eingehende Prüfung der bisherigen Lebensführung eines Bewerbers, eine große Rolle. Wer jedoch aufgenommen ist, hat nicht nur bei den Mitbrüdern der Sekte, sondern bei aller Welt uneingeschränkten Kredit: siehe persönliche Beobachtungen Webers[12]. Doch nicht nur wirtschaftlich, auch pädagogisch-wissenschaftlich sind die Baptisten von großer Bedeutung: In den USA seit Ende des 18. Jahrhunderts Gründung von 5 Universitäten und 160

Höheren Schulen bei einem Mitgliedsstand von 700000 Erwachsenen im Jahre 1850 und 18,5 Millionen 1950.

Damit ist schon die dritte Wirklinie zwischen calvinistischem Christentum und moderner Technik angesprochen: die enge Wechselwirkung zwischen Glaubensvorstellungen und den verschiedenen Naturwissenschaften. An der Tatsächlichkeit ist nicht zu zweifeln: Augustin de Candolle stellte bereits 1885 fest, daß bei den ausländischen Mitgliedern der Akademie der Wissenschaften von Paris im Zeitraum von 1666–1883 die Zahl der Protestanten die der Katholiken weit übertraf. Während das Verhältnis Katholiken zu Protestanten außerhalb Frankreichs sechs zu vier betrug, war das der betreffenden Mitglieder sechs zu siebenundzwanzig [13]. Der innere Grund der besonderen Affinität der Calvinisten zu den Naturwissenschaften ist jedoch schwer zu erklären. Ein wesentlicher Grund dürfte in der Auffassung des Calvinismus liegen, daß durch die Sündhaftigkeit des Menschen die natürliche Erkenntnis Gottes unmöglich geworden und einzig durch die Offenbarung zu erreichen ist. Der natürlichen Vernunft bleibt nur die Beschäftigung mit der konkret gegebenen Natur, deren Gesetzlichkeiten man erkennen kann und die das nüchterne Betätigungsfeld des Menschen ist. Wissenschaft und technische Beherrschung der Natur sind die einzigen Möglichkeiten, in das Wesen der Welt Einsicht zu gewinnen [14]; so ist wenigstens indirekt etwas von der Herrlichkeit Gottes zu erahnen.

Von da ist nur ein kleiner Schritt zu der Lehre der sehr einflußreichen calvinistischen und lutherischen „Physikotheologen" zu Beginn des 18. Jahrhunderts. Für sie ermuntert die Erkenntnis der Natur zum Gotteslob und ist die Technik als Kultivierung der Schöpfung und als Gottesdienst zu verstehen [15]. [II-3.3]

Ein weiterer Antrieb, sich mit Naturwissenschaft und Technik zu befassen, bestand für calvinistisches Denken im sehr betonten Ziel, dadurch die soziale Wohlfahrt zu fördern.

Wechselwirkung zwischen Technik und Lebensgestaltungen – Lutherisches Christentum

Das Luthertum teilt mit dem Calvinismus – mit Nuancen – die Auffassung, daß die katholische Lehre von der geistlichen „Berufung" und den geistlichen Werken als Werkfrömmigkeit abzulehnen und durch den innerweltlichen „Beruf" zu ersetzen sei. Im Gegensatz zum Calvinismus wird jedoch der Einsatz im weltlichen Beruf nicht als

Der Pietismus hatte besonders in Baden-Württemberg zahlreiche Anhänger; von ihnen gingen viele Impulse für die zielstrebige Entwicklung kleiner Handwerks- und Industriebetriebe aus. Ein berühmtes Beispiel dafür ist der evangelische Pfarrer Philipp Matthaus Hahn (1739–1790), der sich in seinem Pfarrhaus eine feinmechanische Werkstatt für Uhren aller Art, für astronomische Instrumente und für Waagen einrichtete. Um schwierige Berechnungen für Sonnenuhren und Planetarien bewältigen zu können, erfand er die erste Trommelrechenmaschine. Hahn gilt als der Gründer der württembergischen feinmechanischen Industrie.

innerweltliche Aszese verstanden; wir verrichten unsere Berufsarbeit einzig deshalb, weil der Nächste unsere „Werke" braucht.

So ist zunächst der einzige Beitrag, den das lutherische Christentum zur neuzeitlichen Wirtschaftsgesinnung leistet, seine vertiefte Auffassung von Arbeit und Beruf[16], jedoch ohne den asketischen Arbeitsfanatismus des Calvinismus.

Folgenschwerer ist die Übergabe allen weltlichen Regiments an die staatliche Obrigkeit: „In dem Maß, in dem im 18. Jahrhundert der religiöse Hintergrund des Luthertums verblaßte, trat der Staat mit einer nirgends sonst vorhandenen metaphysischen Bewertung an seine Stelle" [17]. Damit aber war eine lutherisch gesinnte Bevölkerung zu treuen Diensten für einen Staat bereit, der mit allem Eifer den industriellen, wissenschaftlichen und technischen Fortschritt zu fördern suchte, wie zum Beispiel Preußen.

Verstärkung fand diese Entwicklung durch den Pietismus. Entstanden im 17. Jahrhundert entfaltet er erst im 18. Jahrhundert breite Wirkung. Der Pietismus kann als einer der umfassendsten Versuche gelten, das Urchristentum wiederherzustellen[18], kann jedoch seine besondere Prägung durch Luther bzw. die Aufklärung nicht verleugnen. Der Rückzug auf subjektive Frömmigkeit und die Betonung des konkreten christlichen Handelns gegenüber der theologischen Theorie führen die lutherische Freigabe der Schöpfung an das weltliche Gestalten fort, fördern die empirische Einstellung und entwickeln vor allem einen gewaltigen pädagogischen Eros. Während sich die Aufgeschlossenheit des Pietismus gegenüber der Wissenschaft etwa in dem Umstand dokumentiert, daß 1700 einer seiner Hauptvertreter, der Prediger Daniel Ernst Jablonski (1660–1741), zusammen mit dem Philosophen Gottfried Wilhelm Leibniz (1646–1716) die Berliner Akademie der Wissenschaften gründet, ist das pädagogische Wirken eng mit der zentralen Gestalt August Hermann Franckes (1663–1727) verbunden. Ab 1695 entsteht in den „Franckeschen Anstalten" ein Komplex verschiedener Schultypen, die methodisch geprägt sind von einem äußerst strengen Arbeits- und Erziehungsideal: Zum Beispiel ist Spielen und Lachen für die Kinder verboten. Inhaltlich kennzeichnet die Anstalten die Hinwendung zu den Realien. So entstehen die ersten deutschen Realschulen 1738 in Halle und 1747 in Berlin aus pietistischem Geist. Die späteren technischen Schulen des Staates sind als deren Fortsetzung zu betrachten. König Friedrich Wilhelm I. von Preußen übernimmt 1717 in der Schulgesetzgebung das pädagogische Modell des Franckeschen Pietismus und dehnt es auf ganz Preußen aus. Damit entwickelt sich der Pietismus in Preußen zu einer eigenständi-

Blick auf das alte Herrnhut bei Dresden, seit 1722 Sitz einer pietistischen „Brüdergemeine". Der deutsche wie der englische Pietismus haben wesentliche Bedeutung für die Entwicklung des Handwerks und der Industrialisierung. Das christliche Streben ihrer Anhänger richtet sich auf Vermeidung dogmatischen Streits, an dessen Stelle die persönliche religiöse Erweckung, aber auch die Bewährung im praktischen Leben treten soll, die Befassung mit „Realien".

gen Größe, indem er lutherische Staatstreue mit calvinistischem Berufsethos und von der Aufklärung geprägter Staatsdoktrin verbindet – das preußische Königshaus ist seit 1613 calvinistisch –. Weitergeführt werden die Ideen Franckes durch Nikolaus Ludwig von Zinzendorf (1700–1760) und finden ihre Fortsetzung in der Berufsauffassung des lutherischen Christentums im 19. Jahrhundert, besonders nachdrücklich vertreten durch Albrecht Ritschl (1822–1889). [V-3.2]

Die unter dem Calvinismus genannte Bewegung der Physikotheologen wird in gleichem Maß von lutherischen Forschern getragen. In die Nähe gehört auch die „Theologie der Elektrizität", die in Magnetismus und Elektrizität „die sinnenfälligste Darstellung der verborgenen Gegenwart der göttlichen Kraft in der Welt" [19] erblickte und bis zu technischer Anwendung gelangte.

Moderne Technik und Lebensvollzug – Das katholische Christentum

„Zeichnen wir die Karte der Gebiete, in denen in Deutschland zuerst entscheidende neuzeitliche Wirtschaftseinrichtungen entstanden sind

..., so ergibt sich ein fast völliger Ausfall der katholischen Gebiete"[20].

Nicht nur in Deutschland, selbst in Italien, auf dessen Boden Werner Sombart (1863–1941) den eigentlichen Beginn des neuzeitlichen Wirtschaftssystems ansetzen möchte, kommt es nach dem großen Aufschwung in der Renaissance in der Zeit der Gegenreformation wieder zur Rückbildung auf die traditionellen Wirtschaftsformen. Dies gilt ebenso für die anderen katholischen Staaten Europas: Spanien, Portugal und auch Frankreich, wenn auch mit je anderen Ausprägungen[21]. Besonders deutlich wird dies in jenen katholischen Gebieten, in denen die Kirche auch die weltliche bzw. wirtschaftliche Herrschaft inne hat, den geistlichen Fürstentümern bzw. den Klöstern in Deutschland. Dies um so mehr, da sich bei der Kleinstaatlichkeit Deutschlands der Vergleich mit den Nachbarstaaten calvinischer oder lutherischer Bevölkerung unmittelbar aufdrängt.

Schon Ende des 18. Jahrhunderts wird auch von katholischen Autoren auf die wirtschaftliche Rückständigkeit gerade dieser Gebiete verwiesen, etwa des Kurstifts Köln, obwohl sich dort wegen der reichen Bodenschätze die besten Voraussetzungen für eine industrielle Entwicklung böten[22].

Für diesen Ausfall lassen sich nicht wenige politische, gesellschaftliche, strukturelle und andere Gründe angeben, aber daß das Wertverhalten einer katholischen Bevölkerung eine Dominante darstellt, ist kaum zu bezweifeln: „O Herr Gott! Armuth und Reichtum gib mir nicht: Gib mir die Notdurft meiner Nahrung ..." schreibt der Prediger Ferdinand Hueber SJ († 1750) in seinem Predigtwerk 1739[23]. Gewinnt man Reichtum, ist er für Gott zu verwenden, für Kirchen, Spitäler und Arme. Das ist eine repräsentative Äußerung über die Lebenseinstellung der katholischen Bevölkerung in der Zeit nach der Gegenreformation. Diese registriert Hans Rost (geb. 1877) noch 1911 als bestehendes Faktum und zitiert den Satz: „Christ und Kaufmann zugleich sein ist nur selten möglich"[24].

Dabei ist katholische Gläubigkeit an sich gar nicht so weltflüchtig. Ihr Kulturbeitrag liegt jedoch anders: in der Weiterführung der künstlerischen Tradition und in der Erhaltung des Bauerntums und des Handwerks[25].

Für die bisherige Handwerkstechnik leisten Klöster und Fürstbistümer wie schon seit tausend Jahren, wenn auch nicht mehr so spektakulär, einen guten Beitrag. Man denke etwa an die Bautechnik und alles, was damit zusammenhängt, die unter dem Auftragsdruck der Barockfrömmigkeit im 18. Jahrhundert die herrlichsten Kirchen und kirch-

Prunksaal der Bibliothek des Stiftes Admont (Steiermark). Die Sammlungen und Lehranstalten der großen, politisch oft sehr selbständigen („reichsunmittelbaren") Stifte hatten bis zur Säkularisation Bedeutung für alle Wissenschaften, nicht nur für die Theologie. Berichte und Stiche des 18. Jahrhunderts überliefern, daß in ihrem Bereich spektakuläre technische Experimente stattfanden. Noch das 19. Jahrhundert liefert ein Beispiel dafür: Der Augustinerabt Gregor Mendel in Brünn arbeitete auf dem Gebiet der Ackerbautechnik und Pflanzenzüchtung, er wurde dabei 1865/69 zum Entdecker der heute nach ihm benannten Vererbungsgesetze.

lichen Residenzen erstehen läßt; als Beispiel seien nur genannt die Wieskirche bei Steingaden, die Klosterkirche St. Gallen und die Würzburger Residenz.

Wichtig für die Frage nach dem Beitrag zur modernen Technik ist, daß die Klöster, die die Kultur in den katholischen Ländern tiefgehend formen – in Bayern zum Beispiel sind vor 1803 56% des Territoriums in geistlichem, vornehmlich klösterlichem Besitz –, immer Stätten der Wissenschaft und der Volksbildung gewesen sind: Die riesigen Bibliotheken, wie beispielsweise in Tegernsee mit 66000 Bänden, standen auch dem Volk zur Ausleihe offen und wurden fleißig benutzt. Denn dank des Umstands, daß jedes Kloster wenigstens eine Elementarschule, die meisten auch weiterführende Schulen unterhielten, war der Bildungsstand der Bevölkerung hoch [26]. Die Wertschätzung der Wissenschaften zeigt sich Mitte des 18. Jahrhunderts in der Absicht der bayerischen Benediktinerklöster, eine benediktinische Akademie der Wissenschaften zu gründen. Wenn dies auch scheiterte, so hat die

Kirche Bayerns doch wesentlich Anteil an der Konstituierung der Bayerischen Akademie der Wissenschaften [27]. In allen Klöstern entstehen Naturalienkabinette, die Mönche von Kremsmünster bauen für ihre naturwissenschaftlichen Forschungen das erste Hochhaus Europas und setzen eine Sternwarte darauf. Der Prämonstratensermönch Prokop Divisch (1696–1765) ist Vertreter der Theologie der Elektrizität und erfindet vor Benjamin Franklin den Blitzableiter, Abt Gregor Mendel (1822–1884) aus Brünn entdeckt die bahnbrechenden „Mendelschen Gesetze".

Allerdings stand dies alles unter dem Vorzeichen einer antiindustriellen, scholastisch-aristotelischen Geisteshaltung, die auf die Dauer der geistigen Herausforderung der neuen Epoche nicht gewachsen war [28]. Als die Welle der Industrialisierung im 19. Jahrhundert mit voller Wucht auf die katholischen Länder traf, fand sie die Bevölkerung unvorbereitet und hilflos.

Dies gilt in besonderem Maße für die katholische Bevölkerung Deutschlands, wo sich katholische Territorien unmittelbar neben wirtschaftlich-technisch hochentwickelten lutherischen und reformierten Gebieten befanden. Die Säkularisation 1803 zerstörte das klösterliche „Sozialversicherungssystem" [29], das für die Bewältigung der durch die Industrialisierung entstehenden Probleme als Vorbild hätte dienen können. Die Klöster wurden vornehmlich von nichtkatholischen Unternehmern aufgekauft.

Selbst in den alten katholischen Städten, wie zum Beispiel Köln, bildete sich das neu entstehende Industrieunternehmertum nicht aus dem wohlhabenden katholischen Patriziat, sondern aus zugewanderten Protestanten. Wie sehr sich die katholische Mentalität gegen das neue Maschinenwesen stemmte, kann man aus dem Umstand ablesen, daß nach den Umschichtungen aller Art, die das 19. Jahrhundert brachte, zu Beginn des 20. Jahrhunderts zum Beispiel in Preußen der katholische Schüleranteil in den technisch-naturwissenschaftlich ausgerichteten Schulen rund 50% unter dem Bevölkerungsanteil lag [30]. Diese große Weigerung, in deren Folgen es zum vielgenannten katholischen Bildungsdefizit kam, hat jedoch nicht wenig beigetragen, das Bewußtsein für die Notwendigkeit einer sinnvollen Einordnung der Technik in das Gesamte menschlicher Lebensqualität zu wecken.

Einordnung des Phänomens „Moderne Technik" in christliche Weltsicht – katholische Kirche im Leben und in lehramtlichen Äußerungen

„Der Geist des Herrn erfüllt den Erdkreis; er, der das All zusammenhält, kennt jede Sprache"[31]. Es ist in einem zweiten Durchgang zu fragen, wie weit dieser Geist im Christentum lebendig war, daß es die Sprache der modernen Technik vernommen und verstanden hat. Denn was sich im 18. Jahrhundert in Konturen abzeichnet, beginnt sich im 19. Jahrhundert mit breitem Pinsel zu malen. Wissenschaft und Technik werden zu bestimmenden Größen der Gesellschaft dieses 19. und zu Großmächten des 20. Jahrhunderts. Damit ereignet sich eine „Revolution ... des menschlichen Daseins im Ganzen"[32], womit „das Christentum in eine Epoche eingetreten ist, die für es fundamental ist und bisher noch nie gegeben war"[33]. Von da her ist diese zweite Fragestellung erforderlich.

Von der Sache her liegt es nahe, mit der katholischen Christenheit zu beginnen, denn, wie die Ausführungen gezeigt haben, erweist sie

Im Laufe des 19. Jahrhunderts wird es zunehmend schwieriger, verschiedenen Bauaufgaben auch verschiedene Bauweisen („Stile") zuzuordnen. Der Nürnberger Bahnhof (vor 1850) sieht aus wie eine Kirche. Eine Frankfurter Kirche (1954) sieht aus wie eine Fabrik oder Lagerhalle.

sich als Bewahrerin der Tradition. Dies heißt konkret: Festhalten am mittelalterlichen Ordo-Begriff, nach dem die Theologie als erste aller Wissenschaften die Grenzen für alle anderen Wissenschaften und damit aller menschlichen Betätigungsfelder aufzeigt: „Was in einer anderen Wissenschaft als widerstreitend mit der Theologie erfunden wird, ist als falsch zu verwerfen“ [34]. In diesem Sinn schreibt noch Matthias Joseph Scheeben (1835–1888), der bedeutendste deutsche Dogmatiker des 19. Jahrhunderts, in seiner Dogmatik 1874, die 1947 ein zweites Mal aufgelegt wird [35]! Das äußert sich konkret etwa in der Haltung zu den Naturwissenschaften. Repräsentativ ist der 1746 bis 1751 erschienene Kommentar Charles-René Billuarts zur Summe des Heiligen Thomas, in dem zwanzig Jahre nach Newtons Tod immer noch die mittelalterliche Kosmologie vertreten wird. Eine kurze Zusammenfassung davon wird bis ins 20. Jahrhundert im Unterricht katholischer Priesterseminare verwendet [36]. Man ist frappiert über diese Wirklichkeitsvergessenheit angesichts der Entwicklung der Profanwissenschaften, die in diesem Zeitraum in den Feinbau der Materie eindringen,

Die St. Michael Kirche in Frankfurt (1954).

zum Beispiel entstehen ab 1800 Atomvorstellungen, 1901 die Quantentheorie Plancks, 1905 und 1916 die Relativitätstheorien Einsteins. Sie finden Grundgesetzlichkeiten des Lebens – 1859 Evolutionstheorie und Genetik –, eröffnen in der Anthropologie neue Felder und schaffen neue Gebiete der Geschichts- und Gesellschaftswissenschaften. Erst mit der durch Papst Leo XIII. 1879 stimulierten Neuscholastik kommt es zu einem allmählichen Wahrnehmen der Autonomie der modernen Wissenschaften, ein Vorgang, der in einem päpstlichen Rundschreiben von 1943[37] einen starken Akzent erhielt. Nicht zu vergessen ist der Dienst, den aufgeschlossene Theologen in Eigenverantwortung leisteten, wie Teilhard de Chardin SJ (1881–1955), ein Paläontologe von Weltruf.

Ist vielleicht noch verständlich, daß für die Theologie naturwissenschaftliche Erkenntnisse lange Zeit für die Frage nach dem Heil des Menschen mehr oder minder irrelevant erscheinen mochten, so vollzog sich doch vor den Augen der Christenheit und sie immer massiver einbeziehend die Verwandlung der Welt durch eine Technik, die zum Teil aus Eigenem schöpft, immer mehr jedoch sich als Umsetzung der Wissenschaft in die Praxis versteht: Umwälzungen im Verkehrswesen durch Eisenbahn 1825, Auto 1885 und Flugzeug 1903, die Automation der Produktion, die Erzeugung elektrischer Energie in großem Umfang, Verbesserungen im Nachrichtenwesen durch Telegraph, Telephon, Seekabel, Rundfunk und Fernsehen, Verbesserungen im Gesundheitswesen. Im ersten Weltkrieg „schwimmen die Alliierten auf einer Woge von Öl zum Sieg", das heißt durch massierten Einsatz motorisierter Streitkräfte, Panzer, Flugzeug, U-Boot. 1945 bekommt der Mensch mit der Atombombe die Möglichkeit, die Menschheit auszulöschen!

Die Profanliteratur wie die Philosophie beobachten das Phänomen der Technik mit wachsender Beunruhigung; Ernst Jünger (geb. 1895) nennt sie 1932 „die entschiedenste antichristliche Macht, die bisher in Erscheinung getreten ist". Was sagen katholische Theologie und Lehramt? Sehr eingehend befaßt sich der katholische Philosoph Friedrich Dessauer (1881–1963) ab 1926 mit der Technik. Der Jesuit Teilhard de Chardin versucht in seiner großartigen evolutionären Gesamtschau von Kosmos und Heilsgeschichte, die jedoch von der offiziellen Kirche ausdrücklich abgelehnt wird, die Technik einzuordnen. Repräsentativ ist jedoch keiner der beiden Entwürfe. Bezeichnend für die Haltung der katholischen Theologie ist vielmehr der Umstand, daß die erste Auflage des offiziösen „Lexikon für Theologie und Kirche" von 1937 keinen Artikel Technik enthält. Die erste eingehende offizielle Stellungnahme findet sich in der Weihnachtsbotschaft Papst Pius' XII. 1953. [I-1.3]

In Korrespondenz mit dieser Einstellung steht die Fähigkeit, die menschlich-sozialen Probleme der Industrialisierung zu bewältigen. Dort, wo sich die neuen Gegebenheiten in das alte Schema einpassen lassen, leistet die katholische Kirche Bemerkenswertes. Adolf Kolping (1813–1865) nimmt sich der Handwerker an. 1864 haben die Kolpingsvereine in Deutschland 60000 Mitglieder. Die Mitgliederzahl von 4600 in Ferdinand Lassalles (1825–1864) Allgemeinem Deutschen Arbeiterverein im selben Jahr erscheint dagegen gering.

Anders verhält es sich mit dem Verständnis für den neuen Stand der Fabrikarbeiter. Verhältnismäßig früh zwar werden führende Katholiken auf die sozialen Mißstände aufmerksam, so in Frankreich Jean Paul Alban Villeneuve-Bargemont 1834 und in Deutschland Franz Joseph von Buß 1837. Von besonderer Bedeutung ist jedoch das Wirken von Bischof Wilhelm Emmanuel von Ketteler (1811–1877), der ab dem Katholikentag in Mainz 1848 unermüdlich für die Lösung der sozialen Fragen eintritt und auf das Neuheitsphänomen Industriearbeit und -Arbeiterschaft aufmerksam macht. Der Einsatz der katholischen Zentrumspartei ab 1877 für eine soziale Gesetzgebung ist von seiner Arbeit inspiriert. Trotzdem kommt es um diese Zeit noch zu keiner grundsätzlichen Einstellungsänderung: Das breite Kirchenvolk und die Geistlichkeit sehen im 19. Jahrhundert häufig in den Arbeitern arme Leute, wie es sie schon immer gegeben hatte und denen caritativ zu helfen sei. Erst das päpstliche Rundschreiben von 1891 zeigt den Durchbruch zur Einsicht, wie sehr die industrielle Technik das Wesen der Arbeit geändert hatte. Die Enzykliken von 1891 sowie von 1931 [38] gaben der katholischen Soziallehre entscheidende Impulse. Gegenüber den Soziallehren der anderen Christlichen Kirchen hat diese sehr viel früher und umfassender die soziale Frage erkannt und zum Teil vorbildliche Lösungen angeboten. Gemessen jedoch an der Entwicklung kam sie zu spät.

Lutherische Theologie und moderne Technik

Die Bestimmung dessen, was die Aufgabe der Theologie sei, stellt sich im lutherischen Christentum sehr komplex dar, insbesondere wegen des ständigen geschichtlichen Wandels des Theologiebegriffs. Geht man von der Zwei-Reiche-Lehre Luthers aus, so hat Theologie es vornehmlich mit dem Reich des Evangeliums zu tun, während zum

Beispiel Staat, Ehe, Wirtschaft dem weltlichen Reich zufallen [39]. So ist von vornherein mit einer theologischen Bewältigung von Naturwissenschaft und Technik, als zum weltlichen Reich gehörend, nicht zu rechnen. Erst recht gilt dies vom Pietismus.

Um so überraschender ist die Wende, die mit Friedrich Schleiermacher (1768–1834), dem größten evangelischen Theologen des 19. Jahrhunderts, eintritt. Mit ihm beginnt eine neue Epoche der evangelischen Theologie, die sich bewußt den wissenschaftlichen Methoden der Zeit öffnet und in der Religion den Bezug der Totalität alles Seienden erkennt [40]. In seiner Erziehungstheorie wird die Gesamtheit der Lebensbezüge unter ethischem Gesichtspunkt gesehen [41]. Daß er zu diesem Zeitpunkt noch zu keiner inneren Auseinandersetzung mit der modernen Naturwissenschaft und Technik kommt, versteht sich von selbst, Erstaunen muß dennoch, daß angesichts dieser betonten Öffnung der evangelischen Theologie für die Wissenschaften, die durch eine Reihe glänzender evangelischer Theologen des 19. Jahrhunderts weitergeführt wurde, das Problem der technisch-industriellen Revolution mit seinen sozialen Auswirkungen auch später lange nicht erkannt wurde. Wie die Fixierung auf die Scholastik das Blickfeld der katholischen Theologie einengte, so scheint der gleiche Effekt im evangelischen Bereich durch die Bindung an die Geisteswissenschaften bewirkt zu sein. [V-3.2]

Im 20. Jahrhundert ist die Beachtung der Technik eine Frage des je verschiedenen theologischen Ansatzes. Hanns Lilje (1899–1977), Bischof und Repräsentant der Lutherischen Kirchen Deutschlands und des Weltluthertums, nimmt ab 1928 mehrfach eingehend zum Problem Technik Stellung. Die „Dialektische Theologie" Karl Barths (1886–1968) dagegen betont im Rückgriff auf Luther die Gottesferne dieser Welt, so daß die Kirche zur konkreten Weltgestaltung nichts zu sagen hat. Damit ist, jedenfalls von dieser äußerst einflußreichen Richtung der evangelischen Theologie, kein Versuch zu erwarten, die Technik christlich zu verstehen und zu durchdringen. Sozial-praktisch zwar geschah durch Johann Hinrich Wichern (1808–1881) und die Innere Mission Bedeutendes an Liebestätigkeit, aber das soziale Problem als solches wird eigentlich erst von Adolf Stoecker (1835–1909) 1874 voll ins Bewußtsein der evangelischen Kirchen gehoben. 1890 entsteht der Evangelisch-soziale Kongreß, der in mannigfacher Weise das soziale Engagement der Kirche in den kommenden Jahrzehnten fördert. Zur Ausbildung einer eigentlichen evangelischen Soziallehre ist es jedoch nicht gekommen [42]. [V-3.2]

Calvinistisch orientierte Glaubenspraxis und moderne Technik

Das calvinische Christentum ist in dem behandelten Zeitraum gekennzeichnet durch die Erweckungsbewegungen. Es entsteht eine Vielzahl von Gruppierungen besonders im angelsächsischen Raum; das nordamerikanische protestantische Kirchentum wird dadurch erst eigentlich begründet[43]. Allen Gruppen ist die Überzeugung gemeinsam, daß Glaube seinen Ursprung in der persönlichen Erfahrung des Einzelnen hat, dem das Bewußtsein der gnadenhaften Erwählung durch Gott geschenkt wird. Diese Bewegungen ergreifen große Massen, stiften jedoch keine Kirchen und entwickeln damit auch keine eigentliche Theologie. Die Baptisten zum Beispiel besitzen kein gemeinsames Glaubensbekenntnis, jede Gemeinde ist autonom. Von daher ist eine theoretische Einordnung des „Wissenschaft-Technik-Industrie-Paradigmas" in eine christliche Weltsicht nicht denkbar, sondern Sache der individuellen Glaubenspraxis.

Dies hat zwei Seiten. Frontstellungen zwischen Glaube und Wissenschaft, wie sie für die katholische Kirche im 19. und in der ersten Hälfte des 20. Jahrhunderts kennzeichnend sind, können hier erst gar nicht entstehen. Man kann als Christ ohne weiteres auch Wissenschaftler sein. Trotzdem bleibt es nicht aus, daß Natur- und Geisteswissenschaften Fragen aufwerfen, die das – für die Erweckungsbewegungen grundlegende – Bibelverständnis betreffen. Zunächst gelingt es noch, Lösungen zu finden wie im Buch von Eduard Hitchcock: „Die Bibel ist nicht als wissenschaftlicher Text zu betrachten." Dann aber war der Versuch der „evolutionären Theologie", die bis ins erste Viertel des 20. Jahrhunderts Vertreter fand, eine Synthese von Gläubigkeit und Evolutionstheorie zu schaffen, nicht immer glücklich: James McCosh von der Universität Princton sah 1888 in der Selektionslehre Darwins die calvinistische Auffassung von der Erwählung durch Gott biologisch bestätigt[44].

Erweist sich die Theorie wesentlich unangemessen, so ist von der Praxisorientierung der calvinischen Denominationen um so mehr ein frühzeitiges Engagement in der Arbeiterfrage zu vermuten. In der Tat werden in England schon bald Arbeiterschutzgesetze erlassen – ab 1819; 1847/50 ist der 10-Stunden-Tag die Regel. Doch nicht calvinische Gläubigkeit ist dafür ursächlich, sondern einmal der Druck der Arbeiter, denen 1824 aus Gründen der demokratischen Staatsauffassung Versammlungsfreiheit gewährt wird. Zum anderen werden die Gesetze von einer Regierung gebilligt, die der anglikanischen Hochkirche näher stand als calvinischen Gruppierungen. Erst 1848 treten in

England christliche Sozialreformer auf. Eine calvinische Soziallehre entstand jedoch nicht.

Doch gibt es für ein „Christentum der Einzelkämpfer", wie man calvinische Christlichkeit nennen könnte, viele Wege der Wirklichkeitsbewältigung: Die amerikanischen Sektengemeinden, innerhalb derer es keine sozialen Unterschiede gab, gliederten die amerikanische Gesellschaft in eine Summe von Verbänden auf[45], deren vertikaler Aufbau die Bildung sozialer Klassen wie in Kontinentaleuropa verhinderte. Allerdings ist nicht zu übersehen, daß im angloamerikanischen Bereich die Ausbeutung nicht weniger krasse Beispiele aufweist und die Spanne zwischen arm und reich nicht geringer ist als anderswo. So muß das Fazit auch hier lauten: Das Christentum hat das Problemfeld Technik weder bewußt zu erkennen, noch wirkungsvoll zu durchdringen vermocht.

Ein Überblick über die Reaktionen der verschiedenen christlichen Konfessionen auf die Probleme des technischen Zeitalters scheint kein anderes Urteil zuzulassen, als daß ein geradezu exemplarisches Versagen im kognitiven Bereich zu konstatieren ist. Aber bewußte christliche Weltdeutung ist nur ein Teil des christlichen Weltverhaltens. Man könnte, aufs Ganze gesehen, das Christentum mit einer Arche Noah vergleichen, die, von der Gewalt von Wind und Wellen völlig überrascht, eine Zeit orientierungslos dahintreibt. Das ändert nichts daran, daß das eigentliche Ziel der Arche, die Rettung der Menschheit und der Welt, eindeutig klar ist: daß sich über kurz oder lang der konkrete Kurs abzeichnen kann, der für dieses Ziel einzuschlagen ist.

Literaturnachweise

1 *Jaspers*, Karl: Vom Ursprung und Ziel der Geschichte. München [8]1983, S. 129ff.
2 *Hughes*, Thomas P.: Networks of Power. Philadelphia 1983
3 *Rapp*, Friedrich: Analytische Technikphilosopie. München 1978, S. 102
4 *Kreibich*, Rolf: Die Wissenschaftsgesellschaft. Frankfurt a.M. 1986, S. 163
5 *Benz*, Ernst: Schöpfungsglaube und Endzeiterwartung. München 1965, S. 143
6 Vgl. 5, S. 143; *Müller-Armack*, Alfred: Religion und Wirtschaft. Stuttgart 1959; *Flinn*, Michael W.: The origins of the Industrial Revolution. London 1966
7 *Weber*, Max: Gesammelte Aufsätze zur Religionssoziologie. Tübingen 1922, S. 192
8 Vgl. 7, S. 197
9 Vgl. 7, S. 28

10 *Galling*, Kurt: Artikel Hugenotten. In: Galling, Kurt (Hrsg.): Die Religion in Geschichte und Gegenwart. Bd. 3. Tübingen [3]1958, Sp. 468ff.
11 Vgl. 7, S. 197
12 Vgl. 7, S. 209f.
13 *Hooykaas*, Reijer: Zitiert bei van der Pot, Johan Hendrik Jacob: Die Bewertung des technischen Fortschritts. Bd. 1. Assen/Maastricht, 1985, S. 90
14 *Müller-Armack*, Alfred: Religion und Wirtschaft. (Vgl. 6), S. 114
15 *Krolzik*, Udo: Technik als Kultivierung der Schöpfung. Theologie und Technik im 18. Jahrhundert. In: Georg-Agricola-Gesellschaft (Hrsg.): Die Technikgeschichte als Vorbild moderner Technik (Schriften der Georg-Agricola-Gesellschaft Nr. 12/1986). Essen 1986, S. 122
16 *Müller-Armack*, Alfred: Religion und Wirtschaft. (Vgl. 6), S. 124 ff.
17 *Muller-Armack*, Alfred: Religion und Wirtschaft. (Vgl. 6), S. 125
18 *Schmidt*, Martin/*Stallmann*, Martin: Artikel Pietismus. In: K. Galling (Vgl. 10), Bd. 5, Sp. 370ff.
19 *Benz*, Ernst: Theologie der Elektrizität. Mainz 1970, S. 7, S. 27ff.
20 *Müller-Armack*, Alfred: Religion und Wirtschaft. (Vgl. 6), S. 155
21 *Muller-Armack*, Alfred: Religion und Wirtschaft. (Vgl. 6), S. 128 ff.
22 *Schwer*, Wilhelm/*Müller*, Franz: Der deutsche Katholizismus im Zeitalter des Kapitalismus. Augsburg 1932, S. 25ff.
23 *Hueber*, Ferdinand: Der neue, zur Himmelsweyd ruffende Seelenhirt. Bd. 2. Ingolstadt 1739, S. 555f.
24 *Rost*, Hans: Die wirtschaftliche und kulturelle Lage der deutschen Katholiken. Köln 1911, S. 185
25 *Müller-Armack*, Alfred: Religion und Wirtschaft. (Vgl. 6), S. 155
26 *Stutzer*, Dietmar: Die Säkularisation. Rosenheim 1979, S. 227
27 *Bauerreis*, Romuald: Kirchengeschichte Bayerns. Bd. 7. Augsburg 1970, S. 231f
28 *de Vries*, Joseph: Zur Geschichte und Problematik der Barockscholastik in Deutschland. In: Theologie und Philosophie. Jg. 9. 1981, H. 1, S. 8
29 Vgl. 26, S. 267ff.
30 Vgl. 22, S. 61
31 Weish. 1,7
32 Vgl. 1, S. 129
33 *Rahner*, Karl: Kirche und Atheismus. In: Stimmen der Zeit. H. 1, 1981, S. 3
34 *Thomas von Aquin:* Summa Theologica. Hrsg. v. d. Albertus-Magnus-Akademie. Bd 1. Walberberg b. Köln. 1934ff., q1, a6
35 *Scheeben*, Matthias Joseph: Handbuch der Dogmatik. Bd. 1. Freiburg i. Br. [2]1947, S. 423ff.
36 *Wildiers*, N. Max: Weltbild und Theologie. Zürich 1974, S. 258ff.
37 *Pius XII.* Enzyklika „Divino afflante Spiritu" = „Unter der Eingebung des göttlichen Geistes" 1943. In: Rohrbasser, Anton (Hrsg.): Heilslehre der Kirche. Dokumente von Pius IX. bis Pius XII. Freiburg i. Br. 1953
38 *Leo XIII.*: Enzyklika „Rerum novarum" = Rundschreiben „Über die Arbeiterfrage"; *Pius XI.*: Enzyklika „Quadragesimo Anno" = Rundschreiben „Über die gesellschaftliche Ordnung, ihre Wiederherstellung und ihre Vollendung nach dem Heilsplan der Frohbotschaft zum 40. Jahrestag des Rund-

schreibens Leo's XIII. „Rerum novarum". In: Gundlach, Gustav (Hrsg.): Die sozialen Rundschreiben Leo's XIII und Pius' XI. Paderborn ²1933

39 *Lau*, Franz: Artikel Zwei-Reiche-Lehre. In: Galling (Vgl. 10), Bd. 6, Sp. 1945 ff.

40 *Schleiermacher*, Friedrich: Über die Religion. Reden an die Gebildeten unter ihren Verächtern, 2. Rede. Hrsg. v. Otto, Rudolf. Göttingen ⁶1967

41 *Schleiermacher*, Friedrich: Ausgewählte pädagogische Schriften. Hrsg.v. Lichtenstein, Ernst. Paderborn ²1964, S. 256

42 Vgl. 6, S. 568 ff.

43 *Müller*, Gerhard/*Balz*, Horst Robert (Hrsg.): Theologische Realenzyklopädie. Bd. 10. Berlin/New York 1986, S. 205 ff.

44 *Schneider*, Hubert W.: Geschichte der amerikanischen Philosophie. Hamburg 1957, S. 218 ff.

45 Vgl. 7, S. 213 ff.

Katholische Kirche und Technik heute

Peter Inhoffen

Pius IX	1846–1878
Pius XI	1922–1939
Pius XII	1939–1958
Johannes XXIII	1958–1963
Zweites Vatikanisches Konzil 1962–1965	
Paul VI	1963–1978
Johannes Paul I	26. 8.–28. 9. 1978
Johannes Paul II	seit 16. 10. 1978

In zunehmendem Maß findet sich die Kirche in die wissenschaftlich-technische Zivilisation eingebettet und stellt mehr oder weniger zwangsläufig die Technik in den Dienst kirchlichen Lebens. Da das Heilsgeschehen in Christus Jesus auch in einer technisch geprägten Gesellschaft präsent gemacht werden soll, war eine gewandelte Haltung von Kirche und Katholizismus zur Technik mit dem Ziel erforderlich, nicht zuletzt durch Laienverbände mit Hilfe der kirchlichen Lehre auf unsere Gesellschaft Einfluß zu nehmen, damit Technik zum Wohl und nicht zum Schaden des Menschen angewandt wird. Dabei kommt es umgekehrt zu einem Einfluß des technischen Zeitalters auf die Kirche.

Die Grundtendenz der kirchlichen Lehre von 1939 an, also seit dem Pontifikat Pius XII, ist zunächst durch eine vorsichtige Annäherung an einzelne Phänomene gekennzeichnet. Sie entwickelt sich mit dem Pontifikat Johannes XXIII zu einer staunenswerten Bejahung des zivilisatorischen Fortschritts. Getreu ihrer kasuistischen Tradition, ist die kirchliche Lehre in bezug auf die Technik zumal in den Anfängen nicht bei Allgemeinplätzen stehengeblieben, sondern hat immer wieder zu Einzelbereichen Stellung bezogen. Die Vielgestaltigkeit moderner Gesellschaftsproblematik hat es schließlich mit sich gebracht, daß monolithische Festlegungen wenigstens in Ansätzen durch einen innerkirchlichen Pluralismus ergänzt worden sind.

Kirche in der wissenschaftlich-technischen Zivilisation – Technik im Dienst kirchlichen Lebens

In der Pastoralkonstitution des Zweiten Vatikanischen Konzils hat die Kirche „die richtige Autonomie der irdischen Wirklichkeiten" zum ersten Male förmlich anerkannt und so tiefsitzende, althergebrachte Befürchtungen zerstreut, sie wolle kraft ihrer Lehrautorität die Erforschung und Anwendung der Sachgesetzlichkeiten von Natur und Gesellschaft bevormunden [1]. Das Konzil setzt dabei voraus, „daß die methodische Forschung in allen Wissensbereichen in einer wirklich

Im Zweiten Vatikanischen Konzil diente die Peterskirche als Konzilsaula für die Geistlichen aus aller Welt.

wissenschaftlichen Weise und gemäß den Normen der Sittlichkeit vorgeht". Aus dieser Perspektive stellte Johannes Paul II bei seinem ersten Deutschlandbesuch im Kölner Dom fest: „Man kann nicht sagen, daß der Fortschritt zu weit gegangen ist, solange noch viele Menschen, ja ganze Völker in bedrückenden und sogar menschenunwürdigen Verhältnissen leben, die mit Hilfe technisch-wissenschaftlicher Erkenntnis verbessert werden können" [2].

Eine negative Einschätzung von Technik und Fortschritt in vergangenen Zeiten ist damit grundsätzlich überwunden. „Gegen den Einbruch der Technik in die Arbeitswelt sind seit dem vorigen Jahrhundert von der katholischen Soziallehre schwere Bedenken erhoben worden. Der Mensch, so wurde geklagt, gelte im unpersönlichen Rahmen der technischen Apparatur nur als Funktion und Produktionsfaktor. Die Technisierung habe ihn zu geistloser, eintöniger, nervenzehrender, mechanischer Arbeit verdammt und in den automatischen Zwangstakt des Fließbandes eingeschaltet" [3]. Grundsätzlich gibt es kein Tabu für eine Nutzung der Technik durch die Kirche. Die Kirche partizipiert an allen allgemein zugänglichen und verfügbaren technischen Errungenschaften in der Gesellschaft.

Es leuchtet ein, daß vor allen anderen die technischen Möglichkeiten der Massenkommunikation in den Dienst der Verkündigung des Evangeliums gestellt werden. Durch die Formung des Bewußtseins unzähliger Menschen üben die Medien eine einzigartige soziale Macht aus. Das Fernsehen hat dazu beigetragen, daß das Zweite Vatikanische Konzil zu mehr als einem bloß intellektuellen „Weltereignis" geworden ist. Es läßt sich schwer abschätzen, welchen Verlauf das Konzil genommen hätte, wenn es allein nach den Vorstellungen der römischen Kurie veranstaltet worden wäre und nicht die Bischöfe aus aller Welt ihre Erfahrungen hätten einbringen können. Die gemeinsamen Konzilssitzungen, die Rückkehr in die Heimatdiözesen zwischen den Sitzungsperioden, die begleitende Kommentierung in den Massenmedien und vielfältige informelle Austauschbeziehungen haben das Bewußtsein der Konzilsväter unweigerlich geprägt. Daran hat die moderne Nachrichten- und Verkehrstechnik einen entscheidenden Anteil.

Das gesprochene Wort wird sowohl über öffentlich-rechtliche Rundfunkanstalten durch Einräumung von Sendezeiten als auch über private oder kircheneigene Sender, wie im Vatikan und hier und da in Entwicklungsländern, verbreitet. Das Fernsehen überträgt kirchliche Feiern, etwa sonntägliche Gemeindegottesdienste, oder es zeigt regionale religiöse Großveranstaltungen wie Katholikentage oder euchari-

Dieses Mikrophon benutzte Papst Pius XI, als er am 12. Februar 1931 mit seiner ersten Radiobotschaft die Tätigkeit des Vatikansenders eröffnete. Television wurde in dieser Zeit noch nicht praktiziert.

stische Kongresse. Konzilssitzungen oder Papstreisen werden sogar interkontinental übertragen.

Neben Funk und Fernsehen gibt es ein vielgestaltiges Apostolat des gedruckten Wortes, nicht nur im Buch, sondern auch in Broschüren und Kleinschriften einer „grauen Literatur", vor allem aber in einer überwiegend binnenkirchlichen Presse. Sie gliedert sich in Bistumspresse, Sonntagszeitungen, Magazine, Standes- und Verbandspresse, Jugendzeitschriften, Ordens- und Missionspresse, theologische, kulturelle, fachbezogene und überregionale Zeitschriften.

Durch die modernen Verkehrsmittel ist die kirchliche Mobilität gewachsen. Das Auto gehört seit dem Zweiten Weltkrieg zum Standard der Seelsorge in den Industrienationen und auch in Missionen und Entwicklungsländern. In Missionsgebieten werden begrenzt Kleinflugzeuge eingesetzt. Die Zivilluftfahrt hat, wie angedeutet, dem Weltepiskopat die vollzählige Teilnahme an den Sitzungen des Zweiten Vatikanischen Konzils sehr erleichtert, ebenso die Teilnahme auswärtiger Kardinäle am Konklave bei der Papstwahl, ferner die Durchführung regelmäßiger Bischofssynoden seit dem Zweiten Vatikanischen Konzil. Zu ihnen versammeln sich in zweijährigem Turnus in Rom repräsentative Vertreter des Weltepiskopats. Umgekehrt können wegen der modernen Verkehrsmittel sehr viel mehr Gläubige aus größeren Entfernungen in kürzerer Zeit zu kirchlichen Großkundgebungen zusammenströmen. Schließlich hat sich das Wallfahrtswesen im Zeitalter des Massentourismus zu früher ungekannten Ausmaßen entwickelt.

Die Pastoral stützt sich überwiegend auf ortsfeste Einrichtungen wie Pfarrzentren oder Bildungshäuser. Ihre architektonische Gestaltung ist oft aufgrund der Anwendung moderner Bautechnik anerkanntermaßen avantgardistisch. Die meisten Gottesdiensträume sind mit Mikrophonen und Lautsprechern und mit Heizungsanlagen versehen, Kirchturmuhren und Glocken werden elektromechanisch betrieben, wertvolle Kunstgegenstände in Kirchen und kirchlichen Museen werden durch elektronische Alarmanlagen gesichert. Der wöchentliche oder monatliche Pfarrbrief wird in Stückzahlen von mehreren Tausenden auf Kopiergeräten vervielfältigt, die Adressierung geschieht mit Hilfe einer Adrema. Im Religionsunterricht und in der Erwachsenenbildung gelangen die gebräuchlichen Medien zum Einsatz. Für das Bedürfnis nach anonymer Lebensberatung gibt es in einer Reihe von Großstädten die überpfarrliche Telefonseelsorge.

Im Personal- und Finanzbereich bedienen sich die Bistumsverwaltungen der EDV. Berücksichtigt man außer den Diözesankurien auch

Die Verwaltungen der Klöster arbeiten mit moderner Technik. Unser Bild zeigt Benediktinerinnen des Klosters Engeltal vor dem Computer.

die Einrichtungen der Caritas, der Kranken- und Anstaltsfürsorge sowie der Erwachsenenbildung, so ist die Kirche in der Bundesrepublik Deutschland einer der größten Arbeitgeber. Das Netz der verwaltungsinternen Kommunikation über Nebenstellenanlagen beispielsweise umfaßt nicht selten über hundert Anschlüsse. Für die interne schriftliche Information der Mitglieder der kirchlichen Verwaltungen und für die Versorgung der Seelsorger mit Unterlagen und Handreichungen gibt es leistungsfähige Kopiergeräte und Offsetdruckmaschinen. Die Selbstdarstellung der Kirche erfolgt nicht nur über bischöfliche Pressestellen, sondern teilweise auch über Btx.

Das Caritaswesen ist weitgehend „professionalisiert". Krankenhäuser in kirchlicher Trägerschaft entsprechen durchschnittlich dem me-

Röntgenabteilung in der Ambulanz des Vatikans. Ihre technische Einrichtung läßt sich mit der anderer großer Krankenhäuser vergleichen.

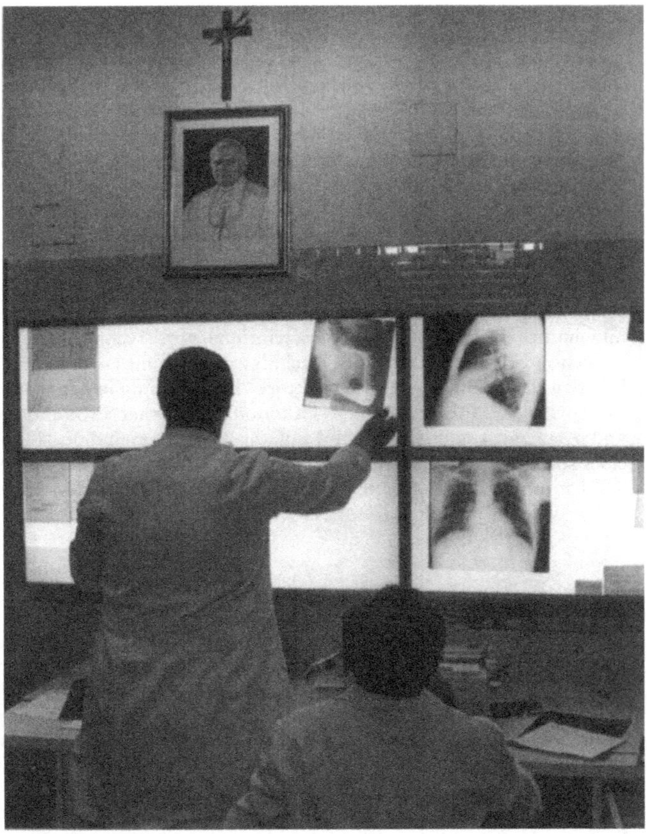

dizinischen Standard. Analoges gilt für Sozialstationen in kirchlicher Trägerschaft.

In der Missions- und Entwicklungsarbeit übt die Kirche vorwiegend eine Pilotfunktion aus, wenn sie die Menschen mit angepaßten Agrartechnologien und mit westlicher Hygiene vertraut macht, bis ihr ein Erstarken des Staates die Führung aus der Hand nimmt. Hier geht es nicht um Großprojekte mit technischer Ausrüstung, sondern um basisnahe Kleinprojekte, da die Kirche aufgrund gewachsener Strukturen die Bevölkerung selbst zu erreichen vermag. Während sich multinationale und private Unternehmen aus marktwirtschaftlichen Erwägungen auf kapitalintensive und arbeitssparende Technologien stützen, steht beim kirchlichen Einsatz von Technik die Hilfe zur Selbsthilfe und die aktive Beteiligung der Zielgruppe im Mittelpunkt.

In der Landwirtschaft geht es häufiger darum, Tiere anzuspannen oder den Pflug einzuführen, als Traktoren anzuschaffen. Im Bereich des Handwerks sind Lehrwerkstätten bevorzugter Projekttyp. Nach Möglichkeit wird ein großer Teil des notwendigen Werkzeuges vor Ort selbst hergestellt, damit es zu einem Ausbildungs- und Multiplikatoren-Effekt kommt. Die kirchliche Entwicklungsarbeit ist nicht technikfeindlich. Mit Rücksicht auf die Zielgruppe wird Technik aber eher vorsichtig eingesetzt. Der bloße Techniktransfer kann leicht zu mehr Schaden als Nutzen führen. Eine Pastoral der Befreiung in Lateinamerika zielt auf Alphabetisierung, Gründung dörflicher Produktions- und Absatzgenossenschaften und auf die Schaffung und Erhaltung eines sozial verträglichen Umfeldes, in dem derartige Bestrebungen überhaupt von den Machteliten toleriert und nicht gewaltsam unterdrückt werden.

Gewandelte Haltung von Kirche und Katholizismus zur Technik – Einfluß der kirchlichen Lehre auf unsere Gesellschaft

Der Übergang vom Pontifikat Pius XII zu dem Johannes XXIII bedeutet trotz der Aufgeschlossenheit des ersteren für die Technik einen Epochenwechsel. Der vorhergehende Abschnitt läßt sich mit dem katholischen Theologen und Sozialwissenschaftler Wilhelm Weber so charakterisieren: „Es treibt uns heute fast die Schamröte ins Gesicht, wenn wir uns daran erinnern müssen, daß Papst Pius IX (1846–1878) vor nunmehr hundert Jahren die Meinung als irrig brandmarkte, der Papst müsse sich den modernen Fortschritten der Technik und der Zivilisation anbequemen“ [4].

Durch diese Haltung des Lehramtes sind Katholiken zu einem „Rückzug aus der Zeitkultur“ gedrängt worden [5], so daß man die Unterrepräsentanz von Katholiken besonders in nichtpolitischen Eliten [6] und anderen gesellschaftlichen Bereichen – wie in naturwissenschaftlich-technischen Berufen – zu einem Gutteil mit darauf zurückführen muß. Daneben mag ein allgemein niedriger sozialer Status der

Katholiken Ursache für ein „katholisches Bildungsdefizit“ gewesen sein. Bis etwa zum Beginn der siebziger Jahre unseres Jahrhunderts bevorzugten Katholiken geisteswissenschaftliche Berufe und „Berufe am Menschen“ [7]. Die Entstehung der modernen wissenschaftlich-technischen Zivilisation ist an ihnen vorbeigegangen. Das kann auch damit zusammenhängen, daß sich der Siegeszug von Wissenschaft und Technik seit der Aufklärung im Zeichen des weltanschaulichen Materialismus und der Religionsfeindschaft vollzogen hat, so daß ein Studium von Mathematik, Technik oder Naturwissenschaften als akute Glaubensgefährdung gewertet wurde. Deshalb ist die Vernachlässigung der Technik in einschlägigen theologischen Handbüchern bis in die jüngere Zeit nicht verwunderlich. Erst in nachkonziliaren Publikationen wird verstärkt Interesse und Bemühen spürbar, die Technik als Gesamtphänomen in ihrer Bedeutung für den Glauben angemessen zu würdigen.

Solche Anlässe haben vermutlich den bekannten Techniker und Wissenschaftler Friedrich Dessauer (1881–1963) zweifeln lassen, ob die Kirche „einen weiten, offenen Zugang gefunden hätte zu dieser Riesenarmee der Arbeiter, Techniker, Naturforscher, Ärzte, Pharmazeuten“ [8]. Wegen des Übergewichtes der Ausbildung der Seelsorger in den humanistischen Fächern hat es lange gebraucht, bis zu den im 19. Jahrhundert unter Mitwirkung von Seelsorgern gegründeten vielfältigen konfessionellen Vereinigungen der Laien auch solche für die im Bereich von Technik und Wirtschaft Tätigen hinzugekommen sind [9]. 1951 ist in Paris das internationale Sekretariat der katholischen Ingenieure, Agronomen und Führungskräfte in der Wirtschaft (SIIAEC) geschaffen worden. Die Anfänge der katholischen Ingenieurarbeit in der Bundesrepublik Deutschland datieren aus dem Jahr 1960. Im Jahre 1961 hat man die Einigung katholischer Studenten an Fachhochschulen ins Leben gerufen [10]. In ihr ist der „Technische Cartell-Verband“ korporatives Mitglied.

Inzwischen haben sich in einer Art von Paradoxie die Fronten verkehrt. Während früher Kirche und Christentum der Rückständigkeit bezichtigt worden sind, werden seit einiger Zeit Kirche, Christentum und das von ihnen getragene hebräisch-christliche Weltbild für die Umweltbedrohung verantwortlich gemacht. Die grundsätzliche Bejahung des Fortschritts durch Johannes Paul II bei seinem ersten Deutschlandbesuch überwindet die Bedenken, wie sie etwa Pius IX geäußert hat, zugleich enthält sie eine Absage an den modischen zeitgenössischen Wissenschafts- und Technikpessimismus. Damit korrespondiert ein allmählicher Abbau der Unterrepräsentanz von Katholiken in den gesellschaftlichen Eliten und speziell im naturwissenschaftlich-technischen Sektor [11]. [II-4.5]

Einfluß des technischen Zeitalters auf die Kirche

Die Grundvollzüge kirchlichen Lebens in der Feier der Liturgie, der Eucharistiefeier und der übrigen Sakramente, werden in Aufbau und Ablauf nur wenig durch die moderne Technik tangiert. Die Verlegung des Sonntags auf den letzten Wochentag „im wirtschaftlich-technischen und damit im gesamten öffentlichen Bereich" muß man hingegen als „bedauerlichen Bruch mit der christlichen Tradition" ansehen. Dadurch wird die Tendenz verstärkt, den Sonntag im öffentlichen Bewußtsein abzuwerten, so daß er als „letzter Tag des Freizeitraumes" erscheint [12].

Besondere Sorge bereitet hier die gleitende Arbeitswoche. Sie ist 1957, vor drei Jahrzehnten, zum ersten Male in die öffentliche Diskussion gekommen, ausgehend von der Stahlindustrie. Neuestens ist eine Auseinandersetzung darum „durch die allgemeine Diskussion um die Flexibilisierung der Arbeitszeit und die beabsichtigte Modernisierung des Arbeitszeitgesetzes sowie durch die technologischen Erfordernisse bei der Herstellung von »Mega-Chips«" ausgelöst worden [13]. Vergleichbare Probleme bestehen in der Papier- und in der Textilindustrie. Davon abgesehen, haben schon seit eh und je Dienstleistungsunternehmen wie das Gaststätten- und Beherbergungsgewerbe, Verkehrsunternehmen oder kommunale Versorgungsbetriebe an Sonn- und Feiertagen kontinuierlich zu funktionieren. Beide großen Kirchen in der Bundesrepublik befürchten deshalb eine generelle Aushöhlung des Sonntags und haben dazu festgestellt: „Den Sonntag braucht der Mensch und die Gesellschaft, um zu erfahren, daß Produktion und Rentabilität nicht den Sinn des Lebens ausmachen." Die Ausnahmen vom gesetzlichen Verbot der Sonntagsarbeit sollen nicht mit wirtschaftlichen Notwendigkeiten begründet werden, sondern sich auf Tätigkeiten beschränken, „die aus chemischen, biologischen, technischen oder physikalischen Gründen einen ununterbrochenen Fortgang auch an Sonn- und Feiertagen erfordern" [14].

Mit der weltweiten Technik der Nachrichtenübermittlung geht wie zwangsläufig der Anspruch einher, ein anonymes und normatives Welt-Einheits-Bewußtsein zu verkörpern und sich alle Adressaten mit ihrer Weltanschauung zu unterwerfen. Der durch die Verkehrstechnik ermöglichte Welttourismus und Austausch unter den Völkern unterstützt mit unwiderstehlicher Gewalt eine Abschleifung von Unterschieden in vielen Bereichen und auch in der Religion. Dies stellt eine traditionsgeleitete Institution wie die katholische Kirche vor eine bisher so nicht gekannte Herausforderung. [I-4.2]

Dem weltweiten Vorgang einer Vereinheitlichung im Zivilisatorischen und im Weltanschaulichen ist eine Phase der Pluralisierung vorgelagert. Im Zuge einer solchen Pluralisierung gleichen sich die kirchliche Organisation und ihre Träger regional und sektoral im Lebensstil an die sie umgebende Gesellschaft an. Der Klerus der Bundesrepublik beispielsweise partizipiert an der allgemeinen Zunahme des Wohlstands. Ein Ordensmann in unseren Verhältnissen genießt gewisse Errungenschaften wie die durchschnittliche landesübliche ärztliche Versorgung, während sein Mitbruder in derselben religiösen Genossenschaft in einem anderen Erdteil sich dem niedrigeren Lebensstandard der dort lebenden Gläubigen anpassen muß.

Diese Entwicklung zu einer „Welt-Einheits-Zivilisation" (Karl Rahner) läßt danach fragen, welche neuen Masken und Gestalten das Böse in der modernen Welt der Technik angenommen hat. Man kann dabei an Massenvernichtung durch konventionelle und durch ABC-Waffen im Kriege bis hin zum Völkermord, möglicherweise bis zur Auslöschung der Menschheit denken, an Mißbrauch der Psychiatrie zu Foltermethoden einer „Gehirnwäsche", an Inhaftierung in Konzentrations- und Massenvernichtungslagern, an transnationalen Terrorismus, an Observation unbequemer Oppositioneller mit Richtmikrophonen und Infrarot-Nachtsichtgeräten (Restlichtaufhellern), an böswillige und grobfahrlässige Schädigungen der Umwelt, an Propaganda zur Aufrechterhaltung totalitärer Systeme durch gezielte Entstellung und Verdrehung der Wahrheit, an eine imperialistische Ausbeutung schwächerer durch die starken Nationen, an einen weltweiten Drogenhandel, aber auch an Abtreibung auf Krankenschein, massenweise fahrlässige Tötung und Körperverletzung im Straßenverkehr, an Wirtschaftskriminalität, an gezielte Förderung des Konsumrausches durch eine Beschleunigung der Bedürfnisspirale, an eine zunehmende Entwurzelung aufgrund der Unübersichtlichkeit der Industriegesellschaft und der damit einhergehenden Autonomie und Bindungslosigkeit.

Grundtendenz der kirchlichen Lehre und Bewertung des Fortschritts ab 1939

Die Kirche behandelt den Fortschritt von Wissenschaft, Technik und Wirtschaft hauptsächlich in den sozialen Rundschreiben. Pius XII (1939–1958) als erster Papst des hier zu behandelnden Zeitraumes hat uns zwar keine Zusammenfassung seiner Ansichten in einem Lehrschreiben hinterlassen, wohl aber bei veschiedenen Gelegenheiten Präzisierungen vorgenommen und damit Bausteine für eine Philosophie und Theologie der Technik geliefert. Seine Äußerungen „sind offen gegenüber der Technik und ihrer weiteren Entwicklung“ [15]. Sein Nachfolger Johannes XXIII (1958–1963) hat die Aufgeschlossenheit gegenüber dem Fortschritt insgesamt in seinem ersten Sozialrundschreiben (1961) bekräftigt und damit den Auftakt zum Zweiten Vatikanischen Konzil (1962–1965) gegeben.

Er hat das von ihm einberufene Konzil unter das Motto eines „Aggiornamento“ gestellt, einer Anpassung an die Bedürfnisse des Tages. Die Pastoralkonstitution (1965) [16] des Zweiten Vatikanischen Konzils hat eine Reihe von Gedanken der Sozialenzyklika Johannes XXIII entfaltet und den positiven Grundtenor gegenüber dem naturwissenschaftlich-technisch-wirtschaftlichen Fortschritt beibehalten. Darin werden nicht mehr wie von Pius XII einzelne technische Phänomene angesprochen, abgesehen etwa von der Rüstung, sondern der naturwissenschaftlich-technisch-wirtschaftliche Fortschritt wird zu einer gesamtheitlichen Bezugsgröße. In sie gehen Wissenschaft, Technik und Wirtschaft als drei einander bedingende Stränge im Fortschrittsgeschehen ein.

Die Indienstnahme des Fortschritts für eine Entwicklung der Länder der Dritten Welt ist das zentrale Anliegen eines Rundschreibens Paul VI (1963–1978) von 1967 unter dem Leitgedanken: „Entwicklung, der neue Name für Friede.“ In diesem Lehrdokument ist die Fortschrittsbejahung am ausgeprägtesten. Paul VI wendet sich an „alle Menschen guten Willens“ mit der Mahnung, „daß der Weg zum Frieden nur über den Fortschritt der Zivilisation und das Wachstum der verfügbaren Mittel führt“ [17]. Vier Jahre danach weist dann zum ersten Male ein Apostolisches Schreiben (1971) auf die zerstörerischen Folgen einer „unbedachten Ausbeutung der Natur“ in der Umweltverschmutzung hin und macht – in Verbindung mit einer Kritik am Fortschrittsdenken des 19. Jahrhunderts – auf die Schäden eines unkontrollierten wirtschaftlichen Wachstums aufmerksam [18].

Der gegenwärtige Papst, Johannes Paul II, legt in seinem Sozialrundschreiben über die personale Würde der Arbeit (1981) [19] den

Besuch des Papstes Johannes Paul II 1987 in Kevelaer. Moderne Verkehrsmittel und neueste Nachrichtentechniken machen Großgottesdienste in aller Welt möglich.

größten Nachdruck auf die Vorrangstellung der Person des arbeitenden Menschen im Arbeitsprozeß. In dieser Forderung nach der Subjektstellung des arbeitenden Menschen hat Johannes Paul II verschiedentliche Aussagen seiner Vorgänger und des Zweiten Vatikanischen Konzils mit einer bislang nicht gekannten Ausführlichkeit und Zuspitzung zu Gehör gebracht: der Mensch soll Herr und nicht Sklave des von ihm zu seinem Wohle inszenierten wissenschaftlich-technischen Fortschritts sein.

Eine überwiegend negative Bilanz der zwei Jahrzehnte seit dem Erscheinen der Entwicklungs-Enzyklika Pauls VI zieht Johannes Paul II in seinem zweiten sozialen Lehrschreiben vom 30. Dezember 1987. Danach habe sich die Kluft zwischen reicheren und ärmeren Nationen weiter vertieft. Die durchaus vorhandenen sittlich-moralischen Impulse hätten nicht zu strukturellen Reformen der Mechanismen hingereicht, die im Weltwirtschaftsprozeß zuungunsten der ärmeren Völker arbeiteten.

Mehrmals wird der Fortschritt in der kirchlichen Lehre als ein Geschehen gewürdigt, das sich aus den drei Komponenten der Wissenschaft, der Technik und der Wirtschaft zusammensetzt. So habe die Kirche stets gelehrt, „daß der Fortschritt in Wissenschaft und Technik und der daraus entstandene Wohlstand wirklich einen Wert darstellen“ [20]. Sonst wird häufig der Fortschritt von Wissenschaft und Technik in einem Atemzuge genannt oder die Wirtschaft als „abhängige Variable“ des technischen Fortschritts gesehen. Das wechselseitige Bedingungsverhältnis dieser drei Komponenten zueinander wird nicht näher untersucht.

Der Fortschritt als solcher ist gottgewollt. Er wurzelt in den Anlagen, die zu der dem Menschen vom Schöpfer verliehenen Natur gehören. Nach dem Schöpfungsbericht im 1. Buch Mose 1,28 hat Gott dem Menschen am Anfang den Auftrag erteilt, sich zu vermehren, die Erde zu bevölkern und sie sich zu unterwerfen. Er hat demnach den Menschen dazu bestimmt, über die übrigen Geschöpfe zu herrschen. Gott hat dem Menschen von seinem Geist mitgeteilt und ihn dadurch aus der restlichen Schöpfung herausgehoben. Durch den Geist wird der Mensch zum Abbild Gottes, und als solches obliegt es ihm, im Bereich seiner Möglichkeiten und gemäß seinen Fähigkeiten Vorsorge zu treffen und den Plan Gottes mit der Schöpfung für seinen Teil fortzuführen. Nach einem Wort Johannes Paul II zur Gentechnologie wollte Gott, „daß der Mensch König der Schöpfung sei“ [21]. [II-4.5]

Für die Kirche ist der wissenschaftliche, technische und wirtschaftliche Fortschritt kein Selbstzweck, sondern nur Mittel zu einem höheren Zweck. Der höhere Zweck ist das geistige, sittliche und religiöse Leben des Menschen. Aller Fortschritt soll als Dienstwert dem Menschen helfen, zu sich selbst zu finden und mehr Mensch zu werden. Die Kirche beschränkt deshalb ihre originäre Zuständigkeit auf jene höheren Zielstellungen und überläßt die wissenschaftlichen, technischen und wirtschaftlichen Sachfragen den jeweiligen Fachleuten [22]. Daraus leitet sich eine Wenn-Dann-Relation her. Ist ein Ziel aus der Sicht der Kirche legitim, so ist es Aufgabe der Wissenschaftler, Techniker und Wirtschaftler, gestützt auf „die richtige Autonomie der irdischen Wirklichkeiten", nach passenden Wegen zu forschen und angemessene Lösungen auszuarbeiten.

Aus dem Werkzeugcharakter des Fortschritts von Wissenschaft, Technik und Wirtschaft, ergibt sich deren Ambivalenz: sie können zum Guten wie zum Bösen gebraucht werden, unbeschadet der Tatsache, daß es sich um äußerst vielschichtige „Werkzeuge" handelt. In solcher Allgemeinheit gedacht, sind Wissenschaft, Technik und Wirtschaft sittlich neutral und empfangen ihre sittliche Prägung von dem Ziel, auf das sie gerichtet sind. Mithin ist ihnen ihre Ambivalenz vom Menschen vermittelt. Sie haben an der sittlichen Zwiespältigkeit menschlicher Zielsetzungen und Entscheidungen teil. „Der Zweck heiligt das Mittel": ein guter Zweck „heiligt" höchstens ein sittlich neutrales, niemals ein schlechtes Mittel; ein schlechter Zweck wird nicht durch den Einsatz sittlich guter Mittel „geheiligt".

Damit ist einer falschen Dämonisierung der Technik der Boden entzogen. Als Schöpfungsgüter sind Wissenschaft, Technik und Wirtschaft und ihr Fortschritt zunächst gut und ihre schöpfungsbedingte Güte verlieren sie an sich auch durch menschlichen Mißbrauch nicht. Es erbringt kein Argument gegen den wissenschaftlich-technischen Fortschritt, daß erst der Mensch mit Hilfe seiner geistigen Begabung die in der Schöpfung angelegten Gesetzmäßigkeiten entdeckt [23], sie nachvollzieht, die in ihnen verborgenen Möglichkeiten und Energien entbindet und auf diese Weise aus ihnen neue Werke komponiert, für die er in der Natur kein Vorbild findet.

Der technische Fortschritt hinterläßt seine Spuren. Die Erde wird durch Eingriffe der Technik zur Kulturlandschaft umgeformt. Die Pastoralkonstitution des Zweiten Vatikanischen Konzils und noch schärfer das Apostolische Schreiben Pauls VI von 1971 lenken die Aufmerksamkeit auf die um sich greifende Verstädterung. Dabei ist nicht so sehr an die Herausbildung eines Stadt-Land-Kontinuums zu denken, sondern an das Zusammenwachsen zu Riesenstädten in Europa und vor allem in der Dritten Welt.

Durch die technische Entwicklung kommt es zu immer größerer Verkehrs- und Kommunikationsdichte und dadurch auch zu immer engerer – aber unpersönlicher – Verflechtung („Sozialisation"). Die Menschen rücken einander entfernungs- und bewußtseinsmäßig näher, ohne daß sie die auf diese Weise entstehende Situation schon menschlich und charakterlich bewältigt hätten. Das führt vorwiegend in der Dritten Welt zu einem bedrohlichen Bruch mit den kulturellen und religiösen Traditionen. [I-4.2]

Weil der technische Fortschritt nicht überall gleichmäßig und synchron verläuft, treten innerhalb eines Landes Spannungen zwischen den einzelnen Sparten und den Regionen und weltweit ebenso zwischen den Nationen und Kulturräumen auf. Sie werden durch eine regionale Überbevölkerung verschärft. Ihr darf nicht mit staatlichem Zwang zur Geburtenregelung gesteuert werden, sondern die Familienplanung und die Wahl der richtigen Methode sind dem Urteil des recht gebildeten Gewissens der Eheleute zu überlassen.

Weithin wird der Fortschritt von einer materialistischen Gesinnung getragen oder begleitet. Der Mensch erhofft dabei sein ganzes Glück und letztes Heil von der Verbesserung der materiellen Lebensgrundlagen. Diese Hoffnung nährt sich von der außerordentlichen Steigerung der Güterproduktion, die der technische Fortschritt ermöglicht hat. Eine „konsumistische Sicht" des Menschen breitet sich aus: „Der Mensch wird gleichsam in das Räderwerk der Maschine der Industrieproduktion hineingeworfen. Man sieht ihn fast nur als Produktionswerkzeug und Konsumgegenstand an. Alles wird hergestellt und verkauft im Namen der Werte, die da Besitz, Macht und Vergnügen heißen, als ob dies alles Synonyme für die Glückseligkeit des Menschen wären" [24].

Einzelbereiche der kirchlichen Lehre

Verschiedentliche kirchliche Lehräußerungen zur Medizin, Gentechnologie, Biotechnologie, Agrartechnologie, Automation, zum Verkehrswesen, zur Massenkommunikation, Atomenergie, Rüstung oder Raumfahrt präzisieren die zuvor skizzierte Sicht des Fortschritts an einzelnen Fragen. Die Tendenz geht auf eine Humanisierung des Fortschritts und gegen eine Verkehrung der Wertordnung im Sinne von Technokratie und Materialismus. Die Abwägung von Risiken und Abschätzung von Technikfolgen verbleibt naturgemäß im Unbestimmten. Ein generelles und rigoristisches Eintreten für völlige Sicherheit würde auf eine Negation des naturwissenschaftlich-technischen Fortschritts hinauslaufen.

Nur in einigen Fällen wie in der jüngsten Instruktion der Kongregation für die Glaubenslehre vom 22. Februar 1987 über die Achtung vor dem beginnenden menschlichen Leben und die Würde der Fortpflanzung[25] gelangen strenge, rigorose Maßstäbe zur Anwendung. Sie schließen eine Abwägung des ungeborenen menschlichen Lebens gegen Forschungsinteressen aus. Die Instruktion erkennt im Embryo vom Augenblick der Vereinigung der Keimzellen an ein menschliches Wesen, dem alle Rechte der Person zukommen. Das verbietet nicht allein die Tötung, sondern jeglichen manipulativen Umgang mit Embryonen. Abgesehen davon, daß die Techniken der Befruchtung im Reagenzglas zu einer gegen die Würde der Person verstoßenden biologischen und genetischen Manipulation verleiten können, sind sie „in sich" unerlaubt – per se malum oder kategorisch verboten, weil sie gegen die Würde der Fortpflanzung und der ehelichen Vereinigung verstoßen. Ungeschlechtliche Vermehrung und künstliche Befruchtung durch einen außerehelichen Samenspender, aber auch die innereheliche („homologe") künstliche Befruchtung, sind unzulässig, weil die Einheit von Fortpflanzung und liebender Vereinigung bei der ehelichen Begegnung nicht gewahrt bleibt. Auch unabhängig von der Instruktion sind vereinzelt schwerwiegende Bedenken selbst gegen die innereheliche künstliche Befruchtung geäußert worden[26]. Letztere wird jedoch von manchen katholischen Institutionen wie den Universitäten Lille, Leuven, Louvain-la-Neuve und Nijmegen praktiziert[27]. [I-3.6; IV]

Die Erklärung derselben Kongregation zur Euthanasie vom 5. Mai 1980[28] unterscheidet die Unerlaubtheit der Tötung eines Unschuldigen und der Selbsttötung von einem Lebensopfer, das möglicherweise „aus einem übergeordneten Grund" durch den Einsatz für andere bei großer Gefahr gerechtfertigt werden kann. Euthanasie als gewollte Tötung durch Tun oder Unterlassen zur Beendigung von Schmerzen ist unerlaubt, nicht jedoch die Inkaufnahme einer Bewußtseinstrübung oder einer in angemessenem Verhältnis stehenden Lebensverkürzung. Noch nicht ausgereifte Medikamente und Methoden dürfen trotz gewisser Risiken mit Zustimmung des Patienten angewandt werden; andererseits ist der Verzicht auf einen „aufwendigen Einsatz medizinischer Technik" kein Selbstmord, wenn der zu erwartende Nutzen gering ist oder der Patient den Angehörigen und der Gemeinschaft eine unverhältnismäßige Belastung ersparen möchte. Nach dem Eintreten eines unaufhaltsamen Sterbevorganges darf man sich auf eine Grundpflege beschränken, falls nur eine unwesentliche oder sehr schmerzhafte Lebensverlängerung bewirkt werden könnte. [I-3.6; IV]

Psychochirurgie und -pharmakologie dürfen keine psychischen oder somatischen Maßnahmen treffen, welche die freie Selbstbestimmung als Persönlichkeitsmerkmal derart mindern, daß der Mensch

„zu einem dressierten bloßen Sinnenwesen oder zu einem lebenden Automaten" würde. Das zielte zwar ursprünglich auf eine Durchtrennung der Bahnen zwischen Thalamus und Stirnhirn („Leukotomie" oder „Lobotomie"), gilt aber entsprechend für neuere stereotaktische Operationen durch gezielte Ausschaltung von Hirnpartien. Abzulehnen sind ferner die Methoden einer pansexualistischen Psychoanalyse, die eine Überflutung des Wachbewußtseins mit sexuellen Affekten zu therapeutischen Zwecken hervorruft, weil dadurch die sittliche Integrität der Persönlichkeit gefährdet wird [29].

„Negative" Eugenik im Bereich der Gentechnologie als Ausmerzung von Defekten im Erbgut ist prinzipiell gutzuheißen, während die Hervorbringung eines Übermenschen vom gegenwärtigen Papst als „abenteuerliche Versuche" einer – üblicherweise so bezeichneten – „positiven" Eugenik abqualifiziert werden. Die Genchirurgie dient einer Heilung von Störungen der Erbanlagen und rechtfertigt sich durch ihre Zielsetzung, solange sie die Integrität der Persönlichkeit wahrt oder ihr Wohl nicht verschlechtert [30]. Eine Untersuchung der Erbanlagen bei einer Frühdiagnostik wird nach der Instruktion vom 22. Februar 1987 unzulässig, wenn die Feststellung von Erbschäden einen Schwangerschaftsabbruch auslösen soll. Biotechnologie im Dienst einer „gesteigerten Nahrungsmittelproduktion und der Züchtung neuer Pflanzenarten zum Nutzen aller, besonders der Bedürftigsten", wird von Johannes Paul II gebilligt [31]. [I-3.6; III-3.6; IV]

Die Gedanken Pius' XII vom 7. Juni 1957 zur Automation sind dreißig Jahre später noch aktuell. So reflektiert der Hirtenbrief der nordamerikanischen Bischöfe von 1986 die „Auswirkungen der neuen Technologien, wie etwa der Roboter und der Informationstechnik, auf die amerikanische Industrie" [32]. Es handelt sich bei dem Wort Pius' XII um einen Exemplarfall präzisen kirchlichen Redens zur Sache. Der soziale Nutzen oder Schaden von Technisierung und Automation hängt entscheidend davon ab, welches Gewicht eine gesteigerte Güterproduktion, ein sinkender Arbeitsbedarf und ein gewandeltes berufliches Anforderungsprofil im Zusammenspiel mit weiteren sozialen Faktoren erlangen und wie schnell sich die Automation durchsetzt. Mit ihr ist unterschwellig die Vorstellung verknüpft, der Mensch könne mit Hilfe von Naturwissenschaften und Technik zum ersten Male in der Geschichte zum „Demiurgen" seiner Lebenswelt werden.

Die friedliche Nutzung der Kernkraft hat die Inhaber des höchsten Lehramtes zu großen Hoffnungen auf neue Energiequellen für eine wachsende Menschheit inspiriert. Der Optimismus Pius' XII wird von

Johannes XXIII geteilt[33], durch von Nell-Breuning mit dem Hinweis auf die „unübersteigbare Grenze" der Kapazität der Erde angezweifelt[34]. Andererseits hat bereits Pius XII die tödliche Bedrohung durch atomare Waffen, die Labilität der Abschreckung nicht zuletzt wegen des Wettrüstens und der Vergeudung menschlicher und materieller Ressourcen angeprangert. Trotz der grundsätzlichen Zulässigkeit eines gerechten Verteidigungskrieges hat Pius XII den modernen totalen, insbesondere den ABC-Krieg wegen der unkontrollierbaren Folgen einer umfassenden Zerstörung als unsittlich angesehen[35]. Die Verwerfung des totalen Krieges im Sinne eines „Notwehrexzesses" ist ohne Nennung der Atombombe oder anderer Waffengattungen in die pastorale Konstitution des Zweiten Vatikanischen Konzils eingegangen[36]. Mehr nebenbei hat die kirchliche Lehre von der im Wortsinne spektakulärsten Leistung der Technik Notiz genommen, von der Raumfahrt[37]. [I-3.6]

Innerkirchlicher Pluralismus

Während die Kirche bis zum Ende der Amtszeit Pius' XII auf viele Außenstehende und auch Katholiken den Eindruck großer Geschlossenheit in Lehre und Disziplin gemacht hat, sind durch die Vorgänge um das Konzil teilweise widersprüchliche Erwartungen eines kirchlichen Wandels wachgerufen worden. Aufgrund vielfältiger kommunikativer und massenmedial vermittelter Prozesse verschafft sich ein neues Bewußtsein als Mündigkeit der Laien in der Kirche gebieterisch Gehör. Ein Pluralismus von Meinungen und Lebensformen hat um sich gegriffen, so daß die Grenzen selbst im Bereich der theologischen Lehrmeinungen nicht mehr in jedem Fall mit denen der großen Konfessionskirchen deckungsgleich sind, sondern quer zu ihnen verlaufen, wenn etwa konservative Katholiken und Protestanten einander näher stehen als ihren progressiven Glaubensgenossen, und umgekehrt.

In der Beurteilung konkreter Lebenssachverhalte gibt es einen großen Spielraum des Abwägens und Ermessens. Wenn Christen „vielleicht, wie es häufiger, und zwar legitim, der Fall ist, bei gleicher Gewissenhaftigkeit in der gleichen Frage zu einem anderen Urteil kommen", darf keine Seite die Autorität der Kirche gegen die andere ausspielen[38]. Die Grundsätze der Sittlichkeit sind jedoch einer Abwägung entzogen.

Legitimerweise gibt es also innerhalb des gesellschaftlichen Umfeldes von Kirche und Katholizismus auch unterschiedliche politisch-soziale Optionen. Seit der Entstehung der Bundesrepublik gehört zum Katholizismus trotz der pauschalen Zuweisung der Kirche zum „rechten" Spektrum ein „Linkskatholizismus". Als sein intellektuelles Gravitationszentrum kann man den Kreis um „Die Neue Gesellschaft/ Frankfurter Hefte" oder auch den „Bensberger Kreis" ansehen, einen lockeren Zusammenschluß von katholischen Publizisten, Politikwissenschaftlern und Theologen. Eine Entsprechung auf der Arbeitnehmerseite – mit Vorbehalt – sind die CDU-Sozialausschüsse. In der Einflußsphäre eines solchen durchaus heterogenen „Linkskatholizismus" – zu ihm rechnen noch eine „Kirche von unten", „Pax Christi" oder eine Leserinitiative „Publik-Forum" – werden im Blick auf die Technik, Rüstung oder Umwelt von einer katholischen Mehrheitsmeinung abweichende Gesellschaftsmodelle und Problemlösungsstrategien diskutiert.

Sogar radikale Positionen melden sich in der Kirche zu Wort, wie beispielsweise ein radikaler Pazifismus in der deutschen Sektion von „Pax Christi", oder radikale ökologische Positionen. Sie stehen in Spannung zur Handhabung der offiziellen Lehre der Kirche. Sie ächtet zwar die Atomwaffen im Grundsatz, toleriert sie jedoch mit Rücksicht auf die konkreten Gegebenheiten des atomaren Patt in der Praxis. Ähnlich verhält es sich bei der Umweltbelastung durch den technischen Fortschritt. Seine negativen Folgen werden abgelehnt, ohne daß der Fortschritt als solcher selbst verworfen wird, weil seine Folgen nicht notwendig negativ determiniert sind.

Radikale ökologische Ansichten können darin gipfeln, die Ursache der Umweltzerstörung einseitig in der Herrscherstellung des Menschen gegenüber der restlichen Schöpfung zu sehen, die sich auf den Schöpfungsbericht der Bibel beruft. Die aus einer ungerechtfertigterweise verabsolutierten, autonomistischen Anthropozentrik herrührenden Verheerungen sind uns in der Gegenwart mit apokalyptischer Wucht zum Bewußtsein gekommen. Drewermann kennzeichnet die von ihm abgelehnte anti-ökologische Position folgendermaßen: „. . . Da man das Leid, mit dem die Religion früher zu versöhnen suchte, auch mit der besten Technik letztlich nicht abschaffen, sondern nur verschieben kann, muß der Anteil des Menschen an der Last des Lebens fortan soweit als irgend möglich auf die Natur und dabei vor allem auf die Tiere abgewälzt werden. Die gesamte Natur muß jetzt in eine Megaprothese, in ein Sanatorium für eine möglichst leidfreie Menschheit verwandelt werden"[39].

Es liegt auf der Hand, daß ein Gelingen bei der Minderung der Umweltbelastung nur erwartet werden kann, wenn die Größe der

Bevölkerung, ihr durchschnittliches Anspruchsniveau und die Ergiebigkeit der Ressourcen aufeinander abgestimmt werden. Allerdings stoßen ökologische Radikalismen verständlicherweise bei den jungen Nationen in den Entwicklungsländern auf wenig Gegenliebe, da sie am Beginn einer Industrialisierung stehen, mit elementaren Nöten konfrontiert sind und nicht zuletzt deshalb, weil sie darin den erneuten Versuch eines westlichen Imperialismus in verschleierter Form sehen, die übrige Welt in Abhängigkeit zu halten.

Schlußwort

Wir haben den Zeitraum eines halben Jahrhunderts durchschritten, um die Haltung der katholischen Kirche gegenüber der Technik in der Gegenwart kennenzulernen. Entgegen einem landläufigen Vorurteil von der Rückständigkeit der Kirche hat sich dabei gezeigt, daß die Kirche seit dem zweiten Drittel unseres Jahrhunderts begonnen hat, gegenüber dem zivilisatorisch-technischen Fortschritt eine unzweideutig aufgeschlossene Haltung einzunehmen. Am greifbarsten verkörpert sich das im Zweiten Vatikanischen Konzil.

Obwohl dem Christentum und der Kirche seit neuestem eine Hauptschuld an der Umweltzerstörung angelastet wird, hat das höchste Lehramt bis in die jüngste Zeit an der grundsätzlich positiven Bewertung des Fortschritts festgehalten. Eine pauschale Verwerfung des Fortschritts wäre für die Kirche mit einer Leugnung der kulturschöpferischen Berufung des Menschen gleichbedeutend. Die kirchliche Fortschrittsbejahung ist jedoch unausweichlich vom Appell an die menschliche Entscheidungsfreiheit umschlossen, die kulturschöpferische Wesenanlage nicht zu mißbrauchen, sondern so zu entfalten, daß sie dem Wohle der Gesamtmenschheit am besten dient.

Literaturnachweise

1 Zweites Vatikanisches Konzil: Pastorale Konstitution über die Kirche in der Welt von heute „Gaudium et spes" (1965). In: Bundesverband der Katholischen Arbeitnehmer-Bewegung Deutschlands (Hrsg.): Die sozialen Rundschreiben der Päpste und andere kirchliche Dokumente. Kevelaer [6]1985, S. 352f. Nr. 36, S. 379f. Nr. 59, S. 385f. Nr. 64, S. 399f. Nr. 76

2 *Johannes Paul II:* Ansprache an Wissenschaftler und Studenten im Kölner Dom am 15. 11. 1980. In: Sekretariat der Deutschen Bischofskonferenz

(Hrsg.): Predigten und Ansprachen von Papst Johannes Paul II bei seinem Pastoralbesuch in Deutschland sowie Begrüßungsworte und Reden, die an den Heiligen Vater gerichtet wurden. Verlautbarungen des Apostolischen Stuhls 25. Bonn o.J. (1980), S. 31

3 *Hoffner*, Joseph: Kirche und Arbeitswelt. Ein Thema von neuer Aktualität. In: Technik und Mensch/Renovatio. Jg. 25, 1986, Nr. 2, S. 12, Sp. A

4 *Weber*, Wilhelm: Der technisch-wirtschaftliche Fortschritt und das Heil der Menschen. In: Internationale Stiftung Humanum (Hrsg.): Oeconomia humana. Beiträge zum Wirtschaftskapitel der pastoralen Konstitution. Gesellschaft – Kirche – Wirtschaft. Bd. 5. Köln 1968, S. 80

5 *Maier*, Hans: Zum Standort des deutschen Katholizismus in Gesellschaft, Staat und Kultur. In: Gabriel, Karl/Kaufmann, Franz-Xaver (Hrsg.): Zur Soziologie des Katholizismus. Mainz 1980, S. 64

6 *Hoffmann-Lange*, Ursula: Katholiken und Protestanten in der deutschen Führungsschicht. Ausmaß, Ursachen und Bedeutung ungleicher Vertretung von Katholiken und Protestanten in den Eliten der Bundesrepublik. In: Landeszentrale für politische Bildung Baden-Württemberg (Hrsg.): Konfession – eine Nebensache? Politische, soziale und kulturelle Ausprägungen religiöser Unterschiede in Deutschland. Stuttgart/Berlin 1984, S. 78

7 *Gorres*, Albert: Pathologie des katholischen Christentums. In: Arnold, Franz Xaver/Rahner, Karl/Schurr, Viktor/Weber, Leonhard M. (Hrsg.): Handbuch der Pastoraltheologie. Band 2/1. Freiburg/Basel 1966, S. 287

8 *Dessauer*, Friedrich: Distanz zwischen Kirche und Technik. In: Schultz, Hans Jürgen (Hrsg.): Kritik an der Kirche. Stuttgart/Olten 1958, S. 209

9 *David*, Jakob: Anfang, Sinn und Ziel katholischer Ingenieurarbeit. In: Technik und Mensch/Renovatio. Jg. 20, 1981, Nr. 1, S. 4–5

10 *Krämer*, Wilfried: Einigung katholischer Studenten an Fachhochschulen. In: Technik und Mensch/Renovatio. Jg. 21, 1982, Nr. 2, S. 8

11 *Muller*, Manfred: Der katholische Akademiker – seine Aufgabe in unserer Zeit. In: Technik und Mensch/Renovatio. Jg. 40, 1984, H. 2, S. 65–66

12 *Adam*, Adolf/*Berger*, Rupert (Hrsg.): Pastoralliturgisches Handlexikon. Freiburg/Basel ^{4}1986, S. 483

13 *Fetsch*, Cornelius G.: Flexibilisierung des Sonntags? In: Bund Katholischer Unternehmer (Hrsg.): Sonntag muß wieder Sonntag werden. Diskussionsbeiträge des BKU. Nr. 9. Bonn/Köln o.J. (1980), S. 12

14 Sekretariat der Deutschen Bischofskonferenz/Kirchenamt der Evangelischen Kirche in Deutschland (Hrsg.): Unsere Verantwortung für den Sonntag. Gemeinsame Erklärung der Deutschen Bischofskonferenz und des Rates der Evangelischen Kirche in Deutschland. Bonn/Hannover 1988, S. 12 Nr. III.2, S. 14 Nr. III.4

15 *Koessler*, Paul: Christentum und Technik. In: Hirschmann, Johannes (Hrsg.): Der Christ in der Welt. Eine Enzyklopädie. 13. Reihe. Christentum und Kultur. Bd. 4. Aschaffenburg 1959, S. 107

16 *Pastoralkonstitution* 1965. In Soziale Rundschreiben. (Vgl. 1), S. 321–425

17 *Paul VI:* Populorum progressio 1967. In: Soziale Rundschreiben. (Vgl. 1), S. 466 Nr. 83

18 *Paul VI:* Octogesima adveniens. In: Soziale Rundschreiben. (Vgl. 1), S. 500 Nr. 21, S. 511 Nr. 41
19 *Johannes Paul II:* Laborem exercens. In: Soziale Rundschreiben. (Vgl. 1). S. 559–631
20 *Johannes XXIII:* Mater et magistra 1961. In: Soziale Rundschreiben. (Vgl. 1), S. 265, Nr. 246, S. 226 Nr. 94
21 *Johannes Paul II:* Ansprache an die Mitglieder des Weltärztebundes am 29. 10. 1983. In: Sekretariat der Deutschen Bischofskonferenz (Hrsg.): Der Apostolische Stuhl 1983. Köln 1985, S. 1158
22 *Pius XI* (1922–1939): Quadragesimo anno 1931. In: Soziale Rundschreiben. (Vgl. 1), S. 105f. Nr. 41–43
23 *Pius XII:* Ansprache an die italienische Gesellschaft für den Fortschritt der Wissenschaften am 2. 10. 1942. In: Utz, Artur-Fridolin/Groner, Joseph-Fulko (Hrsg.): Aufbau und Entfaltung des gesellschaftlichen Lebens. Soziale Summe Pius XII. Bd. 1. Freiburg (Schweiz) [2]1954, S. 909–912, bes. S. 909f. Nr. 1807
24 Sekretariat der Deutschen Bischofskonferenz (Hrsg.): Die Evangelisierung in der Gegenwart und in der Zukunft Lateinamerikas. Dokument der III. Generalkonferenz des lateinamerikanischen Episkopates in Puebla. 13. Februar 1979. In: Stimmen der Weltkirche 8. Bonn o.J. (1979), S. 68f. Nr. 311
25 Sekretariat der Deutschen Bischofs-Konferenz (Hrsg.): Instruktion der Kongregation für die Glaubenslehre über die Achtung vor dem beginnenden menschlichen Leben und die Würde der Fortpflanzung. 22. Februar 1987. In: Verlautbarungen des Apostolischen Stuhls 74. Bonn o.J. (1987)
26 *Petersen,* Peter: Sondervotum zum abschließenden Bericht der Arbeitsgruppe In-vitro-Fertilisation, Genomanalyse und Gentherapie. In: Der Bundesminister für Forschung und Technologie (Hrsg.): In vitro-Fertilisation, Genomanalyse und Gentherapie. Bericht der gemeinsamen Arbeitsgruppe des Bundesministers für Forschung und Technologie und des Bundesministers der Justiz. In: Gentechnologie. Chancen und Risiken 6. München 1985, S. 55–65
27 Zu spät: Gespräch über die römische Instruktion zur Fortpflanzungsbiologie und ihre Konsequenzen. In: Herder-Korrespondenz 42. Jg. H. 2. Februar 1988, S. 57
28 Sekretariat der Deutschen Bischofskonferenz (Hrsg.): Erklärung der Kongregation für die Glaubenslehre zur Euthanasie. 5. Mai 1980. In: Verlautbarungen des Apostolischen Stuhls 20. Vatikanstadt 1980
29 *Pius XII:* Ansprache an die Teilnehmer des Ersten Internationalen Kongresses für Histopathologie des Nervensystems. 13. September 1952. In: Utz/Groner (Vgl. 23), Bd. 1., S. 1132f. Nr. 2265, Nr. 2266
30 Vgl. 21, S. 1157–1158
31 *Johannes Paul II:* Ansprache an die Teilnehmer einer Studienwoche der Päpstlichen Akademie der Wissenschaften am 23. 10. 1982. In: Sekretariat der Deutschen Bischofskonferenzen (Hrsg.): Der Apostolische Stuhl 1982. Köln 1984, S. 1395
32 Nationale Konferenz der katholischen Bischöfe der Vereinigten Staaten von Amerika: Wirtschaftliche Gerechtigkeit für alle: Die Katholische Soziallehre und die amerikanische Wirtschaft. In: Die Neue Ordnung (Sonderausgabe). Bonn/Walberberg 1987, S. 39 Nr. 21

33 *Pius XII:* Ansprache an die Vereinigung kinderreicher Familien Italiens. 20. 1. 1958. In: Utz/Groner (Vgl. 23). Bd. 3. 1961, S. 2754f., Nr. 4768; *Johannes XXIII:* Mater et magistra. 1961. In: Soziale Rundschreiben (Vgl. 1), S. 251 Nr. 189

34 *Nell-Breuning,* Oswald von: Soziallehre der Kirche. Erläuterungen der lehramtlichen Dokumente. Wien/München [3]1983, S. 91

35 *Pius XII:* Ansprache an die Teilnehmer des 8. Internationalen Ärztekongresses in Rom am 30. 9. 1954. In: Utz/Groner (Vgl. 23), Bd. 3. 1961, S. 3146f. Nr. 5364

36 Pastorale Konstitution. In: Soziale Rundschreiben (Vgl. 1), S. 404f. Nr. 80

37 *Johannes XXIII:* Mater et magistra. 1961. In: Soziale Rundschreiben (Vgl. 1), S. 215 Nr. 47; Pastorale Konstitution (Vgl. 36), S. 325 Nr. 47

38 Pastorale Konstitution. In: Soziale Rundschreiben (Vgl. 1), S. 361 Nr. 43

39 *Drewermann,* Eugen: Der tödliche Fortschritt. Von der Zerstörung der Erde und des Menschen im Erbe des Christentums. Regensburg [4]1986, S. 80

Technik als Herausforderung von reformatorischen Kirchen und von Freikirchen

Alfred Jäger

Situation im Überblick

Anders als die römisch-katholische Kirche kennen reformatorische Kirchen – lutherische, calvinistische, zwinglianische, unierte Kirchen und andere – kein richtungsweisendes Lehramt. Die eigenständige Gewissensverantwortung des Einzelnen zählt. Die folgende Diagnose einer komplexen Situation kann sich somit auf keine offiziellen Lehrmeinungen von Kirchenleitungen stützen. Auch im Raum von Freikirchen, die evangelischen Kirchen am ehesten nahestehen – Methodisten, Baptisten, Adventisten, Pfingstmission und andere – finden sich keine maßgeblichen Äußerungen zum Thema, an die sich eine Einschätzung der Lage halten könnte. Eine genaue Abgrenzung zwischen reformatorischen Kirchen einerseits und Freikirchen anderseits fällt generell schwer. Reformatorische Kirchen verstehen sich aus der Tradition der Reformation des 16. Jahrhunderts und besitzen aus ihrer Geschichte heraus in verschiedenen mitteleuropäischen Ländern noch einen öffentlich-rechtlichen Charakter. Freikirchen verstehen sich ihrerseits als Kirche Jesu Christi, doch hatten sie im Zug der Neuzeit je ihre eigene Entstehungsgeschichte, aus der eigene Traditionen und Frömmigkeitsstile erwuchsen. Im Blick auf neueste Entwicklungen erscheint wichtig, daß beide Gruppen von Kirchen im ökumenischen Rat der Kirchen vertreten sind.

Im Rückblick auf die Entwicklung der Nachkriegsgesellschaften mit der dazugehörigen, explosionsartig wachsenden Bedeutung von Massen- und Hochtechnologien aber läßt sich summarisch dennoch feststellen: Evangelische und freikirchliche Frömmigkeit und Theologie fügten sich, besonders was neuere technische Evolutionen betrifft, relativ reibungslos in die gesellschaftlich akzeptierten Wertsysteme der Nachkriegszeit ein. Selbst die damit zutiefst verbundene, durch alle Gesellschaftsschichten verbreitete Ideologie des Wachstums und des menschlichen Fortschritts dank technischer Innovation fand stillschweigend Eingang bis in die Köpfe und Herzen von evangelischen und freikirchlichen Christen. Gewiß gab es für Kirchen und Freikirchen unterschiedlichste Anpassungsprobleme an eine über weite Strecken säkularisiert gewordene Kultur und Gesellschaft. Die Auseinandersetzung damit aber entzündete sich auffallenderweise kaum je an den Phänomenen technologischer Modernität, die im Gegenteil grundsätzlich akzeptiert und in ihrer Dienlichkeit für den Menschen bejaht werden konnte. Daß ein Christ neue Autos fährt, einen Kühlschrank und einen Fernseher besitzt, in zum Teil hochtechnisierten Produktionsstätten sein Geld verdient und im Urlaub mit modernen Verkehrsmitteln verreist, wurde – kaum waren die materiellen Schäden des Zweiten Weltkrieges mehr oder weniger behoben – nicht zum Problem. Das galt selbst für technische Möglichkeiten, die in ihrer Gefährlichkeit schon früh erkennbar waren. So konnten die von Carl Friedrich von Weizsäcker initiierten „Heidelberger Thesen" von 1959 zur Frage der Atombewaffnung der Bundesrepublik Deutschland feststellen, daß die Sicherung von „Frieden in Freiheit" selbst durch Atomwaffen „als eine heute noch mögliche christliche Handlungsweise" anzuerkennen sei[1]. Bis in die späten Sechziger- und frühen Siebzigerjahre hinein herrschte eine zumeist stillschweigende, von grundsätzlicher Kritik wenig belastete Akzeptanz moderner Technik vor.

Die Situation begann sich danach jedoch mit dem zunehmend deutlicher werdenden Wertewandel an den Grenzen der technisch bestimmten Wachstums- und Wohlstandsgesellschaften zu ändern. Auch im kirchlichen und freikirchlichen Bereich begann ein tiefgreifendes Unbehagen gegenüber bestimmten technischen Entwicklungen um sich zu greifen, die aus einer christlich motivierten Sorge für das geschöpfliche Leben und Überleben heraus immer stärker als Gefährdung erfahren wurden.

Damit ist erstens die grundsätzliche Aufgeschlossenheit evangelischer und freikirchlicher Frömmigkeit gegenüber moderner Technik zu erklären, und zweitens die Entstehung eines kirchlich-kritischen Potentials in wichtigen Brennpunkten zu erläutern.

Christsein in der Moderne

Evangelische Frömmigkeit und Theologie hatten schon im 19. Jahrhundert unter zum Teil schweren innerkirchlichen Kämpfen den Weg zu einer grundsätzlichen, typisch protestantischen Offenheit gegenüber moderner Kultur, Wissenschaft und Technik gefunden. Zu erwähnen ist vor allem die Bedeutung des theologischen Liberalismus und eines kirchlichen „Neuprotestantismus", denen es um eine kritische Verbindung von christlicher Tradition und Moderne zu tun war. Das tiefste Anliegen dieser Strömungen lief auf den Nachweis hinaus, daß ein Christ zugleich ganz und gar moderner Mensch sein könne, der die wissenschaftlichen, technischen, industriellen und gesellschaftlichen Neuentwicklungen bejaht und aus dem christlichen Glauben heraus sogar aktiv fördert. Fortschrittlich-bürgerlich gesonnene Kirchenchristen wirkten in allen Teilen am Aufbau der Industriegesellschaft mit. In verschiedenen Regionen kristallisierte sich dabei die widersprüchliche Rolle des frühkapitalistischen Unternehmers mit christlichkaritativer Motivation heraus. Beispiel: Die größte diakonische Einrichtung Deutschlands, die von Bodelschwinghschen Anstalten Bethel, wurde in ihrer Frühzeit nach westfälischer Unternehmertradition von ortsansässigen Unternehmern, unter anderem von einem kapitalkräftigen Schnapsfabrikanten, getragen. Auf dieser Linie schlug sich evangelische Theologie im Haus der Universität konsequent in den Bereich der neuentstehenden Geisteswissenschaften und errang darin eine beachtliche Position. Von diesem Hintergrund her ist es aber zu verstehen, daß es bis in neueste Zeit hinein kaum mehr zu tiefergreifenden Auseinandersetzungen zwischen evangelischer Theologie und Naturwissenschaften respektiv mit deren technologischen Folgen kam. Damalige Weichenstellungen wirken unterschwellig bis heute nach.

Erweckliche Bewegungen und pietistische, evangelistische, volksmissionarische und freikirchliche Kreise antworteten auf die Herausforderungen der Moderne in anderer Weise damit, daß sie um so mehr auf die Bekehrung und persönliche Wiedergeburt des Einzelnen zielten. Die christliche Verkündigung erfuhr darin eine starke Subjektivierung und Individualisierung ohne besondere Relevanz für die gesellschaftlichen, wissenschaftlichen und technologischen Probleme. Angestrebt wurde statt dessen ein nach damaligem Verständnis „christlicher Lebensstil", der zumeist stark patriarchalisch-konservative und puritanische Züge an sich hatte. Zu nennen sind als Beispiel verschiedene Abstinenzbewegungen, die in den Arbeiterslums dem grassierenden Alkoholismus durch die Predigt der persönlichen Umkehr zu Leibe rückten. Dennoch erwuchsen gerade aus diesen Frömmigkeitskreisen heraus zahlreiche kirchliche und freikirchliche Werke diakonischer Liebestätigkeit wie Heime, Asyle, Anstalten, Krankenhäuser, die sich ab Mitte des 19. Jahrhunderts in immer größerer Zahl Menschen öffneten, die unter den sozialen Folgeschäden moderner Gesellschaften besonders zu leiden hatten. Die Entstehung moderner Diakonie als „Lebensäußerung der Kirche" (Johann Hinrich Wichern) – im katholischen Konfessionsteil parallel dazu die Werke der „Caritas" – war neben dem religiösen Sozialismus mit den wichtigsten Vertretern in der evangelischen Theologie (Leonhard Ragaz, Hermann Kutter, Adolf Stoecker, Christoph Blumhardt, der frühe Karl Barth, Paul Tillich usw.) eine der bedeutensten Reaktionen evangelischer und freikirchlicher Glaubenspraxis auf die Herausforderung der „sozialen Frage" in der wachsenden Industriewelt: Technisierung, Industrialisierung, Urbanisierung, Landflucht, Pauperisierung, Arbeitslosigkeit, Kinderarbeit. Im Rahmen des Diakonischen Werks der EKD (Evangelische Kirche in Deutschland) arbeiten heute über 18000 diakonische Einrichtungen auf den damals eingeschlagenen Linien. [II-4.3; X]

Herausforderung der Technik: Säkularisierung

Nicht moderne Technik an sich, um so mehr aber deren scheinbare Eigengesetzlichkeit, mußte für reformatorische Kirchen und deren Theologie zur Herausforderung werden. Eine Maschine funktioniert unabhängig davon, ob der sie Bedienende oder Benützende an Gott, Christus, Wunder und den Heiligen Geist glaubt oder nicht. Naturwissenschaftliche und technologische Denkweisen setzen sogar von Grund auf einen methodischen Atheismus voraus. Er rechnet mit der festen, benützbaren Gültigkeit von Naturregeln, nicht aber mit überirdischen, göttlichen Eingriffen in die Naturzusammenhänge. Aus dieser weltanschaulichen Vorentscheidung heraus haben sich Naturwissenschaften seit ihren Anfängen im 17. und 18. Jahrhundert konsequent aus der Bevormundung durch theologische Vorgaben emanzipiert. Es konnte darüber hinaus auf die Länge nicht verborgen bleiben, daß sich immer mehr Lebensbereiche dem bestimmenden Einfluß von Theologie und Kirche entzogen, ein Prozeß, der in protestantischen Kulturbereichen noch deutlicher zur Auswirkung kam als in traditionell katholisch geprägten Regionen. Damit stand grundsätzlich das Problem an, wie evangelische Kirchen ihren Ort in einer weitgehend säkularisierten, von Technik in allen Teilen beherrschten Gesellschaft neu definieren. Diese Frage brach nach dem Zweiten Weltkrieg nicht zufällig erneut auf und führte zu heftigen Debatten über das Thema des „mündigen Menschen" (Dietrich Bonhoeffer), der in seiner modernen Welt offenbar auch ohne Wegweisung der Kirchen autonom zurechtkommt. [II-4.1; III-3.3]

Die theologische und kirchliche Debatte der fünfziger Jahre führte zu keiner einhelligen Einschätzung der neuen Situation. Dennoch setzte sich auf unterschiedlichsten Ebenen eine Haltung durch, die von einer grundsätzlichen Bejahung der Säkularisation aus christlicher Orientierung heraus getragen wurde. Friedrich Gogarten konnte die geschichtlichen Wurzeln dieser Entwicklung, die in den modernen Nachkriegsgesellschaften kulminierte, sogar auf genuin biblische Traditionen zurückführen. Biblischer Schöpfungsglaube setzt eine entgötterte und damit profane Schöpfungswelt voraus, die aber letztlich der Herrschaft ihres Schöpfers untersteht. Gogarten war darin von einer neulutherischen Zwei-Reiche-Lehre geprägt, der gemäß der Bereich des göttlichen Wortes – der Kirche – und der Bereich der Welt klar getrennt, in der Trennung aber einander zugeordnet werden sollen. Von daher kam er zu einer Bekräftigung der Bedeutung einer rein „weltlichen", damit auch einer technologischen Vernunft, die vom christlichen Glauben in ihrer Sachgesetzlichkeit zu respektieren sei. Gleichzeitig lehnte er einen „Säkularismus" ab, der in der Form von neuzeitlichen „Heilslehren und Ideologien" meint, auf alle Fragen eine Antwort zu besitzen [2]. Diese Position kann als typischer Ausdruck einer verbreiteten Grundhaltung verstanden werden, die bis in die Siebzigerjahre hinein das Verhältnis von Glaube und Technik bestimmte. [II-4.1]

Herausforderung der Technik: Entmythologisierung

Während die zuerst genannte Herausforderung das gesellschaftliche Außenverhältnis von Kirchen und Freikirchen betrifft, greift die zweite mitten ins christliche Selbstverständnis hinein. Das bloße Dasein moderner Technik hat weltanschauliche Folgewirkungen, die nicht spurlos am christlichen Glauben vorbeigehen. Es war Rudolf Bultmann, der schon 1941 in seiner später berühmt, da und dort berüchtigt gewordenen Abhandlung zum Thema „Entmythologisierung" auf dieses Problem unmißverständlich aufmerksam machte [3]. Sein Ausgangspunkt war die Feststellung, daß die neutestamentliche Heilsbotschaft ganz und gar von mythologischen Vorstellungen geprägt sei, die von einer wissenschaftlich und technologisch orientierten Zeit nicht mehr verstanden werden könnten. Das Programm der Entmythologisierung (mythos, griech. im Sinn von erdichteter, sagenhafter Erzählung, Fabel, Göttergeschichte) stellte Bultmann mit folgenden, markanten Sätzen dar: „Kann die christliche Verkündigung dem Menschen heute zumuten, das mythische Weltbild als wahr anzuerkennen? Das ist sinnlos und unmöglich. Sinnlos; denn das mythische Weltbild ist als solches gar nichts spezifisch Christliches, sondern es ist einfach das Weltbild einer vergangenen Zeit, das noch nicht durch wissenschaftliches Denken geformt ist. Unmöglich; denn ein Weltbild kann man sich nicht durch einen Entschluß aneignen, sondern es ist dem Menschen mit seiner geschichtlichen Situation je schon gegeben . . .

Welterfahrung und Weltbemächtigung sind in Wissenschaft und Technik so weit entwickelt, daß kein Mensch im Ernst am neutestamentlichen Weltbild festhalten kann und festhält. Welchen Sinn hat es, heute zu bekennen: ‚niedergefahren zur Hölle' oder ‚aufgefahren gen Himmel', wenn der Bekennende das diesen Formulierungen zugrunde liegende mythische Weltbild von den drei Stockwerken nicht teilt? Ehrlich bekannt werden können solche Sätze nur, wenn es möglich ist, ihre Wahrheit von der mythologischen Vorstellung, in die sie gefaßt ist, zu entkleiden . . .

Man kann nicht elektrisches Licht und Radioapparat benützen, in Krankheitsfällen moderne medizinische und klinische Mittel in Anspruch nehmen und gleichzeitig an die Geister- und Wunderwelt des Neuen Testaments glauben. Und wer meint, es für seine Person tun zu können, muß sich klar machen, daß er, wenn er das für die Haltung des christlichen Glaubens erklärt, damit die christliche Verkündigung in der Gegenwart unverständlich und unmöglich macht" [4].

Bultmanns Anliegen lief nicht darauf hinaus, sämtliche mythischen Elemente des Evangeliums zu eliminieren. „Entmythologisierung" bedeutete für ihn statt dessen, den Wahrheitsgehalt dieser Botschaft so aussprechen zu lernen, daß er für einen mit Wissenschaft und Technik selbstverständlich lebenden Menschen zugänglich wird. Die mythische Sprache des Neuen Testaments muß in die unmythische Sprache der Moderne übersetzt werden, damit kein falsches Ärgernis am christlichen Glauben entsteht. Christliche Verkündigung sollte so verständlich und glaubwürdig werden, daß sich der moderne Mensch nicht an der mythischen Einkleidung der Botschaft des Evangeliums zu stoßen braucht, sondern deren Existenzbedeutung und -wahrheit auch für sich selbst begreift. Stillschweigende Voraussetzung Bultmanns war dabei die Annahme, daß das mythische Weltbild durch die wissenschaftliche Welterfahrung endgültig überwunden sei. Darin folgte er dem wissenschaftstheoretischen Positivismus, der den Sieg wissenschaftlicher Fakten-Erkenntnis über vorwissenschaftliches Denken für endgültig erklärte.

Dieses theologische „Programm" verdient darum noch immer besondere Beachtung, weil sich an ihm wie in einem scharfgeschliffenen Prisma das Verhältnisproblem von Technik und Kirche, Wissenschaft und Glaube, deutlich machen läßt. In diesem Sinn hat es theologisch denn auch über die ganze Nachkriegszeit hinweg polarisierend gewirkt. Laute oder verdeckte Zustimmung fand es in Kreisen, denen es um neue Brückenschläge zwischen christlicher Tradition und Moderne zu tun war. Die Einsicht Bultmanns erlaubte eine authentische Verkündigung christlicher Glaubenswahrheit mitten in einer technologisch und wissenschaftlich durchwirkten Welt. Glaube bedeutet nicht ein Festhalten an mythischen Relikten der Vormoderne, sondern ein existentielles Betroffensein von Gottes rechtfertigendem Wort. Auf Ablehnung stieß dieser Versuch da, wo eine entscheidende Preisgabe des Wahrheitsgehalts des Glaubens, wenn nicht sogar ein Verrat am Evangelium, herausgelesen wurde. So folgte der andere große evangelische Theologe des 20. Jahrhunderts, Karl Barth, dieser Richtung nicht. Sein Verständnis von zeitgemäßer Verkündigung lief darauf hinaus, jeder falschen Anpassung des Evangeliums im Vertrauen auf das Wirken des Heiligen Geistes zu wehren. Besonders in evangelikalen, theologisch konservativen Kreisen provozierte Bultmann scharfe Gegenreaktionen, die sich als kämpferische Bewegung unter dem Slogan „Kein anderes Evangelium" bis weit in die Sechzigerjahre hinein manifestierten. Selbst in freikirchlichen Kreisen wurden Bultmann und seine Schule zum Inbegriff von Glaubenszerstörung. Das Festhalten am buchstäblichen Wortlaut biblischer und bekenntnismäßiger Texte erlaubte keine derartigen interpretativen Eingriffe. Wie weit die Motive dieses bedeutenden Lehrers evangelischer Theologie dabei wirklich verstanden wurden, bleibe offen. Im vorliegenden Rahmen aber wird deutlich, daß das von Bultmann anvisierte Problem auch dann noch ansteht, wenn die Bedeutung mythischer Bildersprache – „Himmel", „Hölle", „Engel", „Wunder" usw. – neu einzuschätzen ist. Gegenwärtige Diskussionen in Philosophie und Theologie laufen darauf hinaus, Mythen nicht mehr als Relikte der vorwissenschaftlichen Vergangenheit zu verstehen. Statt dessen ist darin eine alternative, eigenständige Wahrheit zu entdecken, die sich gerade nicht mehr in die Sprache von Wissenschaft und Technik übersetzen läßt[5]. Eine davon geprägte Zeit benötigt im Gegenteil die lebendige Erzähl- und Bildersprache der Mythen, Sagen, Fabeln, Märchen, um nicht in der objektivierenden Fakten- und Sachsprache technischer Rationalität zu erstarren. Dies führt auch zu einer neuen Einschätzung der Bedeutung mythischer Sprachelemente der biblischen Botschaft. Sie können nicht mehr nur als zeitbedingte Einkleidung einer Glaubenswahrheit verstanden werden. Die Erzählsprache etwa der Gleichnisse Jesu ist selbst in moderner Übersetzung darum zu bewahren, weil deren Bilder Tiefendimensionen der Wirklichkeit und des Lebens vor Gott aufdecken, die durch wissenschaftliche Rationalität gerade nicht mehr zur Sprache kommen können. [II-5.3]

Technik im Kirchenraum

Kirchen und Freikirchen benötigen für ihre Aktivitäten nur in geringem Maß die Assistenz von Technik. Die Konzentration auf personale, zwischenmenschliche Beziehungen in der Gemeinde setzt dem Einfluß technischer Medien eine spürbare Grenze. Ein volkskirchlich traditioneller Konservativismus gegenüber der Einführung neuer Medien ist häufig sogar dort wirksam, wo er vom Auftrag der Kirchen her naheliegen würde. Erwähnt sei immerhin, daß eines der frühesten Wunderwerke neuzeitlicher Technologie, die Barockorgel mit ihren gegenüber der Renaissanceorgel gewaltig gewachsenen Dimensionen und Kombinationsmöglichkeiten, für den christlichen Gottesdienst „soli deo gloria" – allein zur Ehre Gottes – entwickelt worden war. Die Einführung elektronischer Orgeln mit elektronischer Schallerzeugung stößt aus naheliegenden Gründen zur Zeit noch immer auf den Widerstand von zünftigen Kirchenmusikern. Aus finanziellen Überlegungen aber setzen sie sich in weniger bemittelten Regionen und in freikirchlichen Gemeinden zunehmend mehr durch. Die Benützung der Massenmedien Zeitung, Rundfunk und Fernsehen als Transportmittel der Verkündigung und zur Herstellung einer kirchlichen Öffentlichkeit hat sich in Grenzen schon längst eingebürgert. In dieser Hinsicht ist die Erinnerung daran noch immer lebendig, daß man den Erfolg der Reformation anfangs des 16. Jahrhunderts wesentlich auch einer revolutionären technischen Erfindung, dem Buchdruck, verdankte. [II-4.1; V-4.1]

Für europäische Verhältnisse vorerst noch unvorstellbar ist die Konzeption einer Kirche als Fernsehstudio und umgekehrt. Dieses Instrument setzen evangelistische Prediger in den USA seit den siebziger Jahren mit zahlenmäßig gewaltigem Erfolg ein. Evangelistische Kreise in Amerika zeigen traditonell eine geringe Scheu davor, modernste Management-, Finanzierungs- und Medienmethoden in den Dienst

Eröffnungsgottesdienst der Synode der Evangelischen Kirche in Deutschland am 1. November 1987 in der St. Nikolai-Kirche in Berlin-Spandau.

ihrer Verkündigung zu stellen. Schon in den fünfziger und sechziger Jahren überzog der bekannte Evangelist Billy Graham, unterstützt von einem Organisationsapparat nach modernsten Prinzipien, die Fußballstadien der Kontinente mit seinen crusades for Christ. Doch gibt es auch in Europa schon längst eigentliche Medien-Gemeinden, die quantitativ unvergleichbar größer als lokale Gemeinden sind. Gottesdienstübertragungen durch Radio und Fernsehen, Andachten, religiöse Kommentare und Informationen erreichen durch die beiden Massenmedien enorme Zahlen von Zuhörern. [II-4.3]

Die Einführung pädagogischer Medien im Religionsunterricht hat sich in der Nachkriegszeit parallel zu den üblichen schulischen Entwicklungen bewährt: Diaserien, Filme, Video, gedrucktes Bildmaterial, Kinderbibeln, Curricula. Die Benützung von Computern als Assistenz kirchlicher und diakonischer Verwaltungen wird je nach

Mehrere tausend Motorradfahrer aus Hessen und angrenzenden Bundesländern beteiligten sich am 8. Oktober 1989 an einer Gedenkfahrt für die Opfer des Straßenverkehrs. Anschließend fand in der Katharinenkirche in Frankfurt ein Gottesdienst statt.

Elektronische Bibel der Deutschen Bibelgesellschaft. – Diese Entwicklung ändert im Prinzip die Bibellektüre und das Nachschlagen nicht. Aber offensichtlich erleichtert das Computersystem auch dem „bibelfesten" Leser das Auffinden aller Aussagen zu einem bestimmten Thema („Konkordanz").

Verwaltungsbereich und -umfang zunehmend zur Selbstverständlichkeit[6]. Es gibt mehrere Firmen, die branchenspezifische software anbieten.

Grenzen der technologischen Wachstumsgesellschaft

Die in den Nachkriegsgesellschaften massiv wirksamen ökonomischen Wachstumsstrukturen mit den sie stützenden Wertorientierungen erhielten 1973 mit dem Ölschock einen ersten, an die Fundamente gehenden Stoß. Der zeitlich daran anschließende, in unterschiedlichsten Lebensbereichen aufbrechende Wertewandel der siebziger und achtziger Jahre schlug auch auf kirchliche Kreise durch. Gesamtgesellschaftlich machte er sich in Europa – in vielen Teilen mit Amerika nicht vergleichbar – in Form einer kritischen Abkehr von Wertsystemen manifest, die fast unbefragt der Nachkriegszeit eine innere Neuorientierung ermöglicht hatten. Das technologisch bestimmte Wohlstands- und Wachstumsexperiment nach den Zerstörungen des Krieges scheint damit in verschiedenster Hinsicht und mit langfristiger Wirkung an Grenzen, wenn nicht sogar an sein definitives Ende, gelangt zu sein. Gleichzeitig kündigen sich mit den Chips- und Gentechnologien Umwälzungen an, durch die die Gestaltung einer postmodernen Industriegesellschaft tiefgreifend beeinflußt wird. In einer in sich widersprüchlichen Umbruchsphase stellt sich das Problem, welche neuen Sinngebungen und Werthorizonte eine langfristig verantwortbare und haltbare Orientierung erlauben. [I-1.3; I-3.4; I-3.6]

Reformatorische Kirchen sind bisher kaum als Promotoren derart zukunftsweisender Werthaltungen hervorgetreten. Dennoch sind sie als Sammelbecken eines christlich motivierten Kritik- und Konfliktpotentials nicht zu unterschätzen. Die evangelischen „Kirchentage" in der Bundesrepublik Deutschland etwa signalisieren dies in beeindruckender Weise. Auf der Ebene der Kirchenleitung der EKD wurde schon seit längerer Zeit versucht, auf neue gesellschaftliche, neuerdings auch auf ausgesprochen technologische Herausforderungen mit „Denkschriften" zu antworten. Diese entstehen in einem parteipolitischen Freiraum der Kirche oder zumindest in einer neutralen Zone und dienen mit mehr oder weniger Erfolg der kirchlichen Wegweisung[7].

Die verschiedenen Diskussionen machen sich zur Zeit noch immer an einzelnen Brennpunkten der Gesellschaftsentwicklung fest. Doch zielt die Auseinandersetzung besonders auf der Linie einer „ökologischen Theologie" zunehmend markanter auf eine Fundamentalkritik des Wesens der modernen Industrie- und Technologiegesellschaften ab. Wie weit kirchliche Kritikgruppen in diesen aktuellen Diskussionen vorläufig bloße „Durchlauferhitzer" eines gesamtgesellschaftlichen Problembewußtseins sind, wie weit sich daraus anderseits schon zukunftsträchtige Neuorientierungen kristallisieren, bleibt abzuwarten. Auffallend genug aber wird versucht, die Relevanz evangelischer Verkündigung in den Bereich anstehender Gesellschafts- und Technologiefragen hineinzutragen. Die Eigengesetzlichkeit technologischer Entwicklungen wird damit aus Glaubensmotiven und ethischen Bedenken heraus fundamental in Frage gestellt. Bei aller Diffusität der Diskussionslage kann als Leitmotiv unschwer eine begründete Angst vor akuten, kausal technologisch bedingten Gefährdungen der Lebenswelt und eine verantwortungsbewußte Sorge für das langfristige Leben und Überleben auf der Erde ausgemacht werden. Wie alternative und politische Splittergruppen wirken auch kirchliche Basisgruppen an der Entstehung eines ökologischen Gesellschaftskonsenses mit.

Ein vergleichbarer Protest gegen die genannten Entwicklungen findet sich im Bereich von Freikirchen deutlich weniger. Eine traditionelle Konzentration auf subjektive und individuelle Gläubigkeit gibt geringen Anlaß, sich auf akute Globalprobleme wie Umweltzerstörung, Arbeitslosigkeit, Hunger und Rüstungseskalation einzulassen [8]. Die Auswirkungen dieser Herausforderungen aber bleiben dennoch nicht ohne spürbare Folgen, die gesamtgesellschaftlich allerdings marginal sind.

Ethische Brennpunkte technologischer Entwicklungen

Stichwortartig können einige besonders akute Problemfelder genannt werden, an denen sich bisher ein spezifisch christlich begründeter Widerspruch entzündet hat. Nicht zufällig folgen die Themen mehr oder weniger einer allgemeinen Katastrophenliste – Bophal, Seveso, Tschernobyl, Basel und andere –, wobei die jeweilige Erregung auf einer bereits vorgegebenen Sensibilität basierte. Dabei ist zu erwarten, daß sich die Liste je nach neu auftretenden Problemen und Gefahren verlängern wird. Wie rasch sich die punktuelle Kritik zur grundsätzlichen Auseinandersetzung mit dem Wesen neuzeitlicher Technologie ausweiten wird, ist nicht vorauszusehen. Der seit dem 19. Jahrhundert tragende Konsens, daß Technik in rechter Verantwortung der Menschheit und ihrem Auftrag des „Bebauens und Bewahrens" der Erde [9] diene, scheint bisher noch kaum in Frage gestellt zu werden. Um so mehr gerät biblische Theologie selbst unter den Zugzwang, den schöpfungsmäßigen Herrschaftsauftrag des Menschen [10] nicht mehr im Sinn der neuzeitlichen Naturbeherrschung, Naturverdinglichung und Vergewaltigung, sondern aus dem Gedanken der mitgeschöpflichen Solidarität heraus neu verstehen zu lernen. Nicht zufällig erfährt Albert Schweitzers Ethik einer „Ehrfurcht vor dem Leben" nach langer Zeit der Unbeachtetheit eine neue Konjunktur [11]. [I-3.4]]

Zu den Brennpunkten gehört im Rahmen einer breiten Friedensbewegung vor allem in der Bundesrepublik Deutschland, markant aber auch in den Niederlanden, der Widerspruch gegen eine bis dahin relativ unbefragt hingenommene Hoch- und Weiterrüstung mit Atomwaffen [12]. Die friedliche Nutzung von Atomenergie mitsamt den sich daraus erschließenden, weiteren Möglichkeiten atomarer Technologie provoziert eine schöpfungsmäßige Langzeitverantwortung, die unter anderem auf die extremen, lebensweltlichen Gefährdungen und Folgeschäden hinweist [13].

Gegenüber neuesten und vor allem noch unentdeckten Möglichkeiten der Gentechnologie zeigt sich evangelische Theologie und Ethik aus naheliegenden Gründen relativ ohnmächtig. Auch juristische und politische Bedenken und Grenzziehungen hinken hinter den aktuellen Entwicklungen, die sich dem öffentlichen Zugriff noch immer weitgehend entziehen, um mehrere Jahre nach. Dennoch ist der Einspruch gegen bestimmte Machbarkeiten im Namen der Menschen- und Schöpfungswürde bereits deutlich hörbar [14]. Im Bereich medizinischer Technologen, die dem menschlichen und gesundheitlichen Wohlbefinden in besonderer Weise verpflichtet sind, mehren sich humanitär und seelsorgerlich motivierte Stimmen, die unter anderem auf eine menschenwürdige Sterbensethik drängen [15].

Die rollende Chips-Revolution, durch die die Arbeitswelt erwartungsgemäß grundlegend umgestaltet wird, erbrachte bisher noch kaum relevante Reaktionen aus dem kirchlichen Raum. Dies wird Thema einer „Wirtschaftsethik in theologischer Perspektive" sein, die sich erst in den Anfängen befindet [16]. Versuche einer „Ethik der Technik" zielen grundsätzlicher darauf, scheinbar eigengesetzliche technologische Evolutionen unter wertmäßig verantwortbare Maßstäbe zu bringen [17]. Die Forderungen nach einer „sanften Technologie" und einer auf die Bedarfssituation zugeschnittenen „kleinen Technologie" haben ihre besondere Bedeutung im Feld von entwicklungspolitischen Fragen der Dritten Welt [18]. Fundamentaler greifen Entwürfe einer „ökologischen Theologie" in den alten Basiskonsens zwischen moderner Technik und evangelischer Frömmigkeit ein, indem darin die Umweltkatastrophen und -gefährdungen als Resultat eines von Grund auf fehlgeleiteten Verhaltens des neuzeitlichen Menschen zur Schöpfung Gottes verstanden werden [19]. [I-3.4; I-3.6; IV]

Neue Wert- und Sinnorientierung technologischer Entwicklung

Über eine naheliegende Kritik an bisherigen Brennpunkten hinaus sind in den genannten, innerkirchlichen Diskussionen langfristig haltbare und in der Breite praktikable Wert- und Sinnorientierungen noch wenig greifbar. Auffallend ist jedoch, daß in zumeist kleinen kirchlichen und freikirchlichen Basisgruppen aus Glaubensmotiven heraus „neue Lebensstile" erprobt werden. Darin geht es zumeist um eine bewußte Abkehr von in der Nachkriegsgesellschaft normierten Werthaltungen und um die Neuentdeckung von Beziehungs- und Lebensmöglichkeiten, die in einer durchtechnisierten Welt verschüttet werden: neue Konsumorientierung, etwa mit Verzicht auf Produkte aus Tier- und Pflanzenfabriken; natürlichere Eß- und Lebensgewohnheiten; Umstieg vom Individual- auf den öffentlichen Verkehr; Zuwendung zu den elementaren Lebensvorgängen mitsamt Versuchen einer Überwindung kollektiver Verdrängungen von Dunkelzonen und Leidensaspekten des Lebens; Neuerfahrung des Weichen, Friedlichen, Rhythmischen, Zyklischen, Harmonischen – im Rahmen „feministischer Theologie" des „Weiblichen" – in der Beziehung zu sich selbst, zum Mitmenschen, zu Natur und Gott. Stimmungsmäßig sind derartige Alltagsexperimente nicht selten vom Geist einer neuen Apokalyptik beeinflußt, die im Zeichen bedrohlicher Tendenzen für die naheliegende Zukunft vorwiegend Katastrophen und Zusammenbrüche erwartet. Sehr anders gelagert sind zur Zeit Motive einer neuen Apokalyptik in konservativ-religiösen Bewegungen der USA („moral majority"), die zum Teil auf einen baldigen Endkampf des „Reiches des Lichts" gegen das „Reich der Finsternis" warten[20] und für den Sieg darum atomare Hochrüstung gegenüber der UdSSR befürworten. Weit über traditionell religiöse Institutionen hinaus macht sich der Werteumbruch in der Form neuer Sinnbedürfnisse bemerkbar, die sich in Bewegungen wie „New Age" und in der Reaktivierung mythischer, magischer und parapsychologischer Praktiken niederschlagen können. Darin manifestiert sich nicht zuletzt ein lebenspraktischer Widerspruch gegen die Dominanz wissenschaftlich und technisch bestimmter Lebens- und Welterfahrung. [II-5.3]

Über solche Strömungen hinaus läßt sich feststellen, daß die Ideologie des Fortschrittsglaubens, der die Lösung elementarer Menschheitsfragen von der ungehinderten Entwicklung der Technik erwartet, auf breiter Basis an Anziehungs- und Überzeugungskraft verloren hat. Dies gilt zumindest für Europa, wo diese verbreitete Werthaltung des 19. Jahrhunderts schon 1912 mit dem Untergang der Titanic als Symbol dieses Glaubens und endgültig auf den Schlachtfeldern des Ersten Weltkrieges fundamental erschüttert worden war. Auf Länder der Dritten Welt vermochte davon kaum je eine Faszination auszugehen, so sehr sich in deren Kontext die Hoffnung auf Überwindung chronischer Armut dank Technisierung verbreitet. Der Glaube, daß Grenzen dazu da seien, um vorwiegend durch Technik überwunden zu werden, überlebte desto ungebrochener in Nordamerika, wo die Mentalität der „new frontiers"[21] tiefe geschichtliche Wurzeln hat. Im Zug des Nachkriegsaufbaus griff diese Werthaltung erneut auch auf europäische Gesellschaften über und bestimmte deren Strukturen massiv, bis spätestens nach 1972 der Club of Rome auf die absehbaren „Grenzen des Wachstums" und auf die Risiken eines solchen Heilsglaubens aufmerksam machte.

Abschlußgottesdienst des 23. Evangelischen Kirchentages in Berlin 1989.

Damit drängen sich zunehmend stärker Grundfragen nach Wert und Sinn von Technik auf. Ideologische Antworten, die ihr fortschrittsoptimistisch eine pseudoreligiöse Heilsfunktion zuweisen, sind fragwürdig geworden. Genau gegenläufig zu dieser Sicht liegt Martin Heideggers berühmte Diagnose des Wesens von Technik als „Gestell", das als Kulminationspunkt des abendländischen Nihilismus das Heil menschlicher und natürlicher Lebenswelt verstellt[22]. Zwischen derartigen Extrempositionen wird die gegenwärtige Umbruchsphase auch für evangelische und freikirchliche Frömmigkeit und Theologie zur neuen Herausforderung. Der aus dem 19. Jahrhundert herüberreichende, bis in die neueste Zeit tragende Grundkonsens mit der Entwicklung von moderner Technik wird kritisch zu überprüfen sein. So läßt sich rückblickend leicht feststellen, daß er durch den weitreichenden Verzicht auf die Auseinandersetzung mit Naturwissenschaften erkauft war. Erkauft war er mit allen Vorzügen nicht weniger durch die bewußte Absage an Versuche, technologische Evolutionen aus christlichen Motiven heraus mitzugestalten. Entsprechend wirkungslos blieb die neuere evangelische Frömmigkeitsgeschichte in diesem Bereich. Der Versuch Gustav Werners (1809–1887), in Reutlingen eine frühindustrielle Fabrik vom Gedanken christlicher Brüderlichkeit der zum Teil auch behinderten Mitarbeiter her zum „Tempel Gottes", das heißt zur Verbindung von Nächstenliebe und frühindustrieller Produktion, auszugestalten, blieb exotisches Experiment eines Außenseiters. Sichtbar wird dies etwa auch am Beispiel evangelisch und freikirchlich getragener Krankenhäuser der Diakonie. Darin sollte sich ursprünglich christliche Glaubensmotivation und medizinisches „know how" im Dienst einer heilsorientierten Pflege aufs engste verzahnen. Die primär naturwissenschaftlich ausgerichtete, gegenüber Wertfragen spröde Grundhaltung moderner Medizin einerseits, der in den letzten Jahren sich steigernde Rückzug von Diakonissen aus dem Pflegebereich anderseits aber führte rasch dazu, daß sich ein derartiges Spital von profanen Krankenhäusern kaum mehr unterscheidet. Selbst solche fruchtbaren, wenn auch punktuellen Chancen der gegenseitigen Beeinflussung überleben sich zur Zeit endgültig. [I-1.3]

Im Zug einer selbstkritischen Revision wird auch der begrenzte Wert großmaschiger Säkularisationstheorien zu sehen sein. Zwar läßt sich in deren Licht Wesentliches an den weltanschaulichen Wurzeln moderner Technik erkennen. Zielpunkt einer neuen Auseinandersetzung mit dem Wesen von Technik aber ist nicht ein rückblickendes Verstehen, sondern ein in die Zukunft gerichtetes Erarbeiten neuer, wegleitender Sinn- und Wertorientierungen. Dafür ist ein neuer Dialog zwischen Naturwissenschaftlern, Technikern und Ingenieuren einerseits, Vertretern der Theologie, Philosophie und Humanwissenschaften anderseits nötig. In brennenden Einzelfragen sozialethischer und -politischer Art ist dies bereits auf verschiedensten Ebenen der Fall: Es gibt zum Beispiel schon Ethikkommissionen in Betrieben und

Expertengruppen in Verbänden und politischen Gremien. Noch immer aber gehören derartige Ansätze in langfristig tragenden Grundfragen eher zur Ausnahme.

Im Rahmen solcher Dialoge wird es darum gehen, auf der Stufe einer hochtechnisierten Zivilisation und im Blick auf deren Möglichkeiten und Aporien nach der Bedeutung des ethischen „Prinzips Verantwortung" von Hans Jonas zu fragen. Darin spielen bereits heute Maximen eine Rolle wie: Technische Probleme sind lebensweltlich zu entscheidend, als daß sie nur technologisch bedacht und gelöst werden können; Nicht alles, was machbar erscheint, ist auch wünschbar; Lebensweltliche Langzeitinteressen haben im Bereich technischer Möglichkeiten Vorrang vor ökonomischen Kurzzeitinteressen; Maßstab heutiger Entscheide sind die noch ungeborenen Generationen. Eine christlich orientierte „Verantwortungsethik" wie bei Max Weber wird derartige Kriterien aus dem Verständnis von Natur als Schöpfung und damit als Eigentum Gottes bekräftigen. Humanes Arbeiten in und an der Schöpfung steht vor Gott in Verantwortung für das geschöpfliche Leben, an dem der Mensch selbst mitgeschöpflich teilhat[23]. [I-3.4; I-3.6; X]

Auf der Linie mitgeschöpflicher Verantwortlichkeit liegt die noch tiefergreifende Aufgabe, die weltanschaulichen Fundamente neuzeitlicher Technik aufzuarbeiten und sinngemäß neu zu bestimmen[24]. Die Bedeutung dieser Grundfrage wird etwa im Vergleich zwischen der Nutzung von Atomkraft und der Benützung eines Werkzeuges durch den Handwerker ersichtlich. Ein Hammer kann als Instrument zum Bauen und notfalls als Streithammer zum Töten verwendet werden. Der friedliche und erst recht der unfriedliche Gebrauch von Atomenergie aber zeigt, daß ein instrumentelles, zweckorientiertes Verständnis von Technik, so verbreitet es auch sein mag, darauf nicht angewandt werden kann. Eine derartige Innovation an sich ist nicht wertfrei, indem sie die Lebenswelt zutiefst verändert und qualitative Folgewirkungen erzeugt, die insgesamt noch immer nicht absehbar sind. Dasselbe ist von vergleichbaren technischen Umwälzungen zu sagen, zur Zeit besonders im Blick auf Gentechnologie und Digitalisierung. Christlicher Glaube wird solche revolutionären Entwicklungen nicht mehr einer technischen, zur Herrschaft neigenden Eigengesetzlichkeit überlassen können, sondern verstärkter als bisher auf die schöpfungsmäßige Dienlichkeit dringen. Im einzelnen mag die Anwendung dieses evolutiven Kriteriums strittig sein und bleiben. Dessen Anwendung etwa auf gentechnologische Chancen und Gefahren, in denen es um einen massiven Eingriff des Menschen in die evolutiven

Regeln geht, wird noch weiter zu präzisieren sein. An derartigen Risikopunkten ist unter anderem auch eine öffentliche Wissenschaftspolitik mit entsprechenden Kriterien ein dringliches Postulat. Die Aufgabe von Technik kann nicht das Verunstalten sein, sondern nur das verantwortliche Mitgestalten geschöpflichen Lebens auf der Erde als Biotop, als „Ort des Lebens".

Literaturnachweise

1 *Altner,* Günter: Die Überlebenskrise in der Gegenwart. Darmstadt 1987, S. 41 ff.
2 *Gogarten,* Friedrich: Verhängnis und Hoffnung der Neuzeit. Stuttgart 1958
3 *Bultmann,* Rudolf: Das Problem der Entmythologisierung der neutestamentlichen Verkündigung. München 1941
4 Vgl. 3, S. 14–16
5 *Blumenberg,* Hans: Arbeit am Mythos. Frankfurt a. M. 1979
6 *Fuchs-Strattmann,* Walter/*Przybylski,* Hartmut: Hilfe durch Bruder Computer? Kirchliche Verwaltung auf neuen Wegen. Bochum 1987
7 Kirchenkanzlei der Evangelischen Kirche in Deutschland (Hrsg.): Frieden wahren, fördern und erneuern. Gütersloh 1981; Menschengerechte Stadt. Aufforderung zur humanen und ökologischen Stadterneuerung. Gütersloh 1984; Landwirtschaft im Spannungsfeld. Zwischen Wachsen und Weichen. Ökologie und Ökonomie. Hunger und Überfluß. Gütersloh 1984; Die neuen Informations- und Kommunikationstechniken. Chancen, Gefahren. Aufgaben verantwortlicher Gestaltung. Gütersloh 1985
8 Evangelische Kirche von Westfalen: Schwerpunktthema der Landessynode 1986. Verantwortung für Gottes Schöpfung. Umweltzerstörung. Arbeitslosigkeit. Hunger in der dritten Welt. Rüstungseskalation. Bielefeld 1986
9 1. Mos. 2,15
10 1. Mos. 1,28
11 *Schweitzer,* Albert: Kultur und Ethik. München 1960
12 *Jungel,* Eberhard: Zum Wesen des Friedens. München 1983
13 *Harle,* Wilfried: Ausstieg aus der Kernenergie? Einstieg in die Verantwortung! Neukirchen-Vluyn 1986
14 *Schnubbe,* Otto (Hrsg.): Embryotransfer und Gentechnologie. Hannover 1986
15 *Kung,* Hans: Ewiges Leben? München 1982, S. 191 ff.
16 *Rich,* Artur: Wirtschaftsethik in theologischer Perspektive. Bd. 1. Gütersloh 1984
17 *Schliep,* Hans Joachim: Werkzeug und Denkzeug. Zur Ethik der Technik. Hannover 1986
18 Evangelische Akademikerschaft in Deutschland (Hrsg.): Fortschritt in die Barbarei? Wuppertaler Hefte Nr. 1–6. Stuttgart
19 *Altner,* Günter: Schöpfung am Abgrund. Neukirchen-Vluyn 1977; *Liedke,* Gerhard: Im Bauch des Fisches. Stuttgart 1979

20 Schlacht bei Harmagedon: Offenb. d. Joh. 16,16
21 new frontiers: stimulierendes Stichwort von Präsident John F. Kennedy 1961
22 *Heidegger*, Martin: Die Frage nach der Technik. Vorträge und Aufsätze I. Pfullingen 1954, S. 5–36
23 1. Mos. 3
24 *Neumaier*, Otto (Hrsg.): Wissen und Gewissen. Arbeiten zur Verantwortungsproblematik. Wien 1986

Rückblick: Entscheidende Begegnungen und Wandlungen von Glauben und Technik

Udo Krolzik

Das Verhältnis von christlichem Glauben und Technik ist im Verlauf unseres Jahrhunderts unterschiedlich beurteilt worden. Einerseits wurde den Christen Technikfeindlichkeit vorgeworfen. Für diese den Fortschritt hindernde Einstellung war die Bewertung der Eisenbahn als Teufelswerk der immer wieder angeführte Beweis. Andererseits wurde mit Beginn der siebziger Jahre die Technikbesessenheit der Christen für die Umweltkrise verantwortlich gemacht. Dabei soll der göttliche Auftrag an den Menschen nach Genesis 1,28 „Machet Euch die Erde untertan!" einen Eroberungs- und Bemächtigungswillen entfacht haben, der in der ungestümen technischen Entwicklung im Abendland deutlichen Ausdruck findet.

In diesem Beitrag soll herausgestellt werden, welche Faktoren die Begegnung von Glaube und Technik in den vergangenen zwei Jahrtausenden geprägt haben und welche Wandlungen zu beobachten sind. Von Begegnung sprechen wir, weil nicht einfach ein Kausalzusammenhang zwischen Glaube und Technik besteht, sondern beide sich wechselseitig beeinflussen. Im Mittelpunkt dieses Beitrags soll der Einfluß des Glaubens auf die Technik stehen. Die Beeinflussung des Glaubens durch die Technik wird nur gelegentlich vermerkt wie auch die jeweiligen gesellschaftlichen Rahmenbedingungen nur am Rande angesprochen werden können. Um das Typische herauszuarbeiten, soll die Fülle der Faktoren, die in den Begegnungen von Glaube und Technik wirkten, auf die drei grundlegenden Faktoren *des Zeit- und Geschichtsverständnisses, der Bewertung der Handarbeit und der Stellung des Menschen in der Natur* reduziert werden. Dabei ist es nicht möglich, diese Faktoren und ihre Wirkungen in der gesamten geschichtlichen Entwicklung darzustellen. Das Schwergewicht soll daher auf einige wichtige Phasen der Begegnung von Glaube und Technik gelegt werden.

Erste Phase: Technik dient der Lebenssicherung

In einer ersten Phase [1] sah der Glaube in der Technik Hilfsmittel zur Lebenssicherung. Der Glaube wirkte hier nur wenig anregend auf die Technik; die Arbeitsmethoden und -werkzeuge wurden über ein Mindestmaß hinaus nicht verbessert.

Bestimmend war die Auffassung von der Stellung des Menschen in der Natur, die von den Kirchenvätern auf zwei Weisen reflektiert wurde: zum einen als Hingeordnetsein der Schöpfung auf den Menschen als ihren König, also als anthropozentrische Teleologie, und zum anderen als ontologische Überlegenheit des Menschen, wie sie in seinem Verstand, der Sprache, der aufrechten Gestalt oder den Händen erkennbar ist. In diesem Zusammenhang wurde immer wieder auf Genesis 1,28 verwiesen, den Herrschaftsauftrag Gottes an den Menschen, also das Dominium terrae. Die Stellung des Menschen in der Natur erschien als ein Geschenk Gottes, der die ganze Natur zum Dienst für den Menschen eingerichtet und ihn für die Königsherrschaft speziell ausgerüstet hat. Zur Begründung dieser Position übernahmen die Kirchenväter die von Philon von Alexandria vorgetragenen Argumente der Stoa. Der Rückgriff auf die stoische Tradition hatte die Wirkung, daß den Christen der Spielraum des Unverwirklichten in der Natur genommen wurde. Für die Stoa war die Natur wesensmäßig vollständig; Natur und Sein waren kongruent. Deshalb konnte den Kulturleistungen des Menschen keine wesentliche Funktion zugeschrieben werden. In Übereinstimmung mit dieser Sicht hatte die Alte Kirche eine statische Auffassung von der Herrscherstellung des Menschen über die Natur: Der Mensch hat die Herrschaft erhalten und behalten, oder sie ist ihm – nach anderer Auffassung – nach dem Sündenfall endgültig weggenommen worden. Aus demselben Grund wurde Genesis 1,28 selten mit den Produkten menschlicher Kulturleistungen verbunden. Wenn sie überhaupt Erwähnung fanden, wurde ihre Entstehung in ganz frühe Zeiten verlegt.

Die statische Sicht der Natur und der Herrschaft des Menschen verhinderte zunächst, daß das Zeit- und Geschichtsverständnis der Christen auch auf die Natur bezogen wurde. In dem Leben Jesu und dem davon bestimmten Leben der Apostelgemeinde sah sich die Christenheit auf ihre Vollkommenheit und Herrschaft hin angesprochen. Aus dem Spannungsverhältnis zwischen Anspruch und tatsächlichem Leben entstand die ständige Bereitschaft der Christen zur renovatio. Während die östliche Patristik darin einfach die Rückkehr zum Ursprung sah, verstand die westliche Patristik seit Tertullian (160–220)

Das Kloster Doberan in Mecklenburg wurde 1230 gegrundet. Am Kelchschrank-Relief ist eine Grundforderung benediktinischer Lebensweise festgehalten: „Ora et labora", bete und arbeite.

darunter eine Erneuerung zum Besseren. Durch Christus kehrt der Mensch nun nicht bloß zum paradiesischen Urzustand zurück als renovatio in pristinum, sondern Christus wirkt eine renovatio in melius.

Erst am Ende dieser ersten Phase wurde diese Erneuerungsidee auch auf die Schöpfung bezogen. Deshalb konnte Augustinus (354–430) technische Errungenschaften in seinem ‚Gottesstaat' lobend erwähnen. Allerdings blieb ihre Beurteilung noch ambivalent aufgrund der antiken philosophischen Abwertung des Künstlichen gegenüber dem Natürlichen. Folglich waren einige technische Errungenschaften für Augustin überflüssig, ja gefährlich und verderblich. [I-1.2]

Die Abwertung des Künstlichen hing sicherlich auch mit den antiken Gesellschaftsverhältnissen zusammen. Die Natur wurde von Sklaven und Bauern bearbeitet, der freie Mann widmete sich der Schau der zum Gebrauch und Nutzen fertigen Natur. Arbeitsmethoden und -werkzeuge brauchten nicht wesentlich verbessert zu werden. [III-3.2; III-4.2]

Die soziale Abwertung der mechanischen Künste in der Antike war in der geringen Bewertung der körperlichen Arbeit begründet. Das Christentum und besonders das Mönchtum im Abendland maßen demgegenüber der Handarbeit einen hohen Wert bei. Das westliche Mönchtum war zwar vom östlichen beeinflußt, das die Handarbeit betont hatte. Während die Arbeit aber im Osten erst durch Schweigen und Meditation zu einer Art Gottesdienst geworden war, gewann sie im westlichen Mönchtum besonders unter dem Einfluß von Augustinus und Benedikt von Nursia (um 480–547) einen eigenen, von der Meditation unabhängigen Wert. Arbeit war nicht mehr einfach Strafe und Auswirkung des Sündenfalls; sie wurde jetzt mit dem Paradies und Gottes Auftrag an den Menschen verbunden, den Garten Eden „zu bebauen und bewahren"[2]. Damit wurde die Arbeit zur Mitwirkung des Menschen an der Schöpfung.

Es brauchte noch einige Zeit, bis sich diese Bewertung der Handarbeit durchsetzte und damit der Technik eine besondere Würde verlieh. Wie schwierig dies war, zeigt sich an der Auseinandersetzung Augustins mit einigen Mönchen in Nordafrika, die nicht arbeiten wollten, sondern forderten, daß die Christen, für die sie beteten, sie auch versorgen sollten.

Zweite Phase: Technik dient der Mitarbeit an der Schöpfung

Im 11./12. Jahrhundert gewannen die mechanischen Künste eine neue Würde, indem sie den Menschen bei seiner Mitarbeiterrolle[3] an der Vollendung der Schöpfung unterstützten. In dieser Phase regte der Glaube die technische Entwicklung enorm an, so daß es zu einer „ersten industriellen Revolution" kam.

Bestimmend war das damalige Zeit- und Geschichtsverständnis. Das Streben der westlichen Patristik und der Päpste seit Gregor VII. (1073–1085) nach einer renovatio in melius, also einer Erneuerung zum Besseren, erhielt eine radikale Wendung unter dem Einfluß Joachims von Floris (1132–1201), der den Heiligen Geist in einem ständigen progressiven Neuschaffen die Heilsgeschichte zur Vollendung treiben sah. Das Neue, Kommende war für ihn schon insgeheim am Werk, in dem sich einige auserwählte Männer und Frauen der Zukunft des Geistes öffneten und ihr Leben und ihre Umgebung entsprechend ordneten. Dieses Zeit- und Geschichtsverständnis legitimierte Innovationen nicht nur, es forderte sie sogar. Als im 12. Jahrhundert durch Joachim das eschatologische Wirken des Geistes in den Vordergrund trat, gewann das Wirken des Christen für die Verwirklichung der neuen Welt mitten in der alten eine außerordentliche Bedeutung. Dadurch blieb die christliche renovatio nicht nur renovatio in melius für den Christen und die christliche Gemeinschaft, sondern erfaßte als renovatio mundi die ganze Welt. [II-3.2]

Vor diesem Hintergrund ist es verständlich, daß Joachim die Protoypen des künftigen Zeitalters in den Zisterziensern sah. Dieser Orden hatte wie kein anderer im 12. Jahrhundert begonnen, die Welt zu verwandeln, nicht in politischer, sondern in technischer Hinsicht. Dadurch, daß Joachim das Kultivierungsprogramm der Zisterzienser mit dem geistgewirkten Prozeß zur Vollendung identifizierte, gewann die Arbeit eine eschatologische Würde. Es war eine Würde, die die Zisterzienser selbst schon der Arbeit beimaßen, denn sie betonten das Arbeitsethos und verstanden die Arbeit mit ihren mechanischen Hilfsmitteln als Mitwirkung an der Schöpfung. Der im Paradies an den Menschen ergangene Auftrag Gottes, den „Garten zu bebauen und bewahren", gab der Arbeit nicht nur eine paradiesische Würde, sondern setzte auch voraus, daß die Natur bei der Schöpfung noch unvollendet war, so daß der Mensch helfen konnte sie zu entwickeln und zu vollenden. Im Gegensatz zum Arbeitsethos des östlichen Mönchtums, das durchaus sinnlose, mühevolle Arbeit forderte – so wurden tagsüber geknüpfte Teppiche abends wieder aufgelöst –[4], verlangte das

Bau des Zisterzienserklosters Schönau (in der Nähe von Heidelberg) durch Mönche, nach einer Darstellung des 16. Jahrhunderts. Auffallend ist das Bemühen, auf technische Einzelheiten einzugehen und außerdem den organisatorischen Gesamtablauf darzustellen. Im Vordergrund überschreitet der Architekt oder Bauführer (mit Richtscheit und Winkel) den Bach, der – wie bei den Zisterziensern üblich – das Klostergelände durchquert.

Arbeitsethos des westlichen Mönchtums, daß die Arbeit gute Wirkungen haben solle. Mühselige Arbeiten, die so eintönig waren, daß sie eines Kindes Gottes unwürdig erschienen, wurden zur Entlastung und Erleichterung gern auf Maschinen übertragen. Wie sehr die Technik an der eschatologischen Würde der Arbeit teil hatte, zeigt sich darin, daß in der letzten Entwicklungsstufe, in dem „neuen Himmel und der neuen Erde", die nach dem Gericht verheißen sind, nach Auffassung des Zisterziensers Alanus ab Insulis (1120–1202) die mechanischen Künste der Natur eine göttliche Würde verleihen [5]. [II-3.2; V-3.1]

Auch die Stellung des Menschen in der Natur wurde in diesem Zeitraum dynamischer als bisher verstanden. Hugo von St. Viktor (1096–1141) sah, insoweit in der Tradition stehend, die ganze sichtbare Welt als um des Menschen willen geschaffen [6]. Er gebrauchte – soweit erkennbar – als erster die später bei Descartes (1596–1650) benutzte Doppelbezeichnung des Menschen als Herr und Besitzer (dominus et possessor) [7]. Abweichend von der Tradition betonte er die Fürsorge des Menschen für die Tiere [8]. Noch ein anderer christlicher Vorstellungszusammenhang führte dazu, daß dieses im Vergleich mit dem ersten Zeitraum durch die Fürsorge aktiver gestaltete dominium terrae weiter dynamisiert wurde: der Sündenfall. Konnte der Mensch nach Hugo vor dem Sündenfall aufgrund seiner Kenntnisse (scientia) das dominium terrae sinnvoll wahrnehmen, so mußte er nach dem Fall diese Kenntnisse erst wieder erringen. Dadurch wurde das dominium terrae teilweise zur Aufgabe; der Mensch mußte die ihm vor dem Sündenfall unmittelbar bekannten Möglichkeiten der Natur nun neu entdecken und kultivieren [9].

Die Dynamik dieses Zeitraums entsprach dem Aufbrechen und Öffnen der Gesellschaftsstruktur im 12. Jahrhundert durch die Armutsbewegung. Dadurch wurde insbesondere der christlich-griechische Kosmosgedanke, der in dem vorherigen Zeitraum bestimmend war, sowohl für die Gesellschaft als auch für die Natur infrage gestellt. [II-3.2]

Dritte Phase: Technik als Ausdruck der menschlichen Freiheit

Im Renaissance-Humanismus des 14./15. Jahrhunderts gewann der Mensch ein neues Selbstbewußtsein. Er verstand seine Stellung in der Natur in Analogie zur göttlichen Freiheit. Diese Freiheit befähigte den Menschen zum kühnen Entwurf einer neuen zweiten Schöpfung mit Hilfe der Technik.

Der Renaissance-Humanismus betonte die Stellung des Menschen in der Natur[10]. Es war vorherrschende Auffassung, daß der Mensch nicht mehr als Stellvertreter Gottes auf Erden herrscht und damit an Gottes Willen gebunden ist, sondern daß er wie Gott seine Herrschaft frei gestaltet. Der Mensch war danach auch nicht von der vorgegebenen Natur abhängig, sondern die Natur war offen für die Bearbeitung und Ausrichtung durch ihn. So sagte Marsilio Ficino (1433–1499): „Daher ist der Mensch, der im allgemeinen für alle Dinge, lebendige und leblose, vorsorgt, eine Art Gott. Sicher ist er der Gott der Tiere, denn er macht von ihnen allen Gebrauch, er beherrscht sie und unterrichtet viele von ihnen. Es ist auch klar, daß er der Gott der Elemente ist, denn er bewohnt und kultiviert sie alle. Endlich ist er der Gott aller Dinge, denn er handhabt, verändert und gestaltet sie alle . . . Deshalb ist die Macht des Menschen nahezu der göttlichen Natur gleich, denn der Mensch handelt in dieser Weise aus sich selbst heraus“[11]. [II-3.3]

In dieser Sicht kam die Würde des Menschen in der Fähigkeit zum Ausdruck, Neues zu schaffen. Leonardo da Vinci (1452–1519) rief dementsprechend aus: „O Erforscher der Dinge, rühme Dich nicht des Wissens um die Dinge, die die Natur in ihrem gewöhnlichen Lauf hervorbringt, sondern freue Dich, das Ziel und Ende derjenigen Dinge zu kennen, die von diesem Geist (des Menschen) entworfen sind!“[12] Damit besaß die Natur nicht mehr den eigenen Wert, der in früherer Zeit in ihrer selbständigen Bezogenheit auf den Schöpfer begründet war; sie wurde zum Arbeitsmaterial für eine vom menschlichen Geist entworfene zweite Natur. So begannen die Denker der Renaissance, kunstvolle Maschinen zu entwerfen. Die Menschen „sind technikbesessen gewesen bis zur Verzückung“[13]. Damit war die eschatologische Vollendung der Natur überführt in eine diesseitige Vollendung mit Hilfe der Technik. Zur gegenständlichen Verwirklichung der neuen Welt kam es allerdings nicht, weil die Handarbeit damals kein großes Ansehen genoß. Da der Zweck des Lebens hauptsächlich in der Kontemplation bestand, wurden die Entwürfe des Geistes nicht an die ausführende Hand vermittelt.

Die absolute Stellung des Menschen wurde in der Renaissance ansatzweise von den Renaissance-Fürsten wahrgenommen. Niccolò Machiavellis (1469–1527) „Fürst“ gestaltete die Gesellschaft gleichsam als ein „Polit-Ingenieur“, der nicht mehr Wahrer einer gottgewollten Ordnung, sondern ein souveräner und mächtiger Herrscher war, der die gesellschaftlichen Kräfte ausschließlich unter Nützlichkeitserwägungen steuerte[14]. Machiavelli verglich eine sich selbst überlassene Gesellschaft und die in ihr wirkende Kraft der Fortuna mit

Dieses Blatt aus Albrecht Durers „Marienleben" wird meist „Die Heilige Familie in Ägypten" genannt. Es zeigt Joseph und Maria als eine Art Wanderarbeiter vor einem unfertigen Bau. Joseph zimmert, Maria wirkt. Aus dem lateinischen Begleittext von Benediktus Chelidonius (1511) erkennt man, daß die Nurnberger Humanisten, mit denen Dürer zusammenarbeitete, Joseph als Bildhauer und Baumeister, als einen Daedalus bezeichneten – der antike Technik-Mythos wird also christlich sanktioniert, im Neuen Bund und unter dem Zeichen der Trinität bestatigt. Diese mythologische Anspielung wird mit Genauigkeit ausgeführt: Die Engelchen, die dem Daedalus helfen – sie sammeln die Hobelspäne auf –, kommen in einer heidnischen Quelle des 2. Jhs. vor, in den „Icones" des Philostratus.

den zerstörerischen Kräften eines Stromes, der, „wenn er wütend überschwillt, die Fluren überflutet, Bäume und Häuser niederreißt". Die Aufgabe des Fürsten war es, „Dämme und Deiche ⟨zu⟩ errichten, so daß die Fluten, wenn sie anschwellen, durch einen Kanal abgeleitet werden oder ihr Aufprall nicht so überwältigend und gefährlich ist"[15].

Vierte Phase: Technik als Hilfe gegen den natürlichen Verfall

Im 17. Jahrhundert setzte der Absolutismus das Programm der Renaissance um. Die Höfe prägten und ordneten zunehmend die Gesellschaft und darüber hinaus auch die Natur. Den Hintergrund bildete die Furcht vor den natürlichen Verfallsprozessen, die sich überall ankündigen, und denen sich der Fürst entgegenzustemmen hatte.

Es war die pessimistisch-konservative Anschauung vom allgemeinen Zerfall, vom Schlechterwerden der Welt als Folge des Sündenfalls, die das 17. Jahrhundert prägte. Diese an der Geschichte gemachten Beobachtungen wurden von entsprechenden Prozessen in der Natur bestätigt. Diesen Zusammenhang beschrieben zu Beginn des 17. Jahrhunderts Dichter wie John Donnes in „Anatomy of the World" (1611/1612) oder Theologen wie der Bischof von Gloucester, Godfrey Goodman, in „The Fall of Man" (1616). Vor allem war es Thomas Burnet, der dies in seinem Werk „Telluris Theoria Sacra" (1681/1688) im einzelnen aufzuweisen versuchte. Der Mensch konnte die vom Sündenfall betroffene Natur, die zur Ruine zu verfallen droht, nicht als Gabe Gottes wahrnehmen, die er nutzen kann. Die Natur war nur noch Aufgabe[16], zu deren Bewältigung der Mensch immer wieder eingreifen mußte, um den Verfall aufzuhalten und künstliche Nischen zu errichten, in denen er leben kann. Die verfallsgeschichtliche Sicht veränderte also auch das Verständnis des dominium terrae. In den Vordergrund trat die Sorge um das Überleben, die den Menschen trieb, die Herrschaft über die Natur wieder aufzurichten. Auch die viel zitierten Aussagen von Francis Bacon (1561–1626) und René Descartes (1586–1650) über das dominium terrae[17] gehören in diesen Zusammenhang. Medizin und mechanische Künste sollten helfen, den sich verschlechternden Zustand der Welt seit dem Sündenfall zu mildern. Entsprechend priesen die sogenannten „Maschinen-Bücher" des 17. Jahrhunderts immer wieder die Mechanica als Heilmittel des gefallenen Menschen und als Weg ins Paradies[18]. Ganz in diesem Sinne unterschied John Wilkins in seiner Abhandlung Mathematicall Magick (1648) zwischen den Künsten, die die Natur imitieren, denen, die ihr helfen, und denen, die sie unterwerfen und übertreffen, um dann festzustellen, daß die letzteren Künste die hervorragendsten sind, weil sie das höchste Ziel haben, nämlich den Fluch von der Arbeit zu nehmen und das dominium wieder herzustellen[19]. [I-1.2; V-4.1]

Die verfallsgeschichtliche Sicht forderte dazu heraus, in dem natürlichen Verfallsprozeß dauerhafte Strukturen zu errichten und damit die ursprüngliche Stellung des Menschen in der Natur wiederherzustellen. Der absolute Fürst nahm diese Herausforderung an und wirkte nicht nur den Verfallskräften in der Gesellschaft, sondern auch in der Natur entgegen. Entsprechend haben im 17. Jahrhundert die Höfe zunehmend außer der Gesellschaft auch die Natur geordnet und geprägt. Dadurch ist aus der Natur die „höfische Natur" in den Parks geworden. Das war möglich, weil man glaubte, daß Gott die Naturgesetze erlassen hat, wie der absolute Fürst die Landesgesetze. Deshalb setzte der absolute Fürst jetzt nur die ursprünglich von Gott erlassenen Gesetze wieder in Kraft, nachdem sie durch den Sündenfall ein zerstörerisches Gefälle bekommen hatten. Welche Bedeutung der absolute Fürst bei diesem Kampf den mechanischen Künste beimaß, bezeugt das Programm der Royal Society London (1663), das ausdrücklich diese nützlichen Künste zum ausschließlichen Gegenstand des Interesses macht. Derselbe Geist spricht auch aus Colberts Auftrag 1675 an die Wissenschaftler der Académie Royale des Sciences, alle Maschinen, die in Manufakturen betrieben werden, so zu beschreiben, daß sie von anderen Interessenten nachgebaut und eingesetzt werden können. [IX]

Fünfte Phase: Technik als Kultivierung der Natur[20]

Der verfallsgeschichtlichen Sicht des 17. Jahrhunderts setzte das 18. Jahrhundert die Vorstellung des Fortschritts entgegen. Die göttliche Fürsorge hat danach eine gute Welt nicht nur geschaffen, sondern erhält sie bis in die Gegenwart und gibt dem Menschen die Möglichkeit, die Welt zu vervollkommnen. Der Mensch muß dazu die offenen Möglichkeiten der Natur erschließen und mit Hilfe der Technik verwirklichen. Die Technik dient in diesem Rahmen der Kultivierung der Natur.

Nach wie vor herrschte die Auffassung, daß die Natur dem Nutzen des Menschen zu dienen bestimmt ist. Im Gegensatz zum vorherigen Zeitraum wurde betont, daß diese anthropozentrische Teleologie auch in der Gegenwart wirksam ist, so daß der Mensch mit allem versorgt

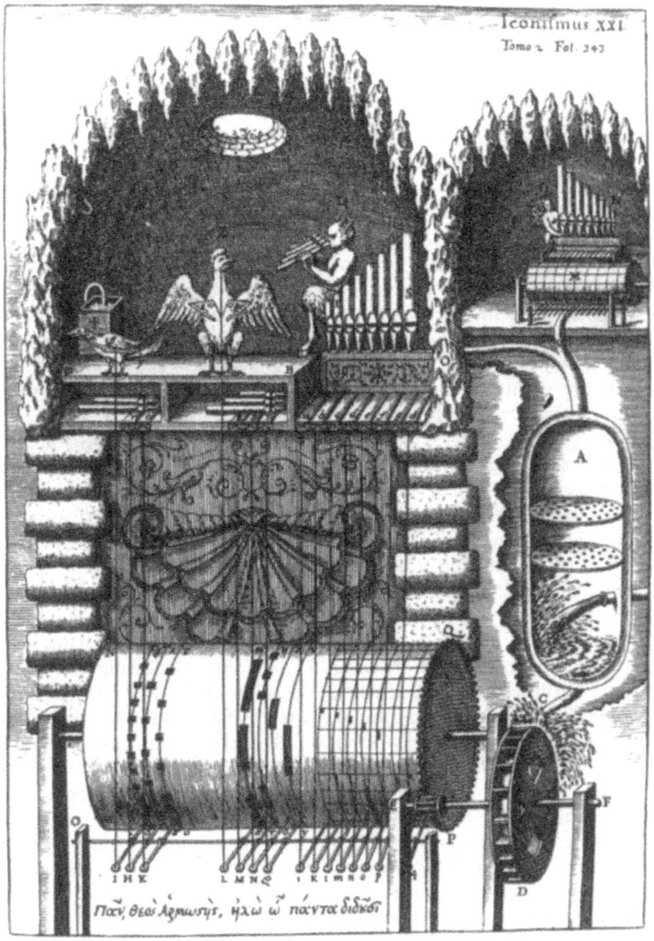

Dieser hydraulisch betriebene Automat um 1650, in den ein orgelähnliches Musikinstrument integriert ist, ahmt außerdem Vogelstimmen und -bewegungen nach, die an einer genau bestimmten Stelle des musikalischen Ablaufes einsetzen. Solche automatisch ablaufende Szenen haben manchmal mythologische oder christliche Thematik, werden bei höfischen oder kirchlichen Festen eingesetzt. Erst nach dem Barock sinken sie in die Sphäre des Kinderspielzeugs, des Jahrmarktes, des billigen Devotionalienhandels ab.
Die griechische Unterschrift dieser Bauanweisung kennzeichnet das Ganze als eine Grotte des Pan, also des Gottes des „Zusammenspiels" und – nach orphisch-platonischer Tradition – des Alls.

wird, was er zum Leben braucht, ohne es der Natur in einem fortwährenden Kampf abringen zu müssen. Aber dieser Nutzen für den Menschen war nicht der einzige Sinn der Naturteile, jedes Teil der Natur hatte zugleich seinen Sinn für das Ganze der Wirklichkeit.

Der Mensch wurde in Solidarität mit der Natur gesehen, weil er selbst ein Teil des Ganzen ist. Das Ganze der Natur aber strebte in dieser Anschauung nach Vollendung und war bis dahin offen für Bearbeitung. Weil es sich so verhält, hatte die Natur selbst Geschichte und der Mensch konnte diese Geschichte durch Arbeit an der Natur mitbestimmen. Diese Arbeit – auch mit Hilfe der Technik – wurde als Kultivierung verstanden und war göttliche Pflicht. Gott hat beispielsweise das Wasser so geschaffen, wie wir es vorfinden, und er hat gleichzeitig dem Menschen „den Witz" gegeben, daß er Flußläufe verlegen, Seen und Sümpfe trockenlegen, an den Küsten Land gewinnen, Kanäle und Häfen bauen, trockenes Land bewässern und Wassermaschinen entwerfen und bauen kann. Die Herrschaft des Menschen wandelte sich so zur Rolle des Mitwirkenden. Für die Vervollkommnung trug der Mensch Verantwortung gegenüber seinem Schöpfer.

Hier zeigt sich die bürgerliche Naturauffassung, in der der Mensch von der durch Gott bereitgestellten Fülle der Natur lebt und sich den natürlichen Prozessen einfügt und angleicht, Prozessen, die Ausdruck einer harmonisch sinnvollen Ordnung sind, die Gott geschaffen hat und noch erhält. Die Vorstellung von einer Ordnung, die in Gottes Handeln gründet, gibt dem, was „natürlich" genannt wird, besonderes Gewicht. Dabei wird das Natürliche betrachtet wie ein Kreislauf ohne Mittelpunkt. Paradebeispiel dafür ist der Wasserkreislauf. Alle Erscheinungen so umzuformen, daß sie in solche Kreisläufe hineinpassen, ist Aufgabe des Menschen, der damit zum Fortschritt beiträgt.

Der Kreislauf ohne Mittelpunkt, wie ihn die Natur im Wasserkreislauf darbietet, wird zur sicheren Grundlage der Behaglichkeit und des Reichtums des Bürgertums. Wie die Natur bedarf auch die bürgerliche Gesellschaft nicht mehr eines Mittelpunktes, etwa in der Gestalt des absoluten Fürsten. Alle sind gleich, und der Fürst ist als aufgeklärter Herrscher auch nur Funktionsträger im Kreise der Bürger seines Landes. Für den Absolutismuskritiker Montesquieu (1689–1755) nimmt der Reichtum zu, wenn die „Zirkulation" gesteigert wird[21]. In der weiteren Entwicklung zirkulieren außer dem Wasser, dem Blut, den Sternen und der Materie auch die Ideen, das Geld und die Arbeit.

Natur und Gesellschaft sind in dieser Sicht ein großer Mechanismus, den Gott geschaffen hat und erhält, den aber der Mensch für seine Bedürfnisse nutzen und zu seiner immer größeren Bequemlichkeit formen kann. Damit sind Natur und Technik nichts Entgegengesetztes, sondern Technik bringt das eigentliche Wesen der Natur zum Vorschein. Daß es nicht gleich zu größeren technischen Fortschritten kam, hängt wohl mit der Geringschätzung der Handarbeit zusammen. Noch Jean Le Rond d'Alembert (1717–1783) mußte in seiner Einleitung zur Enzyklopädie (1751) feststellen, daß die mechanischen Künste gering geschätzt wurden. Die Ursache sah er darin, daß die mechanischen Künste durch die „untere Klasse" ausgeführt wurden, die durch Armut gezwungen war, Handarbeit zu verrichten. Mag die Beschäftigung mit den „freien Künsten" schwieriger sein, die handwerkliche Produktion bringt nach d'Alembert der Gesellschaft jedenfalls „weit größeren Nutzen". Deshalb darf die menschliche Gesellschaft, „bei aller Verehrung für die großen Genies in Kunst und Wissenschaft doch nicht die Hände gering schätzen, die ihr dienen" [22].

Sechste Phase: Technik als Selbsterlösung und Vollendung des Menschen

Im 19./20. Jahrhundert sieht der wissenschaftliche und technologische Positivismus die Natur und die Gesellschaft als durch berechenbare Gesetzmäßigkeiten beschreibbar. Die Kenntnis der Gesetzmäßigkeiten und die technische Rekonstruktion ermöglichen es dem Menschen, sich von den irdischen Fesseln zu befreien und zur Vollendung zu gelangen. Die Maschinen und gesellschaftlichen Konstrukte sind die Werke, in denen der Mensch sich verewigt. Im 18. Jahrhundert hatte der Mensch zunehmend gelernt, die Natur und die Gesellschaft als einen Mechanismus zu verstehen, den er nutzen und gestalten kann. Im 19./20. Jahrhundert erlaubte die Verbindung von Naturwissenschaft und Technik die Realisierung der dadurch eröffneten Möglichkeiten. Diese Verbindung wurde erst möglich durch Aufwertung der Handarbeit und damit der mechanischen Künste am Ende des 18. Jahrhunderts. Es wurde davon ausgegangen, daß das dominium terrae nicht eigentlich verloren gegangen ist, sondern eine Verheißung bedeutet, die den Menschen zur Verwirklichung anspornt. Friedrich Schleiermacher (1768–1834) deutete in seinen Reden (1799) die menschliche Arbeit mit Hilfe von Wissenschaft und Technik als Selbstbefreiung des Menschen von der Natur zum geistigen Leben. „Das hoffen wir von der Vollendung der Wissenschaften und Künste, daß sie uns die toten Kräfte werden dienstbar machen, daß sie die körperliche Welt und alles von der geistigen, was sich regieren läßt, in einen Feenpalast verwandeln werde, wo der Gott der Erde nur ein

Zauberwort auszusprechen, nur eine Feder zu drücken braucht, wenn geschehen soll, was er gebeut"[23]. In seinen Grundlinien einer Kritik der bisherigen Sittenlehre erblickte Schleiermacher[24] das dominium terrae darin, daß der Mensch die Ideen in sich selbst und in der Natur darstellt und sich auf diesem Wege der Gottheit annähert, ihr ähnlich wird. Die Natur dient dabei der Selbstdarstellung des Geistes, das dominium terrae in seiner fortschreitenden Verwirklichung ist der Inhalt der Geschichte. Dieser Prozeß ist nicht an einem ursprünglichen Vollkommenheitszustand orientiert, sondern das anfänglich immer schon gegebene dominium terrae ist Bedingung für den fortschreitenden Prozeß seiner Vervollkommnung. Natur wird durch den Geist gebildet, Arbeit ist Vermenschlichung der Natur. Arbeit dient nicht der Selbsterhaltung, sondern der Selbstdarstellung, der Identitätsbildung. Damit sind die Natur und das dominium terrae aus ihrer Gottesbezogenheit gelöst; sie sind säkularisiert. [II-4.1]

Bei dieser Ausgangslage kann alle Selbstdarstellung des Menschen im Medium der Natur und seine Lösung von der Naturabhängigkeit als Ausdruck des dominium terrae und des Prozesses der Vervollkommnung verstanden werden. Genesis 1,28 wird so zur „magna charta" allen Kulturstrebens. Dabei werden immer wieder Naturwissenschaft und Technik als Mittel für diesen Prozeß genannt[25]. So kann 1903 der Techniker Rudolf Diesel mit religiöser Inbrunst die Selbsterlösung des Menschen predigen und die „wahre Menschheit" verkünden, indem er dem technischen Handeln analoges Verhalten im gesellschaftlichen Bereich fordert und verlangt, erkannte Gesetzmäßigkeiten zu rekonstruieren. Bis in die Gegenwart gibt es Tendenzen, der Technik eine religiöse Würde beizumessen, etwa wenn Politiker und Naturwissenschaftler die Gentechnik mit dem Hinweis auf Genesis 1,28 rechtfertigen und ihr die Möglichkeit zuschreiben, Fehlerhaftigkeit und Begrenztheit des Menschen zu beseitigen.

Literaturnachweise

1 *Krolzik,* Udo: Umweltkrise – Folge des Christentums? Stuttgart ²1980, S. 56f., S. 61–67, S. 70–76
2 1. Mos. 2,15
3 Vgl. 1, S. 58–61, S. 67–70, S. 76–80
4 Weisungen der Väter (Apophthegmata Patrum). Hrsg. v. Miller, B. Freiburg i. Br. 1965, S. 796

5 *Alanus ab Insulis:* De arte (sive de articulis) fidei catholica. 2.12. In: Migne, Jacque Paul: Patrologiae cursus completus. Series latina. Tom. 210. Paris 1855, S. 607–608
6 *Hugo von St. Viktor:* De Sacramentis christianae fidei. 1.2.1; 1.1.3. In: Migne (Vgl. 5). Tom. 176. Paris 1854, S. 173f.
7 Vgl. 6, 1.2.1
8 Vgl. 6, 1.6.13
9 *Krolzik,* Udo: Säkularisierung der Natur. Neukirchen-Vluyn 1988, S. 85f.
10 *Kristeller,* Paul Oskar: Humanismus und Renaissance (UTB 914). Bd. 1. München o.J., S. 181–194
11 *Ficino,* Marsilio: Theologia Platonica XIII, 3: In: Opera. Hrsg. v. Marcel, Ramond. Bd. 2. Paris 1964, S. 223–229
12 Zitat n. *Müller-Schwefe,* Hans Rudolf: Technik und Glaube. Göttingen/Mainz 1971, S. 95
13 *White,* Lynn jr.: Die mittelalterliche Technik und der Wandel der Gesellschaft. München 1968, S. 107; *Gille,* Bertrand: Ingenieure der Renaissance. Wien/Düsseldorf 1968
14 *Dilthey,* Wilhelm: Weltanschauungen und Analyse des Menschen seit Renaissance und Reformation. Göttingen 91970, S. 28ff.; *Stürner,* Wolfgang: Natur und Gesellschaft im Denken des Hoch- und Spätmittelalters. Stuttgart 1975, S. 164ff.
15 *Machiavelli,* Niccolò: Der Fürst. Hrsg. v. Merian-Genast, Ernst. Stuttgart 1967, S. 134ff.
16 *Böhme,* Hartmut/*Böhme,* Gernot: Das Andere der Vernunft. Frankfurt a.M. 1983, S. 32ff.; *Sieferle,* Rolf Peter: Höfische und bürgerliche Natur. In: Lübbe, Hermann/Ströker, Elisabeth (Hrsg.): Ökologische Probleme im kulturellen Wandel. Paderborn 1986, S. 93–99
17 Vgl. 9, S. 94–99
18 *Stocklein,* Ansgar: Leitbilder der Technik. Biblische Tradition und technischer Fortschritt. München 1969
19 *Wilkins,* John: Mathematicall Magick. In: Wilkins, John: Mathematical and philosophical works. London 1708, I. 1
20 Vgl. 9, S. 139–149
21 *Montesquieu,* Charles de Secondat: Persische Briefe. 117. Brief. Frankfurt a.M./Hamburg 1964, S. 210
22 *Alembert,* Jean Le Rond d': Einleitung zur französischen Enzyklopädie von 1751. Hrsg. v. Hirschberg, Eugen. Leipzig 1912, S. 39f.
23 Zitat nach *Aichelin,* Helmut/*Liedke,* Gerhard (Hrsg.): Naturwissenschaft und Theologie. Neukirchen-Vluyn 21974, S. 278
24 *Schleiermacher,* Friedrich: Sittenlehre. o. Ort. 21834, S. 178f.
25 *van der Pot,* Johan Hendrik Jacob: Die Bewertung des technischen Fortschritts. Bd. 2., Assen/Maastricht 1985, S. 499–524; *Hasler,* Ulli: Beherrschte Natur. Die Anpassung der Theologie an die bürgerliche Naturauffassung im 19. Jahrhundert. Frankfurt a.M. 1982, S. 42–58

AUSGEWÄHLTE ZEUGNISSE VON INGENIEUREN, NATURWISSENSCHAFTLERN UND PHILOSOPHEN

Einführung

Mohammed Rassem

Im folgenden Kapitel sollen Techniker und Naturwissenschaftler selbst sprechen, das heißt Zeugnis geben über ihre Einstellung zur Religion. Allerdings kann das nur in Form von kurzen Hinweisen und Zitaten geschehen. Es fehlt unseres Wissens an gründlichen biographischen und historischen Untersuchungen über das konfessionelle Milieu und religiöse Innenleben von Ingenieuren und für die Technik bedeutsamen Wissenschaftlern. In einem konfessionell gespaltenen Lande wie Deutschland, dessen Bevölkerung zusammengesetzt ist aus Katholiken, Protestanten (Lutheranern und Calvinisten), dazu kleineren Sekten, Juden, neuerdings Moslems und einer seit 200 Jahren ständig zunehmenden Zahl von konfessionell Indifferenten, von militanten Antiklerikalen, auch von Neuheiden, dazu heute sogenannten Neureligionen – in einem solchen Lande gibt es zwar erhebliche religiöse Spannungen, aber es liegt ein Schleier darüber. Die deutschen Konversationslexika schon des 19. Jahrhunderts verschweigen zumeist die Konfession oder Nicht-Konfession prominenter Personen, deren übrige „Daten" sie genau verzeichnen.

Es ist sehr wahrscheinlich, daß viele Techniker und Naturwissenschaftler an die Zweideutigkeit der modernen Allgemeinbildung und ihrer philosophischen Grundlagen angepaßt waren. Sieht man von einigen Ausnahmen wie Gottfried Wilhelm von Leibniz (1646–1716) oder Franz von Baader (1765–1841) ab, so ist die deutsche, die westeuropäische Philosophie gewissermaßen religiöses Niemandsland. So wie der Katholik Descartes weiß der Protestant Kant selber nicht so recht, ob er nun seinen Väterglauben retten oder destruieren will.

In der 2. Hälfte des 19. Jahrhunderts kam es allerdings häufig zu einer plumpen Radikalisierung dieser klassischen Philosophie in Gestalt eines religionsfeindlichen Materialismus und Biologismus. Es mag sein, daß manche Techniker diesen neuen popularphilosophischen Ideologien zuneigten und noch zuneigen – aber es ist voreilig anzunehmen, daß derjenige, der beruflich mit Mechanik und mit „Materie" zu tun hat, jedenfalls Materialist im ethischen oder religiösen Sinne sein müsse. In vielen Fällen wird bei der Berufswahl kein materialistischer Progressismus, sondern die unverschüttete Tradition

Zum Titelblatt: „Das Geheimnis" von Auguste Rodin. Eine ähnliche Arbeit dieses Künstlers trägt den Titel „Die Kathedrale". Es wird versucht, einen religiösen Urgestus des Menschen zu erfassen. Es handelt sich dabei nicht um „Vorstudien" zu größeren Werken. Rodin gehört zu den ersten modernen Bildhauern, die dem Fragment einen künstlerischen und geistig-religiösen Eigenwert verliehen.

christlicher Familien bestimmend gewesen sein, daß man sich praktischen Aufgaben, daß man sich der Arbeitswelt stellen müsse.

Die schroff religionsfeindliche Haltung, die naive Fortschrittsgläubigkeit, die „mechanistische" Einstellung – das alles hat im Laufe des 20. Jahrhunderts an Unbefangenheit und Überzeugungskraft verloren. Man spricht von einer Umkehr. In den drei Beiträgen des folgenden Kapitels, besonders im dritten, wird allerdings deutlich, daß Techniker und Naturwissenschaftler die Rückkehr zur Religion nicht als eine reumütige Heimkehr zu alten Konfessionen verstehen, sondern als Umbildung des religiösen Erlebens der Menschheit, als Erreichen einer neuen Ebene. Auf dieser Ebene sollen sich zwei Naturanschauungen versöhnen: Einerseits die mechanistisch-analytische, die „Folterung" der seelenlosen Natur im Experiment und ihre Dienstbarmachung, gemäß Bacon und Descartes. Andrerseits die organisch-ganzheitliche Naturreligion, wie wir sie von Goethe und von den Romantikern kennen.

Der junge Goethe übernahm von Friedrich Christoph Oetinger (1702–1782) und anderen Pietisten den Grundbegriff „Geist-Natur" und viele andere Gedanken aus der „mystischen" Unterströmung des Protestantismus des 17./18. Jahrhunderts, samt dem Interesse für Alchemie. Wie Leibniz, der eine Erdgeschichte entworfen hatte, befaßte er sich mit Geologie und Bergbautechnik, zudem mit dem Evolutionsproblem – von ihm vorsichtiger als „Metamorphose" oder „Morphologie", Gestaltlehre bezeichnet. Es kam indessen zu keiner Synthese mit der anderen, newtonschen Linie der Naturwissenschaft, gegen die Goethe heftig polemisierte. Im Gegensatz zu Leibniz fand er auch keinen Zugang zur Mathematik. Wie aus „Faust" I und II zu ersehen, machte er es sich mit seiner Weltsicht nicht leicht: Luzifer (Mephistopheles) hat einen großen Part, wie in der christlichen Esoterik jener Zeit nicht selten. Und am Ende ist das tüchtige Pionierwerk Fausts und Luzifers nur Illusion, die klirrenden Spaten graben ein Grab, keinen Deich.

Blicken wir in den dritten Aufsatz des folgenden Kapitels, so hat sich der Ansatz der Goethezeit in gewisser Hinsicht erhalten: Überkonfessionalität; Aufnahme mystischer, neuplatonischer, apokrypher Naturphilosophie; Bekenntnis zur kulturell-technischen Aktivität, deren Errungenschaften nicht negiert, sondern nur bereinigt und ins Ganze des Lebens integriert werden sollen.

Die Diskussion ist nach anderthalb Jahrhunderten allerdings vielfältiger und schwieriger geworden. Die Tradition ist besser erschlossen, ist aber auch uferlos breit, unter anderem werden fernöstliche Texte mit christlichen Ideen verglichen. Technik und Genetik, im „Faust" ein mythischer Traum, ist nun überwältigende Wirklichkeit und zu bewältigende Zukunft. Zu Faustens Teufelsbund bekennt sich kaum jemand mit Goethes volkshaftem Humor; die zunehmende Angst der Techniker verbirgt sich meist hinter dem Stolz auf das Erreichte, auf die geistige Leistung der Epoche. Die Theoreme der modernen Physik werden als neues „Weltbild" verstanden, nicht nur als Hilfsmittel, um praktische Effekte wie die Kernspaltung zu bewirken. Bei den Biologen ist die Geist-Natur und die Metamorphose der Lebewesen inzwischen zu einer dogmatisch auftretenden „Evolutionstheorie" geworden, die alles einbeziehen will, sogar die Technikgeschichte: sie nimmt den Charakter einer wissenschaftlichen Religion an, Konkurrenz der alten Theologie der Schöpfung. Die Evolution ist etwas wie der Demiurg der Manichäer, eine „working deity, distinct from the high God" (Christopher Derrick) und die Pointe dieser Naturgeschichtsphilosophie ist heute, daß der Mensch selbst an die Stelle der Demiurgin treten möchte.

Ob das enorm verbesserte und kontrollierbare Wissen der heutigen Physiker über Demokrits „Atome" und was die Welt im Innersten zusammenhält, ob ihr gigantisches Hypothesengebäude über die Weltentstehung – es enthält Vorstellungen wie den „Urknall", die man aus dem Munde eines Indianers oder Negers wohlwollend als Mythologie verstehen würde –, ob die evolutionistische Erklärung der Menschwerdung vermittels fossiler Skelettbruchstücke aus fernster Vor-Zeit – ob dies alles zu einem neuen Glauben zusammengeschmiedet werden kann, der alle Völker und alle kritischen Köpfe befriedigt, wer vermöchte das zu sagen? In jedem Falle begrüßt man dankbar jede Anstrengung, das moderne Wissen über den Weltbau und über technische Machbarkeiten einzubinden in eine alt-neue Lehre von menschlicher Ganzheit und Spiritualität.

Einstellung von Ingenieuren und Technikern zur Religion

Walter Botsch

„Nun sag, wie hast du's mit der Religion?" In der berühmten Gretchenfrage möchte Goethes Margarete erkunden, wie Faust zur traditionellen Religion steht, ob er glaubt und die Sakramente ehrt. Die Antwort ist für Gretchen wenig befriedigend, Faust weicht aus, er wird philosophisch, spricht „in seiner Sprache".

Die entsprechende Frage, an Techniker und Ingenieure des 19. und beginnenden 20. Jahrhunderts gestellt, bleibt häufig ganz ohne Antwort. Nur selten haben die in der Technik Beschäftigten zu Fragen der Religion öffentlich Stellung genommen. Daher ist es schwierig, herauszufinden, wie sie zur Kirche, zum christlichen Glauben, zu Gott stehen. Aussagen dazu stehen im allgemeinen nur in persönlichen Briefen, in Gesprächsnotizen oder Tagebuchaufzeichnungen. Diese Zurückhaltung ist verständlich, schließlich sind Naturwissenschaftler und Techniker gewöhnt, anfallende Probleme rational anzugehen und sie erst dann als gelöst zu veröffentlichen, wenn Ursache und Wirkung erklärbar sind. So antwortete Edward Teller, an der Entwicklung von Atom- und Wasserstoffbombe mitbeteiligter Physiker, auf die Frage, warum er nicht gerne über Religion spreche: „Das ist eine Privatsache. Als Wissenschaftler sollte ich nicht über Dinge reden, von denen ich weiß, daß ich sie nicht verstehe" [1]. Ähnlich drückt sich der bekannte Dampfpflug-Techniker und Schriftsteller Max Eyth in seinem Tagebuch aus: „Mit Gott. Warum will mir das nicht aus der Feder, auch in den eigensten intimen Äußerungen? Es ist nicht so sehr die Scheu und Schüchternheit vor jeder Äußerung des innersten Gefühls, als das Bewußtsein der inneren Unsicherheit" [2].

Techniker im Gegensatz zur kirchlichen Tradition

Für die Menschen des Mittelalters gab es die von Max Eyth angesprochene Unsicherheit nicht. Ihr Leben war vom christlichen Glauben geprägt, die Religion gab Antworten auf alle anfallenden Fragen und

Max Eyth (1836–1906).

Probleme. Erst mit dem Aufkommen einer von der Kirche unabhängigen Wissenschaft kam es im Zeitalter der Aufklärung zum Zerfall des einheitlichen Denkens. Oft standen sich nun Naturwissenschaft und Kirche ablehnend, ja sogar feindselig gegenüber, jeder auf sein eigenes Weltbild pochend. Einen Höhepunkt erreichte dieses Gegeneinander im 19. Jahrhundert mit dem Aufkommen der modernen Technik. In der Anwendung naturwissenschaftlich gewonnener Erkenntnisse schienen technische Erfolge die Gleichwertigkeit, ja Überlegenheit des naturwissenschaftlich-technischen Denkens zu beweisen. Friedrich Dessauer (1881–1963), Röntgen- und Hochspannungstechniker, der durch zahlreiche Erfindungen maßgeblich an der Weiterentwicklung der Röntgenapparate beteiligt war, drückt das als ‚Philosoph der Technik' sehr deutlich aus: „Jeder Umschwung der Räder, jeder treibende Dampfstrahl, jegliches neue technische Geschehen bewies in jedem Augenblick seines Wirkens unwiderleglich: Die neue Methode, das induktive Verfahren, lieferte die Wahrheit. Sonst hätte sich nicht in jeder Einzelheit bewährt, was darauf technisch aufgebaut wurde"[3]. [II-4.5]

Aber nicht nur das theoretische Denken ließ sich durch technische Erfolge bestätigen, Technik und Produkte der Technik wurden auch immer mehr gebraucht. Im Verlauf des 19. Jahrhunderts zeigte sich deutlich, daß von der Wissenschaft, von Technik und Maschinen der Fortschritt abhängt, der wiederum den Menschen Besserung ihrer Lebensumstände versprach. Technik und technische Produkte drangen in alle Lebensbereiche ein. Der Techniker, derjenige, der das alles in Gang gesetzt hatte und in Gang hielt, wurde zur gefragten, zur unentbehrlichen Person. Er wußte das, er wußte, daß er Anderen etwas bedeuten mußte, daß Andere auf ihn angewiesen waren. Die Menschen der Technik wurden selbstbewußt. Andererseits drang eine ‚technische Kultur' weder in das Bewußtsein der Philosophen noch der sogenannten Gebildeten oder gar der Theologen ein. Ganz im Gegenteil: Technik erschien ihnen eher als Spuk und Teufelswerk. Kein Wunder, wenn sich der auch noch sozial benachteiligte Techniker von den philosophischen und theologischen Richtungen jener ‚Gebildeten' abwandte. Unverhältnismäßig viele Angehörige technischer Berufe, so wurde um die Wende zum 20. Jahrhundert geklagt, seien glaubenslos.

Wenn Friedrich Dessauer vom Techniker sagt: „. . . Er hört, daß es Gott gebe. Aber die von ihm sprechen, leben anderswo als er . . . In seinem Schacht, am Dampfkessel, an der Drehbank und im Zeichensaal hat ihm keiner Gott gezeigt – noch Gottes Heilige; und die Worte

Der erste internationale

Monisten-Kongreß

in Hamburg vom 8.–11. September 1911

Unter Mitwirkung von

Wilhelm Ostwald und **Carl Rieß**

herausgegeben
im Auftrage des Vorstandes des Deutschen Monisten-Bundes von

Wilhelm Bloßfeldt

Am Schluß dieses Kongresses sprach Wilhelm Ostwald folgende Abschiedsworte: „Und nun bleibt mir nur noch eine Amtshandlung zu verrichten übrig: Ich schließe den ersten Monistenkongreß und eröffne das monistische Jahrhundert.“

der Predigt und ihre Bilder spiegeln sich nicht in der Montagehalle oder Kesselschmiede“ [4], dann will er damit andeuten, daß die Vetreter der christlichen Kirchen nicht imstande waren, mit den Männern der Praxis zum Dialog zu kommen. Nach Meinung Dessauers sprachen weder die Theologen noch die von ihnen vertretene Lehre den technisch Interessierten an. So wurden viele Techniker und Ingenieure religiös gleichgültig, lehnten die offizielle Religion ab oder schlossen sich den Freidenkern, dem Materialismus, den Atheisten oder ähnlichen Richtungen an. Einen Höhepunkt dieser Entwicklung bildete 1906 die Gründung des Monistenbundes durch den Biologen Ernst Haeckel (1834–1919). Unter der Leitung des Physikochemikers Wilhelm Ostwald (1853–1932) fand 1911 der erste – und auch letzte – Internationale Monistenkongreß statt, an dem laut Teilnehmerliste Techniker und Fabrikanten mit etwa 45 Teilnehmern die zweitgrößte Gruppe bildeten. ‚Der Monismus‘, so stellt der offizielle Kongreß-Bericht fest, „kennt keine außer- oder überweltlichen Wesen oder Kräfte, die wirklich in die Vorgänge der Natur oder des menschlichen Lebens eingreifen könnten. Der Monismus sieht deshalb auch in den Religionen nicht übernatürliche Offenbarungen, sondern wandelbare Erzeugnisse des Gefühls- und Geisteslebens der verschiedenen Völker in den verschiedenen Zeiten"[5].

Die Abkehr von Kirche und christlicher Religion drückt sich besonders kraß in den Worten von Thomas Alva Edison (1847–1931) aus, dem bekannten amerikanischen Erfinder der ersten brauchbaren Glühbirne, des Mikrofons und vieler anderer technischer Geräte und Apparate: „Ich habe nie den geringsten Beweis für die religiösen Theorien von Himmel und Hölle, für ein zukünftiges Leben des Menschen oder für einen persönlichen Gott gefunden." Oder, ein andermal: „Beweise, Beweise! Die habe ich immer gesucht. Ich kenne die Seele nicht, ich kenne den Geist. Wenn es wirklich eine Seele geben sollte, so bin ich ihr in meinen Untersuchungen nicht begegnet. Aber ich habe wiederholt Beweise für den Geist gefunden. Ich glaube nicht an den Gott der Theologen"[6]. Bei einem solch ausgeprägten Agnostiker, der nur sinnliche Wahrnehmungen als gültig anerkannte, kommt auch das seinerzeit heftig umstrittene Bekenntnis nicht überraschend: „Der Begriff Gott ist eine Abstraktion" und schließlich „Ein persönlicher Gott bedeutet mir gar nichts"[7].

Auch in Europa und in Deutschland gab es eine Reihe sehr bekannter Techniker und Erfinder, die der Kirche und der traditionellen Religion den Rücken gekehrt hatten. Ernst Abbe (1840–1905), Philantrop und Physiker, bahnbrechend auf den Gebieten der Meßtechnik und der Mikroskopie, war als Freidenker aus der Kirche ausgetreten und lehnte sowohl bei seiner Hochzeit wie auch bei der Taufe seiner Kinder jedes kirchliche Zeremoniell strikt ab. Als seine Frau nach langen Auseinandersetzungen eine Konfirmation der Kinder durchgesetzt hatte, blieb er der Feier fern, ging auf Reisen und erkrankte schwer[8]. Robert Bosch (1861–1942), Gründer einer Werkstätte für Feinmechanik und Elektrotechnik, aus der später die Weltfirma wurde, hatte – als kleines, aber aufschlußreiches Zeichen am Rande – aus seinem ersten Hauptbuch die Umschlagseite mit der vorgedruckten Aufschrift „Mit Gott" entfernt. Als Freidenker trat auch er 1908 aus der Kirche aus. „Meine Religion gipfelt in einem Wahlspruch: Sei gerecht! Mein Gott ist die Menschheit, respektive das ganze Weltall. Beleidige ich in irgendeiner Beziehung einen meiner Mitmenschen, so sündige ich", schrieb er 1883 an seine Braut[9]. Rudolf Diesel (1858–1913), studierter Maschineningenieur und Erbauer der ersten Dieselmotore, entwickelte in seiner Schrift „Die natürliche Religion" Gedanken zu einem neuen Glauben: „. . . das Christentum hat

Ernst Abbe (1840–1905).

es nur bis zum theoretischen Gebot der Menschenliebe gebracht, aus Furcht vor Vergeltung, aus Hoffnung auf Belohnung nach dem Tode. Die natürliche Religion geht den entscheidenden Schritt zur werktätigen Menschenliebe, nicht aus Angst vor Strafe oder Hoffnung auf Belohnung, sondern aus der Erkenntnis, daß sie allein den Einzelnen durch das Glück der Gesamtheit glücklich machen kann" [10].

Werner von Siemens (1816–1892)

Auch Werner von Siemens (1816–1892) stand Kirche und christlichem Glauben kritisch gegenüber. Als er feststellte, daß seine Frau Mathilde unter seinen religiösen Anschauungen litt, schrieb er ihr von einer seiner vielen Reisen: „... Es hat mich tief ergriffen und bekümmert, zu sehen, daß Dein früheres kindliches Vertrauen auf Gott, der Glaube, der Dir Trost und Stärke in Trübsal brachte, dahin ist und nur bitteren Zweifeln und haltlosem Hoffen Platz gemacht hat ... wie glücklich würde ich sein, sähe ich Dich ganz glücklich und brauchte mich nicht mehr selbst anzuklagen, Dir das köstlichste und heiligste Gut, den inneren Frieden zerstört zu haben. Mit Absicht habe ich es gewiß nicht getan, ich habe im Gegenteil mit Betrübnis gesehen, daß meine Anschauungsweise unwillkürlich auf Dich zurückwirkte und Du mir in einer Richtung folgtest, mich vielleicht sogar darin überflügeltest, die Dir keine Befriedigung bringen konnte" [11]. Schließlich sei noch Alfred Nobel (1833–1896) erwähnt, der vielfache Erfinder auf dem Gebiet der chemischen Technik und Stifter der Nobelpreise. Er war Atheist.

Alfred Nobel hat aber auch gesehen, daß es ein Unterschied ist, ob die kritische Haltung gegenüber einem Glauben an Gott, gegenüber der christlichen Religion oder lediglich gegenüber der Amtskirche als Institution besteht. In einem Brief an den schwedischen Pastor und späteren Erzbischof Söderblom stellt Nobel fest: „Der Unterschied in unseren religiösen Ansichten liegt vielleicht mehr in der Form als in der Wirklichkeit. Beide stimmen wir darin überein, daß wir unserem Nachbarn das tun sollen, was wir wollen, daß er uns tue. ... Was aber meine religiösen Ansichten in der Theorie anbelangt, so gebe ich zu, daß sie vom allgemein begangenen Weg beträchtlich abweichen. Weil diese Probleme aber zu hoch für uns sind, weigere ich mich zu glauben, daß sie überhaupt durch den menschlichen Verstand gelöst werden können ... Der Mantel des Herrgotts ist nicht durchsichtig. Wenn einer trotzdem glaubt, hindurchsehen zu können, so liegt das an seiner Vorstellungskraft, die er als seine persönliche Meinung betrachten sollte" [12].

Das Schreiben zeigt uns zweierlei: Zum einen die kritische, lediglich der Vernunft folgende Auseinandersetzung mit der christlichen Lehre, zum anderen die Bedeutung, die einer religiösen Haltung beigemessen wird. Sie drückt sich in der Einstellung und dem Verhalten gegenüber den Mitmenschen aus. Viele der bekannten Techniker jener Zeit haben Christentum und die christlichen Kirchen abgelehnt, aber die meisten von ihnen erkannten eine göttliche Vorsehung an und haben im praktischen Leben den christlichen Regeln entsprechend gehandelt. Ganz ähnlich wie Nobel drückt sich auch der ältere Robert Bosch aus: „Für mich ist der Begriff Gott etwas so Großes, daß ich nicht glaube, daß es einen Menschen gibt, der mir sagen kann, was Gott ist" [13]. Im Blick auf das außerordentlich reiche gemeinnützige und soziale Wirken von Robert Bosch spricht Theodor Heuss von einem „Puritanertum ohne Religion" [14]. Ernst Abbe, der Freidenker, der das Christentum und seine Lehre zeitlebens ablehnte, fühlte sich „als Glied der unsichtbaren Kirche" [15]. Als solches handelte er tief religiös, als er 1891 seinen gesamten Besitz der von ihm gegründeten Carl-Zeiß-Stiftung zur Förderung der mathematisch-naturwissenschaftlichen Studien, der Volksbildung und zur Erfüllung sozialer Verpflichtungen gegenüber allen Mitarbeitern übereignete. So ist es nicht zu verwundern, wenn Abbes Witwe nach seinem Tod bekannte: „Ich bin stets Christin gewesen, aber was Christentum bedeutet, habe ich erst von meinem Mann gelernt" [16]. Und Theodor Heuss urteilt über Abbe ganz ähnlich wie über Robert Bosch: „. . . er stellte, vielleicht wäre er über eine solche Aussage selbst erstaunt, einen eminent protestantischen Typus dar; man hat ihn einmal einen rationalistischen Heiligen genannt" [17].

Der Zwiespalt zwischen Handeln und Glauben einerseits und dem Verhältnis zur christlichen Lehre und der offiziellen Kirche andererseits wird auch bei Werner von Siemens deutlich: „Auch ich habe bittere Kämpfe durchgemacht, ehe ich zu einem bestimmten Ruhepunkt gelangt bin, gleich entfernt von der Negierung stets waltender und lenkender Kraft Gottes, wie von den kindlichen Anschauungen unserer altehrwürdigen Religionslehre. Am Dasein Gottes können nur blasierte Toren zweifeln; er ist der Urgrund aller Dinge; die Materie, aus der unsere, den Sinnen faßliche Welt besteht" [18]. Wichtig erscheint den Praktikern der Technik immer wieder die praktische, die tatsächlich gelebte Seite des Christentums; so finden wir bei Diesel [19]: „Unser Zweck sollte nicht sein, durch Intoleranz und Äußerlichkeiten das zukünftige Glück der Menschen zu bessern, sondern wir sollen unseren Brüdern auf dieser Erde helfen, die Lage der Menschheit zu verbessern suchen und dem Elend nach Kräften abhelfen. Das scheint mir besser verstandene Religion als die, welche das Irdische vernachlässigt, um einer unbekannten Zukunft willen."

Techniker in der Tradition der christlichen Kirche

Im Chor der Techniker gab es auch immer Stimmen, die fest im Glauben und in der christlich-kirchlichen Tradition standen. Viele von ihnen haben sich dem Keplerbund angeschlossen, einer 1907 als Gegenbewegung zum Monistenbund gegründeten Vereinigung. Sie sollte ein auf naturwissenschaftlicher Grundlage ruhendes, aber religiös und ethisch bestimmtes Weltbild fördern. Um 1930 zählte der Keplerbund rund 3000 Mitglieder. Zum Philosophen einer Synthese von Technik und christlichem Glauben wurde insbesondere Friedrich Dessauer. Für ihn ist Technik und technisches Schaffen die Fortsetzung der Schöpfung Gottes: „Schöpfung neuer Qualitäten ist also Sinn der Technik. Durch sie ist die Erde mit allem ihrem Materie- und Energieaustausch nicht ein Fertiges, ein für allemal Gegebenes, sondern eine Schöpfung vollzieht sich täglich als eine Bereicherung des Vorgefundenen . . . In der Technik zieht der schöpferische Weltgeist, dem wir auch in den Naturgesetzen begegnen, durch den Menschen in das Material: Materie und Energie ein“ [20]. Diese Vereinigung von schöpferischem Weltgeist und Material, so stellt er an anderer Stelle fest „. . . vollzieht der Mensch der technischen Arbeit. An dem Altar dieser Verbindung ist er der Priester und hat ein heiliges Amt“ [21]. [I-1.3; I-2]

Max Eyth, der Dampfpflugkonstrukteur, mokiert sich in seinem Tagebuch über die Monistenbewegung seiner Zeit: „Haeckels Vorträge in Berlin zeigen in tragikomischer Weise, wie die höchste menschliche Kultur sich wieder an die niederste Kulturstufe anschließt. Als Beweis der Nichtexistenz Gottes, des Jenseits und der Seele führt er an, daß gewisse Südseeinsulaner von all dem keine Ahnung haben und ihre Toten liegen lassen, wie es die Tiere machen“ [22]. Beim Anblick der Stadt Jerusalem wähnt sich Max Eyth an „ einer Stelle, wo der arme, mißhandelte Pilger, der kühne Kreuzfahrer und der Reisende von heute in stiller Andacht aufatmen, und wo selbst der Zweifler aller Zeiten sich kaum erwehren kann, sein Jerusalem zu rufen“ [23].

Wenn wir anfangs festgestellt hatten, wie schwierig es ist, Aussagen von Technikern zu religiösen Fragen zu finden, so scheint diese Feststellung in besonderem Maße für diejenigen zu gelten, die im Christentum verankert blieben. Für sie war die kirchlich-christliche Haltung wohl so selbstverständlich, daß sie keine Notwendigkeit sahen, darüber zu reden oder zu schreiben. Die religiöse Einstellung ist sehr häufig nur aus der Lebensweise des Betreffenden, aus seinem persönlichen Verhalten zu erschließen. Als Beispiel sei Jacob Mayer (1813–

1875) genannt, der Erfinder eines neuen Stahlgußverfahrens und Gründer der Gießerei, die später zum Bochumer Verein wurde. Als er 1878 kinderlos starb, vermachte er sein gesamtes Vermögen der katholischen Kirche[24]. Oskar von Miller (1855–1934), studierter Eisenbahn- und Wasserbauingenieur und Gründer des Deutschen Museums in München, war regelmäßiger Kirchgänger. Als er vor einer Sitzung den Frühgottesdienst aufsuchen wollte, schickte er den für ihn bereitstehenden Fahrer wieder nach Hause: „Ich danke, lassen Sie den Wagen in die Garage fahren. Meinen Herrgott pflege ich zu Fuß aufzusuchen"[25]. Von Johann Conrad Fischer (1773–1854), dem gelernten Kupferschmied und ersten schweizerischen Eisengießer ist ein selbstverfaßtes Ostergedicht erhalten: „Unser Herr, der ist erstanden/Aus der dunklen Todesnacht/Und hat sich von ihren Banden/Siegreich, herrlich frei gemacht/Daß für unsere Schuld und Sünden; Wir durch ihn die Gnade finden"[26].

Louis Schwartzkopff (1825–1892), Maschinenbautechniker und Lokomotivbauer, legte 1869 in Berlin den Grundstein zu seiner neuen Maschinenfabrik und Eisengießerei. Dabei wurde eine von Schwartzkopff selbst entworfene Gründungsurkunde eingemauert, in der es unter anderem hieß: „Unter Gottes gnädigem Beistand lege ich heute im Beisein meiner ganzen Familie den Grundstein zu meiner neuen Fabrik. . . . Möge der Neubau, mit Gott begonnen, mit Gott zu Ende geführt, noch lange meiner Familie und allen treuen Helfern derselben Segen bringen . . ."[27]. Wie den meisten Technikern ging es auch Schwartzkopff vor allem um die praktische Nutzanwendung der christlichen Ideen. Zum Abschied aus dem Betrieb brachte er einen großen Teil seines Vermögens in die Schwartzkopff-Stiftung zur Fürsorge für Invalide, Witwen und Waisen ein. Schon zuvor hatte Schwartzkopff zusammen mit dem zuständigen Gemeindepfarrer ein Krankenhaus mit Diakonissenanstalt gegründet. Als Kuratoriumsvorsitzender sorgte er dabei unter anderem für die Anstellung eines anstaltseigenen Geistlichen.

Matthias Hohner (1833–1902), der sich als gelernter Uhrmacher auf die Herstellung von Mundharfen spezialisierte und Gründer einer weltbekannten Firma wurde, besuchte regelmäßig den Sonntagsgottesdienst um sofort anschließend „unter dem Eindruck gottesdienstlichen Fühlens und Denkens" die finanziellen Abrechnungen für seine heimarbeitenden Stückwerker vorzunehmen. Kein Wunder, wenn sein langjähriger Buchhalter später von ihm sagte, „er war ein streng religiöser Mann" und „. . . ein Streber des Fortschritts auf allen Gebieten der Volkswohlfahrt"[28]. Im Sinne der christlichen Lehre Gutes zu tun, dieser Grundgedanke kennzeichnet Reden und Handlungen vieler bedeutender Techniker in einer Zeit, in der Sozialverhalten und allgemeine Wohlfahrt durchaus nicht selbstverständlich waren.

Zweifel und Probleme für den Einzelnen

Die religiöse Einstellung der zitierten Techniker des 19. und des beginnenden 20. Jahrhunderts überstreicht ein weites Spektrum. Immer aber blieb die Grundlage der christlichen Ethik lebendig. Zum Problem wurde lediglich die aktuelle Kirchenlehre und die Arroganz mancher kirchlicher Lehrer gegenüber den Erkenntnissen von Naturwissenschaft und Technik. Richard Willstätter (1872–1942), der bekannte deutsche Chemiker und Nobelpreisträger drückt das zwiespältige Gefühl gegenüber Glaube und Kirche sehr deutlich aus, wenn er einerseits feststellt: „Mein Glaube ist der Glaube des Franziskus von Assisi, so, wie er in seinem Sonnengesang ausgedrückt ist, meinem liebsten Gebet: Herr Gott, ich preise Dich im Stillen, um Deiner Werke Pracht“ [29], wenn er andererseits aber kritisiert: „. . . wird es immer schwerer und schwerer, das zu verehren, in was die Beamten der Kirche, die Haushalter über die Geheimnisse Gottes, die Überlieferung von Jesus Christus umgemodelt haben“ [30]. Haushalter und kleinliche Kirchenbeamte waren es auch, die Wilhelm Exner (1840–1931), den verdienten Technik-Pädagogen der „verräterischen Auflehnung gegen die geistliche Obrigkeit“ bezichtigten. Als Lehrer an der Landesoberrealschule Krems hatte er sich gegen die Kontrolle seines Unterrichts in Maschinenlehre durch einen Kommissär des Erzbischofs gewehrt: „Selbst nach dem Zweck des Konkordats konnte ja eine Kontrolle des Lehrvorgangs in den technischen Fächern keinen Sinn haben“ [31].

Problematisch für Theologen ebenso wie für Naturwissenschaftler und Techniker war aber insbesondere die scheinbare Unmöglichkeit, christliche Lehre und christliches Weltbild mit den naturwissenschaftlich-technischen Erkenntnissen in Übereinstimmung zu bringen. Im Zeitalter des Materialismus schien vielen Praktikern die Frage wichtig, „ob den religiösen Vorstellungen etwas Wirkliches entspricht, denn der Techniker . . . wird abgeneigt allem Vagen, Unkontrollierbaren . . . Was wahr ist, was richtig gefolgert wurde, das muß sich doch erweisen, wie ein Werk aus einem guten Plan sich erweist“ [32]. So kam es immer wieder zu Versuchen, christliches Gedankengut über das eigene naturwissenschaftliche Weltbild zu erklären. Carl Anton Henschel (1780–1862), Dampfschiff- und Lokomotivbauer verband 1858 realistisch-kausale Betrachtungsweise der Natur mit dem Glauben an göttliches Walten: „Bläst der Sturmwind in den Staub, so hält man die Augen zu und glaubt alle Gesetzlichkeit mechanischer Bewegung aufgehoben; aber gerade hier inmitten dieser Revolution gehorcht jedes Stäubchen mit absoluter Pünktlichkeit den Gesetzen der Schwerkraft und Mechanik und reichte unser Fassungsvermögen hin, alle Umstände zu ermessen und zu erwägen, so ließe sich die Lagerstätte jedes Stäubchens mit Bestimmtheit berechnen. Aus diesem ausnahmslosen Walten der in der Einheit des Alls in Gott liegenden ewigen Naturgesetze erklärt sich der bei allen Natur-Produktionen so sichtbare Einklang und Zusammenhang als notwendige Folge ..." und an einer anderen Stelle finden sich die Worte: „Die Materie ist daher der Stoff zur Gestaltung des Alls, zur Verkörperung der Gottheit aus deren Schoß selbst entsprungen und folglich auch das würdige Baumaterial zum Thron dieser Majestät" [33].

Ferdinand de Lesseps (1805–1894), zwar selbst kein ausgebildeter Techniker, aber als Initiator und Organisator des Suezkanalbaus ausgiebig mit technischen Fragen befaßt, erinnert sich bei Terrainerkundungen an Bibelstellen und Bibelzitate: „Der biblischen Darstellung zufolge müssen die Israeliten die Senke zwischen den Bitterseen und dem Timsah-See am Abend bei niedrigem Wasserstand und im Schutze eines Sturms durchquert haben. Die langen Sanddünen, zwischen denen sie sich befanden, dürften im Mondlicht wie weißgetünchte Mauern gewirkt haben. Als die verfolgenden ägyptischen Soldaten das Tal gleichfalls durchqueren wollten, wurden sie von der Flut und dem Flugsand überrascht" [34].

Tiefgreifende Unterschiede in den Darstellungen der Wirklichkeit, aber auch kleine, oft rein äußerliche Ungereimtheiten der aktuellen kirchlichen Lehre ließen viele kritische Köpfe jener Zeit zweifeln. Schwierigkeiten gab es dadurch nicht nur für das Verhältnis zwischen der Kirche einerseits und Naturwissenschaft/Technik andererseits, häufig kam auch der Einzelne, der Zweifler, mit sich selbst nicht ins Reine. „Freilich unendlich viel glücklicher ist der, welcher der zernagenden Kritik, die nur zerstören und nicht neu gestalten kann, gar keinen Zugang zu dem Heiligtum seines Glaubens gestattet und mit kindlichem Vertrauen an ihm festhält, so wie sein kindlich-gläubiges Gemüt ihn aufgenommen hat. Doch unsere Wege zu demselben Ziele sind nach Gottes Willen verschieden, so wie seine Wege nicht die unsrigen und uns unbegreiflich sind." So schreibt Werner v. Siemens nach dem Tod seiner Frau an eine Freundin [35].

Genau dasselbe stellt, von der anderen Seite herkommend, Max Eyth fest: „Sollte ich mir nicht abgewöhnen, alle besseren und namentlich religiösen Gefühle ausdruckslos in mich hineinzudrücken? Ist es nicht Zeit, zu bekennen, wie viel ich ihnen verdanke? Wieviel Gutes mir Gott getan hat, der mir den Glauben an Ihn in die Tiefe der Seele legte?“ [36] Der Architekt Paul Bonatz (1877–1956) kommt zu einem ähnlichen Schluß wie Siemens: „Wir anderen werden mit dem Zwiespalt weiterleben müßen, dem Gott des Verstandes und dem des Herzens. Ist es so wichtig, daß wir eine Entscheidung treffen? Müssen wir alles auf einen Nenner bringen? Da wir doch keines sicher wissen, warum nicht jedem seine Stunde lassen, dem Verstand wie dem Herzen?“ [37] Auch dem schweizerischen Elektrotechniker Walter Boveri genügt die rein technische Seite des Lebens nicht. Der erfolgreiche Ingenieur und Firmengründer stellt am Ende seiner beruflichen Karriere fest: „Heute hat sich das Bild erweitert; was im praktischen Leben an Erfahrung gesammelt wurde, drängt dahin, einen Hintergrund zu finden, der allem Bemühen einen wahren Sinn verleiht“ [38].

Auf dem Weg zum Miteinander

Die vorliegenden Betrachtungen zum Thema Techniker und Religion gehen das Problem notgedrungen exemplarisch an, mit wenigen Ausnahmen beschränken sie sich auf deutschsprachige Techniker. Sicher wäre es interessant, Vergleiche mit entsprechenden Aussagen englischer oder französischer Ingenieure zu ziehen. Das aber würde den Rahmen dieses Aufsatzes sprengen. Exemplarisch sind die Betrachtungen auch in Bezug auf die Religionszugehörigkeiten. In allen Fällen geht es um das Verhältnis zur christlichen Religion. Naturwissenschaften und moderne Technik haben sich insbesondere dort entwickelt, wo der Boden durch ein christlich geprägtes Weltblild vorbereitet war. Andererseits dürften die relativ strengen Dogmen der christlichen Kirchen mit dazu beigetragen haben, daß es im Verhältnis zu Naturwissenschaft und Technik immer wieder Spannungen gab.

Schließlich ist das Bild des Technikers, so wie es an Hand der vorliegenden Zitate entsteht, noch aus einem weiteren Grund einseitig. Es zeigt im Wesentlichen nur den Erfinder, den allgemeinen bekannten Techniker und Ingenieur. Die vielen weniger bekannten Praktiker kommen nicht zu Wort, ihre Aussagen sind im allgemeinen nicht dokumentiert. Jedoch ist zu vermuten, daß auch sie das naturwissenschaftliche Weltbild des vergangenen Jahrhunderts kannten und akzeptierten. Sicher haben sie ähnlich kritisch gedacht wie die bekannteren Erfinder und dürften daher ebenfalls mit der kirchlichen Lehre in Konflikt gekommen sein. Heute sind diese Konflikte auch bei nicht naturwissenschaftlich-technisch Vorgebildeten vorprogrammiert. Das Weltbild der Naturwissenschaften und der Technik ist zum Allgemeingut geworden, wenn auch – darin liegt das Problem – in vereinfachter, oft trivialer Form. Die Gefahr, so drückt es Hanns Lilje aus, „ist da, wo Menschen von einem vielfach verkleinerten Format, als es die großen Erfinder haben, dennoch . . . den wirklichen oder nur angenommenen titanischen Trotz des großen technischen Genies nachahmen. Das ist . . . jene frevle, platte Sicherheit, die die eiserne Gestaltung der Welt durch die Technik für eine endgültige Sicherung hält, die nur Meter und Kilogramm, Eisen und Stahl, Dampfkraft und elektrische Strömungen als Wirklichkeiten gelten läßt und praktisch oder ausgesprochenermaßen Gott nicht nötig zu haben glaubt“[39].

In unserer Zeit hat sich die scharfe Frontstellung zwischen Naturwissenschaftlern und Technikern auf der einen sowie Theologen und Kirchenvertretern auf der anderen Seite weitgehend aufgelöst. Anders als im 19. und beginnenden 20. Jahrhundert sind dem Naturwissenschaftler die naturwissenschaftlich-technischen Gesetzmäßigkeiten keine ewig gesicherten Wahrheiten mehr. Er erkennt sie als Systeme von Hypothesen, die heute richtig, morgen vielleicht schon überholt erscheinen können. Die Theologen andererseits verzichten darauf, sich in naturwissenschaftlich-technische Probleme einzumischen. Vor diesem Hintergrund suchen viele Naturwissenschaftler und Techniker heute verstärkt nach dem Transzendenten, das hinter den materiellen Dingen steht. So gesehen wird aus dem Gegeneinander das Miteinander, das Max Planck in einem Vortrag über „Religion und Naturwissenschaften“ treffend beschrieben hat[40]: „So wenig sich Wissen und Können durch weltanschauliche Gesinnung ersetzen lassen, ebensowenig kann die rechte Einstellung zu den sittlichen Fragen aus rein verstandesmäßiger Erkenntnis gewonnen werden. Aber die beiden Wege divergieren nicht, sondern sie gehen einander parallel, und sie treffen sich in der fernen Unendlichkeit an dem nämlichen Ziel.“

Literaturnachweise

1 Interview. In: Frankfurter-Allgemeine Zeitung. Magazin 436. Frankfurt a. M. 1988, S. 36

2 *Reitz*, Adolf: Hinter Buch und Schreibtisch. Vergessene Tagebücher von Max Eyth. Ulm 1961, S. 146
3 *Dessauer*, Friedrich/*Hornstein*, Xavier v.: Seele im Bannkreis der Technik. Olten ^{2}1945, S. 128
4 Vgl. 3, S. 100
5 *Bloßfeld*, Wilhelm: Der erste internationale Monistenkongreß. Leipzig 1912, S. 5
6 *Josephson*, Mathew: Thomas Alva Edison. München 1959, S. 468
7 Vgl. 6, S. 467
8 *Auerbach*, Felix: Ernst Abbe. Leipzig 1922
9 *Heuss*, Theodor: Robert Bosch. Stuttgart 1946, S. 79
10 *Diesel*, Eugen: Diesel. Stuttgart ^{2}1953, S. 79
11 *Heintzenberg*, Friedrich (Hrsg.): Werner von Siemens. Briefe. Stuttgart ^{2}1953, S. 96, S. 98
12 Zitat nach *Bergengren*, Erik: Alfred Nobel. Stockholm 1960, S. 201
13 Vgl. 9, S. 542
14 Vgl. 9, S. 83
15 *Günter*, Norbert: Ernst Abbe. Stuttgart 1951, S. 63
16 *Auerbach*, Felix: Ernst Abbe. Sein Leben und Wirken. Leipzig 1919, S. 44
17 *Heuss*, Theodor: Deutsche Gestalten. Stuttgart 1947, S. 319
18 Vgl. 11, S. 97
19 Vgl. 10, S. 123
20 *Dessauer*, Friedrich: Leben, Natur und Religion. Bonn 1924, S. 130
21 Vgl. 20, S. 137
22 Vgl. 2, S. 92
23 *Eyth*, Max: Im Strom unserer Zeit. Frankfurt a.M. 1956, S. 152
24 Vgl. 17, S. 160
25 *Miller*, Walter von: Oskar von Miller. Nach eigenen Aufzeichnungen, Reden und Briefen. München 1982
26 *Schib*, Karl/*Gnade*, R.: Johann Conrad Fischer. Schaffhausen 1954, S. 222
27 *Beer*, Brigitte: Louis Schwartzkopff. Leipzig 1943, S. 104
28 *Lämmle*, August: Matthias Hohner. Stuttgart 1957, S. 77f.
29 *Willstätter*, Richard: Aus meinem Leben. Weinheim 1958, S. 395
30 Vgl. 29, S. 396
31 *Exner*, Wilhelm: Erlebnisse. Wien 1929, S. 29
32 Vgl. 3, S. 99
33 *Henschel*, Anton: Bemerkungen zum Thema ‚Der Geist in der Natur'. In: Festschrift für Carl Anton Henschel. Kassel 1984, S. 33
34 *Beatty*, Charles: Ferdinand de Lesseps, der Erbauer des Suezkanals. Bern 1957, S. 106
35 Vgl. 11, S. 202
36 Vgl. 2, S. 331
37 *Bonatz*, Paul: Leben und Bauen. Stuttgart 1950, S. 295
38 *Boveri*, Walter: Ein Weg im Wandel der Zeit. München 1964, S. 385
39 *Lilje*, Hanns: Das technische Zeitalter. Berlin ^{3}1932, S. 114
40 *Planck*, Max: Religion und Naturwissenschaft. In: Dürr, Hans Peter (Hrsg.): Physik und Transzendenz. Bern ^{4}1987, S. 39

Hinwendung, Ablehnung, Dialog

Hans Sachsse

Wir sind an das Neue allzu schnell gewöhnt. Man denke an die Verkehrstechnik, an die Gesundheitstechnik, an die Informations- und Energietechnik, an die unzähligen Einzelheiten und an die gewaltige Bürokratie. Jeder Schritt, den wir vor die Haustür setzen, jeder Anblick, der sich uns bietet, ist weitgehend technisch vermittelt. Unsere leiblichen Organe brauchen wir kaum noch unmittelbar, die Technik ist eine Verschärfung, Verfeinerung, Vervollkommnung unserer natürlichen Organe, zum Teil um viele Zehnerpotenzen. Das alles hat zu einem veränderten Weltbild geführt, und zwar zu einem Weltbild, das im Gegensatz zur Religion steht.

Technisch-konstruktives Weltverständnis im Gegensatz zum religiösen Glauben

Der Verursacher dieses Umschwunges ist René Descartes (1596–1650). Er warnt davor, sich mit der bisherigen Philosophie zu beschäftigen, da man dann nicht geeignet sei, eine neue Philosophie zu lernen [1]. „Die Regeln der Mechanik sind die gleichen wie die der Natur", schreibt er [2]. Mit seiner mechanischen Methode dringt er weit vor. Sie werde uns zu Herren und Besitzern der Natur machen. Auf diesem Wege werde es möglich sein, ein Mittel zu finden, die Menschen ganz allgemein weiser und geschickter zu machen [3]. Technik hat man schon seit altersher betrieben, aber Descartes kommen die großen Vorteile des Werkzeugs zu Bewußtsein, so daß er es systematisch verwendet, und er erkennt die Naturwissenschaften als den Lieferanten handwerklicher Hilfsmittel. [I-1.2]

Immanuel Kant (1724–1804) übernimmt den cartesischen Ansatz und vertieft ihn noch. Er versteht das Phänomen der Erkenntnis, das man bis dahin auch in einem religiösen Sinn als Teilhabe, als Erleuchtung, als Einsicht, als Geschenk aufgefaßt hat, der technischen Entwicklung gemäß als Konstruktion. Auf die Naturwissenschaft Bezug nehmend, schreibt er: „So ging allen Naturforschern ein Licht auf und sie begriffen, daß die Vernunft nur das einsieht, was sie selbst ihrem

Entwurfe hervorbringt"[4]. So wird das Denken selbst zur technischen Leistung. Dieses Konzept ist in der deutschen Philosophie kritisiert worden, etwa von Gottfried Wilhelm von Leibniz (1646–1716) und Arthur Schopenhauer (1799–1860), aber es hat sich im ganzen durchgesetzt. [I-1.2]

Die Wendung zum Handeln findet bei Johann Gottlieb Fichte (1762–1814) eine weitere Steigerung. „Das Ich setzt als bestimmt das Nicht-Ich"[5] schreibt er. Hier wird die ganze Welt zu einer Leistung des Vorstellungsvermögens, sie wird zum Erkenntnissubjekt „gesetzt". Fichte begeistert sich für die schöpferische Tätigkeit. „Der höhere Mensch – schreibt er – reißt gewaltig mit seinen Riesenarmen, was er ergreifen kann, aus dem Jahrbuche des Menschengeschlechtes heraus"[6].

Das idealistische Konzept, daß das Ich sich selbst und das Nicht-Ich hervorbringt, erfährt bei Georg Wilhelm Friedrich Hegel (1770–1831) eine weitere Steigerung in die Metaphysik. An die Stelle des Ich tritt die Idee vom absoluten Geist, vom Weltgeist. Die Welt, das Nicht-Ich, kommt durch die Entäußerung der Idee, durch die Entfremdung zustande. Damit tritt die Welt dem Geiste als ein eigener, aber fremd gewordener Bestandteil gegenüber. Alles, was es gibt, ist verlorenes Eigentum des Geistes, der seine Freiheit dadurch wiedergewinnt, daß er es sich im Begreifen zu eigen macht. [I-1.2]

Aus dem Werk Hegels entstand eine Gegenposition zu dem religiösen Glauben an Gott, der der Schöpfer der Welt ist: Karl Marx (1818–1883) hat das System von Hegel übernommen, aber neu interpretiert. Er hat den Hegelschen Begriff der Entfremdung in einer Weise gedeutet, daß unzählige Menschen ihre eigene Not darin wiedererkannt haben. An die Stelle der Idee, die alles schafft, setzt er die Arbeit der Menschen in der Fabrik, und so schreibt er: „Die Entäußerung des Arbeiters in seinem Produkt hat die Bedeutung, nicht nur daß seine Arbeit zu einem Gegenstand, zu einer äußeren Existenz wird, sondern daß sie außer ihm, unabhängig von ihm existiert und eine selbständige Macht ihm gegenüber wird, daß das Leben, das er dem Gegenstande verliehen hat, ihm feindlich und fremd gegenübertritt"[7].

Daraus folgt die sozialistische Idee, daß der Arbeiter, um seine Freiheit wiederzuerlangen, in den Besitz der Produktionsmittel kommen muß. Das ist Marx zufolge ein Geschichtsprozeß, und er betont ausdrücklich seine antireligiöse Einstellung. Die Einwände gegen diese Geschichtstheorie wollen wir an dieser Stelle nicht untersuchen, jedenfalls hat sich auch unabhängig von Marx weitgehend die Meinung durchgesetzt, daß es der Mensch ist, der seine Welt schafft. [I-1.3]

Diese technische Philosophie ist offenbar mit einem religiösen Weltverständnis unvereinbar: Gott als der Schöpfer und Lenker der Welt ist entbehrlich geworden, der Mensch hat sich an seine Stelle gesetzt. Das ist zu einer breiten Anschauung geworden, auch bei denjenigen, die keine philosophischen Bücher lesen. Die großen Leistungen der Naturwissenschaften und Technik verführen dazu, jene Wissenschaft zum Richter über alle Lebensfragen einzusetzen und mit technischen Maßnahmen auch außertechnische Probleme anzupacken. Wer Kummer hat, wird zum Arzt geschickt, und bei einer Ehekrise heißt es: „Sie ernähren sich falsch. Essen Sie mehr Gemüse und treiben Sie auch Sport". Es gab heftige Auseinandersetzungen zwischen dieser praktischen Philosophie und der religiösen Einstellung. – Eine allgemein andersartige Ausdrucksweise fällt auf, wenn man in Länder kommt, in denen die Religion noch eine nachhaltige Rolle spielt, wie etwa in Indien oder in Japan.

Verringerte Gegensätze – fortbestehende Distanz zwischen Technik und Religion

Im letzten Jahrhundert setzte eine umfassende Kritik an der rein technischen Weltbewältigung ein. Verschiedenartige Umstände haben hier mitgewirkt. Zunächst haben die Naturwissenschaftler festgestellt, daß die mechanistische Auffassung des Descartes nicht zutrifft. Es war nicht gelungen, im Rahmen dieses Konzeptes die elektrischen Phänomene, die ja nicht unmittelbar wahrnehmbar sind, und die mechanischen Phänomene aus einer einheitlichen Theorie zu erklären. Dieses Manko führte zu einer Revision der Erkenntnismethoden im Rahmen der Einsteinschen Relativitätstheorie und der Planckschen Quantentheorie. Man ist dabei sehr viel bescheidener bezüglich der Erkenntnis der Natur geworden. Erkannt wird nur das durch Beobachtung Begründbare, und dabei hat sich gezeigt, daß die beiden Grundbegriffe Materie und Energie gar nicht unmittelbar beobachtbar sind, sondern mathematisch, in Form einer gegensätzlichen, komplementären Weise umgeschrieben werden müssen.

Vor allem ist aber durch die strenge Forderung nach der Fundierung im Beobachtungsbereich die naturwissenschaftliche Erkenntnis auf das Reproduzierbare, auf das Konstante und Wiederholbare beschränkt, und das ist nur ein Teil der Wirklichkeit, den wir durch allgemeine Gesetze wiedergeben. Das je Besondere, das sich ständig verändert, ist naturwissenschaftlich nicht faßbar, und dazu gehört ein entscheidender Teil der Welt: das Denken, Wünschen und Wollen, die Wertschätzungen, die ganzen seelischen Funktionen, aber auch die Kern- und Wendepunkte der Geistesgeschichte. Man soll die naturwissenschaftliche Erkenntnis nicht gering schätzen, sie liefert uns wunderbare Werkzeuge zur Befriedigung unserer Wünsche, aber sie sagt uns eben nicht, was wir wollen und sollen.

Des weiteren hat sich im Laufe der Entwicklung die Distanz zwischen der technischen Lebenshaltung und der Religion vermindert, da sich gezeigt hat, daß keine Widersprüche vorliegen. Im Rahmen des Allgemeinen, wie es die Naturgesetze beschrieben, hat das Besondere noch viele Möglichkeiten, sich zu realisieren, die gar nicht vorauszusehen sind, weil ein Vergleichsmaßstab fehlt. Das ist der Gang des Schicksals, der unerkannt bleibt wie die Zukunft. Da führt keine wissenschaftliche Erkenntnis weiter, weil es für die Entwicklung des Besonderen kein allgemeines Gesetz gibt. Indem die Erkenntnisanalyse das Feld des Erkennbaren eingeschränkt hat, hat sie den Bereich für die Hoffnung und den Glauben neu eröffnet. Die im 19. Jahrhundert versuchten Beweise für die Vernunftwidrigkeit des religiösen Glaubens und für dessen Unvereinbarkeit mit dem naturwissenschaftlich-technischen Fortschritt sind hinfällig geworden.

Vergegenwärtigen wir uns diesen Entwicklungsgang noch einmal durch maßgebende Persönlichkeiten. Von der Darwinschen Entwicklungsidee ausgehend hat Ernst Haeckel (1834–1919) eine betont atheistische Weltanschauung, den Monismus, entworfen. „Das dogmatische Lehrgebäude – der traditionellen Religionen – ist im Laufe des neunzehnten Jahrhunderts haltlos zusammengebrochen“ [8]. Er vertritt die Auffassung, daß seine Philosophie die Welträtsel löst. 1911 fand in Hamburg der erste internationale Monistenkongreß statt. Zahlreiche Länder und Reformbewegungen beteiligten sich. Wilhelm Ostwald (1853–1932) hielt die Eröffnungsansprache, die mit den Worten endete: „Und nun bleibt mir nur noch eine Amtshandlung zu verrichten übrig: ich schließe den ersten Monistenkongreß und eröffne das monistische Jahrhundert“ [9]. Man hielt den religiösen Glauben für naturwissenschaftlich widerlegt und warf den Naturwissenschaftlern, die trotzdem sonntags noch in die Kirche gingen, innere Unehrlichkeit vor. Noch in jüngster Zeit hat sich Max Born (1882–1970) selbstquälerisch mit dem unheilbaren Gegensatz von Technik und Ethik auseinandergesetzt: „Die politischen und militärischen Schrecken, deren Zeuge ich während meines Lebens gewesen bin, sowie der vollständige Zusammenbruch der Ethik sind kein Symptom einer vorübergehenden Schwäche, sondern eine notwedige Folge wissenschaftlichen Aufstiegs

– der an sich eine der größten intellektuellen Leistungen der Menschheit ist"[10]. [II-5.1]

Aber in diesem Chor der Kritiker hat es durchaus Techniker gegeben, die sich für den Gottesglauben eingesetzt haben. Neben Friedrich Dessauer (1881–1963), der die Technik als Schöpfung Gottes in sein theoretisches Weltbild eingliedert, ist Bernhard Bavink (1879–1947) zu nennen, der 1913 eine umfassende Naturphilosophie entworfen hat.

Der neue Dialog zwischen Technik und Theologie

Die führenden Naturwissenschaftler waren beeindruckt von der Fülle und dem Reichtum ihrer Forschungsgergebnisse. Dabei stellte sich die Frage, was der unwahrscheinliche Reichtum und die geheimnisvolle Ordnung der Phänomene zu bedeuten haben. Aber das ist eine Frage, auf die die Naturwissenschaft keine Antwort mehr gibt, die Frage nach dem Sinn des Ganzen ist eine religiöse Frage. Führende Köpfe der Naturwissenschaft – wie Einstein, Planck, Born, Heisenberg – und technische Unternehmer – wie Siemens, Bosch – haben sich ihren intuitiven Einfällen anvertraut. Sie hatten verschiedene religiöse Überzeugungen, aber letztlich waren sie alle religiös denkende, man kann sagen „fromme" Menschen. Heisenberg erhielt in Anerkennung seines naturwissenschaftlich-religiösen Denkens den Guardinipreis, und in seiner Dankesansprache setzte er sich ausführlich mit dem Verhältnis von naturwissenschaftlicher und religiöser Wahrheit auseinander[11]. Hier ist der Dialog gesucht.

Solche Einsichten weniger, nachdenklicher Menschen brachten noch keinen Durchbruch zu einer neuen Lebenshaltung. In der öffentlichen Meinung, in der Wirtschaft, in der Politik herrschte nach wie vor die klassische Technikphilosophie, wie sie teils verdeckt, teils eindeutig Descartes, Kant und der Deutsche Idealismus einschließlich Marx vertreten haben. Andererseits zeigen die praktischen Erfahrungen, daß die autonome Selbstbestimmung des Menschen ohne religiöse Rückbindungen in eine gefährliche Entwicklung hineinführt: Bei den Rohstoffen zeichnet sich auf weitere Sicht Knappheit ab, die Umwelt wird in steigendem Maße durch den Abfall geschädigt, bezüglich der Energieversorgung hat sich ein Lager militanter Kernkraftgegner gebildet, die sozialen Umwälzungen durch die Informatik, insbesondere durch die Automatik sind unübersehbar. In dieser Situation richten sich viele Fragen – auch von Seiten der Techniker und der Politiker – an die Kirchen. Es ist sehr schwer, Probleme aus dem technischen Umfeld richtig zu sehen, wenn man nicht selbst Techniker ist. Deshalb nehmen die Kirchen zurückhaltend Stellung; zum Teil sind sie einseitig politisch engagiert. [I-3.6; II-4.3; II-4.4; VI; X]

Diese politische und ökologische Theologie bringt eine neue Dimension in die bisherige individualistische Ethik, bei der es dem einzelnen primär um seine persönliche ewige Seligkeit ging. Entscheidend hierfür war die gute Gesinnung. Heute aber erleben wir die Wende zu einer Verantwortung für das Gruppenhandeln. Der katholische Theologe und Kurienkardinal Joseph Ratzinger schreibt: ,,Wir müssen sagen, daß es das bloße Individuum, die Mensch-Monade der Renaissance, das bloße Cogito-ergo-sum-Wesen nicht gibt"[12]. [I-3.4]

Technik als Impuls zum Glauben

Wird die grundsätzliche Wende zum anderen möglich sein? Das Christentum hat das vor 2000 Jahren verlangt, aber es ist nicht genügend geschehen, weil es unbequem ist. Doch heute ist es die vitale Gefahr durch den technischen Fortschritt, die diese Besinnung verlangt; das ist wirksamer als Ermahnungen.

Es mag überraschen, daß es gerade die Technik ist, die durch die Gefährdung den Weg zum Dialog und darüber hinaus zum Glauben weist. Aber im Grunde ist es naheliegend. Die Technik ist ganz und gar auf Ergänzung und Zusammenarbeit angewiesen. Sie ist im Laufe der Entwicklung immer mehr dabei, große Gruppen von Menschen, Ländern und Kontinenten zu Einheiten zusammenzuschließen, nicht immer zu Einheiten der Gesinnung, aber zu Einheiten, auf die mindestens jeder äußerlich angewiesen ist. Das ist ein reizvoller, aber auch gefährlicher Prozeß. Wir brauchen auch die Technik für die Zukunft, um mit den Problemen der Welt fertig zu werden, in der beispielsweise die traditionelle Nahrungsmittelproduktion nicht ausreicht für das Bevölkerungswachstum. Aber wir müssen das Neue richtig eingliedern, so daß es zum Ganzen paßt, das heißt – religiös gesprochen – wir müssen im Einvernehmen mit Gott leben. Die Religion lehrt den Menschen trotz staunenswerter Erfolge den richtigen Weg der Bescheidenheit, sie lehrt das Dienen und das Helfen. Sie weist den Weg zum Glauben. Aber ihn findet nicht jeder, der Glaube ist eine Gnade. [I-4.2]

Literaturnachweise

1 *Descartes,* René: Prinzipien der Philosophie. Hrsg. v. Buchenau, Artur. Hamburg 1955, S. 37
2 Vgl. 1, S. 3
3 *Descartes,* René: Von der Methode. Hrsg. v. Buchenau, Artur. Hamburg 1960, S. 101
4 *Kant,* Immanuel: Kritik der reinen Vernunft. In: Werke. Hrsg. v. Weischedel, Wilhelm. Bd. 3. (stw 55). Frankfurt a. M. [10]1988, S. 23
5 *Fichte,* Johann Gottlieb: Grundlagen der gesamten Wissenschaftslehre. Hrsg. v. Diemer, Alwin (Philos. Bibliothek Bd. 246). Hamburg 1956, S. 229
6 *Erdmann,* Jochen Eduard: Der Deutsche Idealismus. In: Vorländer, Karl (Hrsg.): Geschichte der Philosophie. Bd. 6. Hamburg 1971, S. 171
7 *Marx,* Karl/*Engels,* Friedrich: Werke (MEW). Erg.Bd. Berlin 1959, S. 511, S. 512
8 *Haeckel,* Ernst: Die Welträtsel. Stuttgart 1899, S. 174
9 *Bloßfeld,* Wilhelm: Der erste internationale Monistenkongreß. Leipzig 1912
10 *Born,* Max: Erinnerungen und Gedanken eines Physikers. In: Universitas. Bd. 1. 1968, S. 276
11 *Heisenberg,* Werner: Rede bei der Entgegennahme des Guardinipreises. In: Frankfurter Allgemeine Zeitung, 24. 7. 1973
12 *Ratzinger,* Joseph: Einführung in das Christentum. München 1985, S. 201

Esoterisch-mystische Zugänge zur Technik

Kurt Dressler

Die Herausforderung durch den wissenschaftlichen und technischen Fortschritt

Die Kultur der westlichen Länder erfährt in der zweiten Hälfte des zwanzigsten Jahrhunderts eine Wachstums- und Veränderungsdynamik, die ohne Beispiel ist. Moderne Naturwissenschaft und Technik sind wesentlich mitverantworlich für diesen raschen Wandel: Die Ideen und Entwürfe von heute sind Bilder der Wirklichkeit von morgen. Mit Riesenschritten bewegen wir uns in Richtung auf eine totale Informationsgesellschaft: Alle rund um die Erde archivierte Information werden wir augenblicklich auf den häuslichen Bildschirm rufen können. Und schon heute wäre es technisch möglich, die gesamte Erdoberfläche durch radioaktive und chemische Verseuchung und nuklearen Winter für praktisch alle Lebensformen unbewohnbar zu machen; noch vor fünfzig Jahren wäre diese Schreckensutopie Science Fiction gewesen.

Dessen ungeachtet essen wir mit unvermindertem Appetit weiter von den Früchten des „Baums der Erkenntnis" und erfahren, was das Versprechen der Schlange bedeutet: „Wenn ihr von diesem Baum eßt, werdet ihr sein wie Gott!" [1] Denn, ob wir es wollen oder nicht, es kommt die Zeit und ist schon nah, wo uns das Wissen beschert sein wird, unsere Nachkommen genetisch total nach Wunsch zu gestalten. Die Frage stellen wir uns deshalb besser schon jetzt: Wenn wir diese „Erkenntnis" erlangt haben, was werden wir tun? Woran orientieren wir uns, wenn die naturwissenschaftliche Erkenntnis und die Resultate der technischen Entwicklung alleine nicht ausreichen, um die Orientierung zum rechten Umgang mit den neuen technischen Möglichkeiten vorzugeben? Ist nicht in dieser Situation die Suche nach der Wahrheit, von der unsere Existenz getragen ist, dringlicher denn je, damit unser technisches Tun dieser Wahrheit untergeordnet werden kann? Bedarf es noch weiterer wissenschaftlicher und technischer Schockwirkungen, um die jahrtausendealte Erkenntnis heimzutreiben, daß die Orientierung immer nur die gleiche sein kann? Nämlich eine

Orientierung auf diejenigen Werte, welche durch alle Veränderungen hindurch die gleichen bleiben? Haben nicht alle Kulturen zu allen Zeiten diese sinngebenden Werte wahrgenommen, sei es als ‚menschliche' Erfahrungen oder als ‚göttliche' Offenbarungen, was immer damit gemeint sein mag? Denn langfristig ist der ‚Utopist', der an die bleibenden inneren Werte glaubt, der bewährtere Realist als der vermeintliche Realist, welcher seinen Blick auf die ‚widrigen' äußeren Dinge richtet, die keinen bleibenden Bestand haben. Um die Beweglichkeit zu erlangen, die zum Überleben in der sich äußerlich rasch wandelnden Welt notwendig ist, braucht der Mensch eine starke Verankerung in den unveränderlichen inneren Werten.

Durch die Technik wird der Mensch zum aktiven Mitgestalter seiner eigenen weiteren Evolution

Die Anforderungen an eine zeitgemäße und angesichts moderner wissenschaftlicher Erkenntnisse und technischer Möglichkeiten tragfähige Religiosität zeigen sich wohl besonders deutlich angesichts des heutigen Ausblicks des Menschen auf die rasch möglich werdende aktive Weitergestaltung seiner eigenen Evolution gegen höher entwickelte biologische oder technische Bewußtseinsträger. Das Wissen, das in der Gentechnik mit Sicherheit auf uns zukommt, wird den Menschen, d. h. vor allem den jungen Paaren, die sich ein Kind wünschen, eine große Verantwortung auferlegen. Gebote und Verbote sind zwar unvermeidlich, ersetzen aber für niemanden den inneren Wegweiser. Nur wer vom Vielwisser zum Zielwisser und so zum Zielweiser auch für andere wird, meistert die gestellte Aufgabe. [I-3.6; IV]

Der Entscheid, ein Kind Fleisch werden zu lassen und seine Seele und seinen Geist einem Leben in Mündigkeit entgegenzuführen, umfaßt immer ein aktives Eingreifen in die fortgesetzte Evolution der Menschheit. Es gibt kein Ausweichen vor der Tatsache, daß mein Verhalten so oder so beiträgt zum Fortlauf des Schöpfungsgeschehens. Die neuen Wahlmöglichkeiten, die sich in Zukunft aus den Anwendungen der Gentechnik eröffnen, führen mit neuer Deutlichkeit zu den gleichen Fragen, die sich verantwortungsbewußte Paare eigentlich immer hätten stellen sollen: Bin ich zu liebevoller Pflege des Kindes bereit, ob es gesund oder krank, normal oder abnormal, eine Stütze oder eine Belastung sein wird? Kann ich es in eine Mündigkeit führen, in der es nicht mehr auf mich angewiesen sein wird und in der es sich selbst bejahen und seinen Kontakt mit dem Transzendenten praktizieren kann? Mit dem Letzteren ist das gemeint, was man früher Gebet nannte, nämlich die bewußte Realisierung der tragenden Gegenwart göttlicher Liebe und Führung in uns und um uns, hier und jetzt.

Die Frage meines bewußten Eingreifens in den genetischen Entwurf meines Kindes entscheidet sich also daran, ob ich und die Gesellschaft fähig sind, die Folgen zu tragen, und ob es also möglich ist, unabhängig vom Resultat, in eine durch Liebe geprägte Beziehung zum Kind zu treten und zu gewährleisten, daß das Kind eine vollwertige Chance auf ein Leben in der Fülle des Menschseins – oder des Gott-Ebenbild-Seins – bekommt. Diese religiösen Kriterien dürfen und müssen sich unterscheiden von dem, was überhaupt in Gebote und Verbote faßbar ist. „Aller Wesen Wohl wird nicht erreicht durch Verordnungen und Gesetze, sondern durch Rückkehr zur Echtheit und Einheit. Darum: wandelt Selbstsucht in Selbstzucht und erweist euch als lauter, dann wird Selbstlosigkeit zur Selbstverständlichkeit“ [2].

Auch die Anwendung moderner Technik kann zum Weg der Selbstzucht und Selbstlosigkeit werden, zu „aller Wesen Wohl“. Ist also die in der hier beschriebenen Verantwortung vollzogene aktive Mitgestaltung der menschlichen Evolution von vorneherein aus religiösen Gründen auszuschließen?

Der menschliche Geist und seine Gotteserfahrung als Evolutionsprodukt

Der Mensch versteht sich biologisch als Evolutionsprodukt, aber ist nicht auch der menschliche Geist und seine Wechselwirkung mit dem Transzendenten, also seine „Gotteserfahrung“, als „natürliches“ Produkt kosmischer Evolution zu verstehen? Ist es nicht viel wunderbarer, mit dem Konzept einer Schöpfung zu leben, deren Plan derart weise und vollkommen angelegt ist, daß unser großartiges Universum und die Existenz des Lebens unvermeidlich – in „natürlicher“ Evolution – aus den zugrundeliegenden Prinzipien und Symmetrien folgen, ohne daß der Schöpfer mühsam alles Schritt für Schritt herstellen und die zunächst leblose, also unvollkommene Schöpfung durch nachträgliches lebenschaffendes Eingreifen korrigieren und ergänzen muß? [3]

Wer den Kosmos verstehen will, ohne den Menschen mit einzubeziehen, gelangt zu unendlich vielen denkbaren Modellen verschiedener Universen. Wenn aber das Modell unvermeidlich zur Evolution des Menschen und seiner Lebensgrundlagen führen soll, dann dürfen sich die Gesetze der Physik, die Massen der Elementarteilchen, deren

Anzahl und die Vielzahl der Prinzipien und Größen der Naturwissenschaften in nichts von den Ergebnissen und Zahlenwerten unterscheiden, die die Forschung hierzu feststellt. „Wer das All erkennt, wobei er sich selbst verfehlt, verfehlt das Ganze" [4].

Was sagt der Weise zur Entstehung von Materie aus Geist, oder von Geist aus Materie, oder zur unvermeidlichen Entstehung von Geist und Materie als untrennbares Ganzes? „Wenn das Fleisch wegen des Geistes entstanden ist, ist es ein Wunder. Wenn aber der Geist wegen des Leibes entstanden ist, ist es ein wunderbares Wunder. Aber ich wundere mich darüber, wie sich dieser große Reichtum in dieser Armut niedergelassen hat" [5]. Ist dies nicht die einzige Antwort, die nicht nur richtig, sondern auch wahr ist, auch wenn zu diesem Reichtum heute die moderne Großtechnik mit ihren ambivalenten Möglichkeiten hinzuzuzählen ist? Wo anstelle der Anklage das dankbare Staunen tritt, verliert die Technik ihre Schrecken und ihr Gewicht; sie wird dann Anstoß zur angstfreien Besinnung auf die unveränderlichen Werte und Orientierungen.

Technik und Religion: Teile eines Ganzen?

Niemand kann sein Handeln und seine Beschäftigungen von seinem Glauben loslösen. Niemand kann seine Zeit oder seine Gedanken einteilen und sagen: Diese Stunde ist für Gott und jene für die Technik, an der Arbeit bin ich Ingenieur und am Feiertag bin ich religiös. „Dein tägliches Leben ist dein Tempel und deine Religion: Wann immer du in diesen Tempel eingehst, nimm dein ganzes Du mit dir, den Pflug und die Schmiede und den Schlegel und die Laute, das Notwendige und das Erbauliche" [6].

Technik ohne Verwurzelung in der Ganzheit schafft Unmenschlichkeit; Religiosität ohne Bejahung der Technik schafft Bitterkeit und Vereinsamung. Wenn die, die uns (ver)führen, zu uns sagen: Siehe, die Wahrheit ist in der Beherrschung der Materie, so werden uns die Alchimisten zuvorkommen; wenn sie zu uns sagen: Sie ist in der Beherrschung des Geistes, so werden die Spiritualisten uns zuvorkommen. Aber die Wahrheit ist im Ganzen: sie ist in uns und sie ist außer uns [7]. Wer die Wahrheit sucht, „soll nicht aufhören zu suchen, bis er findet; und wenn er findet, wird er erschüttert sein; und wenn er erschüttert worden ist, wird er sich wundern und wird über das All herrschen" [8]. Dieses „Herrschen über das All", wie übrigens auch das immer wieder als Aufforderung zu einer Ausbeutungsherrschaft falsch verstandene Gebot der biblischen Schöpfungsgeschichte: „Macht euch die Erde untertan“ [9], ist auf das innere über der Welt Stehen zu beziehen. Mit der Technik ist uns tatsächlich die Erde, äußerlich, in unsere Hand gegeben. Nur wer über der Technik steht, von innerem Haften frei, kann zu einem aktiven, angstfreien, bejahenden Leben in dieser unserer technisch gewordenen Welt finden. Zur Bewältigung der mit der modernen Großtechnik anstehenden Entscheidungsnotwendigkeiten bedarf es der Gelassenheit des Mystikers. Für ihn erfüllt sich der Weg und die Wahrheit und das Leben nicht in der Hoffnung auf eine jenseitige Ewigkeit, sondern im Hier und Jetzt. Nicht mehr sein Ich lebt, sondern die Wahrheit, ‚TAO‘, ‚Christus‘ lebt in ihm. Gelassen ist er präsent und fragt weder besorgt noch neugierig nach seinem Ende, denn wer die Wahrheit erkannt hat, ‚wird den Tod nicht kosten‘: Als die Schüler den Meister fragten: „Sage uns, wie unser Ende sein wird“, antwortete Er: „Habt ihr denn schon den Anfang entdeckt, daß ihr nach dem Ende fragt? Denn dort, wo der Anfang ist, dort wird auch das Ende sein. Selig ist, wer am Anfang stehen wird, und er wird das Ende erkennen und den Tod nicht kosten“ [10]. Aus dieser gelassenen Präsenz heraus läßt sich die Technik dort ins Leben integrieren, wo sie auf dessen Einbettung ins Ganze nicht verhindernd wirkt, und läßt sie sich ablehnen, wo sie den Zugang zum Wesentlichen versperren würde, sei dies nun Gen-, Waffen-, Transport- oder Energietechnik. Die Orientierungshilfe ist immer dieselbe, denn was hülfe es dem Menschen, wenn plötzlich alle technikbedingten Großbedrohungen von ihm weggenommen wären? Würde er dadurch automatisch der Wahrheit näher gebracht? Würde er in dieser Befreiung plötzlich dankbar, weise und – ohne Umweltbedrohung – sparsam im Umgang mit den Gütern seiner Lebensgrundlage? [II-1]

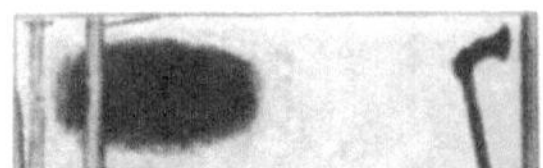

„Spaltet ein Stück Holz, Ich bin da“. Dieser Ausspruch aus dem apokryphen Evangelium des Thomas, (Logion 77), laßt sich durch Ferdinand Hodlers Bild „Der Holzfäller“ (1910) verdeutlichen.

Die bestehenden Bedrohungen zwingen die Menschheit als Ganzes, das 21. Jahrhundert zu einem Zeitalter des großen Reinemachens zu gestalten: Es gilt jetzt, den „Schmutz“ menschlicher Hyperaktivität aufzuräumen und das Verhalten von einer mensch- und umweltbedrohenden auf eine schonende Lebensweise umzustellen.

Ohne diese Umkehr, motiviert durch eine spirituelle Einkehr zu den inneren Werten, wird der technische Fortschritt zur hektischen Suche ins Ungewisse hinaus, wo er weiterfährt, Materie und Geist zu spalten. Viele suchen diese Einkehr ihr Leben lang und wandern von einem Weisheitslehrer zum nächsten. Die Alchimisten und Spiritualisten von gestern, – sind sie die Feuerläufer und New-Age-Esoteriker von heute? „Nur jene finden, die das Umherirren beenden, sich statt als Sucher Gottes als von Gott Gesuchte erkennen, Ihm stillehalten und

Der Umgang mit dem Motorrad, dem Auto oder technischen Geräten im Beruf und in der Familie ist Ausdruck heutigen Lebensgefühls. Auch dabei läßt Er sich finden.

im Schweigen und Lassen Selbst- und Gottesfinder werden. Je mehr der Mensch in unserem Zeitalter fortschreitender Technisierung, Robotisierung und Vermassung der Gefahr der Veräußerlichung und Entseelung verfällt, desto notwendiger bedarf er des Ausgleichs durch Sammlung und Verinnerlichung, Selbstbesinnung und Kraftgewinnung von innen her"[11]. Wer solches praktiziert, entdeckt, daß das Himmelreich, der Ort des Lebens, im Hier und Jetzt entsteht, in ihm und außer ihm, ob er meditiert oder einen Jet pilotiert, ob er mit einem kleinen Kind spielt oder ein Kernkraftwerk betreibt, ob er mit seiner Frau zärtlich ist oder ein Motorrad wartet[12]. „Suchst du Gott dann grüble nicht über Rätselfragen, sondern schau dich um und du wirst Ihn sehen, wie er mit deinen Kindern spielt"[13].

Die Konvergenz der Mystik mit dem wissenschaftlichen Weltbild der Gegenwart

In der Denkweise des Mystikers sind Welt und Gott, Geist und Materie, Ich und Du, Vergangenheit und Gegenwart, Hier und Nicht-Hier keine wesensfremden Gegensatzpaare, sondern je sich gegenseitig bedingende Teile eines Ganzen, so daß das eine ohne das andere gar nicht gedacht werden kann.

Die Gegenstände physikalischer Forschung: Kräfte und Bewegungen, Raum und Zeit, Körper und Strahlungen, kompakte Teilchen und raumzeitlich ausgebreitete Wellenpakete, sträuben sich immer gegen eine exakte Beschreibung, in welcher die Gegensätze absolute Endgültigkeit behalten. Dieses Versagen gewohnter Anschauungen zeigt sich immer dort, wo es um die exakte Beschreibung von Prozessen geht, die in Dimensionen ablaufen, die stark von der üblichen Erfahrungswelt abweichen: Wenn man die Eigenschaften und Strukturen des für unsere Sinne unendlich Kleinen und des unendlich Großen, des unendlich Raschen und des unendlich Hellen, der unendlich weiten und der unendlich kurzen Zeiträume gedanklich erfassen will, dann versagen unsere gewohnten Denkkategorien und wir müssen uns an ein neues Analogiedenken, an eine „neue Logik" gewöhnen, welche zunächst als widersprüchlich, als paradox empfunden wird. Die Wahrnehmung dieser physikalischen Realitäten und Vorgänge – in Kontrast zu unserer sinnenhaften Erkenntnis und Anschauung – könnten wir in der Sprache neutestamentlicher Mystik so ausdrücken, daß „wir jetzt undeutlich sehen, wie durch einen Spiegel, auf ein Rätselbild"[14].

Die neue Logik der Physik erfordert, daß wir die Materie nicht als aus Teilchen zusammengesetzt begreifen, sondern daß die kleinsten Dinge sich teils wie Teilchen, teils wie Schwankungen, wie Wellen verschiedener Kraftfelder benehmen. Die kleinsten Dinge sind räumlich und zeitlich ausgebreitet. Man kann nicht sagen: Jetzt ist es hier, jetzt ist es dort, jetzt bewegt es sich mit dieser Geschwindigkeit. Sondern es ist hier und es ist dort. Und es ist nicht hier und es ist nicht dort. Es ist in ständiger Umwandlung, und es ist, bevor es wurde.

Diese Befunde der Relativitäts- und Quantenphysik erinnern stark an die Denkweise der Mystik: „Bevor Abraham war, BIN ICH“ [15]. Bevor die präbiotische molekulare Evolution ihren Anfang nahm, BIN ICH. „Selig ist, wer war, bevor er wurde. Dort, wo der Anfang ist, wird auch das Ende sein. Wenn man euch fragt: Was ist das Zeichen eures Vaters an euch?, sagt zu ihnen: Bewegung ist es und Ruhe. Das Reich ist in euch, und es ist außer euch. Es ist über der Erde ausgebreitet und die Menschen sehen es nicht“ [16].

In der Relativitäts- und Quantenphysik gilt, daß keine spezifische Betrachtungsweise die ganze Realität enthüllen kann, so daß alternative Betrachtungen nicht nur möglich, sondern notwendig sind. Sie liefern alternative Ansichten und führen zu ungleichen aber gleich gültigen Beschreibungen. Keine einzelne Betrachtungsweise hat einen ausgezeichneten Anspruch auf Legitimität, keine ist genügend, alle sind notwendig.

Dieses Denkmodell, den Mystikern seit jeher eigen und in der Physik aufs neue als notwendig und fruchtbar entdeckt, wird sich auch für inter-personale und inter-nationale Wechselbeziehungen als hilfreich erweisen. Es vereint scheinbare Gegensätze zu einem sinnvollen Ganzen, indem es das Vereinende sucht anstatt das Scheidende, das Gemeinsame und Verbindende verschiedener politischer, kultureller und religiöser Traditionen anstatt das Abgrenzende und vermeintlich Unvereinbare. [II-1]

Gespaltenheit und Einheit

Das Streben der Physik ist vergleichbar mit demjenigen der Mystik, nämlich dem Streben nach der Wahrnehmung der Einheit in der scheinbaren Vielfalt der Sinnenwelt. Die Mystik sieht in allem das Eine; göttliches schöpferisches Wirken in meinem Selbst, in der Begegnung mit dem Du, im Stück Holz, das ich spalte, im Stein, den ich aufhebe [17]. „Wenn ihr die zwei zu eins macht, dann werdet ihr ins

Reich eingehen“ [18]. Entsprechend sieht die Physik in den verschiedenen Erscheinungen das ihnen zugrunde liegende gemeinsame Naturgesetz: Der Fall der Früchte vom Baum und das Kreisen des Mondes um die Erde als Zentralgestirn sind Ausdruck ein und desselben Gesetzes. Zwei scheinbar beziehungslose Phänomene sind zu einer Einheit zusammengefügt.

Der Augenblick dieser Einsicht war die Geburtsstunde der Vereinheitlichungsphysik. Seither ist ihre Geschichte geprägt von der sukzessiven Vereinigung verschiedener Phänomene und oft scheinbar gegensätzlicher Konzepte. Auf die Vereinigung der Keplerschen Gesetze der Planetenbewegung mit Galileis Gesetz des freien Falls im Newtonschen Gravitationsgesetz folgte die Vereinigung aller elektrischen und magnetischen Erscheinungen in den Maxwellschen Gleichungen: Die zwei wurden zu einem gemacht. Einsteins spezielle Relativitätstheorie vereinigte Raum und Zeit und zeigte, daß Energie und Materie äquivalent sind, so daß für unsere Sinne unendlich rasche Phänomene korrekt beschrieben werden können. In seiner allgemeinen Relativitätstheorie vereinigte er die Geometrie der vierdimensionalen Raum-Zeit-Welt mit der Gravitationswirkung der Materie, um die Vereinigung der trägen und schweren Masse zu vollziehen. Die für unsere Sinne unendlichen räumlichen und zeitlichen Dimensionen des Universums erhielten dadurch eine neue Beschreibung. Einstein suchte weiter nach einer Vereinigung der elektromagnetischen Kräfte mit der Gravitationskraft. Unterdessen wurden zwei weitere Kräftesorten entdeckt: die starken und schwachen in Atomkernen wirkenden Kräfte. Das Programm zur Vereinigung von insgesamt vier Kräftesorten wurde somit ungleich anspruchsvoller. Erst in neuerer Zeit sind erste konkrete Fortschritte erzielt worden, nämlich zur Vereinigung der Elektromagnetik mit der schwachen Kernkraft. An der ‚großen Vereinheitlichung‘ dieser zwei mit der starken Kernkraft wird intensiv gearbeitet, und der Glaube an die All-Einheit ist so stark, daß auch die Möglichkeiten des Einbaus der Gravitation in eine alle vier Kräfte umfassende Einheit intensiv studiert wird.

Diese Suche nach der Vereinheitlichung aller Kräfte und der gleichzeitigen Erklärung aller Teilcheneigenschaften ist motiviert und getragen durch einen festen Glauben, daß die Vielfalt der Erscheinungen nur einen Sinn haben kann, wenn es möglich ist, sie als Einheit zu sehen. Wo der Glaube an den Sinn fehlt, entsteht Gespaltenheit, die letztlich immer in einer Sackgasse endet. Deutlich wie nie zuvor ist angesichts des heutigen technischen Fortschritts diese Sackgasse erkennbar: Unintegriertes Denken in Gegensätzen führt zu innerer und äußerer Gewalttätigkeit. Der Ausweg besteht nicht in der Negation der Technik, sondern in ihrer Integration ins „Natur-Geist"-Ganze.

Nach den Erkenntnissen der Quantenphysik „ist die materielle Welt ein ungeteiltes Ganzes, das heißt, ein Ganzes, das *nicht* aus Teilen besteht. *Wir* können die Welt zerlegen, und zwar auf *viele* verschiedene Arten. In dieser Weise kommen wir unausweichlich zu gleichberechtigten, aber gegenseitig sich ausschließenden *komplementären* Naturbeschreibungen"[19].

Falsches Denken, d.h. Denken in Unterscheidungen anstatt im Ganzen, läßt sich, auch außerhalb des naturwissenschaftlichen Bereichs, als Ursache aller Probleme feststellen. Die Ganzheit, welche eine unfaßbare geistige Qualität ist, können wir als das Göttliche benennen. Die direkte Erfahrung der Mystiker aller Zeiten und Kulturen, nämlich die Einung mit der Fülle des Seins, die auch eine Leere ist, wird als Einblick bezeugt, der qualitativ nicht neutral, sondern mit der Wahrnehmung von Wohlwollen, Freundlichkeit, Liebe behaftet ist. Wer dies entdeckt, erkennt den Sinn des Ganzen und hört auf zu fragen, weshalb sich die All-Einheit nicht im Einssein genügt hat, sondern sich in der Vielheit der Wahrnehmungswelt verwirklicht. Denn wer diese Erkenntnis gewinnt, der sieht, was Gott im Anfang sieht: Im Anfang schuf Gott den Himmel und die Erde. Und Gott sah, daß es gut war.

Literaturnachweise

1 Gen. 2,9; 3,3–5
2 *Schmidt*, Karl Otto: Lao-Tse, TAO-TEH-KING. Wegweisung zur Wirklichkeit. München 1977. Spruch 19
3 *Trefil*, James S.: The Moment of Creation. Big Bang Physics from before the First Millisecond to the Present Universe. N.Y. 1983
4 Evangelium nach Thomas. Koptischer Text und deutsche Übersetzung. Hrsg. v. Guillaumont, A. u.a. Brill/Leiden 1959, Logion 67
5 Vgl. 4, Logion 29
6 *Gibran*, Kahlil: The Prophet. New York 1923
7 Vgl. 4, Logion 3
8 Vgl. 4, Logion 2
9 Gen. 1,28
10 Vgl. 4, Logion 18
11 Vgl. 2, S. 25, S. 27

12 *Pirsig*, Robert M.: Zen and the Art of Motorcycle Maintenance. St. Paul, Minnesota 1974. Deutsch: Zen und die Kunst ein Motorrad zu warten. Frankfurt a. M. 1976
13 Vgl. 6
14 1 Kor. 13,12
15 Joh. 8,58
16 Vgl. 4, Logion 19, 18, 50, 3, 113
17 Vgl. 4, Logion 77
18 Vgl. 4, Logion 22
19 *Primas*, Hans: Zum Theorienpluralismus in den Naturwissenschaften. In: Hoyningen-Huene, Paul (Hrsg.): Wozu Wissenschaftsphilosophie? Berlin 1988

AUSBLICK: RELIGION UND TECHNIK MORGEN

Ausblick: Religion und Technik morgen

Mohammed Rassem

Kann man in die Zukunft blicken?

An Ende dieses Bandes kann keine wissenschaftliche Vorhersage der Zukunft stehen, auch nicht in der Form der Science Fiction, jener Romane oder Filme, die oft genug die religiösen Rituale utopischer technischer Welten beschreiben, bisweilen grausam karikiert als Vision der Zeit nach einem großen Atomkrieg, so bei Aldous Huxley in seinem „Ape and Essence". Wir maßen uns weder eine exakte, noch eine phantastische Prognose an, wenn wir im folgenden einige Ausblicke zu geben versuchen.

Die Gegenwart geht mit der Zukunft schwanger, so lautet eine geschichtsphilosophische Formel, die – dem Wortsinn nach ausgelegt – besagt, daß die Zukunft etwas von uns übernehmen wird, das man aber noch nicht ganz kennt, weil es erst Embryo ist, und sich so oder so entwickeln kann. Ein anderes, viel gebrauchtes Bild ist, die Zukunft als „das Morgen" zu bezeichnen, als einen neuen Welt-Tag, der zwar dem heutigen folgt und sein Erbe tragen wird, aber auch mit anderen, längst abgelebten Tagen verglichen werden kann. Die Weltgeschichte verläuft nicht wie ein Pfeil, auch nicht wie ein Kreis, sondern wie eine Spirale – alle Konstellationen kehren wieder, freilich nicht auf derselben Ebene. Und drittens ist zu sagen, daß Zukunftbetrachtung auf das Ende der Geschichte unserer Welt hinorientiert sein kann. Sei es auf ein neues Paradies, in dem sich alle alten Zwänge aufheben. Sei es auf ein Endgericht, einen jüngsten Tag, an dem auch alle Techniken der Menschen untergehen.

Wenn wir Vermutungen über die Zukunft anstellen wollen, müssen wir also dreierlei tun. Erstens versuchen, die aktuellen Tatsachen und Beobachtungen, die die Gegenwart uns aufdrängt, auf ihre Weiterentwicklung hin abzuschätzen: „die Zukunft hat schon begonnen", um es mit einem Buchtitel von Robert Jungk zu sagen. Zweitens aber sich auch an alte und älteste, verdrängte kultur- und religionsgeschichtliche Phänomene zu erinnern, die uns belehren über möglich gewesene und

Zum Titelblatt:
Ferdinand Léger: Stalingrad

vielleicht wieder mögliche Zusammenhänge zwischen ‚der‘ Technik, den Techniken und ‚der‘ Religion, den religiösen Handlungen.

Drittens kann man die Prophezeiung nicht verdrängen, daß zu einer Stunde, die niemand weiß, unsere Welt untergehen kann oder soll, nicht durch eine kosmische Katastrophe, sondern durch die Vollendung der Kunst („techne“) der Menschen selbst, die auf ihre Weise erfüllen, was in prophetischen Büchern als Apokalypse, altdeutsch als Muspilli, altnordisch als Ragnarök beschrieben wurde, in anderen Kulturen mit anderen Worten. Es ist denkwürdig, daß einer der Entdecker des „Atomzerfalls“, der Chemiker Frederick Soddy (1877–1956), schon vor dem Ersten Weltkrieg die atomare Umwandlung (Energiefreisetzung) als ein Eschaton, als das Ende der alten Welt verstanden hat – zweideutig wie die Apokalypse, die man als Wiederkunft des Paradieses oder als Weltuntergang auffassen kann [1].

Die Zwecke der Technik

Bevor wir in eine etwas genauere Betrachtung eintreten, sei hier eine grobe Fünfteilung der Zwecke, der praktischen Verwendung der Technik(en) festgehalten: [I-1.1]

1. Techniken dienen der Arbeit für den Lebensunterhalt, indem sie diese erleichtern, ökonomisieren, wirksamer machen. Schon deshalb konnten im Laufe der Kulturgeschichte gewisse agrarische und gewerbliche Künste eine sakrale Weihe erhalten und bewahren. Auf die Heiligung der Berufsarbeit wollen wir im folgenden nicht direkt eingehen, sondern nur ein Moment hervorheben, das heute besonders stark empfunden wird: Das „Prinzip Verantwortung“, das sich zunehmend über die Verantwortung für sich und die Seinen hinaus auf die Um-Welt, auf die Natur erstreckt. [I-3.4]

2. Nachdem die Medizin in unserem Jahrhundert in vorher unvorstellbarem Ausmaß technisiert, ja industrialisiert worden ist, muß man sie – und allgemeiner gesprochen die Biotechnik – als einen eigenen Hauptzweck der Technik fassen. Die Grenzübergänge zwischen Psyche und Soma werden dabei häufiger überschritten, als das vor hundert Jahren der Fall war. Und so wird die religiös eingebundene Weisheit der alten Kulturen wieder verständlich, daß Heiltechniken (sog. „Medizinen“) mit Körper und Geist gleichzeitig zu tun haben. [I-3.6; IV]

3. Ein sehr großer Teil aller Technik wird, in der Frühzeit ebenso wie heute, als Kriegstechnik geschaffen oder verwendet, auch wenn

manche daran beteiligte Naturwissenschaftler, Ingenieure, Produzenten sich und anderen einreden, ihre Arbeit sei neutral, so oder so verwendbar. Versteht man den Krieg als Kampf ums Überleben oder um ein Recht, so kann es nicht verwundern, daß Waffen, Waffenhandhabung, Waffenträger mit religiösen Riten und Mythen verbunden waren, daß sie religiös gerechtfertigt wurden. So fremd das dem heutigen Christen und dem nicht-christlichen religiösen Pazifisten erscheint, so kehrt diese Selbstgerechtigkeit doch in den außereuropäischen Volkskriegen unserer Tage wieder, ganz abgesehen von den propagandistischen Ideologien des ersten und des zweiten Weltkrieges, in denen der Feind „verketzert", diabolisiert wurde, was auf die Wahl der Kampfmittel Einfluß hatte; der Einsatz der Atombomben, geplant gegen Deutschland, gegen Japan durchgeführt, verursachte erst nachträglich ein schlechtes Gewissen [2]. [IX]

4. Techniken dienen nicht nur der Produktion, dem Heilen, dem Kriege, sondern der Organisation, der Ordnung als solcher. Sie konstruieren sozusagen den Lebensraum und in ihm den gesellschaftlichen Austausch, Kreislauf, die Wiederholung. Hier mißt man heute dem voll technisierten Verkehr – enorme Steigerung der Frequenz wie der Beschleunigung des Tempos – und der geradezu industrialisierten Information, samt deren Repetition große und noch wachsende Bedeutung zu. Es ist offenkundig, daß all das auch die ihrem Wesen nach ‚mobilen' überregionalen Buchreligionen beeinflußt, ihr Übermittlungs- und Repräsentationssystem wie auch die geistigen Erlebnisse ihrer Anhänger. [X]

5. Das Thema Informationstechnik leitet zu allgemeineren semantischen Fragen über. Weit unterschätzt wurde lange Zeit die symbolische Funktion der Technik, obwohl die Kulturgeschichte deutlich zeigt, daß die alten „Weltwunder" der Ingenieurskunst Demonstrationsbauten waren, daß viele „Tricks" der Mechanik und Hydraulik mehr theatralischen und sogar kultischen Effekten dienten als der ökonomischen Praxis. Der Vergleich mit diesen alten Theater/Kult-Techniken gibt für die Analyse der Gegenwart, der Zukunft zu denken: „Die Technik" unserer Tage demonstriert ja vielfach mehr ihr Vermögen, ihre „Macht", als daß sie Notwendigkeiten befriedigt.

In allen fünf großen Zwecken der Technik(en) kann die Religion, kann religiöse Praxis oder Konfession, Dogmatik von Bedeutung sein. Entweder durch Defensive oder durch Offensive, durch Weltabwendung oder durch Weltzuwendung, durch purifizierende Enttechnisierung oder im Gegenteil durch Technisierung der religiösen Praxis. [II-Einleitung]

Naturschutz – das Noah-Symbol kehrt wieder

Die menschliche Technik enthält zwei Momente: Einerseits Abwehr der umgebenden Natur, sogar Angriff auf sie, Erbeutung ihrer Erzeugnisse oder Ausbeutung ihrer Kräfte. Andrerseits Pflege, sei es der Pflanzen, sei es der Tiere, Verwandlung eines Stücks Welt in einen „Garten". Die Kulturgeschichte der Jahrtausende bietet Beispiele für das Vorwalten des einen wie des anderen Moments – aber auch für ihre Verschränkung, gemäß der einfachen Wahrheit, daß man die Kuh nicht schlachten dürfe, die man melken wolle. [VI-1]

In unserer Epoche ist die Verschränkung von Ausbeutbarkeit und Pflegebedürftigkeit der Natur unübersehbar deutlich und entsprechendes Handeln an vielen Punkten dringlich geworden. Für viele Menschen ist dies eine Erfahrung, die die Qualität eines religiösen Erlebnisses hat, aus dem sie ethische Konsequenzen zu ziehen versuchen. Diese Konsequenzen reichen von „kynischen" Attitüden (stilisierte Verwilderung der Kleidung, Nahrung, Wohnung), über angsterfüllte violente Demonstrationen gegen technische Anlagen, bis hin zu ernsthaften zivilisatorischen Innovationen. Es ist lehrreich gewesen, daß diese neue geistige „Rückkehr zur Natur" – nunmehr „Umwelt", „Lebenswelt", Naturhaushalt oder neugriechisch „Ökologie" genannt – in der Politik innerhalb weniger Jahre zu einem Absolutum wurde, das heute weniger in Frage gestellt werden kann als vieles andere.

Es kann kein Zweifel bestehen, daß diese Umkehrbewegung nicht nur zivilisations- und gesellschaftskritisch ist, wie wir das von älteren modernen Bewegungen seit Rousseau in vielen Varianten kennen, sondern direkt technikfeindliche Züge hat. Technik erscheint hier unter dem Aspekt der Versündigung nicht nur an der Menschennatur, sondern an der Schöpfung. Diese Anklage ist bisweilen anthropologisch, theologisch, naturwissenschaftlich wenig fundiert, wird naiv polternd vorgebracht, wird schnell zur ideologischen Schablone. Aber bisweilen wird sie von technisch-wissenschaftlichen Experten vorgetragen oder unterstützt. Denn in der technischen Entwicklung selbst liegt eine Tendenz zur feineren Beobachtung, zur Berücksichtigung von ‚Neben'-Wirkungen, von Vernetzungen, also von größeren ‚Haushalten'. [II-4.5; VI]

Während man vor fünfzig Jahren allgemein davon sprach, daß die Welt „mechanisiert" werde – der unglücklich gewählte Gegenbegriff war „organisch", was dem Wortsinn nach fast dasselbe bedeutet –, hatte der Landschaftsarchitekt Alwin Seifert (1890–1972) schon den

Mut, eine Sammlung seiner antimechanistischen Aufsätze unter dem Titel „Im Zeitalter des Lebendigen" herauszubringen. Inzwischen ist die Erforschung der Lebensvorgänge und ihrer Vernetzungen weit vorgeschritten und vieles kann technisch so fein simuliert oder stimuliert werden, der „Herzschrittmacher" ist ein Symbol dafür, daß die Mechanisierung in der Tat viel von ihrer zerstörenden Grobheit verloren hat. Sie ist verträglicher, integrativer geworden. Man versteht die Welt als „Selbststeuerung" – ein technisches Prinzip, das man seit James Watt, ja im Grunde seit der Antike kennt, das aber nun zum Signum einer Epoche geworden ist. [VI]

Man muß der Naturwissenschaft der europäischen Neuzeit zugestehen, daß sie uralte religiöse Themen der Hochkultur aufgegriffen hat, man kann sie in dem Wort „Kosmologie" zusammenfassen. Aber es lag eine gewisse Einseitigkeit, ein Reduktionismus darin – manche wollten nur noch „im Buch der Natur" lesen und nur aus ihm Gewißheit schöpfen, um so den dogmatischen Streitigkeiten, die aus religiösen Schriften und ihren Exegesen entstanden waren, zu entgehen. Und aus dem verehrenden Nachspüren der Schöpfungswege wurde immer mehr ein technisches Nachahmen des Schöpfergottes, ein Meliorisieren seiner Welt. [II-4.5]

In der Neuzeit nennt man die Mentalität, die diese fortschrittliche Aktivität erzeugt, „Optimismus". In ihrem Ursprung ist sie keine sündhafte Hybris, sondern eine ethische Bewegung, die hochmittelalterliche Ursprünge hat. Gottfried Wilhelm von Leibniz (1646–1716) hat sie im ersten Buch seiner Theodizee durch folgende Unterscheidung gerechtfertigt: Der Mensch ist Kreatur und daher – von seiner Ursünde und seinen Sünden ganz abgesehen – ein begrenztes, also unvollkommenes Wesen, das vieles in seiner Welt als verbesserungswürdig ansehen kann, ohne dadurch gegen den Willen Gottes zu verstoßen. Im Gegenteil, indem er Möglichkeiten, die von Gott intendiert sind, aufspürt – Leibniz sagt „antizipiert" – und verwirklicht, handelt er mit, nicht gegen den Schöpfungsplan.

Gleichwohl: Mag der technische Optimismus und Aktivismus, die bewußte Evolution auch gottgefällig sein – es hat uns große Bangigkeit überfallen. Je mehr der Mensch die Welt meliorisiert hat und in ihr, über sie verfügt, desto mehr muß er selbst zu ihrer Erhaltung tun. In seinen Alpträumen sieht er den Tag, an dem er die organisatorisch-politische Anstrengung, den Aufwand der Welt-Erhaltung nicht mehr leisten kann, das heißt dem Abbau der Ressourcen und der Zerstörung natürlicher wie artifizieller ökologischer Systeme nicht mehr Einhalt zu gebieten vermag.

Die neue Welt geht unter, wenn der Mensch sie nicht erhält, durch sein Empfinden und durch sein technisches Handeln. Diese kultische wie praktische Verantwortung wird die Religionen der Zukunft prägen. Der Optimismus der Frühaufklärer genügt nicht mehr und schon gar nicht in seiner Dekadenzform, dem fatalistischen Laufenlassen („laisser aller") und dem ruchlosen Glauben, letztlich sei alles machbar. Die Menschen beginnen zu fürchten, daß es Gott reue, die Menschen geschaffen zu haben und er werde sie vertilgen [3]. Sie suchen sich als Gerechte zu erweisen, als Noah, erwarten die Katastrophe und bauen in der Tat Rettungsarchen für Lebewesen, die sie dereinst fürchteten oder ignorierten. Nach der biblischen Vorstellung sind ja in den Bund Gottes mit den Nachkommen Noahs auch alle Tiere mit eingeschlossen [4], so daß sich daraus das Bild einer „Weltfamilie" ergibt. [II-2.1]

Biotechnokratie

Das aktive Verhältnis des Menschen zur umgebenden Natur, zur Erde, die ihn nährt, ebenso aber zu seinem eigenen Befinden, zu seiner Gesundheit und Fruchtbarkeit, ist immer ein wesentliches Thema kultischer Praktiken und religiösen Erlebens gewesen. Im 20./21. Jahrhundert tritt dies durch die Technik in ein völlig neues Stadium ein. Zwar dachte man noch vor dreißig Jahren unter dem Stichwort „technischer Fortschritt" vor allem an Transport-, Nachrichten-, Produktions-, Kriegstechnik, gipfelnd in der Verwendung von Kernenergie. Inzwischen ist aber deutlich geworden, daß die Biotechnik, als Herrin über Leben und Tod, zur größten Weltmacht aufsteigen könnte. Denn sie ist es, die die Auswirkungen der anderen Techniken auf den Naturhaushalt steuern zu können verspricht. Ohne sie kann die Ernährung für Milliarden von Menschen nicht organisiert werden. Und sie ist mit der Medizin verschmolzen, die von Jahr zu Jahr technischer, industrieller, effektiver und unentbehrlicher wird. [I-3.6]

In gewisser Hinsicht ist dieser Aufstieg der angewandten Biologie und der Medizin überraschend. Denn trotz ihrer guten griechischen Tradition und ihrer frühen Anerkennung durch die islamischen und christlichen Universitäten, hatte die Medizin eigentlich keine so umstürzenden praktischen Erfolge aufzuweisen, daß sie die westliche oder orientalische Kultur dominiert hätte. Aber schließlich summierten sich in unserem Jahrhundert ihre Siege über die Kindersterblichkeit, über Infektionen und Seuchen; die Chirurgie überstieg alle Grenzen, bis hin zur Organtransplantation. Auf Gebieten, in denen der Fortschritt nicht so groß ist, weiß man sich immerhin besser aus der Affaire zu ziehen als vor zwei- oder dreihundert Jahren: Geisteskrankheiten werden pharmazeutisch beruhigt (Tranquillantien). Mit wissenschaftlich fundierten Verhaltens- und Diätvorschriften, aber auch mit der zur „Logotherapie" verbesserten Psychoanalyse, berührt die heutige Medizin alte Bereiche der geistlichen Lebensführung.

Insgesamt gesehen ist der Mensch des hochzivilisierten Milieus in seinem Lebensgefühl und in seiner Lebenspraxis fest in die medizinische Organisation eingebunden, vom Geborenwerden bis zum Sterben. Seinem Vertrauen, daß immer irgendwie geholfen werden könne (und müsse), daß man „versichert" sei, steht freilich eine gesteigerte Sensibilität, eine diffuse Angst vor Krankheit gegenüber. Die religiösen Probleme der Herrschaft der neuen Medizin werden am besten an den beiden Grenzen deutlich, die man nicht mehr zu definieren weiß: Zeugung und Geburt, andererseits der Tod. Die Möglichkeit, das Sterben durch klinische Technik hinauszuzögern, führt – angesichts lebender Leichname in einem Koma (gr. „Schlaf"), das zu keinem gesunden Erwachen führen kann – zu einer Krise der ärztlichen Ethik, die eigentlich eine Krisis der Kultur und des Kults ist. Der Mensch demonstriert hier durch seine Technik unfreiwillig auch seine Endlichkeit und wird auf die „Ars moriendi" zurückverwiesen, auf das Sterben als Handlung, in der Individuum und Kollektiv noch einmal aufeinander bezogen sind. [I-3.6; IV]

Nicht minder groß ist die Herausforderung durch den technischen Fortschritt am Anfang des Lebens. Die Zeugung kann auf verhältnismäßig einfache und sichere Weise pharmazeutisch verhindert oder durch „Abtreibung" unwirksam gemacht werden. Andrerseits kann man eine auf natürliche Weise nicht vollzogene (möglicherweise gar nicht vollziehbare) Zeugung „reproduktions-technologisch" ersetzen, durch künstliche Insemination, wie man sie bei Haustieren schon seit längerer Zeit praktiziert. Dabei ergibt sich ein Konservieren des Sperma durch Einkühlen, es wird über längere Zeiträume frei verfügbar („sozialisiert"). Außerdem kann man auch das zu befruchtende Ei isolieren und daher den Embryo für kurze Zeit „extrakorporal" behandeln, ihn auch in eine andere, „geliehene" Mutter einsetzen, eines Tages vielleicht sogar in eine „Muttermaschine". Weniger einschneidend sind die Veränderungen in der Geburtshilfe, obwohl auch sie bedeutend sind; so kann aus äußeren Termingründen der Geburtstag verschoben werden, wodurch der Arzt aktiv das „Horoskop" des Kindes bestimmt. [I-3.6; IV]

Der Alchimist mit dem Homunculus. Lithographie des österreichischen Zeichners und Schriftstellers Alfred Kubin (1877–1959).

Man weiß nicht, in welchem Ausmaß diese technisch aufwendigen und die Erzeuger unselbständig machenden Verfahren, Nachkommen (Proles) hervorzubringen in Zukunft tatsächlich ausgeübt werden und in welchen Teilen der Weltgesellschaft der technische Standard und die Mentalität es überhaupt erlauben wird. Wie immer, die ‚normative Kraft', das Exemplarische von bereits vollzogenen Praktiken (Tat-Sachen) ist immer groß. Das Niederreißen der Grenze zwischen menschlichem Zeugen und menschlichem Machen (Fabrizieren) wird die Weltreligionen und Weltkulturen in ihren Grundfesten erschüttern, auch dann, wenn nicht alle Kinder, die in die Welt kommen, artifiziell entstehen.

Warum? Ein semi-artifizielles Fortpflanzungssystem verändert die Bedeutung der sexuellen Verhaltensweisen, damit aber auch deren Legitimation. Da sie nun einmal schwer zu unterdrücken sind, wird man sie trotz ihrer Entbehrlichkeit dulden, entweder mit hedonistischer Befriedigung oder mit moralischen Vorbehalten, vielleicht auch mit jener verdrossenen Ironie des Genetik-Professors Wagner: Den Modus des verliebten Zeugens erklärt er „für eitel Possen"[5]. Es ist durchaus denkbar, daß die klinische Fertilisation zu einem Prestigeakt der Prüderie und der Hygiene wird. Das haben schon Huxley und Orwell angedeutet. Günther Anders hat schon in den fünfziger Jahren prophezeit, daß man sich schämen wird, gezeugt statt erzeugt, geworden statt gemacht zu sein; er nannte das „prometheische Scham"[6].

Die Theologie befände sich jedenfalls in einer schwierigen Lage, da sie die Rechtfertigung der (ehelichen) Sexualität vor allem in der Aufgabe der Fortpflanzung gesehen hatte – aber ohne jemals daran zu denken, daß dieser Hauptzweck praktisch-technisch isoliert und in der Isolierung erfüllt werden könnte. Die theologische Ethik wäre zunehmend mit dem Paradox konfrontiert, ein sexuell asketisches Verhalten mit besseren Gründen fordern zu können als früher. [IV]

Im übrigen ist die Technisierung der Reproduktion nicht nur für Sexualethik und -verhalten bedeutsam, sondern für die Kultur als Ganzes, die ja von der Familiensymbolik durchzogen ist: Vater, Mutter, Kind, Zeugen, Empfangen, Gebären. Die Mythen- und Religionsgeschichte belehrt uns, daß die Menschen immer auch aus diesem System herausdenken konnten: Der Ahnherr der Technik, der Schmied Hephaist (Vulkan) ergießt seinen Samen in die Erde, trotzdem wird daraus Nachkommenschaft geboren (Ovid sagt: proles sine matre creata). Auch die Geburt aus einer Jungfrau kommt in vielen Religionen vor. Man stellt sich Mischwesen aus Göttern und Menschen, aus verschiedenen Gattungen vor (Chimären). Die Technik des

20./21. Jahrhunderts realisiert, verdinglicht diese Abstammungsmythen zu biologischen Praktiken, die das Leben der menschlichen „Stammes"-Verbände bis in unzählbare banale Einzelfälle hinein umgestalten müssen. Die religionssoziologische Phantasie ist überfordert, wenn sie vorhersagen soll, was das für die Seele und die Lebensweise der Menschen zur Folge haben wird.

Verschärft wird die Problematik durch die sich schnell entwikkelnde ‚molekulare Gentechnik', die möglich geworden ist, weil man im Elektronenmikroskop etwas vom Aufbau, von den Teilgliedern des Samens erkennen kann. In Bezug auf den Menschen hat diese an Tieren und Pflanzen schon praktizierte Gentechnik bisher nur prognostische Bedeutung. Aber schon dies kann für das persönliche Heilserleben jeder Einzelperson und ihrer Verwandten bedeutungsvoll werden, analog zum großen religiösen Einfluß des Geburtshoroskops in der Antike. Das Erleben des Fatums, aber auch der Stigmatisierung vollzieht sich auf neue Weise.

Bekanntlich waren die Pioniere der Humangenetik, abgesehen von ihrer biologischen Kompetenz, nicht selten auch radikale Sozial-Utopisten. Es darf nicht verheimlicht werden, welche politischen Visionen eine voll entwickelte Reproduktionsmedizin und Human-Gentechnik heraufruft. Sie würde viel weiter gehen können als die heute geübte pharmazeutisch-chirurgische Kontrolle des Zeugens und Austragens. Sie könnte die altvörderische Heirats- und Bevölkerungspolitik weit überrunden, würde sich mit biologischen Gründen rechtfertigen, die möglicherweise gläubig akzeptiert werden. Es ist nicht undenkbar, daß im 21. Jahrhundert eine neue Staatsform, die genetische Tyrannis verwirklicht werden kann. Aldous Huxley hat in seiner „Brave New World" schon vor einem halben Jahrhundert umrissen, welches Ausmaß von pseudoreligiöser Tabuisierung des Natürlichen damit notwendigerweise verknüpft sein müßte.

Die Körperdisziplin und die Spiele

Viele überlieferte Religionen schlossen oder schließen wohlerprobte Techniken ein. Das gilt zunächst auf der biologisch-medizinisch-psychologischen Ebene in bezug auf die Körper-Techniken. Leiblich-geistliche Disziplin ist vielfach kein reiner Willensakt, sondern eine lehrbare, einübbare Kunst, die sich überlieferter Hilfsmittel und Verfahren bedient, ohne das Verhalten dem Zufall oder dem subjektiven Einfall zu überlassen. Als Mittel dienen beispielsweise wohldosierte

Drogen, anderseits Karenzen (Fasten), mechanische Aktivitäten (bestimmte, oft ritualisierte Körperbewegungen und -„haltungen", Tanzfiguren), Atmungen – nämlich Inhalieren von Dämpfen, anderseits Exhalieren, Psalmodieren, Singen, Schreien –, aber auch Geißeln, Schweißtreiben (wozu die Bautechnik einer Schwitzhütte gehören mag).

Das heute bekannteste Beispiel einer solchen „Technik" ist der Yoga, im Westen meist eine säkularisierte Praxis zur Förderung der Konzentration, aber im Grunde religiöser (brahmanischer und noch älterer) Herkunft, in einer neuhinduistischen Sekte mit dem modernen Leben und Denken verknüpft (‚integraler Yoga'). Der Schamanismus, der heute von Amerikanern, die irgendwie an die indianische Tradition anknüpfen, in Gruppenkursen gelehrt wird, ist gemäß der religionsgeschichtlichen Terminologie eine uralte ‚Ekstasetechnik', durch welche eine Art Entrückung, eine ‚Reise' ins Jenseits vorbereitet wurde. [II-2.1]

Erwähnen wir noch die „Tanzenden Derwische", jenen islamischen Orden, der heute zu einer Touristenattraktion geworden ist, aber zweifellos echte Schüler hat, Novizen, die diese alte religiöse Technik nicht bloß als Folklore erlernen, sondern als Mittel zur Bewußtseinsveränderung.

Diesen drei Beispielen lassen sich im christlichen wie im außerchristlichen Bereich zahllose andere anfügen. Aber offensichtlich ist es schwierig, hier zwischen Religionen, Sekten, speziellen Disziplinen einerseits und Pseudoreligionen, religions-ähnlichen Phänomenen, Psychotechnikern andrerseits zu unterscheiden. Vielleicht kann man das letztlich nur von einem gefestigten, dogmatischen Standpunkt aus. Kriminelle oder pathologische Grenzfälle kann man juristisch aussondern, aber im Rahmen einer agnostischen Staatsverfassung nur dann, wenn etwa die Psychotechnik von Sektenführern mit Freiheitsberaubung, mit Betrügereien, mit Drogenhandel verbunden ist.

Ein Gebiet auf dem nicht nur angewandte Physik, technisierte Spielgeräte und Ausrüstungen, sondern auch medizinische Techniken (z.B. Pharmaka) heute eine große Rolle spielen, ist der öffentliche Kampf- und Hochleistungssport. Man wird ihn trotz des verzückten Fanatismus, den er auslösen kann – man spricht ja englisch von „fans" – kein religiöses Phänomen nennen wollen. Gleichwohl geben hier zwei Punkte zu denken:

Erstens ist eine gewisse Analogie zu asketischen Disziplinen religiöser Lebensführung unverkennbar. Schlagfertig drückte das der Angehörige einer christlichen Kongregation aus, als er auf den Vorhalt, daß

Stachel-Bußgürtel doch heute nicht mehr zeitgemäß seien, gegenfragte, was denn das extreme ‚Training' der Athleten sei, von dem die Journalistensprache sagt, daß sie sich erfolgreich „gequält haben" – und zwar mit Methode, technisch und physiologisch ausgetüftelt. Auch die verbindlichen Regeln, die künstlichen Schwierigkeiten vieler Sportarten lassen an Ursprünge in ritualisierter Disziplin, an religiöse Proben denken. Der biedere deutsche Ausdruck Leibes-Übungen, in dem die Bedeutung „exercitium", „Prüfung" steckt, trifft das Phänomen besser als das englische sport (eigentlich „Zerstreuung", „Spaß"). Im übrigen wissen wir nicht, ob der Sport immer den Charakter einer ganz säkularisierten geistlichen Askese behalten wird – es könnte auch zu einem Umschlag kommen und eine neue geistliche Übung sich an den aufs äußerste gesteigerten leiblichen Übungen orientieren.

Zweitens erinnert man sich an die uralte Bedeutung von Kampfspielen für die Selbstidentifikation von Völkern, für die als Fest verstandene Selbstdarstellung des technischen Geschicks (Stierkampf, Wagenrennen, Ritterturnier), für die expressive Erinnerung an den Tod. Das 20. Jahrhundert hat an alte Volks-, Adels-, Schul-Sports angeknüpft, an Exotisches, aber auch an die antiken Olympiaden, und unbewußt an die römischen Spiele (ludi circenses) mit ihrer Mischung aus archaischem sakralem Ritus und dekadenter lüsterner Brutalität. Unsere öffentlichen, häufig nationalen, erregenden, vermarkteten, angeblich unpolitischen Sportereignisse sind schier unentbehrlich geworden, sorgen für „Spannung" in den die Langeweile fürchtenden Massenmedien. Es sind „Feste", ohne eigentlich sakralen Charakter, aber doch so ritualisiert und mit so leidenschaftlichem Anteil verfolgt, daß man ihnen Bedeutung für die Integration, das Ethos der Gesellschaft nicht absprechen kann.

Boris Becker als Sieger des Tennisturniers von Flushing Meadows (USA) im September 1989. Einen Ehrenpokal als Siegerpreis zu vergeben, ist eine sehr alte Sitte. Das Hochheben und Zeigen ist vermutlich erst vor einigen Jahren zu einem Gestus der professionellen Sportler geworden; sie machen dadurch den Cup zu einer Art Monstranz oder Kelch, demonstrieren seinen magischen Wert, identifizieren sich selbst mit dem Sieg, beziehen aber auch das Publikum ein. Das Profitennis wird – wie einige andere Sportarten – teilweise von der Sportgerate- und Sportbekleidungsindustrie finanziert; sie fördert durch die Idolisierung gewisser „Stars" den Umsatz im Breitensport.

Krieg und Frieden

Seit Solferino 1859 und seit dem Ende des amerikanischen Sezessionskriegs 1865 verstand man, daß die immer effizienter werdende Kriegstechnik grauenhafte Folgen für Massen von Kombattanten und Zivilisten haben konnte. Um Verwundete einigermaßen zu schützen, unterzeichnete man die Genfer Konvention und gründete das internationale Rote Kreuz. Dies war eine von den Oberschichten, vom Establishment getragene caritative Organisation überkonfessionellen Charakters, aber doch auf dem Boden der protestantischen Erweckungsbewegung des mittleren 19. Jahrhunderts entstanden.

Nach vierzigjährigem Frieden in West- und Zentraleuropa brach der Erste Weltkrieg aus, und die Wirkung der neuen Techniken war noch furchtbarer als von Pessimisten schon befürchtet. Zusammen mit den politischen Revolutionen seit 1917 erzeugten die sogenannten Materialschlachten wahrhaft apokalyptische Erlebnisse und prägten die europäische Mentalität des 20. Jahrhunderts – freilich nicht auf einheitliche Weise. Der Zweite Weltkrieg potenzierte diese Erfahrungen, er endete mit dem Ereignis von Hiroshima, das dann eine ungeheure Aufrüstung mit noch enorm verbesserten Nuklearbomben zur Folge hatte.

Man übersah vielfach, daß diese überdimensionierte Bedrohung eigentlich keine „Waffe" mehr war, sondern ein eschatologisches Symbol, und daß die Bewaffnung im engeren Sinn, für Kriege und Kleinkriege, sich getrennt davon weiterentwickelte. Es entstand eine seltsam brüchige Dialektik: Die Hiroshimabombe war eigentlich eingesetzt worden, um das Leben amerikanischer Soldaten zu schonen, und ihre Nachfolgerinnen blieben ein den wirklichen Kampf verhinderndes Mittel. Diese Bomben wirkten durch ihre bloße Existenz, als Drohung, und galten als Ursache des wiederum über vierzig Jahre anhaltenden Friedens zwischen den Supermächten, zwischen den Europäern. Kleinere Konflikte in den Randzonen wurden durch diese allzu große Drohung nicht verhindert, sondern eher begünstigt.

So provozierte der Erfolg der unbenützten Kobaltbombe vor allem im „nordatlantischen" Milieu, das von ihr geschützt wurde, eine Welle von halb ideologischen, halb theologischen Theorien, nach deren Meinung ein Weltalter der Gewaltfreiheit anbricht, in dem es wegen der Übermacht der Technik keine Kriege mehr geben kann: Der Pazifismus siegt durch eine List der (Technik-) Geschichte[7]. Die Bombe der Physiker von Los Alamos wurde zur heilbringenden Tat umformuliert: Die große Rute im Weltfenster sollte indirekt das Friedensparadies hervorbringen.

Diese Hoffnung gründete auf einer geschichtsphilosophisch, psychologisch und politisch bodenlosen Diagnose. Und sie bewahrheitete sich keineswegs: Es gab mehr Kriege denn je, wenngleich unterhalb der Atomschwelle. Hier spielten die zu nie dagewesener Perfektion gebrachten, praktisch brauchbaren neuen Waffensysteme die entscheidende Rolle. Im übrigen wurde nach etwa dreißig Jahren das „atomare" Grundkonzept, nämlich dem hypostasierten Strategen des potentiellen Feindes mit dem Weltende zu drohen, durch eine sehr einfache Überlegung gestört: Allzu viele Menschen auf beiden Seiten fragten sich, ob nicht die Drohungen auch einmal Realität werden könnten. Und daher wich das Gefühl, hinter einem Schirm geschützt zu sein, einer allgemeinen, lauten Angst. Die Regierungen müssen heute fürchten, bei den Regierten keinen Konsens mehr für „das Gleichgewicht des Schreckens" zu finden.

Dieser bedeutende emotionelle Triumph des Pazifismus bewirkt, daß man mehr denn je vermeint, die religiöse Ethik und die Kirchen müßten und könnten unabdingbar auf Gewaltlosigkeit festgelegt werden, auch auf den Verzicht auf jedes Bündnis mit ‚drohender' Gewalt. – Nun, die Erfahrung spricht nicht für diese Konzeption. Die Weltreligionen haben trotz des zeitweilig eingehaltenen Gottesfriedens Kriege und Krieger immer dulden müssen, haben sie gesegnet, wenn sie für die Verteidigung oder Ausbreitung der Religion kämpften. Nicht nur der Islam verkündete ‚heilige Kriege'. Das römische Christentum krönte Karl und Otto als Schützer gegen die aggressiven heidnischen Reitervölker, es sanktionierte die kriegerische Ostmission und predigte später den Kreuzzug nach Jerusalem. Die scholastischen Moraltheologen rechtfertigten, wie Blaise Pascal (1623–1662) in seinen „Lettres Provinciales" erbittert karikierte, die bewaffnete Selbstbehauptung auch der Einzelperson – ohne die ein Individuum im Sozialsystem der alten Gesellschaft seine Identität und Existenz tatsächlich kaum bewahren konnte. Was die Reformation angeht, so rechtfertigte sie noch einmal das Welt-Reich des Schwertes, allerdings nicht mehr den Privatkrieg ums Recht. Sie brachte schließlich Glaubenskrieger für die Konfession hervor, mit Führern wie Cromwell und Gustav Adolf.

Die lange Epoche, die durch das Leitbild, den Stand des wohlgerüsteten christlichen Soldaten beherrscht wurde, liegt in gewisser Hinsicht hinter uns. Aber sie hat bedeutsame Nachspiele: Einmal die bewaffnete terroristische Revolution des organisierten Atheismus. Anderseits die militant-revolutionäre Befreiungstheologie, die es in islamischer wie in christlicher Form gibt. Auch sie ist nicht nur Ideologie, sondern entspricht realen Aktivitäten.

Wer in irgendeiner Form Ja zum Kriege sagen muß, der sagt auch Ja zu einer effektiven Kriegstechnik. Kriege werden, sollte man meinen, im allgemeinen mit Waffen und Hilfsmitteln geführt, die dem technischen Standard der Epoche entsprechen – vorausgesetzt, daß man sie beschaffen kann und zu führen weiß. Wenn die Verantwortlichen heute häufig von einer Beschränkung auf „konventionelle" Kriegführung sprechen, meinen sie nicht die Vorderlader und Säbel der napoleonischen Zeit, sondern modernstes Gerät, aber mit Ausschluß der an sich vorhandenen „ABC-Waffen". In der Tat ist diese

Beschränkung in all den zahllosen Kriegen der zweiten Hälfte des 20. Jahrhunderts bis heute (1989) eingehalten worden, mindestens was das ‚A' (für „Atom", „nuclear weapons") angeht. [I-3.6]

Eine gewisse „Konventionalisierung" der Kriegsmittel ist historisch oft zu beobachten, nicht nur im Zeitalter der Angst vor den bereits hergestellten ABC-Waffen. Wir hören in der Geschichte zwar manchmal von neuen Waffen, die ‚Epoche machen', aber oft scheinen die Waffensysteme relativ konstant zu bleiben und nicht auf jede technisch erdenkliche Weise verbessert zu werden. Der Krieg war nicht immer ein reiner Überlebenskampf, sondern oft nur Raubzug, Eintreiben von Tributen, oder ein Ringen um Positionen, eine „Rivalität", nicht selten auch eine Art der rechtlichen Auseinandersetzung (Grenz-, Erb-, Fehdekrieg), so daß man gewisse „Spielregeln" einigermaßen einhielt, sich gerne als korrekter Streiter darstellte – und gerne Kosten einsparte, an Leib und an Gut. Da in unserer Epoche die Kriegführenden fast immer von ‚interessierten Dritten' mit Waffen versorgt werden, so ergibt sich das ökonomische und technische Limit einfach dadurch, daß diese Interessierten den Kleinkrieg nicht zu groß und die „Stellvertreter" nicht zu mächtig werden lassen.

Wir wollen das Phänomen der Beschränkung auf bestimmte Waffen nicht nur auf die politische Ökonomie der Ziele und des Verhaltens, auf die Beschränktheit der Mittel zurückführen, oder nur auf die Vorsicht der Großmächte, die sich in den Randkriegen nicht voll einsetzen wollen. Konvention und Beschränkung sind der Ritualisierung verwandt, das heißt der Sakralisierung festgelegter Verhaltensweisen, Hilfsmittel, Grenzen. Die Scheu, gewisse Grenzen zu überschreiten, die Angst sie schon überschritten zu haben, ist in jüngster Zeit gewachsen. Noch regiert die Hybris, die nach jedem Mittel greift und alles für erlaubt hält – aber die Zeichen mehren sich, daß sie eines Tages abdanken muß. Der größte Sündenfall der Technik im 20. Jahrhundert, der Nuklearbombenbau, ist und bleibt ein tiefer Fall, seine Produkte sind nicht beseitigt – aber ein wenig hat sich dieser Götze des Jahrhunderts bewegt.

Was die Gewalt und ihre Waffen angeht, so glauben wir nicht, daß es eine von legaler und illegaler Gewalttätigkeit freie Menschenwelt geben kann, die alle Konflikte nicht-violent durch Kompromiß beseitigt. Und es ist kaum möglich, daß sich die Technik, eine durch und durch irdische Macht, davon freihalten kann, kämpfenden irdischen Gewalten zu dienen. Aber die Moderation, Begrenzung, Ritualisierung der Gewalt ist möglich, ist Ziel realistischer Ethik und weltzugewandter Religion.

Die Ordnung der Kommunikation

Die Religionen gliedern den Raum, in dem die Menschen leben, nicht nur symbolisch (etwa in Himmelswelt und Unterwelt, Inferno), sondern auch real, nämlich durch heilige Stätten, die oft mit hohem technischen Aufwand abgegrenzt und ausgestaltet werden, aber auch durch Prozessionsstraßen und durch lange Wallfahrtswege. Die modernen technischen Möglichkeiten vermögen diese Ordnungen zu festigen: Akustische Verstärker machen eine große Kirche funktionstüchtiger als sie war. Eisenbahnzüge ermöglichen manche vorher unmögliche Pilgerschaft, mag es auch manchem verdientsvoller scheinen als Fußgänger ans Ziel gelangt zu sein. [II-4.3; II-4.4]

Gleichwohl kann man nicht übersehen, daß im industriellen Zeitalter die alten Raumordnungen bis zur Unkenntlichkeit überlagert und nicht selten ganz zerstört wurden. Wir leben in „säkularisierten" Wohn- und Werkstätten, nicht in Kirchenlandschaften. Wir erleben den Raum anders als unsere Vorfahren. Die Ent-Fernungen und damit die Aufteilungen in „Orte" scheinen sich aufzulösen. In weniger als einem Tag kann jedermann nach Rom fliegen, falls er es nicht vorzieht, einen dort sich vollziehenden Ritus tausend Meilen entfernt am Bildschirm zu erleben, manche Einzelheiten genauer erkennend als es ihm an Ort und Stelle möglich wäre.

Versteht man Religion als Kult, das heißt als konkreten, ortsgebundenen Vollzug – so zwingt die technoide Veränderung des Zugangs zum sakralen Raum möglicherweise zum Überdenken grundlegender Kategorien wie: Gemeinde, Teilhabe, Anwesenheit der Person, Realpräsenz der Gottheit. Hat man sich einmal auf audiovisuelle Übertragung eingelassen, so können große Religionsgemeinschaften auf bequeme Weise ihren ursprünglichen Gemeindecharakter wiederherstellen – ähnlich wie große Nationalstaaten über die Television etwas wie ein antik-republikanisches „Forum" herstellen. Man nennt dergleichen die Rückkehr der Welt zum „Dorf" – freilich ist diese Verkleinerung nur virtuell, scheinbar, eine Schau, die übrigens automatisch-identisch wiederholt werden kann, was dem Grundgedanken kultischen Dienstes widerspricht. [II-4.3; II-4.4]

Versteht man Religion weniger als Kult, sondern vorwiegend als Verkündigung und Predigt des Dogma, so erscheint die Bedeutung der modernsten Technik noch größer. Das grundlegend veränderte Kommunikationsverfahren intensiviert die Akte der Buch- und Predigt-Religionen. Durch den Buchdruck konnte „Die Schrift" in mechanischer Reproduktion massenhaft verbreitet werden, aber durch

Elektronische Bibel

Die erste elektronische Bibel im Taschenformat soll demnächst in den USA auf den Markt kommen. Die über 700 000 Wörter des Alten und Neuen Testaments stecken in einem Computer von der Größe eines aufgeschlagenen Taschenbuchs. Der Computer ist mit einem kleinen Bildschirm und einer Tastatur versehen.

Notiz aus der Rhein-Neckar-Zeitung vom 25. Oktober 1989 uber die „Elektronische Bibel".

Um einen schnellen Informationsaustausch zu ermöglichen und auch um Reisekosten zu sparen, sind bereits 30 Bistümer in den USA an das kircheneigene Satelliten-Informationsnetz angeschlossen, das im Frühjahr 1982 seinen Betrieb aufgenommen hat.

das Tonband auch die Stimme des Predigers. Er braucht nicht mehr zu wandern, er liefert Matrizen für Kassetten, die sich schnell verbreiten und auch vom Lesefaulen, ja vom Analphabeten abgehört werden können. Mit Khomeini, der vom Pariser Exil aus auf diese Weise im Nahen Orient eine religiös-politische Revolution auslöste, ist diese Kommunikationstechnik 1978/79 in die Weltgeschichte der Religionen eingetreten. Anzumerken ist, daß die von den Iranern benützten Kassettenrecorder nicht von muslimischer, sondern von japanischer Industrie produziert wurden.

Ob die radikalen Moslems hier nicht nur fremde Technik benützten, sondern auch Propagandapraktiken anderer Religionen studierten, ist eine naheliegende Frage. Die protestantischen Denominationen haben in den USA schon vor mehr als einem halben Jahrhundert den Weg zu den Massenmedien und deren Showbusiness gefunden und hier ist dann wohl das Schlagwort „elektronische Kirche" aufgekommen. Spätestens seit dem Pontifikat Johannes Paul II. bedient sich auch die römische Kirche aller modernen Massenmedien, das heißt sie geht nicht „ in die Katakomben", sondern folgt ihrem alten Stil, repräsentative Öffentlichkeit zu schaffen – was mit den künstlerischen und technischen Mitteln („Medien") geschehen muß, die das Zeitalter bietet und akzeptiert. [II-4.3; II-4.4]

Was die Tele-Vision, was die unglaubliche Zunahme der Kommunikation und Information letztlich für die katholische und andere Kirchen, für die nicht-christlichen Religionen bedeutet, kann heute kaum jemand voraussehen. Die Menschheit tritt nicht aus dem Sternzeichen der Erfindung der Sprache, der Ikone, der Schrift heraus, unter dem sie seit Jahrtausenden steht. Aber sie macht doch eine gewaltige Umwälzung der Aufzeichnungs- und Verbreitungstechnik durch, mit unabsehbaren Folgen für Kultur und Religion.

Technik und Symbolik

Manche Techniker und Technikhistoriker haben sich und der Welt suggeriert, die Technik diene vor allem praktisch-ökonomischen Zwecken, der Erleichterung der Arbeit und der Bewältigung des Alltags, schließlich auch dem Kriege, jedenfalls ernsten Notwendigkeiten. Das ist nicht ganz richtig, denn viele Technik ist Spielerei und will nichts anderes sein – was freilich noch nicht besagt, sie sei etwas Unernstes oder Unbedeutendes. Der Mensch ist ein technisch spielendes Wesen in mehrfacher Hinsicht: In seinen durch Spiel-„Zeug" unterstützten Lernvorgängen, im Entertainment der Erwachsenen – „Unterhaltungselektronik" heißt ein neuer gigantischer Industriezweig –, in seinen Schau-Spielen, zu denen oft genug ein „Apparat", eine kunstvolle Demonstration gehört.

Der religiöse Kult ist ein Schauspiel besonderer Art und vielfach nicht frei von technischen Zurüstungen, ja Kunststücken. Das beweisen schon die kunstvollen Tempel und Kirchen samt ihrer technisch raffinierten Ausstattung. Die christliche Reformation hat gegen die gotische und dann die barocke theatralische Organisation der Kirchenfeste Front gemacht. Aber in einem Punkt hat sie diese Technik aufgegriffen und weiterentwickelt, nämlich in der Kirchenmusik – einer höchst technischen Musik, in der die komplizierte Apparatur „Orgel" ebenso ihre Rolle spielt wie das verfeinerte theoretische System des „Komponierens". Es ist dies eine bemerkenswerte Differenz zur orthodoxen Kirchenmusik, einem reinen Chorgesang.

Was nun die Gegenwart angeht, so ist die kultische, kirchliche Repräsentation weniger technisch-künstlich als sie im Barockzeitalter war – das möge der Blick auf das Äußere und das Innere einer spätbarocken Christusfigur beweisen, die wir hier abbilden. Religiöse Vorstellungen werden heute im allgemeinen nicht als technische Kunststücke dargeboten. Die moderne Technik, die sozusagen alles kann,

Einblick in die Mechanik des barocken Ölbergspiels „Die Angst Christi" zu Dießen am Ammersee. Es wurde restauriert und zu Ostern 1985 erstmals wieder aufgeführt. Die bekleidete Figur führt in solchen mechanischen oder halbmechanischen Spielen vor, wie Christus sich im Garten von Gethsemane dreimal niederwirft, beim dritten Mal erscheint der Engel. Die technische Konzeption solcher Szenen („Theatrum sacrum") ist im 17. Jahrhundert von dem Jesuitenpater Andrea Pozzo für den Ignatiusaltar in „Il Gesu" entwikkelt worden, letztlich ist das mechanische Element aber schon in mittelalterlichen Mysterienspielen nachweisbar.

wird – mindestens im europäischen Kulturkreis – nicht zum kultischen, sondern nur zum profanen Mirakel. In Fortsetzung der Zauberoper produziert sie Wunderland-Attraktionen aller Art, das Tischleindeck-dich und Türe-öffne-dich des Schlaraffenlandes – zweifellos bequem und beliebt, aber nicht ernstlich als Religionsersatz verstanden. Auch hier wagen wir weder eine Prognose, ob die europäischen

Kirchen so puristisch bleiben werden, noch sammeln wir Gegenbeispiele, die in Afrika oder Südamerika zu finden sein dürften.

Die symbolische Ausdrucksfähigkeit der modernen Technik wird im allgemeinen weniger in barockem Opernillusionismus zu suchen sein (mit dem sprichwörtlichen „Deus ex machina"), sondern in der Verkünstlichung, der Verfremdung der Natur, der Welt, der Lebensweise. Das Verhalten und das Bewußtsein der Menschen, die in dieser sich immer mehr verdichtenden Techniksymbolik leben, wird verändert, ob sie das wollen oder nicht. Sie nehmen einen anderen Lebensstil an und sie haben andere Erlebnisse. Beides wird ihre religiösen Bedürfnisse und Ausdrucksformen umbilden.

Das am besten zum modernen Bewußtsein passende Symbol ist wohl die Raumfahrt, die in Zukunftsromanen, aber auch in mystischen Erlebnissen ihre Vorstufen hat. Sie hat handfeste militärische und kommunikationstechnische Zwecke, auch einige an den Haaren herbeigezogene, wie die Einrichtung von Fabriken auf dem Monde, in denen man vielleicht irgendetwas besser herstellen könnte. Aber das Wesentliche ist doch der Drang, die Erde zu verlassen, in die Unendlichkeit einzudringen, zu einer „new frontier", „in einen neuen Ozean", wie der amerikanische Präsident unter Verwendung alter Schlagworte amerikanischer Pionierzeit meinte [8].

Man will seine Grenzen ins Grenzenlose vorschieben, obwohl man eigentlich weiß, daß selbst eine Reise zum Mars die Unendlichkeit der „Galaxien" nur ankratzt. Das Bewußtsein der Endlichkeit des Menschen, das pathetische Empfinden der Erhabenheit des Kosmos („der gestirnte Himmel über mir", wie Kant sagte) wird unter ungeheurem technischen Aufwand in realsymbolisches Handeln umgesetzt. Der Mensch hat einen halb triumphierenden, halb melancholischen Blick vom Monde auf die Erde geworfen [9]. Die Nachfolger des Galilei haben also das Fernrohr umdrehen können – wer hätte das erwartet. Aber die Frage was diese taumelnden Perspektiven für die Menschenseele bedeuten, ist so unbeantwortet wie zu Lebzeiten jenes Ahnherrn der Moderne.

Literaturnachweise

1 *Wagner*, Friedrich: Die Wissenschaft und gefährdete Welt. München ²1964, S. 123–131

2 *Schmitt*, Carl: Der Nomos der Erde im Völkerrecht des Jus Publicum Europaeum. Köln 1950, Kap. III, Kap. IV; *Voegelin*, Eric: Philosophie der Politik in Oxford. In: Philosophische Rundschau. Jg. 1. Tübingen 1953/54, S. 23–48
3 Gen. 6,6–7
4 Gen. 9,9–10
5 *Goethe*, Johann Wolfgang von: Faust II; 2, 6840 („Laboratorium")
6 *Anders*, Günther: Die Antiquiertheit des Menschen. Bd. 1. München ^{5}1980, S. 21–95
7 *Rassem*, Mohammed: Frieden als Lebensbedingung des technischen Zeitalters. In: Kasch, Wilhelm F. (Hrsg.): Frieden und Glauben. Paderborn 1983, S. 69–90
8 *Swenson*, Loyd S.: This New Ocean – A History of the Project Mercury. NASA historical series. Washington 1966
9 *Anders*, Günther: Der Blick vom Mond. München 1970

Literaturanhang (LA)

1 Was ist Religion? Religion – Kirche – Theologie
Heinrich Rombach

Anwander, Anton: Die Religionen der Menschheit. Freiburg ²1949

Casper, Bernhard/*Hemmerle*, Klaus/*Hünermann*, Peter: Besinnung auf das Heilige. Freiburg 1966

Corce, M./*Mortier*, Raoul u.a.: Histoire generale des Religions. 5 Bde. Paris 1944–50

Eliade, Mircea: Die Religionen und das Heilige. Elemente der Religionsgeschichte. Salzburg 1954

Figl, Johann: Aktuelle Tendenzen der Religionswissenschaft und Religionsphilosophie. In: Ztschr. f. phil. Forschung, Heft 4, 1986

Ford, Arthur: Universe: God, man and science. London 1986.

Fürstenberg, Friedrich (Hrsg.): Religionssoziologie. Stuttgart ²1970

Gladigow, Burkhard/*Kippenberg*, Hans G. (Hrsg.): Neue Ansätze in der Religionswissenschaft. München 1983.

Härle, Wilfried/*Wölfel*, Eberhard (Hrsg.): Religion im Denken unserer Zeit. Marburg 1986

Halder, Alois/*Kienzler*, Klaus/*Möller*, Josef: Auf der Suche nach dem verborgenen Gott. Düsseldorf 1987

Heiler, Friedrich: Erscheinungsformen u. Wesen der Religion. Stuttgart 1961

Leeuw, Gerardus van der: Phänomenologie der Religion. Tübingen 1933

Lübbe, Hermann: Religion nach der Aufklärung. Graz/Wien/Köln 1986

Mensching, Gustav: Vergleichende Religionswissenschaft. Leipzig 1938

Mensching, Gustav: Die Religion. Erscheinungsformen, Strukturtypen und Lebensgesetze. Stuttgart 1959

Nishitani, Keiji: Was ist Religion? Frankfurt a. M. 1982

Oelmüller, Willi (Hrsg.): Wahrheitsansprüche der Religionen heute. Paderborn 1986

Otto, Rudolf: Das Heilige. Breslau 1917

Pannenberg, Wolfhart: Anthropologie in theologischer Perspektive. Göttingen 1983

Rombach, Heinrich: Substanz System Struktur. Die Ontologie des Funktionalismus und der philosophische Hintergrund der modernen Wissenschaft. 2 Bde. Freiburg/München 1965 f.

Rombach, Heinrich: Leben des Geistes. Freiburg 1977

Rombach, Heinrich: Der Glaube an Gott und das wissenschaftliche Denken. In: Schulz, Hans Joachim (Hrsg.): Wer ist das eigentlich – Gott? Frankfurt 1979

Toynbee, Arnold Joseph: Christianity among the Religions of the World. New York 1957 (dtsch.: Das Christentum und die Religionen der Welt. 1959)

Trutwin, W. (Hrsg.): Religion und Wissenschaft, Düsseldorf ¹⁵1982

2 Außerchristliche Religionen und ihr Verhältnis zur Technik

Einführung
Mohammed Rassem

Asmussen, Jens Peter/*Laesso*, Jørgen/*Colpe*, Carsten (Hrsg.): Handbuch der Religionsgeschichte. 3 Bde. Göttingen 1971–75
Barloewen, Constantin von/*Werhahn-Mees*, Kai (Hrsg.): Japan und der Westen. 3 Bde. Frankfurt 1986
Benz, Ernst: Neue Religionen. Stuttgart 1971
Bleeker, Jouco/*Widengren*, Geo (Hrsg.): Historia Religionum. Handbook for the History of Religions. 2 Bde. Leiden 1969–71
Cléveno, Michel (Hrsg.): L'État des Religions dans le Monde. Paris 1987
Eliade, Mircea: Geschichte der religiösen Ideen. 3 Bde. Freiburg/Wien 1978–81
Heiler, Friedrich/*Goldammer*, Kurt (Hrsg.): Die Religionen der Menschheit. Neuausgabe. Stuttgart 1980, durchgesehen 1982
Inkeles, Alex/*Smith*, David H.: Becoming Modern. Individual Change in Six Developing Countries. Cambridge Mass. 1976
Konig, Kardinal Franz (Hrsg.): Der Glaube der Menschen. Christus und die Religionen der Erde. Wien 1985
König, René: Indianer Wohin? Alternativen in Arizona. Opladen 1973
Konig, René (Hrsg.): Aspekte der Entwicklungssoziologie. Opladen 1969
Matthes, Joachim (Hrsg.): Internationales Jahrbuch für Religionssoziologie. Opladen seit 1965. (Über Entwicklungsländer Bd. 5–6)
Mumford, Lewis: Mythos der Maschine. Kultur, Technik und Macht. Wien 1974. Frankfurt 1977
Spicer, Edward H.: Human Problems in Technological Change. A Casebook. New York 1952, 1967
Thrupp, Sylvia L. (Hrsg.): Millenial Dreams in Action. New York 1970
Waldenfels, Hans (Hrsg.): Lexikon der Religionen. Freiburg 1987

2.1 Naturreligionen und Frühformen der Technik
Werner Müller

Baumann, Hermann (Hrsg.): Die Völker Afrikas und ihre traditionellen Kulturen. Wiesbaden 1975
Binford, Lewis R.: Die Vorzeit war ganz anders. Methoden und Ergebnisse der modernen Archäologie. München 1984
Eliade, Mircea: Die Religionen und das Heilige. Elemente der Religionsgeschichte. Salzburg 1954
Eliade, Mircea: Geschichte der religiösen Ideen. Freiburg [4]1982
Findeisen, Hans: Die Völker im Lebenskampf. Menschen der Alten und Neuen Welt, aus Polarland, Steppe und Tropenwald. Berlin 1934
Findeisen, Hans: Schamanentum, dargestellt am Beispiel der Besessenheitspriester nordeurasiatischer Völker. Stuttgart 1957

Friederici, Georg: Der Charakter der Entdeckung und Eroberung Amerikas durch die Europäer. Bd. 1–3. Stuttgart 1925–1936. ND Osnabrück 1969
Herbig, Jost: Im Anfang war das Wort. Die Evolution des Menschlichen. München ²1985
Mannhardt, Wilhelm: Wald- und Feldkulte. Bde. 1–2. 1874–1876. ND Darmstadt 1985
Maringer, Johannes: Vorgeschichtliche Religion. Religionen im steinzeitlichen Europa. Zürich/Köln 1956
Müller, Werner: Das Welthaus. Die kosmische Religiosität der Indianer. In: Kaltenbrunner, Gerd-Klaus (Hrsg.): Im Bannkreis des Heiligen. Freiburg 1986
Muller-Karpe, Hermann: Geschichte der Steinzeit. München 1974
Schebesta, Paul: Vollblutneger und Halbzwerge. Forschungen unter Waldnegern und Halbpygmäen am Ituri in Belgisch-Kongo. Salzburg/Leipzig 1934
Turnbull, Colin: The Forest People. New York 1961
Turnbull, Colin: The Mbuti Pygmies. Change and adaption. New York 1983

2.2 Religionen und Technik in den frühen Hochkulturen des Vorderen Orients und des Mittelmeerraumes
Fritz Graf

Burkert, Walter: Urgeschichte der Technik im Spiegel antiker Religion. In: Technikgeschichte. Jg. 34, 1967, S. 281–299
Delcourt, Marie: Héphaistos ou la légende du magicien. Paris 1957
Detienne, Marcel/*Vernant*, Jean-Pierre: Les ruses de l'intelligence. La mètis des Grecs. Paris 1974
Diels, Hermann: Antike Technik. Leipzig/Berlin ³1924
Eliade, Mircea: Forgerons et alchimistes. Paris ²1977
Forbes, Robert J.: Studies in Ancient Technology. Bd. 1–9. Leiden 1955 f.
Galter, Hannes D.: Der Gott Ea/Enki in der akkadischen Überlieferung. Eine Bestandesaufnahme des vorhandenen Materials. Graz 1983
Hodges, Henry: Technology in the Ancient World. London 1970
Lämmli, Franz: Homo Faber. Triumph, Schuld, Verhängnis? (Schweiz. Beitr. z. Altertumswissenschaft, H. 11). Basel 1968
Marg, Walter: Mensch und Technik. Der Prometheusmythos bei Hesiod und Aischylos. In: Diethnes Kentron Anthropistikon Klassikon Ereunon. Seira B: Meletai kai Ereunai. Jg. 20, 1970, S. 361–376
Zaccagnini, Carlo: Le tecniche e le scienze. In: Moscati, Sabatino (Hrsg.): L'alba della civiltà. Turin 1967, Bd. 2, S. 291–421
Zaccagnini, Carlo: Patterns of Mobility Among Near Eastern Craftsmen. In: Journal of Near Eastern Studies. Jg. 42, 1983, S. 245–264

2.3 Religionen und Technik in China
Jean-Pierre Voiret

Cerutti, Herbert: China, wo das Pulver erfunden wurde (dtv 10837). München 1987
Eberhard, Wolfram: Sternkunde und Weltbild im alten China. Taipeh 1970
Franke, Wolfgang (Hrsg.): China Handbuch. Düsseldorf 1974
Granet, Marcel: Die chinesische Zivilisation. München 1976
Granet, Marcel: La pensée chinoise. Paris 1934
Koster, Hermann: Chinesischer Kalender. In: Sinologica. Vol. 12, 1972
Nakayama, Shigeru/*Sivin*, Nathan: Chinese Science. Exploration of an Ancient Tradition. Cambridge (Mass) 1973
Needham, Joseph: Science and Civilisation in China. 12 Bde. Cambridge ab 1954
Needham, Joseph: The Grand Titration. Science and Society in East and West. London 1969
Needham, Joseph: Clerks and Craftmen in China and the West. Cambridge 1970
Needham, Joseph: Wissenschaftlicher Universalismus. In: Spengler, Tilman: Über Bedeutung und Besonderheit der chinesischen Wissenschaft. (Suhrkamp Taschenbuch Wissenschaft 264). Frankfurt a. M. 1977
Sivin, Nathan: Cosmos and Computation in Early Chinese Mathematical Astronomy. Leiden 1969
Voiret, Jean-Pierre: Himmel der Chinesen – Gott der Christen. In: Orientierung. Jg. 46. 1982, Nr. 23–24, S. 257
Voiret, Jean-Pierre: Joseph Needham on Chinese Steel and Iron Metallurgy. In: Asiatische Studien. Jg. 39. 1985, Nr. 1–2, S. 96–107
Voiret, Jean-Pierre: Megalithische Astronomie im archaischen China. In: Neue Zürcher Zeitung. Jg. 207. Nr. 5 1986, S. 53
Weggel, Oskar: Wissenschaft in China. Berlin 1985
Wußing, Hans/*Brentjes*, Sonja: Geschichte der Naturwissenschaften. Köln [2]1987, S. 97–124

2.4 Die Technik im Islam
Hans Daiber

Adnan, Abd-Ul-Hak: La science chez les Turcs Ottomans. In: Archeion. Bd. 19, 1937, S. 347–365; 21, 1938, S. 35–61
Al-Hassan, Ahmad Y./*Hill*, Donald R.: Islamic Technology. An illustrated history. Cambridge (u. a.) 1986
Daiber, Hans: Anfänge und Entstehung der Wissenschaft im Islam. In: Saeculum. Bd. 29, Freiburg/München 1978, S. 356–366
EI[2] = Encyclopaedia of Islam. New edition. Edited by an editorial committee consisting of Gibb, H. A. R./Kramers, J. H. u. a. Bd. 1 ff. Leiden/London 1960 ff.
Forbes, Robert James: Man the Maker. New York 1950
Hill, Donald R.: A History of Engineering in Classical and Medieval Times. La Salle, Illinois 1984

Lombard, Maurice: The Golden Age of Islam (North-Holland Medieval Translations 2). Amsterdam (u. a.) 1975
Myers, Eugene A.: Arabic Thought and the Western World in the Golden Age of Islam. New York 1964
Nasr, Seyyed Hossein: Science and Civilization in Islam. With a preface by Giorgio Santillana. Cambridge, Mass. 1968
Needham, Joseph: Science and Civilization in China. Bd. 1 ff. Cambridge 1954 ff.
Lindberg, David C. (Editor): Science in the Middle Ages. Chicago/London 1978
White, Lynn jr.: Medieval Religion and Technology. Collected essays. Berkeley/Los Angeles/London 1978
White, Lynn jr.: Medieval Technology and Social Change. Oxford 1962
White, Lynn jr.: Was beschleunigte den technischen Fortschritt im westlichen Mittelalter? In: Technikgeschichte. Bd. 32, 1965, S. 201–220
Wiedemann, Eilhard: Aufsätze zur arabischen Wissenschaftsgeschichte. Hrsg. v. Wolfdietrich Fischer. Bd. 1.–2. New York 1970
Wiedemann, Eilhard: Gesammelte Schriften zur arabisch-islamischen Wissenschaft. Ges. u. bearb. v. Gerke, Dorothea u. Bischoff, Dieter. Bd. 1.–3. Frankfurt a. M. 1984
Wiet, Gaston/*Elesseff*, Vladimc/*Wolff*, Philippe: L'évolution des techniques dans le monde musulman au moyen âge. In: Cahiers d'histoire mondiale. Bd. 6, 1960, S. 15–44. (Auch in: Histoire du developpement culturel et scientifique de l'humanité. Bd. 3. Paris 1969, S. 255 ff.)
Wußing, Hans/*Brentjes*, Sonja: Geschichte der Naturwissenschaften. Köln [2]1987. S. 125–150

2.5 Religiöse Bezüge zur Technik im Judentum
Salcia Landmann

Artikel: Sabbath; Technology and Halakha. In: Encyclopaedia Judaica, Vol. 14, Vol. 15. Jerusalem 1954
Babylonischer Talmud: übertragen von Goldschmidt, Lazarus. Berlin 1929
Baer, Fritz: Studien zur Geschichte der Juden in Spanien im Königreich Arragonien. Berlin 1913
Baer, Fritz: Die Juden im christlichen Spanien. Berlin 1929
Bargebuhr, Frederic F.: The Alhambra. Berlin 1968
Baron, Salo W.: Social and Religious History of the Jews. 2 Bde. New York [2]1952
Ben-Sasson, Chayim Hilleil (Hrsg.): Geschichte des jüdischen Volkes. München 1980
Domb, Cyril: Biology and Ethics. In: Proceedings of the Associations of Orthodox Jewish Scientists. Vol. 3–4. Jerusalem/New York 1976
Ebban, Abba: Das Erbe. Geschichte des Judentums. Frankfurt a. M. 1986
Encyclopaedia of Jewish Knowledge. Ed. De Haas, Jacob. New York 1938
Friedenwald, Harry: The Jews and the Medicine. J. Hopkins University 1967
Gidal, Nachum: Buchdruck und das jüdische Schrifttum. In: Die Juden in Deutschland von der Römerzeit bis zur Weimarer Republik. Gütersloh 1988

Gidal, Nachum: Jüdische Erfinder und Entdecker im Kaiserreich. In: Die Juden in Deutschland von der Römerzeit bis zur Weimarer Republik. Gütersloh 1988
Graetz, Heinrich: Geschichte der Juden. Leipzig 1891
Kaiserling, Meyer: Christoph Columbus und der Anteil der Juden an den spanischen und portugiesischen Entdeckungen. Berlin 1894
Kaiserling, Moritz: Geschichte der Juden in Spanien und Portugal. Berlin 1868
Landmann, Salcia: Die Juden als Rasse. München 1981
Levi, Leo: On the Use of electrical equipment on Sabbath and Yom Tov. In: Proceedings of the Associations of Orthodox Jewish Scientists. Vol. 1. Jerusalem/New York 1970
Lindo, Elias: The History of the Jews of Spain and Portugal. London 1946
Moscatta, Frederic David: Die Juden in Spanien und Portugal und die Inquisition. Deutsche Übersetzung Hannover 1878
Poliakov, Léon: Geschichte des Antisemitismus. Bd. 4. Marranen im Schatten der Inquisition. Deutsche Übersetzung. Worms 1981
Rosner, Fred (Hrsg.): Medicine in Mishneh Torah of Maimonides. New York 1984. (Gebrauch medizinischer Instrumente und Verfahren heute)
Rosner, Fred (Hrsg.): Modern Medicine and Jewish Ethics. New York 1986. (Gentechnik, künstliche Befruchtung, Tierexperimente, ...)
Sachar, Abram L.: A History of the Jews. New York ²1953
Singer, Charles: Science and Judaism. In: Finkelstein, Louis: The Jews. Their Role in Civilisation. New York 1946
Universal Jewish Encyclopaedia. 10 Bde. New York 1939–1943

3 Christentum und Technik bis zur Aufklärung

3.1 Die Technik im Frühchristentum
Werner Georg Haverbeck

Andresen, C.: Die Kirchen in der alten Christenheit. Stuttgart 1971
Baus, K.: Von der Urgemeinde zur frühen christlichen Großkirche. Freiburg ³1965
Bultmann, Rudolf: Das Urchristentum im Rahmen der antiken Religionen. Zürich/Stuttgart ³1963
Conzelmann, Hans: Geschichte des Urchristentums. Göttingen ⁶1989
Harnack, Adolf von: Die Mission und Ausbreitung des Christentums in den ersten drei Jahrhunderten. Leipzig ⁴1924
Kaufmann, C. M.: Handbuch der christlichen Archäologie. Paderborn ³1922
Klein, Richard (Hrsg.): Das frühe Christentum im römischen Staat. Darmstadt ²1982
Meyer, Eduard: Ursprung und Anfänge des Christentums. Stuttgart 1921/23
Schluchter, Wolfgang (Hrsg.): Max Webers Sicht des antiken Christentums. Frankfurt a. M. 1985
Schneider, Carl: Geistesgeschichte des antiken Christentums. 2 Bde. München 1954
Spoerri, Robert: Vom Geist des Urchristentums. Basel 1941

Spoerri, Robert: Vom Untergang des urchristlichen Geistes. Basel 1943
Theißen, Gerd: Studien zur Soziologie des Urchristentums. Tübingen ³1989
Vielhauer, Philipp: Geschichte der urchristlichen Literatur. Berlin 1975
Walsh, Michael: Christen und Cäsaren. Die Geschichte des frühen Christentums. Freiburg 1988

3.2 Technik und Kirche im Mittelalter
Wolfgang Stürner

Albertus Magnus: Metaphysica. In: Opera omnia. Hrsg. v. Geyer, Bernhard. Bd. 16, 1–2. Münster 1960–1964
Benedicti Regula. Hrsg. v. Hanslik, Rudolph: Corpus Scriptorum Ecclesiasticorum Latinorum 75. Wien 1960
Bischoff, Bernhard: Die Überlieferung der technischen Literatur. In: Settimane di Studio del Centro Italiano di Studi sull'Alto Medioevo 18. Spoleto 1971, S. 267–296
Crombie, Alistair Cameron: Von Augustinus bis Galilei. Die Emanzipation der Naturwissenschaft. Köln/Berlin 1964
Du Colombier, Pierre: Les chantiers des Cathédrales. Ouvriers – Architectes – Sculpteurs. Nouvelle édition. Paris 1973
Gimpel, Jean: Die industrielle Revolution des Mittelalters. Zürich/München 1980
Hrabanus Maurus: De rerum natura. In: Migne, Jacques Paul: Patrologia latina 111. Paris 1855, Sp. 9–613
Hugo von St. Viktor: Didascalicon. Hrsg. v. Buttimer, Ch. H. Washington 1939
Isidor von Sevilla: Libri differentiarum. II: De differentiis rerum. In: Migne, Jacques Paul: Patrologia latina 83. Paris 1855, Sp. 69–98
Isidor von Sevilla: Etymologiae. Hrsg. v. Lindsay, Wallace Martin. Oxford 1911, ND 1957
Johannes von Salisbury: Policraticus. Hrsg. v. Webb, Clement C.J. 2 Bde. London 1909, ND 1965
Klemm, Friedrich: Der Beitrag des Mittelalters zur Entwicklung der abendländischen Technik (Beiträge zur Geschichte der Wissenschaft und der Technik. Heft 2). Wiesbaden 1961
Le Goff, Jacques: Travail, techniques et artisans dans les systèmes de valeur. In: Settimane di Studio del Centro Italiano di Studi sull'Alto Medioevo 18. Spoleto 1971, S. 239–266
Mappae Clavicula. Hrsg. v. Phillipps, Thomas. In: Archaeologica. Vol. 32, London 1847, S. 187–244
Pot, Johan Hendrik Jacob van der: Die Bewertung des technischen Fortschritts. Eine systematische Übersicht der Theorien. Band 1. Assen/Maastricht 1985
Richard von St. Viktor: Liber exceptionum. Hrsg. v. Chatillon, Jean. Paris 1958
Roger Bacon: Opus tertium; De secretis operibus artis et naturae. Hrsg. v. Brewer, John Sherren. London 1859, S. 1–310, S. 523–551
Roger Bacon: Opus maius. Hrsg. v. Bridges, John Henry. Bd. 1–2: Oxford 1897. Bd. 3: 1900

Robert Grosseteste: De luce; De iride. Hrsg. v. Baur, Ludwig (Beiträge zur Geschichte der Philosophie des Mittelalters. Band 9). Münster 1912, S. 51–59, S. 72–75
Sarton, George: Introduction to the History of Science. Bd. 1: Washington 1927. Bd. 2: Washington 1931. ND 1953
Sprandel, Rolf: Das Eisengewerbe des Mittelalters. Stuttgart 1968
Sternagel, Peter: Die artes mechanicae im Mittelalter. Begriffs- und Bedeutungsgeschichte bis zum Ende des 13. Jahrhunderts. Kallmünz Opf. 1966
Straub, Hans: Die Geschichte der Bauingenieurkunst. Basel/Stuttgart ³1975
Suger von St. Denis: De consecratione Ecclesiae a se edificatae. In: Migne, Jacques Paul: Patrologia latina 186. Paris 1855, Sp. 1239–1254
Theophilus: De diversis artibus (The Various Arts). Hrsg. mit engl. Übersetzung von Dodwell, Charles Reginald. London/Paris/New York 1961
Thomas von Aquino: Quaestiones quodlibetales. Opera omnia. Hrsg. v. Busa, Robert. Stuttgart 1980. Bd. 3, S. 438–501
Thomas von Aquino: In libros Metaphysicorum. Opera omnia. Hrsg. v. Busa, Robert. Bd. 4., Stuttgart 1980, S. 390–507
Thorndike, Lynn: A History of Magic and Experimental Science. Bde 1–4. New York/London 1923–1934
Villard de Honnecourt: Kritische Gesamtausgabe des Bauhüttenbuches ms. fr. 19093 der Pariser Nationalbibliothek. Hrsg. v. Hahnloser, Hans R., Graz ²1972
White, Lynn, Jr.: Die mittelalterliche Technik und der Wandel der Gesellschaft. München 1968
White, Lynn, Jr.: Medieval Religion and Technology. Collected Essays. Berkeley/Los Angeles/London 1978

3.3 Die Kirchen des Westens und die Technik im Aufbruch zur Neuzeit
Hans-Werner Schütt

Burke, Peter: Die Renaissance in Italien. Sozialgeschichte einer Kultur zwischen Tradition und Erfindung. Berlin 1984
Hartlaub, G. F.: Alchemisten und Rosenkreuzer. o. O. 1947
Hooykaas, Reijer: Religion and the Rise of Modern Science. Edinburgh/London 1972
Klemm, Friedrich: Geschichte der Technik. Der Mensch und seine Erfindungen im Bereich des Abendlandes. Reinbek b. Hamburg 1983
Koselleck, Reinhardt (Hrsg.): Studien zum Beginn der modernen Welt. Stuttgart 1977
Redondi, Pietro: Galilei der Ketzer. München 1989
Singer, Charles/*Holmyard,* Erik J./*Hall,* A. Rupert/*Williams,* Trevor I. (Hrsg.): A History of Technology. Bd. 3. Oxford 1957
Stöcklein, Ansgar: Leitbilder der Technik. Biblische Tradition und technischer Fortschritt. München 1969

Trevor-Roper, Hugh-R.: Religion, Reformation und sozialer Umbruch. Frankfurt 1970
Weber, Max: Die protestantische Ethik, herausgeg. von Winkelmann, Johannes. Bd. 1. Gütersloh [6]1981; Bd. 2 Gütersloh [4]1982

4 Christentum und Technik in der modernen Welt

4.1 Technik auf dem Wege zu einer säkularisierten Welt
Ansgar Stöcklein

Blumenberg, Hans: Säkularisierung und Selbstbehauptung. Frankfurt 1974
Figl, Johann: Säkularisierung. In: Eicher, Peter (Hrsg.): Neues Handbuch theologischer Grundbegriffe. Bd. 4. München 1985, S. 84–94
Freyer, Hans: Weltgeschichte Europas. Bd. 2. Wiesbaden 1948, S. 757–778
Freyer, Hans: Theorie des gegenwärtigen Zeitalters. Stuttgart 1955
Gogarten, Friedrich: Verhängnis und Hoffnung der Neuzeit. Die Säkularisierung als theologisches Problem. Gütersloh [2]1987
Heckel, Martin: Säkularisierung. Staatskirchenrechtliche Aspekte einer umstrittenen Kategorie. In: Zeitschrift d. Savigny-Stiftung für Rechtsgeschichte. Bd. 97. 1980 (Kanonistische Abt.), S. 1–163
Howe, Günter: Gott und die Technik. Die Verantwortung der Christenheit für die wissenschaftlich-technische Welt. Hamburg/Zürich 1971
Loewith, Karl: Weltgeschichte und Heilsgeschehen. Stuttgart 1953
Lübbe, Hermann: Religion nach der Aufklärung. Graz/Wien/Köln 1986
Mirgeler, Albert: Revision der europäischen Geschichte. Freiburg i.B./München 1971, S. 234–259
Mühlen, Heribert: Entsakralisierung. Ein epochales Schlagwort in seiner Bedeutung für die Zukunft der christlichen Kirchen. Paderborn 1970
Mumford, Lewis: Mythos der Maschine. Kultur, Technik und Macht. Wien 1974
Ruh, Ulrich: Säkularisierung. In: Christlicher Glaube in moderner Gesellschaft. Bd. 30, S. 59–100. Freiburg i.B./Basel/Wien 1982
Schrey, Heinz-Horst (Hrsg.): Säkularisierung. Darmstadt 1981
Sperna Weiland, Jan: Orientierung. Neue Wege in der Theologie. Hamburg 1968
Stephenson, Gunther: Metamorphosen des Bleibenden. Religionswandel und ‚Säkularisierung' im Blickfeld einer universalen Religionstheorie. In: Saeculum. Jg. 36. 1985, S. 254–284
Strolz, Walter: Der vergessene Ursprung. Das moderne Weltbild, die neuzeitliche Denkbewegung und die Geschichtlichkeit des Menschen. Basel/Freiburg i.B./Wien 1959
Vonessen, Franz: Die Herrschaft des Leviathan. Stuttgart 1978
Wagner, Friedrich: Weg und Abweg der Naturwissenschaft. Denk- und Strukturformen, Fortschrittsglaube und Wissenschaftsreligion. München 1970
Weizsäcker, Carl Friedrich von: Die Tragweite der Wissenschaft. Bd. 1. Stuttgart 1964

Weizsacker, Carl Friedrich von: Wahrnehmung der Neuzeit. München/Wien 1983, S. 371–376
Wiesnet, Eugen: Säkularisierung – pro und contra. Innsbruck 1973

4.2 Westliches Christentum und Technik im Zeitalter der Industrialisierung

Franz Burgey

Bayreuther, Erich: Geschichte des Pietismus. Stuttgart 1978. In: Bundesverband der Katholischen Arbeitnehmer-Bewegung Deutschlands (Hrsg.): Texte zur katholischen Soziallehre. 2 Bde., Kevelaer 1976
Gundlach, Gustav (Hrsg.): Die sozialen Rundschreiben Leo's XIII. und Pius' XI. Paderborn [2]1933
Hooykaas, Reijer: Religion and the rise of modern science. Edinburgh 1972
Jaspers, Karl: Vom Ursprung und Ziel der Geschichte. München [8]1983
Kreibich, Rolf: Die Wissenschaftsgesellschaft. Frankfurt a. M. 1986
Muller-Armack, Alfred: Religion und Wirtschaft. Stuttgart 1959
Pius XII.: Enzyklika „Divino afflante Spiritu" 1943. In: Rohrbasser, Anton (Hrsg.): Heilslehre der Kirche. Freiburg i. Br. 1953
van der Pot, Johan Hendrik Jacob: Die Bewertung des technischen Fortschritts. 2 Bde., Assen/Maastricht 1985
Rost, Hans: Die wirtschaftliche und kulturelle Lage der deutschen Katholiken. Köln 1911
Scheeben, Matthias Joseph: Handbuch der Dogmatik. Bd. 1. Freiburg i. Br. [2]1947
Schleiermacher, Friedrich: Ausgewählte pädagogische Schriften. Hrsg. v. Lichtenstein, Ernst. Paderborn [2]1964
Staehelin, Ernst: Die Christentumsgesellschaft in der Zeit der Aufklärung und der beginnenden Erweckung bis zur Gegenwart. Basel 1974
Stutzer, Dietmar: Die Säkularisation. Rosenheim 1979
Teilhard de Chardin, Pierre: Auswahl aus dem Werk. Hrsg. v. Häflinger, Lorenz/Bader, Josef/Schmitz-Moormann, Karl: Olten/Freiburg i. Br. 1964
de Vries, Joseph: Zur Geschichte und Problematik der Barockscholastik in Deutschland. In: Theologie und Philosophie. Jg. 57, 1981, H. 1, S. 8
Weber, Max: Gesammelte Aufsätze zur Religionssoziologie. Tübingen 1922
Wildiers, N. Max: Weltbild und Theologie. Zürich 1974

4.3 Katholische Kirche und Technik heute

Peter Inhoffen

Auer, Alfons: Umweltethik. Ein theologischer Beitrag zur ökologischen Diskussion. Düsseldorf [2]1985
Brechter, Heinrich Suso/*Häring*, Bernhard/*Höfer*, Josef/*Jedin*, Hubert/*Jungmann*, Josef Andreas/*Morsdorf*, Klaus/*Rahner*, Karl/*Ratzinger*, Joseph/*Schmidthüs*, Karl-

heinz/*Wagner*, Johannes (Hrsg.): Das Zweite Vatikanische Konzil. Konstitutionen, Dekrete und Erklärungen. In: Lexikon für Theologie und Kirche. Teil 1–3. Freiburg, Basel 1966–1968

Bundesverband der katholischen Arbeitnehmer-Bewegung Deutschlands (Hrsg.): Texte zur katholischen Soziallehre. Die sozialen Rundschreiben der Päpste und andere kirchliche Dokumente. Kevelaer [6]1985

David, Jakob: Die schöpferische Kraft des Menschen – Theologie der Arbeit und der Technik. In: Feiner, Johannes/Löhrer, Magnus (Hrsg.): Mysterium Salutis. Grundriß heilsgeschichtlicher Dogmatik. Bd. 2. Einsiedeln/Zürich, 1967, S. 787–804

Eser, Albin/*Lutterotti*, Markus/*Sporken*, Paul (Hrsg.): Lexikon Medizin, Ethik, Recht. Freiburg/Basel 1989

Gilde katholischer Ingenieure Deutschlands (seit 1987 Bundesverband katholischer Ingenieure und Wirtschaftler) (Hrsg.): Technik: Bedrohung oder Hoffnung? In: Aufträge. Schriftenreihe für das interdisziplinäre Gespräch der Katholischen Akademikerschaft Deutschlands. Köln 1982

Halter, Hans: Theologie, Kirchen und Umweltpolitik. Der Beitrag der Theologie zu einer ökologischen Ethik. In: Pfammater, Josef/Furger, Franz (Hrsg.): Theologische Berichte XIV. Katholische Soziallehre in neuen Zusammenhängen. Zürich/Einsiedeln 1985, S. 165–211

Hilpert, Konrad: Schöpfungsglaube: Ethische Anfragen an Technik und Ökonomie. In: Technik und Mensch/Renovatio Jg. 26, H. 2, Juni 1987, S. 3–12

Inhoffen, Peter: Fortschritt – im christlichen Denken heute. In: Institut für Friedensforschung/Internationales Institut für den Frieden (Hrsg.): Christen und Marxisten im Friedensgespräch, Bd. 2. Wien/Freiburg 1979, S. 13–26

Kirchenamt der evangelischen Kirche in Deutschland/Sekretariat der Deutschen Bischofskonferenz (Hrsg.): Verantwortung wahrnehmen für die Schöpfung. Gemeinsame Erklärung des Rates der Evangelischen Kirche in Deutschland und der Deutschen Bischofskonferenz. Köln 1985

Korff, Wilhelm: Kernenergie und Moraltheologie. Der Beitrag der theologischen Ethik zur Frage allgemeiner Kriterien ethischer Entscheidungsprozesse. Frankfurt 1979

Lotz, Johannes B.: Die Religion in ihrer Bedeutung für die technische Kultur (Geschichte und Staat 236). München/Wien 1979

Münk, Hans J.: Umweltkrise – Folge und Erbe des Christentums? In: Rauscher, Anton (Hrsg.): Jahrbuch für Christliche Sozialwissenschaften, Bd. 28. Münster 1987, S. 133–206

Ockenfels, Wolfgang (Hrsg.): Technik und Gewissen. In: Bund katholischer Unternehmer/Vereinigung zur Förderung der christlichen Sozialwissenschaften (Hrsg.): Beiträge zur Gesellschaftspolitik 25. Köln 1985

Sachsse, Hans: Technik und Ethik. In: Ruh, Ulrich/Seeber, David/Walter, Rudolf (Hrsg.): Handwörterbuch religiöser Gegenwartsfragen. Freiburg/Basel 1986, S. 462–466

Sekretariat der Deutschen Bischofskonferenz (Hrsg.): Zukunft der Schöpfung – Zukunft der Menschheit. Erklärung der Deutschen Bischofskonferenz zu Fragen der Umwelt und der Energieversorgung. In: Hirtenschreiben der deutschen Bischöfe 28. Bonn 1980, S. 3–21

Schafer, Paul: Umwelt – Herausforderung zur Umkehr. Katholische Dokumente, theologische Argumente, physikalische Begriffe und didaktische Struktur zum Thema Umwelt. Hildesheim 1984

Schieb, Alfred/*Rapp*, Friedrich/*Müller*, J. Heinz/*Roellecke*, Gerd/*Buhl*, Walter: Technik, Technologie. In: Görresgesellschaft (Hrsg.): Staatslexikon. Recht, Wirtschaft, Gesellschaft. Bd. 5. Freiburg/Basel [7]1989, Sp. 428–439

Schmitz, Philipp: Ist die Schöpfung noch zu retten? Umweltkrise und christliche Verantwortung. Würzburg 1985

Spangenberger, Michael (Hrsg.): Technik und Ökonomie im Lichte sozialethischer Fragestellungen (Beiträge zur Gesellschafts- und Bildungspolitik 106). Köln 1985

Staudinger, Hansjürgen/*Eser*, Albin: Gentechnik, Gentechnologie. In: Görresgesellschaft (Hrsg.): Staatslexikon Recht, Wirtschaft, Gesellschaft. Bd. 2. Freiburg/Basel [7]1986, Sp. 885–895

Utz, Arthur-Fridolin/*Groner*, Joseph-Fulko (Hrsg.): Aufbau und Entfaltung des gesellschaftlichen Lebens. Soziale Summe Pius XII. Bd. 1/2, Freiburg/Schweiz [2]1954. Bd. 3, 1961

Utz, Arthur-Fridolin/*Galen von*, Brigitta (Hrsg.): Die katholischen Sozialdoktrin in ihrer geschichtlichen Entfaltung. Eine Sammlung päpstlicher Dokumente vom 15. Jahrhundert bis in die Gegenwart. Bd. 1–4. Aachen 1976

Wils, Jean-Pierre/*Mieth*, Dietmar (Hrsg.): Ethik ohne Chance? Erkundungen im technologischen Zeitalter. Tübingen 1989

Ziegler, Josef Georg: Die Frage nach ethischen Prinzipien angesichts des technischen Fortschritts sowie der Gentechnik und Gentransplantation. In: Theologie und Glaube Jg. 75, 1985, S. 380–392

4.4 Technik als Herausforderung von reformatorischen Kirchen und von Freikirchen

Alfred Jäger

Buch, Alois Johannes/*Splett*, Jörg (Hrsg.): Wissenschaft, Technik, Humanität. Beiträge zu einer konkreten Ethik. Frankfurt a. M. 1982

Howe, Guenter: Gott und die Technik. Die Verantwortung der Christenheit für die wissenschaftlich-technische Welt. Hamburg/Zürich 1971

Jablonowski, Harra: Neue Technik gestalten. Ansätze zur Arbeitsgestaltung und Strukturpolitik. Frankfurt a. M. 1985

Jonas, Hans: Technik, Medizin und Ethik. Zur Praxis des Prinzips Verantwortung. Frankfurt a. M. 1985

Kirchenamt der EKD und Sekretariat der Deutschen Bischofskonferenz (Hrsg.): Verantwortung wahrnehmen für die Schöpfung. Gemeinsame Erklärung des Rates der Evangelischen Kirche in Deutschland und der Deutschen Bischofskonferenz. Gütersloh 1985

Meyer-Abich, Klaus Michael (Hrsg.): Frieden mit der Natur. Freiburg i. Br. 1979

Müller, Adolf M. Klaus: Erfahrungen der Grenze. Von den Herausforderungen am Ende der Neuzeit. München 1985
van der Pot, Johan Hendrik Jacob: Die Bewertung des technischen Fortschritts. Bd. 1–2. Assens/Maastricht 1985/86

4.5 Rückblick: Entscheidende Begegnungen und Wandlungen von Glauben und Technik
Udo Krolzik

Aichelin, Helmut/*Liedke*, Gerhard (Hrsg.): Naturwissenschaft und Religion. Neukirchen-Vluyn. ^{4}1981
Durr, Hans Peter: Physik und Transzendenz. Bern ^{4}1987
Hübner, Jürgen: Der Dialog zwischen Theologie und Naturwissenschaften. Tübingen 1987
Krolzik, Udo: Umweltkrise – Folge des Christentums? Stuttgart/Berlin ^{2}1980
Krolzik, Udo: Säkularisierung der Natur. Neukirchen-Vluyn 1988
Müller-Schwefe, Hans-Rudolf: Technik und Glaube. Göttingen/Mainz 1971
Natur, Technik, Mensch. Eine Gedenkschrift für Donald Brinkmann. Konstanz 1965
Röhring, Klaus/*Sieferle*, Rolf Peter (Hrsg.): Selbstverständnisse der Moderne. Stuttgart 1990
Sieferle, Rolf Peter: Fortschrittsfeinde? Opposition gegen Technik und Industrie von der Romantik bis zur Gegenwart. München 1984
Stöcklein, Ansgar: Leitbilder der Technik. Biblische Tradition und technischer Fortschritt. München 1969
Ullrich, Otto: Technik und Herrschaft. Frankfurt 1977
van der Pot, Johan Hendrik Jacob: Die Bewertung des technischen Fortschritts. Bd. 1–2. Assen/Maastricht 1985/86
Wagner, Friedrich: Die Wissenschaft und die gefährdete Welt. München ^{2}1969

5 Ausgewählte Zeugnisse von Ingenieuren, Naturwissenschaftlern und Philosophen

5.1 Einstellung von Ingenieuren und Technikern zur Religion
Walter Botsch

Asimov, Isaac: Biographische Enzyklopädie der Naturwissenschaften und der Technik. Über. v. Bergfeld, Rainer. Freiburg 1973
Darmstaedter, Ludwig: Naturforscher und Erfinder. Biographische Miniaturen. Bielefeld/Leipzig 1926, ND 1966
Gillispie, Charles Coulston (Hrsg.): Dictionary of scientific biography. 16 Bde. New York 1970–1980
Feldhaus, Franz Maria: Deutsche Techniker und Ingenieure. Kempten 1912

Gerlach, Walther (Hrsg.): Der Natur die Zunge lösen. Leben und Leistungen großer Forscher. München 1967
Matschoß, Conrad: Große Ingenieure. Lebensbeschreibungen aus der Geschichte der Technik. München/Berlin ⁴1954
Misch, G.: Geschichte der Autobiographie. 4 Bde. Frankfurt ³1968
Poggendorff, Johann Christian: Biographisch-literarisches Handwörterbuch zur Geschichte der exacten Wissenschaften. Leipzig 1863ff.

5.2 Hinwendung, Ablehnung, Dialog
Hans Sachsse

Bavink, Bernhard: Ergebnisse und Probleme der Naturwissenschaften. [10]1954
Cassirer, Ernst: Die Philosophie der Aufklärung. Tübingen [2]1965
Hirschberger, Johannes: Geschichte der Philosophie. Bd. 2. Neuzeit und Gegenwart. Freiburg [8]1969
Krings, Hermann u.a. (Hrsg.): Handbuch philosophischer Grundbegriffe. 6 Bde. München 1973–1974
Meyer, H.: Geschichte der abendländischen Weltanschauung. 5 Bde. 1947–1949
Noack, Hermann: Die Philosophie Westeuropas im 20. Jahrhundert. Basel [3]1962
Stegmüller, Wolfgang: Hauptströmungen der Gegenwartsphilosophie. 2 Bde. Stuttgart [5]1975
Wuchterl, Kurt: Grundkurs: Geschichte der Philosophie (UTB 1390) 1984

5.3 Esoterisch-mystische Zugänge zur Technik
Kurt Dressler

Bohm, David: Die implizite Ordnung; Grundlagen eines dynamischen Holismus. Dianus-Trikont. München 1984
Capra, Fritjof: Das Tao der Physik. Bern/München/Wien 1977
Capra, Fritjof: Der kosmische Reigen. Bern/München/Wien [7]1977
Capra, Fritjof: Physik und östliche Mystik – ein zeitgemäßes Weltbild. Bern/München/Wien 1977
Dressler, Kurt/*Oswald*, Franz/*Schaufelberger*, Walter/*Schwyzer*, Robert: Utopien in Architektur, Technik und Naturwissenschaft. In: Braun, Hans-Jürg (Hrsg.): Utopien – Die Möglichkeit des Unmöglichen. (Zürcher Hochschulforum Bd. 9). Zürich 1987
Moor, Hans: Mensch-Werdung, ein evolutionäres Menschenbild. In: Forum für das christliche Menschenbild (Hrsg.): Das christliche Menschenbild. Fribourg 1988
Schmidt, Karl Otto: Die Geheimen Herrenworte des Thomas-Evangeliums. München 1977
Wilber, Ken (Hrsg.): Quantum Questions. Mystical Writings of the World's Great Physicists. Boulder 1984

Personenregister

Bildquellennachweis

Seite 10: Niels Bohr Institute. Kopenhagen
Seite 17: Nach einer Aufnahme von D. Anderson. Rom. – Rom, Vatikan, Stanza della Segnatura: Fresko von Raffaelo Santi „Die Theologie" 1508–1511
Seite 25: Staatliche Museen Berlin
Seite 26: Aus: Hadingham, Evan: Early Man and the Cosmos. New York 1984, S. 3
Seite 29: Museé du Louvre. Code de lois de Hammourabi. In. SB 8
Seite 30: Hirmer Verlag. München
Seite 37: Herder Verlag. Freiburg
Seite 44: Foreign Languages Press, Beijing (China)
Seite 45: Fotoarchiv Peter Schicht. Berlin
Seite 48: Trotignon, Yves. Versailles
Seite 55: René Magritte: La grande famille. 1947
Seite 56: Eiszeitliche Funde aus dem Rhein-Neckar-Raum. Kurpfälzisches Museum. Heidelberg. Foto Kissel
Seite 65: aus: Putzger, F. W.: Historischer Schulatlas
Seite 67: Roger Viollet. Nr. 113.325. Paris
Seite 69: Bildarchiv Deutsches Museum. 30 176. – Original: Britisches Museum. London
Seite 70: Bildarchiv Deutsches Museum 44 662
Seite 71: Hirmer Verlag. München
Seite 72: Ernst Wasmuth Verlag. Tübingen
Seite 76: The Metropolitan-Museum of Art. New York
Seite 79: Bildarchiv Deutsches Museum
Seite 81: aus: Hero Alexandrinis: Spiritalia (ital.): Bli artificiosi et curiosi moti spiritali di Herrone. Ferrara 1599. Herzog-August-Bibliothek Wolfenbüttel
Seite 91, 92: aus: Ontario Science Centre (Hrsg.): China – 7000 Years of Discovery. Ontario, S. 25, S. 26
Seite 93: Britisches Museum. London
Seite 94: University Press. Cambridge
Seite 103: C. H. Beck Verlag. München
Seite 107: Instituto e Museo di Storia della Scienza. Florenz
Seite 111: Bodleian Library. Oxford
Seite 119: Britisches Museum. London
Seite 121, 123: aus: Ausubel, Natharz: Pictorial History of the Jewish People. New York 1966, S. 64, S. 147
Seite 128, 129: Aldus Bootes Limited. London
Seite 135: Herder Verlag. Freiburg. – Original: Kathedrale von Vézelay
Seite 147: Foto Hermann Wehmeyer. Hildesheim
Seite 155: aus: Kähler, Heinz: Die frühe Kirche. Berlin 1972, Tafel 35
Seite 156: aus: Holtzinger, Heinrich: Die Altchristliche Architektur. Stuttgart 1889, S. 104

Seite 159: Atlantis Verlag. Freiburg
Seite 165: Pierpont Morgan Library
Seite 167: Foto Hermann Wehmeyer. Hildesheim
Seite 170: Bayerisches Nationalmuseum. München
Seite 171, 172: aus: Ginding, Günther: Der mittelalterliche Baubetrieb Westeuropas. Köln o.J., S. 375, S. 506
Seite 174: Universitätsbibliothek Utrecht
Seite 185: aus: Partoghesi, Paolo & Zevi, Bruno: Michelangiolo Architetto. Torino 1964, S. 555
Seite 186: Foto: Helmut Schöne. In: Kerber, Bernhard: Andrea Pozzo. Berlin 1971
Seite 187: Bildarchiv Deutsches Museum 43 491
Seite 189: Moos Verlag. München
Seite 191: aus Redondi, Pietro: Galilei der Ketzer. München 1989, Bild 111.
Seite 193: aus: Lesser, Friedrich Christian: Insecto-Theologia. Leipzig 1738. – Herzog-August-Bibliothek Wolfenbüttel
Seite 197: Foto Kissel
Seite 201: Archiv Hermann Glaser. Roßtal
Seite 203: Diogenes Verlag. Zürich
Seite 216: Dr. Oswald, Friedrich. Amorbach
Seite 219: Fotoarchiv Deutsches Bergbaumuseum. Bochum 2465
Seite 221: Britisches Museum. London
Seite 223: Institut für Geschichte der Medizin an der Universität Heidelberg
Seite 234: Bildarchiv Preußischer Kulturbesitz. Berlin
Seite 235: Gotthelf Verlag. Zürich
Seite 237: Bildarchiv Deutsches Museum 6569
Seite 238: Francke-Buchhandlung. Marburg
Seite 240: Aero-Express. München
Seite 242: Stadtgeschichtliche Museen der Stadt Nürnberg
Seite 243: Hirmer Verlag. München
Seite 252: Herder Verlag. Freiburg
Seite 254: KNA-Bild 850390; 29-83/3A
Seite 256: KNA-Bild 890220; 14620/4
Seite 257: KNA-Bild 860500; 13615/15A
Seite 263: KNA-Bild 14218/8
Seite 283: epd-bild/neetz 1.340.03
Seite 284: epd-bild/neetz 4.533.03
Seite 285: Deutsche Bibelgesellschaft
Seite 290: epd-bild/Langrock 3.616.01
Seite 297: Druck & Verlagshaus Wienand. Köln
Seite 299: Germanisches Nationalmuseum Nürnberg. Hz 196
Seite 302: aus: Brandt, Paul: Schaffende Arbeit und bildende Kunst. Bd. 1. Leipzig 1927, S. 283
Seite 305: Bildarchiv Deutsches Museum 6297
Seite 311: Egger Verlag. Brixen. Original: Rodin Museum. Paris
Seite 317: Bildarchiv Deutsches Museum 2121
Seite 319: Bildarchiv Deutsches Museum 2322

Seite 320: Bildarchiv Deutsches Museum 30070
Seite 340: Rascher Verlag. Zürich
Seite 342: aus: Motorrad 18. Stuttgart 1987, S. 42
Seite 347: Ferdinand Leger. Stalingrad. – VG Bild-Kunst. Bonn
Seite 360: dpa-Bild. Zentrale Bilderdienst Frankfurt. A 2954 (Wärner)
Seite 365: KNA-Bild 8740; 12246
Seite 367: aus: Charivari Heft 3/1987

Inhaltsübersicht des Gesamtwerkes

GPSR Compliance

The European Union's (EU) General Product Safety Regulation (GPSR) is a set of rules that requires consumer products to be safe and our obligations to ensure this.

If you have any concerns about our products, you can contact us on ProductSafety@springernature.com

In case Publisher is established outside the EU, the EU authorized representative is:

Springer Nature Customer Service Center GmbH
Europaplatz 3
69115 Heidelberg, Germany

Batch number: 10682411

Printed by Printforce, the Netherlands